U0220785

红外辐射与目标识别

Infrared Radiation and Target Recognition

毛宏霞　刘忠领　田　岩　著

科学出版社

北京

内 容 简 介

本书是作者及其所在团队基于多年的光学特性研究与实践应用编写而成。全书从目标特性服务于光学探测识别应用的视角，系统地论述了目标与环境红外辐射及其传输的基本理论、计算方法、测试技术与数据处理；介绍了红外成像探测的基本原理、目标特性与红外探测的相互约束及影响、红外成像与红外光谱的特征提取与识别方法；并将目标特性与新兴的人工智能技术相结合，对智能红外目标识别技术进行了探索。

本书可供从事光学特性研究与光学遥感探测及信息处理运用相关的工程技术人员参考，也可作为高等院校红外技术、光学工程、电子信息工程、自动化等专业的教学参考书。

图书在版编目(CIP)数据

红外辐射与目标识别/毛宏霞，刘忠领，田岩著. —北京：科学出版社，2022.6
ISBN 978-7-03-071297-4

Ⅰ.①红… Ⅱ.①毛… ②刘… ③田… Ⅲ.①红外探测–研究 Ⅳ.①TN215

中国版本图书馆 CIP 数据核字（2022）第 004905 号

责任编辑：刘凤娟 杨 探／责任校对：彭珍珍
责任印制：赵 博／封面设计：无极书装

科学出版社 出版
北京东黄城根北街 16 号
邮政编码：100717
http://www.sciencep.com

涿州市般润文化传播有限公司印刷
科学出版社发行 各地新华书店经销
*

2022 年 6 月第 一 版 开本：720×1000 B5
2024 年 2 月第四次印刷 印张：25
字数：490 000

定价：199.00 元
（如有印装质量问题，我社负责调换）

序

目标与环境光学特性是一门物理学、数学、信息科学和光学工程等交叉融合的学科，它贯穿于光电传感器探测系统设计、研制、试验与应用的全生命周期，为目标光学探测与识别技术提供基础支撑。目标与环境光学特性如何指引光电传感器探测与识别是一个伴随理论认知、探测技术与应用需求发展而不断日新月异、历久弥新的命题。

自 20 世纪 60 年代我国老一辈科技工作者开创目标与环境光学特性奠基性工作以来，国内在光学特性及其应用研究方面已经取得了长足进步，对光学传感器探测及其识别技术有了更加系统的认识，新的载荷和信息处理技术涌现也推动目标光学探测与识别向新的领域拓展。该书立足于红外辐射特性与目标识别发展前沿，对作者多年来在实际工作中所取得的研究成果进行了萃取和沉淀，着眼于目标与环境红外特性和传感器探测识别的相互关系，强调目标与环境特性机理在探测识别中的运用。依从特性规律认知、探测到识别技术应用这一路线组织全书，针对目标与环境红外特性理论计算、规律认知、特性测量、红外传感器对目标探测信息处理、红外成像与光谱识别等涉及的基本理论、计算方法、信息提取和运用技术等进行了系统梳理和科学论述，具有很强的理论意义和实际应用价值。

该书在构建红外特性与传感器对目标探测识别二者之间的桥梁方面做了很多努力，强化两者之间互为表里、有序支撑的关系，特色鲜明。该书可起到理论系统总结与技术推广运用的作用，同时也期望可为我国未来的目标光学探测与智能目标分类识别的发展起到积极推动作用。

黄培康

2022 年 5 月 24 日

前　言

随着红外器件和探测技术的不断发展，红外技术在国民经济、国防技术和科学研究中获得广泛应用，红外辐射特性与识别得到空前重视。为了适应红外探测与识别技术发展对目标特性的迫切需求，我们组织撰写了本书。

参加本书撰写的作者大都是常年工作在目标特性领域的一线工作者，对光学辐射特性理论、试验、处理及应用有较好的理解与运用。本书立足于目标特性如何服务于光学探测与识别应用，以红外物理与信息处理技术为基础，按照红外辐射、传感器探测感知、目标识别三个板块进行编排，全书共9章。第1章介绍红外辐射与目标识别的基本概念和国内外发展现状；第2章介绍红外辐射与传输的基础理论、基本定律和规律；第3章介绍目标红外辐射特性建模方法，包括气体介质流场计算、固体壁面温度场计算、目标红外辐射特性计算、典型飞行器红外辐射特性；第4章介绍大气辐射传输特性与地表、海表、天体等的背景辐射特性计算；第5章介绍红外辐射测量的基本物理量、辐射定标、室内与外场辐射测量技术等；第6章阐述红外特性与传感器探测感知相互影响 (包括红外成像与红外光谱两种传感器)，给出了红外点源目标探测谱段优选方法和红外辐射测量误差对目标识别影响的解析表达；第7章介绍红外成像探测中的特征提取与识别，包括红外点源目标、面源目标的特征提取与识别方法，含辐射特征、形状特征、运动特征等；第8章介绍红外光谱探测中的特征提取与识别方法，包括红外光谱选择、高光谱解混与定位、光谱域特征、变换域特征以及基于光谱特征的红外目标识别；第9章介绍智能红外目标识别，包括基于大样本学习的红外目标识别方法、基于小样本学习的红外目标识别方法等。

本书由毛宏霞、刘忠领、田岩共同撰著。毛宏霞和刘忠领从辐射特性理论、建模、测量以及传感器探测感知、目标识别等角度设计了本书的总体架构与编著内容；毛宏霞和田岩设计了全书的详细内容。毛宏霞对辐射特性理论与建模、马勇辉和刘忠领对辐射特性测量与处理、毛宏霞和田岩对红外探测感知与目标识别进行了详细的审校。第1章内容由毛宏霞、刘忠领撰写，第2章、第4章内容由刘栋执笔，第3章内容由吴杰、包醒东执笔，第5章内容由徐文斌、姜维维执笔，第6章、第7章、第8章内容由刘铮、田岩执笔，第9章内容由陈洛洋执笔，王思慧任本书编写组秘书。

本书在编写过程中得到了作者所在单位的支持与帮助，参与本书编写的人员还有王金舵、雷浩、王振华、陈大鹏、张佑堃、吴开峰、刘畅、王龙、吴笑笑、刘浩、李霞等，谨向他们表达诚挚的感谢。同时，在本书的编写过程中，作者也参考了大量的文献资料，在此对相关作者表示感谢。

　　在本书编写过程中，尽管作者试图以最大的努力对支持光电系统设计、研制、试验和应用的红外辐射特性与目标识别技术进行详细的论述，并试图反映最新的技术发展动态，但由于作者学识和水平有限，本书在内容布局和安排上仍有不足，书中也难免存在一些不足和不妥之处，恳请批评指正。

目　　录

第 1 章　绪　　论

1.1　红外辐射与红外特性

光是一种电磁辐射，在空间中的传播可以采用电场和磁场的波动方程来描述，故也称为电磁波，它所具有的能量就是电磁辐射能。通常所说的可见光是人眼可以看到的电磁辐射，它的波长范围在 0.38~0.76μm，与波长对应的颜色依次是紫、蓝、青、绿、黄、橙、红。位于红色光以外，波长在 0.76~1000μm 范围的电磁辐射常称为"红外辐射"，也称"红外线"或"红外光"。

实际上，电磁辐射的波长具有极长的跨度，形成电磁波谱，它的分布如图 1.1所示。在电磁波谱中，波长由短到长分别被划分并命名为 γ 射线、X 射线、紫外线、可见光、红外线、无线电。这些命名并非固定，如无线电的短波谱段也称为微波谱段，红外与微波的过渡区域也称为太赫兹谱段。每个谱段的范围也并非严格确定，主要是根据它们的产生方式、传播方式、测量技术和应用范围的不同而划分。光学谱段包含了紫外、可见光和红外部分。在实际应用中，红外谱段常被细分为四个部分：近红外/短波红外 (0.76~3μm)；中红外/中波红外 (3~6μm)；远红外/长波红外 (6~25μm)；极远红外/甚长波红外 (25~1000μm)，极远红外与太赫兹谱段基本重叠。有时也称 1~3μm 为近红外，3~5μm 为中波红外，8~12μm为长波红外，这三个谱段是大气窗口区，即大气中能够透过红外辐射的谱段。本

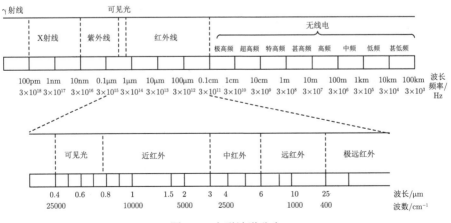

图 1.1　电磁波谱分布

书讨论的红外辐射光谱范围主要在 2~25μm。

红外辐射的研究有着悠长的历史。1800 年英国天文学家威廉·赫歇尔 (S. W. Herschel) 在研究太阳光谱的热效应时，用分光棱镜将太阳光分解成从红色到紫色的单色光，依次测量不同颜色光的热效应。他发现：当水银温度计移到红色光谱边界以外人眼看不见有任何光线的黑暗区时，温度反而比红光区域高，证明了红外辐射的存在 [1]。当时，这种辐射被称为 "看不见的光线"，也就是后来所谓的红外线或红外辐射。至此，开启了红外辐射产生、传播和探测的机理、方法与应用研究。

随着温差热电偶、半导体电阻辐射计等探测技术的发展，红外辐射的测量从定性走向定量。到 19 世纪末，红外辐射的定量测量波长超过了 5μm，20 世纪初，超过了 13μm。过去一百年间，数种全新体制的探测技术出现，促使红外探测水平飞速发展，现在部分谱段的探测光谱分辨率已经到达小于单吸收谱线有效宽度 (典型值在 10^{-4} cm^{-1})，探测灵敏度最高可实现单光子测量。这推动了红外科学与技术发展成为一门独立的学科，在环境与遥感科学、能源科学、天文与空间探测、医学与公共卫生、工农业生产、军事与安全技术等众多领域的研究与产业应用中发挥令人瞩目的作用。

本书的红外辐射部分面向目标红外探测、识别所需要的目标与环境红外特性知识，系统阐述红外特性涉及的红外辐射基本概念、红外特性理论计算、特性规律及测量方法，它是红外光电系统设计、探测、识别目标等应用不可或缺的基础和依据。

所谓目标与环境红外特性就是红外谱段的光学特性。目标与环境光学特性，是指目标与环境可被探测的光学参量的科学描述，反映了光学辐射同目标与环境相互作用而产生的物理现象及其变化规律，揭示了目标与环境的固有属性 [2]。对目标与环境的可测量光学参量进行计算、测量、提取与应用共同构成了光学特性研究的基本内容。在本书中，环境的对象范畴为地球表面、地球的大气和地外天体；目标的对象范畴为处于地表、海表、空中和空间中的各类人造物体。根据测量手段分类，光学特性可以被区分为被动式探测对应的光学辐射特性和主动式探测对应的光学散射特性。目前，红外探测技术主要是被动接收辐射的探测方式，因此，本书重点阐述红外辐射特性。

这里很有必要澄清一些红外辐射特性常用的术语表达。绝对零度以上的物体都在不停地向外发射电磁波，辐射能量主要与物体温度相关，通常温度越高发射辐射的能力越强，辐射峰值波长越短。自然界中大部分目标及其所处环境产生的电磁辐射的峰值波长都在红外谱段；可以说，红外探测器所观测到的物体辐射很大程度上反映了它的热状态，因此，也有文献将红外辐射称为热辐射。但是，由于探测器测量的红外辐射并不完全来自物体发射，很多时候来自散射过程，这些辐射并不反映物体热状态，将热辐射与红外辐射等价在字面上易引起误解。本书在红外辐射特性的机理阐述中以发射辐射、反射辐射、透射辐射、散射辐射等术语分解物理过程，将"热辐射"一词等价于发射辐射。

随着红外器件和红外探测技术的快速发展，红外辐射在现代军事技术、工农业生产、资源勘探、气象预报和环境科学等领域的广泛应用给红外辐射特性不断提出新需求。对目标与环境红外辐射特性的研究也早已突破光学或红外物理单一学科范畴，发展成为光学与原子分子物理学、地球与行星科学、空间物理学、力学、传热学、材料科学与技术以及工程设计等相互共融的学科交叉研究领域，焕发新生。

1.2 目标光学辐射特性

早在 20 世纪 50 年代，以美国为代表的西方发达国家便开始将目标与环境光学特性作为一个独立的领域开展系统性的理论建模、测量及其应用研究。经过数十年的发展，建立了较为完善的研究与应用体系，形成了一批目前被广泛使用且置信度很高的光学特性理论模型和工程计算软件，执行了一系列地基、船载、机载、球载、箭载、星载测量计划，积累了丰富的光学特性数据，促使他们在目标光电探测与识别等应用技术方面走在世界前列。下面分别介绍国外在目标辐射特性建模和测量方面的重要研究进展，并简要对比分析国内情况。类似地，在 1.3 节介绍环境辐射特性建模与测量方面的进展。

目标光学辐射特性建模研究主要是基于传热学、流体力学、光散射及辐射传输理论，构建各类复杂结构目标在内部动力因素和外部环境因素共同作用下光学辐射特性的计算模型，逐步形成各种类型目标的集成仿真计算软件 [3]。

以目标对象来区分，对于车辆、建筑等地面目标，主要的软件有 PRISM (Physical Reasonable Infrared Signature Model) 和 MuSES (Multi-Service Electro-optic Signature)。对于水面舰船类目标，主要的软件有 ShipIR (Ship InfraRed simulator) 和 EOSTAR (Electro-Optical Signal TrAnsmission Ranging)。对于飞机等空中目标，主要的软件有 NIRATAM (NATO InfraRed Air TArget Model) 和 SPIRITS-AC (Spectral and In-band Radiometric Imaging of Targets and Scenes-AirCraft)，其中 SPIRITS-AC 的计算谱段范围可以覆盖紫外到红外。对于火箭类目标，主要的软件有 SPF (Standard Plume Flowfield)、SIRRM (Standard InfraRed Radiation Model)、SPURC (Standrad Plume Ultraviolet Radiation Code)、CHAMP (Composite Hardbody And Missile Plumes)。

由于目标光学辐射特性建模原理的共通性，不同类型目标特性的仿真计算实际上就是根据目标结构特点组合、优化基本的流场、传热、辐射传输计算模块。因此, 很多目标特性仿真软件在版本迭代的过程中不断提升其通用性, 以上介绍的一些软件虽然最初只用于一种特定类型目标光学辐射特性计算, 但最新版本已经支持地、海、空多类型目标光学辐射特性的计算。另外, 尽管很多计算软件在国防需求下诞生, 但逐步发展为通用计算软件, 能够支撑各种对目标光学辐射特性存在需求的技术领域, 体现出光学特性理论的应用基础性。

另一方面, 为了满足目标性能评估、理论模型校验等需求, 利用辐射计、光谱仪、多谱段成像仪、光谱成像仪、偏振成像仪等各种类型的测量设备, 建设了大量的光学辐射特性测量系统, 执行特性测量测试、数据获取计划 [4]。

按照测量方式分类: 一是, 在静态或模拟环境下构建测量系统, 对处于地面静止、滑轨、台架、风洞等的目标开展光学辐射特性测量; 二是, 建设开放环境下地基、船载光学测试场, 对处于真实环境的地海面目标、处于飞行状态的飞机和火箭等空中目标以及卫星等空间目标开展光学辐射特性测量, 比较著名的测试场有毛伊岛光学靶场、星火光学靶场、大西洋红外测试场等; 三是, 研发机载、弹载测量系统对地海面目标开展俯视测量, 对飞机、火箭等目标开展伴飞、跟踪测量, 典型的测量系统有美国海军空战中心的 Tiger 红外测量吊舱、空军研究实验室的目标与背景红外特征试验机 (Flying Infrared Signature Technology Aircraft, FISTA); 四是, 发射光学辐射特性测量卫星开展地海面、空中目标、火箭等的天基测量, 最典型的测量卫星是 MSX (Midcourse Space eXperiment) 技术验证星, 它携带了覆盖紫外至远红外的辐射计、光谱仪和成像仪在天基下视和临边探测视角下获取飞行试验中的目标辐射特性。

我国目标与环境光学特性研究起始于 20 世纪 60 年代, 尽管受到投入限制, 20 世纪 70 年代至 2000 年依然较系统地开展了光学特性理论与测量试验研究, 初步形成了研究与应用体系。进入 21 世纪以后, 随着投入不断增加, 且各领域的需求强烈, 国外引入现有成果逐渐不能满足应用发展, 国内的光学特性研究进入发展快车道。尽管已经取得一些成果, 但是, 理论模型校验不足、集成性较差, 测量手段单一且可靠性、持续性不够, 光学特性在目标探测与识别等应用领域作用体现不足等问题依然十分突出。因此, 系统梳理光学特性建模与测量知识体系, 夯实学科基础, 是十分必要的, 也是本书红外特性理论与测量部分撰写的初衷之一。

1.3 环境光学辐射特性

环境光学辐射特性作为独立的研究领域, 是复杂环境下目标光学探测的基础, 是环境自身基本要素 (如大气温度、密度、组分等) 光学探测的依据, 是气象、气候物理的重要组成部分。因此, 在气候气象模拟和环境遥感等应用需求的牵引下, 环境光学辐射特性建模研究起步略早于目标特性建模。

　　环境光学辐射特性建模主要是基于分子光谱学、光散射及辐射传输等理论和环境参量观测数据,构建地球及其大气环境中辐射传输计算模型和星际背景辐射经验/半经验模型,实现复杂环境状态变化下的光学特性获取。由于环境对象是非人为、客观存在的,且极其复杂多变,在环境光学特性建模研究中要特别强调对观测数据的使用方法研究,比如气象要素观测数据在辐射传输理论计算中的使用以及地外星体辐射观测数据在星际背景辐射经验/半经验模型构建中的使用,脱离这些观测数据的理论方法很难具备实际应用价值。

　　面向各领域需求,已经形成了大量、具有各自特点的环境光学辐射特性模型。总的来说,用于气候模拟、遥感反演的模型都高度定制化,针对特定的谱段、特定的效率需求,但通用性不强。正是在目标探测等光电工程需求的牵引下,才逐步形成一批集成性、通用性较好的模型软件。使用最广泛的软件是美国空军研究实验室及其前身研发的系列通用辐射传输软件。早期的软件是 LOWTRAN (LOW resolution atmospheric TRANmission),可以以 $20\mathrm{cm}^{-1}$ 光谱分辨率计算紫外到远红外的大气透射率、大气辐射亮度和太阳直接辐射照度等,在发展到第 7 版本后,为适应中高光谱分辨率仿真计算需求,又研发了 MODTRAN (MODerate resolution atmospheric radiance and TRANmission)。目前,最新版本的 MOD-TRAN 集成逐线积分、谱带模型、k-分布等多种计算模式,具备较完善的地物、气溶胶、云光学特性数据库,能够实现各种典型地物、气象条件下 0~100km 高度内任意两点间大气透射率、环境辐射亮度等参量的快速计算。为了反映中高层大气非平衡辐射特殊机制,研发了非平衡大气辐射传输计算软件 SHARC (Strategic High-Altitude Radiance Code),此后,将 MODTRAN 和 SHARC 集成为 SAMM (SHARC And MODTRAN Merged),实现 0~300km 高度任意两点间大气透射率与环境辐射亮度的计算 [5]。

　　面向目标探测与识别光学系统的设计、评估及应用,需要进一步开展目标与环境综合集成的探测场景光学特性建模。以上介绍的很多目标光学辐射特性仿真软件在版本迭代过程中就逐步耦合了 MODTRAN 等环境光学特性软件,实现合成场景仿真计算能力。此外,还出现一批专门的地球大气及星际背景辐射场景计算软件,主要有:地球大气遥感场景仿真软件 SENSOR (Software ENvironment for the Simulation of Optical Remote sensing systems);云场景仿真软件 CLDSIM (CLouD scene SIMulator);海天场景仿真软件 MIBS (Marine Infrared Background Simulator);星际背景辐射生成软件 CBSD (Celestial Background Scene Descriptor) 等。一些复杂环境下目标探测场景仿真软件应运而生,典型的有 SE-WORKBENCH、DIRSIG (Digital Imaging and Remote Sensing Image Generation)、SSGM (Synthetic Scene Generation Model) 等。

　　在环境光学辐射特性测量方面,面向地球大气遥感、天文观测计划获取的光学辐射特性数据是覆盖范围最广、持续时间最长的。目前依然在执行的观测计划包括：地基大气辐射测量计划 ARM (Atmospheric Radiation Measurement)、地球观测计划 EOS (Earth Observation System)、红外天文观测计划 WISE (Wide-field Infrared Survey Explorer) 等。这些测量计划的特点是，由于并非专门用于环境光学特性研究本身，而是出于各自的计划目的，往往只获取特定谱段、特定探测方式的环境特性数据。但是，鉴于海量的观测数据积累，对环境光学辐射特性的研究，它们依然是最重要的测量数据来源。

另一方面，在实施目标光学辐射特性测量时，也会收集到大量作为背景出现的环境特性数据，一些目标试验中获取的环境特性数据相比于多数面向环境遥感的测量试验获取的数据往往会涵盖更多的谱段、探测方式与探测体制，具有更好的光学特性研究价值。比如，MSX 卫星携带的覆盖紫外、可见光至远红外的辐射计、光谱仪、成像仪获取了大量地球大气、临边大气、星际背景的辐射数据，还专门获取了极光、闪电、重力波扰动等特殊光学现象的紫外至红外光谱与图像数据，为环境光学特性研究做出重要贡献。

随着新材料、新探测技术的发展，在目标探测与识别等应用需求的不断牵引下，目标与环境特性建模正向着复杂材料结构、复杂环境、目标与环境耦合场景等方向发展，测量技术逐步走向地、海、空、天多平台、多传感器协同动态测量，人工智能等新技术在目标与环境特性领域的使用也将被广泛地探索。

1.4　目标红外识别

目标识别是指一个特定目标 (或一种类型的目标) 从其他目标 (或其他类型的目标) 中被区分出来的过程，它既包括两个非常相似目标的识别，也包括一种类型的目标同其他类型目标的识别。红外识别是红外特性最重要的应用之一，其基本原理是利用红外探测器测量获得的强度、光谱、图像等目标辐射特征及其反演得到的外形、材料、结构等物理属性特征，根据训练样本所确定的分类函数进行识别判决。本书以红外特性为基础，面向红外成像和红外光谱两类探测体制中的特征提取与识别问题，以获取稳定可靠的红外特征和准确的分类识别为目的，考虑了红外探测与目标特性关联约束，对最优探测谱段选择和特征提取精度等进行了分析，对红外识别相关基础理论与方法进行了详细论述。

随着红外探测技术、计算机技术和人工智能技术的快速发展，红外识别无论是在国民经济还是国防科技等领域均受到高度重视。红外识别的基本途径主要包括红外成像识别、红外光谱识别以及基于人工智能的识别等。红外成像识别按照目标成像大小又分为红外点目标识别与红外图像目标识别。当目标尺寸小于探测器成像空间分辨力时，目标在探测器像面上的成像属于点目标或斑点目标，对其识别为红外点目标识别；当目标在探测器像面呈现出清晰的轮廓和纹理时，对其识别为红外图像目标识别。随着红外探测在相关领域应用需求的提升，红外目标检测识别研究越来越多地集中于红外弱小目标，静态图像对此类问题的应对能力极为低下，为此出现了红外序列图像和红外视频图像 (动态图像) 的目标识别。基于动态图像的目标识别是通过对序列图像的空间信息和时间信息进行综合研究来实现目标的识别。在序列图像中，由于目标的运动轨迹具有连续性，而图像中的噪声则是随机出现的，因此可以根据目标以及噪声的特征差异设计不同的方法实现目标的检测和识别。由于基于多帧图像的方法能够利用更多的时空信息，因此这类方法较之静态图像具有更好的识别性能。

提取出目标稳定且独特的诊断性特征是进行红外识别的关键之一。红外识别使用的一般特征不仅包括目标轮廓和纹理等空间特征，还包括辐射、光谱、材料和热特征等，较之可见光谱段具有更高的特征维度，因此理论上可以辨识更多的目标信息，如目标材质、热惯量、工作状态等。受红外器件发展和应用水平制约，红外识别技术发展相对可见光和雷达较晚，早期主要集中应用于红外检测跟踪上。面对复杂多变的探测背景及其目标红外特性的不确定性，如何提取或构造目标的不变性或准不变性特征依然是红外目标识别的一个困难问题。

对于红外点源目标，由于已不具有探测面上的几何纹理等信息，成像目标的探测与识别理论不再适用，因此需要从目标与环境红外辐射特性差异规律中提炼新的识别理论，现阶段该方面的系统研究还很少。2000 年左右波音公司最早提出了基于多模态融合的识别系统，利用辐射、温度、运动等多模态分类器，由粗到细不同层次信息融合逐步区分目标类型；近年来国内北京环境特性研究所等单位提出利用目标辐射和运动特征进行红外点目标识别。对于红外成像识别，当前仍以轮廓、纹理等特征为主，该方面的研究较多，但对于目标热特征信息增量挖掘和使用还没有成熟的途径。对于红外光谱识别，由于光谱域是完全不同于空域的另一个维度辐射信息，与目标的空域特性互补，因此红外高光谱信息的目标检测识别是一个新近发展的方向，目前关于该方面的公开报道还不多见。但由于受到探测器性能、光谱辐射特性处理以及环境散射辐射与大气传输等多种要素的影响，红外光谱探测 "同物异谱" 和 "同谱异物" 现象比可见光光谱严重，需要更复杂的数学物理方法提取和应用光谱特征。上述问题都需要结合目标特性知识，不断探索新的目标特征提取方法，以提升红外目标识别的水平。如今，目标红外识别呈现多类特征融合趋势，如红外图谱融合、高光谱成像识别、红外偏振识别等，也将成为目标红外特征挖掘与识别应用的重点方向。

在红外目标识别方法的研究方面，目前的所有方法基本上可以分为这样几类：基于模板匹配的方法、基于贝叶斯决策理论的方法、基于线性判别函数的方法、基于神经网络的方法、基于支持向量机的方法以及基于深度学习的方法。

模板匹配法是早期最具代表性的方法。这类方法是事先制备目标辐射强度模板或其他特征模板，通过计算其与实时信息提取出的模板之间的相似度或相关性，来实现目标的分类识别，其中相似度的指标可以包括欧氏距离等在内的各种距离和范数。贝叶斯决策理论，由于具有坚实的数学理论基础，是由此而衍生出统计模式识别的一族方法。基于贝叶斯决策理论的方法可以分为最小错误率贝叶斯决策和最小风险决策，这类方法均是通过不同的决策依据确定出决策面，从而进行目标的分类识别。这类方法需要知道样本特征空间中各类样本的条件概率密度，这大大限制了在实际中的应用。线性判别函数由于是通过简单的超平面作为分界面，因之具有易于实现、计算量和存储量小等优点，从而成为另外十几种最为常用的目标识别的基本方法之一。其中用于获得分界面的常用准则函数包括：Fisher 准则、感知准则、最小错分样本数准则、最小平方误差准则以及最小错误率线性判别函数准则等。实际中的目标识别问题并不是线性可分的，两类目标的特性往往具有多峰性并相互交错，采取线性判别函数的方法易于产生较大的识别错误，为此需要研究非线性判别函数的识别方法来应对这种问题。这类方法中，最具有代表性的方法包括：各种分段线性判别函数、基于凹函数的分段线性判别函数、基于交遇区的分段线性函数以及二次判别函数等。目标识别的过程事实上是利用计算机模拟人脑对特定对象进行甄别的过程。因此目标识别的研究与人工神经网络的发展密不可分。迄今为止，人工神经网络得到了很大的发展，在形形色色的人工神经网络中，采用后向传播学习算法的多层感知器在目标识别中得到了广泛的研究和应用。这类方法是以监督学习的方式进行的，因此适量样本的制备是其施行的前置条件。无论是以贝叶斯决策理论为代表的统计模式识别还是以后向传播多层感知器为代表的人工神经网络，它们都是基于经验风险最小为原则进行识别，这种识别规则的推广性不强，因此，Cortes 和 Vapnik 提出了基于结构风险最小化作为分类准则的支持向量机 (support vector machine，SVM)。SVM 在解决小样本、非线性等分类识别问题方面具有明显的优势。SVM 方法也是一种统计学习理论的方法，其核心思想是首先通过非线性变换将输入空间转换到一个高维空间，即升维，然后在这个高维空间中求取最优线性分类面，其中的非线性变换是通过一种内积定义的核函数来实现的。SVM 的最大特点在于采取了与传统的将原输入空间降维 (特征选择和特征变换) 完全不同的做法，即通过非线性变换将之升维，从而将一个低维度的识别问题迁移到一个高维度空间中，提升目标的可分性。

目前传感器技术和计算机技术得到了极大发展，前者为机器学习所需的足量的样本提供了保障，后者为复杂算法所需的算力提供了保障。这二者共同催生了当下深度学习研究的快速进步，引领了当下人工智能的发展方向。深度学习的最大特点在于各个网络层上的特征不是人工设计而是网络基于数据自动习得的，其强大的特征抽象能力在相关目标识别任务展现出了较之非深度学习的碾压式优势。目前，世界各国已经把人工智能作为未来科技发展的又一高地。2017 年 7 月，国务院印发《新一代人工智能发展规划》，提出了面向 2030 年中国新一代人工智能发展的指导思想、战略目标、重点任务和保障措施。2019 年 2 月，美国总统特朗普签署了创建"美国 AI 计划"的行政命令。同年 10 月，俄罗斯总统普京签署通过了《2030 年前国家人工智能发展战略》。由此可见人工智能技术已经是各大国竞争焦点。目标红外识别可综合运用红外辐射、光谱、成像等多维信息，是人工智能技术应用的重点领域。可以预见，借助于以深度学习为代表的人工智能技术，快速提升识别技术水平，拓展识别深度和广度，是目标红外识别未来又一重要发展方向。

参 考 文 献

[1] 宋贵才, 全薇, 宦克为, 等. 红外物理学 [M]. 北京: 清华大学出版社, 2018.

[2] 姚连兴, 仇维礼, 王福恒, 等. 目标与环境的光学特性 [M]. 北京: 宇航出版社, 1995.

[3] 陈晓盼, 孙辉, 董雁冰, 等. 国外目标与环境光学特性建模技术 [M]. 北京: 国防工业出版社, 2018.

[4] 陈晓盼, 孙辉, 李军伟, 等. 国外目标与环境光学特性测量技术 [M]. 北京: 国防工业出版社, 2018.

[5] 刘栋. 中高层大气红外辐射特性数值模拟研究及其应用 [D]. 合肥: 中国科学技术大学, 2018.

第 2 章 红外辐射基础理论

本章介绍红外辐射涉及的基本概念、物理量以及所遵从的基本物理定律；阐述本书红外特性范畴相关的辐射与介质相互作用基础知识和理论，为目标与环境红外辐射特性的理论建模和规律阐述提供知识背景。同时本章内容也是后续特性测量和目标识别章节的基础理论。

2.1 辐射基本物理量

本书采用辐射度学的一系列参量表征目标与环境的红外辐射特性。它们是独立于具体测量系统的，只反映辐射场客观性质，在辐射度量及其理论分析中被广泛使用。由于历史原因，在一些研究领域还建立了其他类型的辐射度量术语体系，比如，针对可见光能量度量的光度学，光度学参量的大小由客观辐射能量和人眼的视觉特性共同决定，也就是，它纳入了主观因素并且在可见光谱段以外无效，使用范围受到很大限制。因此，本书不再介绍光度学等术语体系，它们的参量概念以及与辐射度学参量间的转化关系可以参见相关光学专著。

以下介绍一些常用辐射量的概念，以及特性分析中一些典型辐射体的辐射量计算方法，并引入更能反映物质辐射属性的几种辐射比率。

2.1.1 常用辐射量

1. 辐射能量

辐射能量是指以电磁波形式发射、传播和接收的能量，常用 Q 表示，国际制单位为焦耳 (J)。

2. 辐射功率

辐射功率是指在一定的截面内单位时间通过的电磁波辐射能量，常用 P 表示，国际制单位为瓦特 (W)，数学表达式为

$$P = \frac{\partial Q}{\partial t} \tag{2.1}$$

其中，t 代表时间。辐射功率也称为辐射通量。

3. 辐射通量密度和辐射出射度

辐射通量密度是指在单位截面内单位时间通过的电磁波辐射能量，常用 F 表示，国际制单位为瓦特/米 $^2(\text{W/m}^2)$，数学表达式为

$$F = \frac{\partial P}{\partial A} \qquad (2.2)$$

其中，A 是截面面积。

定义辐射通量密度的截面可以是空间中的任意截面，当截面就是辐射源表面时，辐射通量密度被称为辐射出射度，常用 M 表示，数学表达式与 (2.2) 式相同，它特指辐射源单位表面积在单位时间内向半球空间发射的电磁波辐射能量。

4. 辐射强度

辐射功率表征单位时间内通过一定截面的电磁波总辐射能量，但从不同方向通过截面的辐射能量可能是不同的，为了描述这种方向分布，需要定义辐射强度。为此，先解释空间方向和立体角的概念。

图 2.1 展示了空间方向与立体角的示意图。假设一个截面微元 dA，在 dA 上建立坐标系 x-y-z，dA 位于 x-y 坐标轴构造的平面内，z 坐标轴与垂直于 dA 的法线方向 n 同向。一个指定的空间方向 r 通常采用两个参量描述，即 r 与 n 的夹角 θ(称为方向角) 以及 r 在 x-y 平面的投影与 x 轴夹角 φ(称为方位角)。空间方向 r 是一个理想的几何概念，通过 dA 在 r 方向传播的电磁波实际上是指在 r 附近的一个小锥体内传播的电磁波。小锥体的张角微元采用立体角 (solid angle)$d\Omega$ 表示，它的定义为以小锥体基点为球心，在半径为 R 的球面上小锥体截取的微元表面积 dS 与球半径平方之比，即

$$d\Omega = \frac{dS}{R^2} = \sin\theta d\theta d\varphi \qquad (2.3)$$

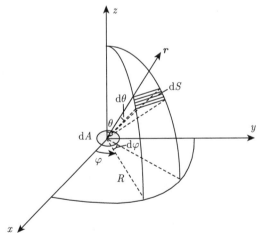

图 2.1 空间方向与立体角

立体角的单位是球面度 (sr, steradian)。任意空间张角都可以采用立体角 Ω 表示，数学表达式为

$$\Omega = \int_{\varphi_1}^{\varphi_2} \int_{\theta_1}^{\theta_2} \sin\theta \mathrm{d}\theta \mathrm{d}\varphi \tag{2.4}$$

其中，$\theta_1 - \theta_2$ 为空间张角的方向角变化范围，$\varphi_1 - \varphi_2$ 为空间张角的方位角变化范围。根据上式，不难推算出，全空间的立体角为 4π，半球空间的立体角为 2π。

辐射强度是指在一个指定方向的单位立体角内通过一定截面的电磁波辐射功率，常用 I 表示，国际制单位为瓦特/球面度 (W/sr)，数学表达式可以写为

$$I = \frac{\partial P}{\partial \Omega} \tag{2.5}$$

辐射强度是与 θ 和 φ 相关的参量。需要指明，定义中的截面可以是空间中的任意曲面，对于一个宏观曲面，在 (θ, φ) 方向上出射的辐射强度就是曲面的每个微元在其 (θ, φ) 方向上的辐射功率在整个曲面的积分，数学表达式为

$$I(\theta, \varphi) = \oint_A \frac{\partial^2 P(\theta, \varphi, A)}{\partial\Omega\partial A} \mathrm{d}A \tag{2.6}$$

这里，$\mathrm{d}A$ 代表曲面上微元，A 代表整个曲面。应该注意区分，对一个实际物体在 (θ, φ) 方向上观测其辐射强度是在确定的坐标系下固定的方向上对其辐射能量的度量，因此，计算物体上每个面元被观测的辐射强度需采用该面元与这一固定方向的夹角，这对于三维物体表面存在各向异性辐射的情况尤其重要。

5. 辐射亮度

在以上介绍中，为了解释通过任意曲面的辐射强度，采用了面积微元的概念，式 (2.6) 中被积函数的物理含义就是曲面上一个指定位置在 (θ, φ) 方向单位立体角内通过单位截面面积的电磁波辐射功率，这实际上就是辐射亮度的概念。但是，辐射度学中，指定方向的辐射亮度不是度量通过实际截面单位面积的辐射能量，而是通过实际截面在该方向的单位投影面积的辐射能量。

辐射亮度 (简称辐亮度) 的严格定义是，在指定方向上单位立体角内通过垂直于该方向的单位投影截面的电磁波的辐射功率，常用 L 表示，国际制单位为瓦特/(米^2·球面度)(W/(m²·sr))，数学表达式为

$$L(\theta, \varphi) = \frac{\partial^2 P(\theta, \varphi, A)}{\cos\theta \partial A \partial \Omega} \tag{2.7}$$

该定义确保在某一截面接收空间各向同性电磁波的辐射亮度是不随方向变化的常数。

6. 辐射照度

实际应用中，常遇到一个受照射面只能接收来自一个确定立体角内电磁波的情形，为了度量通过受照射面的辐射能量，引入辐射照度的概念。

辐射照度 (简称辐照度) 是指受照射面的单位面积上接收一定立体角 Ω_0 的电磁波辐射功率, 常用 E 表示, 国际制单位为瓦特/米 $^2(\text{W/m}^2)$, 数学表达式为

$$E = \frac{\partial P(\Omega_0)}{\partial A} \tag{2.8}$$

其中, $P(\Omega_0)$ 是在受照射面积上立体角 Ω_0 内接收到的辐射功率。尽管辐射照度的单位与辐射通量密度相同, 但后者是针对半球空间的, 它们与辐射亮度的关系可以表示为

$$E = \int_{\Omega_0} L(\Omega) \cos\theta \mathrm{d}\Omega, \quad F = \int_{2\pi} L(\Omega) \cos\theta \mathrm{d}\Omega \tag{2.9}$$

7. 光谱辐射量

类似于其他形式波的描述, 光波的波谱可以采用波长、频率、波数三种参量表示。在真空中, 波长 λ 与频率 ν 关系为

$$\lambda = \frac{c}{\nu} \tag{2.10}$$

其中, $c = 2.99792458 \times 10^8 \text{m/s}$ 为真空中的光速, 是一个重要的物理学常数 (本书中涉及的所有常数都汇总在附录 A 中)。利用 $\lambda = 1/\upsilon$(国际单位制下) 可获得真空中波数 υ 与频率 ν 关系为

$$\upsilon = \frac{\nu}{c} \tag{2.11}$$

波长的国际制单位为米 (m), 在红外谱段常用微米[①] (μm); 波数的国际制单位为 m^{-1}, 代表单位长度内具有的完整波长数目, 在红外谱段常用 cm^{-1}[②]; 频率的国际制单位为赫兹 (Hz)。在任意介质中, 以上关系式不变, 但传播速度会产生变化, 因此指定频率的光波的波长和波数也会跟随产生改变。假设在一种介质中传播速度为 c', 它与该介质相对于真空的折射率 n 有关:

$$c' = \frac{c}{n} \tag{2.12}$$

以上讨论的辐射量, 都是默认包含波长从 0 到 ∞ 的全部辐射, 因此不包含光谱信息, 可以利用它们定义光谱辐射量。在波长 λ 处单位波长间隔内某一辐射量的大小可以表达为

$$X_\lambda = \frac{\partial X}{\partial \lambda} \tag{2.13}$$

---

① 其他常用波长单位还包括埃 (Å)、纳米 (nm), 它们的换算关系为 $1\text{m}=10^6\mu\text{m}=10^9\text{nm}=10^{10}\text{Å}$。

② 利用红外谱段常用单位, 波长与波数间换算关系为 $\lambda(\mu\text{m})=10000/\upsilon(\text{cm}^{-1})$, 其他换算关系可类似推导得出。

其中，X 可以是 Q、P、F、M、I、L、E 中的任意一种。X_λ 的含义是在单色波长 λ 附近单位光谱间隔内辐射量 X 的大小。光谱辐射量的单位就是在以上各辐射量单位的基础上再加上 "每波长"。在一个光谱间隔 $\lambda_1 - \lambda_2$ 内的辐射量可以表达为

$$X_{\Delta\lambda} = \int_{\lambda_1}^{\lambda_2} X_\lambda \mathrm{d}\lambda \tag{2.14}$$

光谱可以采用波长、波数或频率表示，即 X_λ、X_υ、X_ν。本书中将按实际表述习惯，任意使用三种光谱表示法。需要指出，在相同的光谱位置处三种光谱辐射量的数值并不相等，它们存在以下关系：

$$-X_\lambda \mathrm{d}\lambda = X_\upsilon \mathrm{d}\upsilon = X_\nu \mathrm{d}\nu \tag{2.15}$$

其中，负号代表波长的变化趋势与波数、频率的变化趋势相反。对于红外辐射，常用波数单位为 cm^{-1}，波长单位为 $\mu\mathrm{m}$，在此单位下光谱辐射的数值关系可推导为

$$X_\upsilon = X_\lambda \cdot \frac{10000}{\upsilon^2} \tag{2.16}$$

其他光谱辐射量的转化关系可以类似推出。

2.1.2　辐射量的计算

以下用于辐射量计算的若干定律和分析方法既适用于宽谱段的辐射量，也适用于光谱辐射量。

1. 朗伯余弦定律

物体发射和反射辐射存在各种类型的方向分布特征。比如，根据生活经验，一束光入射光滑的冰面或金属面，反射光具有很好的方向性，且反射光束与入射光束呈镜面对称性，这种反射称为镜面反射 (mirror reflection)。但很多粗糙表面的反射光散布在半球空间中，没有特别的优势方向，这种反射称为漫反射[①](diffuse reflection)。

定量地描述物体发射和反射辐射的方向分布属性，是准确获知该物体辐射特性的基本前提，但是，对于目标与环境特性遇到的很多情形，这并非易事。幸运的是，实验测量表明，很多物体的辐射方向分布特性是接近于各向同性的。在理论分析中，若能采用这种理想漫辐射假定，将极大降低问题的复杂度。

---

① 一些文献将 "漫反射" 一词定义为理想的各向同性反射，本书中将存在一定方向分布的反射统称为漫反射，各向同性反射看作一种特殊的漫反射，称为理想漫反射。类似地，采用 "漫发射" 和 "理想漫发射"、"漫辐射" 和 "理想漫辐射" 等术语。

辐射各向同性的物体被称为朗伯体 (Lambertian object)。图 2.2 展示出它的辐射示意图，朗伯体在指定方向上的辐射强度和该方向与表面法线夹角的余弦成正比，数学表达为

$$I(\theta) = I_0 \cos \theta \tag{2.17}$$

其中，I_0 为夹角 $0°$ 时的辐射强度。这个规律被称为朗伯余弦定律。根据辐射亮度定义，朗伯体的辐射亮度是与方向无关的数值，可以表达为

$$L = \frac{I_0}{\Delta A} \tag{2.18}$$

其中，ΔA 为朗伯体表面积。简单推算易知，朗伯辐射源的辐射出射度 $M = \pi L$。

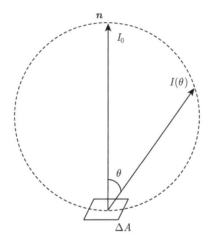

图 2.2　朗伯体辐射示意图

2. 距离平方反比定律

若辐射源有效尺寸足够小，或距离受照射面足够远，辐射可以被看作从一个没有几何尺寸的点发射出，这种辐射源被称为点源。

假设点源的辐射强度为 I，与受照射面的距离为 l，受照射面的法线方向与 l 方向的夹角为 θ，如图 2.3 所示。若无任何介质影响辐射传输，点源在受照射面上产生的辐射照度为

$$E = \frac{I \cdot \Delta \Omega}{\Delta A} = \frac{I \cos \theta}{l^2} \tag{2.19}$$

其中，ΔA 为受照射面的面积，$\Delta \Omega$ 为受照射面相对点源的张角。点源在一定距离外产生的辐射照度与距离平方成反比，这个规律被称为距离平方反比定律。

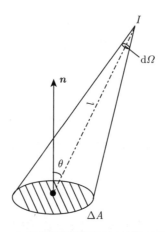

图 2.3   点源在受照射面的辐射照度示意图

3. 立体角投影定律

一个具有面积 ΔA_s 的小辐射面，在一定距离外已经不能被看作一个点，但假定小面源产生的辐射照度依然满足距离平方反比定律。

若受照射面的面积为 ΔA，受照射面与小面源的距离为 l，两个面的法线方向与 l 方向的夹角分别为 θ 和 θ_s，如图 2.4 所示。若无任何介质影响辐射传输，小面源在受照射面上产生的辐射照度为

$$E = \frac{I \cos \theta}{l^2} = L(\theta_s) \frac{\Delta A_s \cos \theta_s \cos \theta}{l^2} \tag{2.20}$$

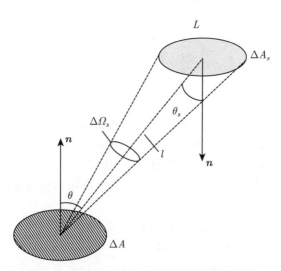

图 2.4   小面源在受照射面的辐射照度示意图

其中, 小面源的辐射强度为 $I = L(\theta_s)\Delta A_s \cos\theta_s$, $L(\theta_s)$ 为小面源在 θ_s 方向的辐射亮度。小面源在垂直于 l 方向的投影相对于受照射面的张角 $\Delta\Omega_s = \Delta A_s \cos\theta_s/l^2$, 上式可以改写为

$$E = L(\theta_s)\Delta\Omega_s\cos\theta \qquad (2.21)$$

该式表明小面源产生的辐射照度与小面源的投影立体角 $\Delta\Omega_s$ 成正比, 与面源形状无关, 这个规律被称为立体角投影定律。

4. 扩展源的辐射照度分析

以上对点源和小面源的描述都是定性的, 下面通过分析扩展辐射源在一定距离上产生的辐射照度, 定量地说明这两个概念以及距离平方反比定律和立体角投影定律的适用范围。

图 2.5 展示出在受照射面 ΔA_d 处观测一个面积很大的扩展辐射源, 为了分析方便, 不妨假定扩展源为朗伯源, 辐射亮度为常数 L_0, 观测视线垂直于扩展源且观测立体张角为 $\Delta\Omega_0$, 张角的平面投影半角为 $\Delta\theta_0$, 张角在扩展源表面截取的面积为 $\Delta A_0 = \pi r^2$; 张角在受照射面后端不远处会聚为一个点, 与扩展源距离为 l, l 可以近似看作辐射源与受照射面之间的距离。这是典型的扩展源辐射测量情形。假定辐射由扩展源传输到受照射面的过程中无任何介质影响, 利用截面内微元在观测处产生辐射的积分, 可以推算在此张角下测得的辐射照度为

$$E = \pi L_0 \sin^2\Delta\theta_0 = L_0\frac{\Delta A_0}{l^2+r^2} \qquad (2.22)$$

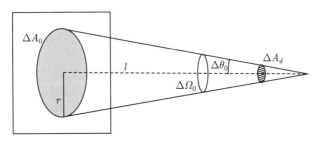

图 2.5　扩展辐射源在受照射面的辐射照度示意图

当截面半径 r 远小于距离 l 时, 上式可以近似为

$$E_0 = L_0\frac{\Delta A_0}{l^2} \qquad (2.23)$$

这实际上就是 (2.21) 式中 $\theta=0°$ 时的立体角投影定律。据此, 可以估计一个有效半径为 r 的辐射面源被看作点源或小面源时产生的辐射照度计算误差 R_e:

$$R_e = \frac{E_0-E}{E} = \left(\frac{r}{l}\right)^2 \qquad (2.24)$$

当 $r/l \leqslant 0.1(\Delta\theta_0 \leqslant 5.7°)$ 时，$R_e \leqslant 1\%$。辐射源有效尺寸越小或距离观测者越远，将其看作点源或小面源的误差越小；反过来说，根据计算精度要求，在达到特定的辐射源尺寸与观测距离比时，辐射源才能被看作点源或小面源。

5. 角系数

对于两个面之间辐射传递的一般情形，常引入 "角系数" 的概念帮助计算。角系数是一个表面发射出的辐射能落到另一个表面上的百分比，反映相互辐射的物体之间几何形状与位置相对关系。

如图 2.6 所示，假设 A_1 是辐射亮度为 L_1 的均匀朗伯面源，A_2 是接收面，若 A_1 照射到 A_2 上的总辐射功率为 P_{12}，可以推算：

$$P_{12} = L_1 \cdot \int_{A_1} \int_{A_2} \frac{\cos\theta_1 \cos\theta_2}{l^2} \mathrm{d}A_1 \mathrm{d}A_2 \tag{2.25}$$

其中，l 为两者间距离，θ_1 为 $\mathrm{d}A_1$ 法线方向与两者连线的夹角，θ_2 为 $\mathrm{d}A_2$ 法线方向与两者连线的夹角。可以定义 A_1 相对于 A_2 的角系数 S_{12}：

$$S_{12} = \frac{P_{12}}{\pi L_1 A_1} = \frac{1}{A_1} \int_{A_1} \int_{A_2} \frac{\cos\theta_1 \cos\theta_2}{\pi l^2} \mathrm{d}A_1 \mathrm{d}A_2 \tag{2.26}$$

类似地，假设 A_1 是接收面，A_2 是辐射源，计算 A_2 照射到 A_1 上的总辐射功率 P_{21} 时，也可以定义 A_2 相对于 A_1 的角系数 S_{21}。角系数只与两个面的空间几何参量有关，若已知辐射源的发射功率，可以利用角系数方便地计算出接收的辐射功率。但是，需要指明，当辐射源不是均匀朗伯面时，很难提炼出一个与辐射无关的参量，角系数的定义不再严格适用，使用角系数时应该注意它引起的误差。

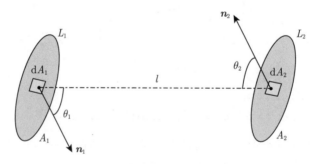

图 2.6   角系数概念示意图

2.1.3   辐射比率

从介质表面出射的辐射能量不仅与物体自身辐射属性有关，还会与介质的热状态以及入射介质的外部辐射有关。利用辐射量之间的比率 (本书简称 "辐射比率") 可以定义反映物体自身辐射属性 (简称辐射物性) 的参量。

1. 反射率、透射率和吸收率

入射某一介质的电磁波，一部分会被介质反射，一部分会透过介质出射，一部分会被介质吸收，如图 2.7 所示。各部分辐射能量与入射辐射能量的比率分别定义了反射率 (reflectance)、透射率 (transmittance)(通常又称透过率) 和吸收率 (absorptivity)。这里采用辐射功率给出表达式，反射率 R 可以写为

$$R = \frac{P_r}{P_i} \tag{2.27}$$

透射率 T 为

$$T = \frac{P_t}{P_i} \tag{2.28}$$

吸收率 α 为

$$\alpha = \frac{P_a}{P_i} \tag{2.29}$$

其中，P_i、P_r、P_t、P_a 分别为入射辐射、反射辐射、透射辐射和吸收辐射的辐射功率。利用它们的光谱量就可以定义光谱反射率 R_λ、光谱透射率 T_λ 和光谱吸收率 α_λ。根据能量守恒定律，存在以下关系：

$$R + T + \alpha = 1 \tag{2.30}$$

光谱反射率、透射率和吸收率也满足此关系，但要求介质是光学线性的。

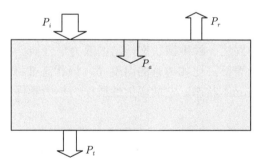

图 2.7　介质反射、透射和吸收辐射的示意图

2. 发射率

温度大于绝对零度的介质总是会向外发射电磁波，可以定义发射率 (emissivity) 表征介质的发射属性。

为此，先定义一种特殊的介质，在所有的光谱波段，可以吸收来自外界的所有电磁波，不反射、不透射，最大程度地发射电磁波，且为朗伯辐射源，此介质被称为黑体 (blackbody)。黑体的吸收率为 1，反射率和透射率为 0。假设黑体的

发射辐射功率为 P_b、辐射出射度为 M_b、辐射亮度为 L_b。利用这些参量中任意一种可以定义介质的发射率，这里采用辐射功率表达，介质的发射率 ε 可以写为

$$\varepsilon = \frac{P_e}{P_b} \tag{2.31}$$

其中，P_e 为该介质在与黑体具有相同温度情况下，发射辐射的辐射功率。类似地，利用光谱辐射量就可以定义光谱发射率 ε_λ。发射率也被称为比辐射率或热辐射率。

实际上，采用辐射功率以外的其他辐射量也能定义这些辐射比率，但它们的含义有所不同。比如，辐射功率的比率反映整个受照射区域介质的平均辐射属性；辐射通量密度的比率反映所定义位置处介质的辐射属性，比率可能随介质表面位置变化而变化；辐射亮度的比率能够反映介质的辐射属性随入射和观测方向的变化。因此，需要强调，在使用各种辐射比率时，应该首先明确它的严格定义；在2.3 节将展示一类具体的辐射比率定义，用于实际宏观介质的辐射特性分析。

2.2   辐射的基本定律

2.2.1   基尔霍夫定律

19 世纪末，基尔霍夫 (Kirchhoff) 对理想绝热密闭体系的热力学性质的研究奠定了宏观介质辐射学基础，被称为基尔霍夫定律。

他描述一个理想绝热密闭体系，与外界无物质和能量交换，那么不管其初始状态如何，最终都会到达一种平衡状态，它的热力学性质严格均一且恒定，可以采用单一物理量完全表征，比如体系的温度 T，该状态被称为热力学平衡 (thermodynamic equilibrium) 状态。它的辐射性质作为热力学性质的一部分可以总结为三个主要方面 [1]：

(1) 体系内辐射场是均匀的、各向同性的、非偏振的；

(2) 体系内辐射场的辐射亮度是只与温度有关的函数；

(3) 体系内任意体积的介质吸收的辐射等于它发射的辐射。

这些辐射性质在每一个单色光谱上都成立。对辐射亮度函数形式的确定造就了物理学史上一段经典故事，导致普朗克定律的提出和 20 世纪物理学革命的开始。关于普朗克定律将在 2.2.2 节详细描述，在此预先说明，热力学平衡体系的辐射场就是黑体辐射，因此利用第三个性质可以推论：介质的吸收率等于发射率，即

$$\alpha_\lambda = \varepsilon_\lambda \tag{2.32}$$

它对空间各方向以及各方向的平均都是成立的。

应该指出，介质的吸收率和发射率可以小于等于 1，也就是，对于热力学平衡状态的体系，虽然辐射场是黑体辐射，但处于其中的介质并不需要是黑体。基尔霍夫定律对介质的相态也没有限制，处于热力学平衡状态的固体、液体、气体以及它们的混合物都满足该定律。

实际的环境和目标介质总是与外界产生物质或能量交换，不可能达到理想的热力学平衡状态。但是，理论已经表明，介质处于热力学平衡的微观实质是介质的能级分布为玻尔兹曼分布 (Boltzmann distribution)，能级的概念和玻尔兹曼分布将在 2.4 节详细介绍。若在与外界作用时，介质的能级分布还可以近似于玻尔兹曼分布，则基尔霍夫定律中关于介质吸收和发射属性的性质依然是近似适用的，只是辐射场性质失效。这种状态被称为局域热力学平衡 (local thermodynamic equilibrium) 状态。对于多数环境和目标介质，该近似可以很好地满足，这会极大地简化辐射与物质相互作用的理论分析和计算。

2.2.2 普朗克定律

19 世纪末，维恩 (Wien)、瑞利 (Rayleigh) 和金斯 (Jeans) 根据热辐射的实验测量分析和经典统计物理建模，给出了两种平衡辐射的辐射亮度函数，但只能在短波或长波谱段与实验结果相符。

基于这些认识，普朗克 (Planck) 提出了一种在所有波段都能很好地符合实验结果的函数形式，并指出，该函数形式在理论上要求产生辐射的"谐振子"只能具有不连续的能量；该辐射亮度是处于热力学平衡状态的自然介质在指定温度下发射辐射能够达到的最大值 [2]。因此，根据以上黑体的定义，平衡辐射就是黑体辐射。这一规律被称为普朗克定律，也被称为黑体辐射定律，黑体辐射亮度的数学形式称为普朗克函数或黑体辐射函数，可以表达为

$$L_{b\lambda}(T) = \frac{2hc^2}{\lambda^5 \{\exp[hc/(k\lambda T)] - 1\}} \tag{2.33}$$

其中，T 代表热力学平衡体系的温度或黑体温度，$h = 6.626176 \times 10^{-34}$ J·s 为普朗克常量，$k = 1.3806 \times 10^{-23}$ J/K 为玻尔兹曼常量，c 为真空中光速，它们都采用国际单位制数值。表达式中 λ 单位为 m；$L_{b\lambda}$ 单位为 W/(m²·sr·m)，采用其他单位的表达形式可以据此换算得到。也常用另一种形式：

$$L_{b\lambda}(T) = \frac{c_1 \lambda^{-5}}{\exp[c_2/(\lambda T)] - 1} \tag{2.34}$$

其中，$c_1 = 2hc^2$，$c_2 = hc/k$，分别称为第一和第二辐射常数。除了以波长为光谱单位的表达形式外，可以根据 (2.15) 式推导出以波数和频率为光谱单位的黑体辐射函数表达形式，三种函数形式及相关说明在附录 B 中给出。

图 2.8 展示出四种典型温度的黑体辐射亮度光谱分布。它的主要特征可以总结为以下几点:

(1) 黑体辐射亮度在特定的波长处存在一个极大值, 在极大值两侧单调增大或减小;

(2) 黑体光谱辐射亮度随温度的增大而整体增强, 即在每个单色波长处高温黑体辐射亮度都大于低温黑体的;

(3) 黑体辐射亮度极大值对应的波长称为峰值波长, 峰值波长随温度的降低向长波方向移动, 在地球环境温度下, 黑体辐射峰值波长主要位于红外谱段;

(4) 对光谱积分得到全谱段总辐射亮度, 它也随温度的增大而增强, 并且只是温度的函数。

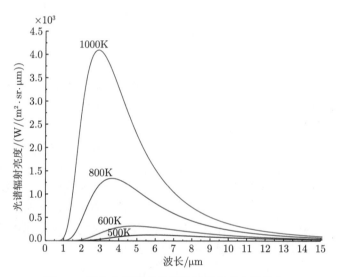

图 2.8　四种典型温度的黑体辐射亮度光谱分布

由于温度确定了黑体辐射总量及其光谱分布, 可以采用等效黑体温度等价代表辐射值, 常用的等效黑体温度概念包括: 辐射温度 (radiation temperature)、亮温 (brightness temperature) 和色温 (colour temperature)。

若测得的辐射通量密度为 F_m, 或者辐射出射度为 M_m, 或者辐射亮度为 L_m, 它们与温度为 T_r 的黑体的辐射出射度或辐射亮度数值相等, 即

$$F_m = M_b(T_r), \quad M_m = M_b(T_r), \quad L_m = L_b(T_r) \tag{2.35}$$

则称 T_r 为辐射值对应的辐射温度。一些文献将其约定在全谱段, 另一些则约定在部分谱段, 在使用辐射温度概念时应指明这种约定。

若在波长 λ 处测得的光谱辐射亮度为 $L_{m\lambda}$, 它与温度为 T_b 的黑体在波长 λ

处的辐射亮度 $L_{b\lambda}$ 数值相等，即

$$L_{m\lambda} = L_{b\lambda}(T_b) \qquad (2.36)$$

则称 T_b 为测得辐射的亮温。若在多个波长处测得的光谱辐射亮度与温度为 T_c 的黑体的光谱辐射亮度分布相符，则称 T_c 为测得辐射的色温，表示测量对象与温度为 T_c 的黑体"颜色"相同。

只有物体为理想黑体时，测量得到的等效黑体温度才是物体的真实温度。一般而言，实际物体的发射率总是小于 1，使得物体真实温度大于测量的等效黑体温度；只有准确获知物体发射率，才可能由测量辐射还原出物体真实温度。

2.2.3 维恩位移定律

黑体辐射极大值的峰值波长可由普朗克函数的导数得到。峰值波长 λ_m 就是令其导数为零的波长，即

$$\left. \frac{\partial L_{b\lambda}(T)}{\partial \lambda} \right|_{\lambda_m} = 0 \qquad (2.37)$$

由此得到

$$\lambda_m = \frac{a}{T} \qquad (2.38)$$

其中，a 称为维恩位移常数，数值为 $2.897 \times 10^{-3} \mathrm{m \cdot K}$。它表明黑体辐射极大值的波长与温度呈反比关系，称为维恩位移定律。(2.38) 式称为维恩位移公式，根据此关系，可由测量的最大辐射亮度波长确定黑体的温度。

2.2.4 斯特藩-玻尔兹曼定律

黑体全谱段总辐射亮度可由普朗克函数在 0 至 ∞ 的波长域积分得到。总辐射亮度 $L_b(T)$ 与温度的四次方成正比，即

$$L_b(T) = bT^4 \qquad (2.39)$$

其中，b 为常数，$b = 2\pi^4 k^4 / (15c^2 h^3)$。由于黑体辐射是各向同性的，它的辐射通量密度 $F_b(T)$ 为

$$F_b(T) = \pi L_b(T) = \sigma T^4 \qquad (2.40)$$

其中，$\sigma = \pi b$，称为斯特藩-玻尔兹曼 (Stefan-Boltzmann) 常量，数值为 $5.6704 \times 10^{-8} \mathrm{W/(m^2 \cdot K^4)}$。黑体的辐射出射度 $M_b(T)$ 也有相同的表达。此定律就是斯特藩-玻尔兹曼定律。

2.3 宏观介质辐射基础

通常目标与环境辐射体是一种类型或多种类型混合的宏观介质，这里所谓宏观介质是指辐射体空间尺度远大于光学谱段的电磁波波长。辐射体的介质类型包括固体、液体、气体 (可能含有粒子[①])。

本节简要分析宏观介质辐射特性理论计算方法，介绍最典型的两类辐射特性 (方向性与光谱性) 的基础知识。鉴于气体辐射特性的复杂性，将在 2.4 ~ 2.6 节进一步展开介绍它的理论基础。

2.3.1 宏观介质辐射特性分析

基于以上介绍的辐射比率概念和辐射的基本定律，对于划定明确边界的任意宏观介质，只要介质处于热力学平衡或局域热力学平衡状态，原则上，确定介质在边界上的反射率、发射率和透射率，该介质的辐射属性就是完全确定的。根据外部入射辐射的大小和介质温度，就可以求解介质边界处指定方向、指定谱段的出射辐射，计算原理直观地反映在介质反射率、发射率和透射率的定义上。对于存在不同宏观介质的情况，计算任意位置的辐射量实际上也是处理辐射在每一个介质上的反射、透射和介质发射辐射的总效果。以此方式作为定量计算目标与环境辐射特性的基本思路，不仅形式简单直观，而且对于固体、液体、气体以及混合相的宏观介质都是适用的。鉴于宏观介质的辐射属性往往展现出明显的空间方向变化和光谱变化，在 2.3.2 节和 2.3.3 节将分别介绍介质辐射比率的方向性和光谱性，并给出相应的定义。

然而，这种简单的形式实质上是将介质辐射特性的物理复杂性都隐含在了介质的辐射比率中，不同类型介质辐射机制的差异会导致这些辐射比率获取的难易程度差别很大，这决定了固体和液体介质的辐射特性计算往往能够直接使用它们的辐射比率，而气体介质需要进一步采用更复杂的理论方法。

固体和液体介质由大量作为基本单元的原子、分子或离子紧密排列组成，典型固体材料中每 $1cm^3$ 体积内包含了大约 10^{23} 个，这些基本单元很难 "逃离" 自己固有的位置，但可以在各自的位置附近发生振动。原子、分子或离子振动会影响电荷在材料中的分布，破坏材料的电中性，形成电偶极子。图 2.9 展示了固体或液体介质中两类电偶极子，一类是离子与电子的不对称分布形成的电偶极子 (金属中离子与自由电子也属于此类)，另一类是正电离子和负电离子的不对称分布形成的电偶极子。随电偶极子状态的变化，会产生不同的介质与电磁辐射作用性质，

---

① 按物理相态，气体中含有的粒子是固体或液体介质，但由于空间尺度相对较小，可能与光学谱段的电磁波波长相当，而使其展现出独有的辐射特性。因此，在目标与环境辐射特性研究中，将其与地表土壤、森林、水体、建筑物以及其他人造物等大尺度固体和液体介质区分开。

形成了介质特有的辐射属性。根据电磁理论，当此类介质相对于电磁波是均匀、无限大 (即空间尺度远大于电磁波波长) 时，它的反射率和透射率将只与介质的介电常量或复折射率有关，利用菲涅耳公式可以简单地计算得到。另外，在目标与环境特性的研究范畴内，具有确定温度的固体和液体介质一般认为总是处于局域热力学平衡状态的，利用基尔霍夫定律，发射率可以根据反射率和透射率推得，进而可以利用普朗克定律简单地计算介质的发射辐射。

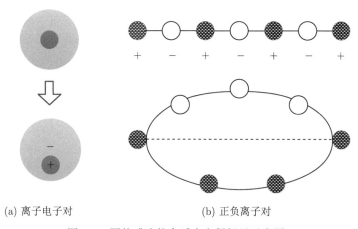

(a) 离子电子对　　　　　　(b) 正负离子对

图 2.9　固体或液体介质内电偶极子示意图

另一方面，尽管固体和液体介质介电常量的理论计算也十分复杂，又或者一些具有特殊结构的宏观介质不能满足均匀、无限大假设 (比如微纳腔体结构材料)，但是它们具有明确的形态和边界，使其反射率、透射率、发射率在实验室的精确测定成为可能，能够直接用于实际辐射特性的计算 [3,4]。尤其是在红外谱段，多数固体或液体介质的辐射透过性很差，介质与外部辐射的作用只限定在表面附近的薄层内，易于测量且具有明确的方向性及光谱性表征。

相对而言，气体由相距较远且随机运动的原子/分子和粒子组成，电磁波和气体中单个的原子/分子或粒子作用的基本性质与其他原子/分子或粒子的辐射属性无关，因此，作为整体的气体的辐射属性是由所有作用元素的累积决定的。气体元素与电磁波相互作用性质、元素组成、含量与分布都会影响气体的辐射属性。由于原子/分子的空间尺度远小于光学谱段的电磁波波长，能长期悬浮的粒子的空间尺度往往也与波长相当，因此需要专门建立它们与电磁波相互作用的理论。另外，组成气体的原子/分子具有明显分立的能级结构，在一定的外部作用下，可能出现不同于热力学平衡或局域热力学平衡要求的能级分布，导致基尔霍夫定律和普朗克定律都不再适用，需要专门建立此种情形下气体吸收和发射辐射的理论。

另一方面，气体介质对辐射具有相对较好的透过性，比如，在一些谱段，入射大气的辐射可以在其中传输数百甚至上千千米，直至传出大气层外。这样，作为整体的气体辐射属性就与传输路径密切相关，通过不同的传输路径，将哪一团气体界定为一个整体存在很大差异，辐射遇到的介质组分及其分布也可能存在很大差异，因此整个气团的辐射比率可能随传输路径剧烈变化。更何况，气体具有极强的流动性，介质中影响辐射的组分存在显著的时空分布，使得辐射比率更加复杂化。因此，即使采用辐射比率分析气体的辐射特性，也需要首先利用辐射在气体介质中传输的理论计算得到。它的实验室测定更是常常不现实的。

辐射在气体介质中传输，受到原子/分子和粒子的作用而造成传输路径上能量衰减、增强，需要根据衰减和增强的机制，基于传输过程的求解，获知指定传输路径和边界条件下的辐射量，也就是，辐射传输方法。涉及的内容，2.4～2.6 节单独介绍，分别是气体中原子分子相关的辐射知识、气体中粒子的辐射知识，以及辐射传输的基础理论。

2.3.2   辐射的方向性

目标与环境辐射体常展现出复杂多变的方向性辐射现象，计算辐射体的辐射亮度或辐射强度时，需要了解其方向性反射和发射性质。这里从 2.1.3 节的一般性辐射比率定义中，引申出方向性反射率 (directional reflectance) 和方向性发射率 (directional emissivity) 概念，一些文献也称为漫反射率 (diffuse reflectance) 和漫发射率 (diffuse emissivity)。

如图 2.10(a) 所示，漫辐射场入射某一介质，从 (θ_i, φ_i) 方向入射介质表面的辐射被反射到半球空间各方向，若入射辐射亮度为 L_i，在 (θ_r, φ_r) 方向反射辐射亮度为 L_r，定义双向反射率 (bidirectional reflectance)R[5]：

$$R(\theta_i, \varphi_i; \theta_r, \varphi_r) = \frac{\mathrm{d}L_r(\theta_i, \varphi_i; \theta_r, \varphi_r)}{L_i(\theta_i, \varphi_i)\mu_i\mathrm{d}\Omega_i} \tag{2.41}$$

其中，$\mu_i=\cos\theta_i$，它代表介质在一个指定方向反射辐射的能力，既与入射方向有关，也与反射方向有关。对于特性分析中常遇到的太阳辐射等准直光束入射的情形，双向反射率定义写为

$$R(\theta_i, \varphi_i; \theta_r, \varphi_r) = \frac{L_r(\theta_i, \varphi_i; \theta_r, \varphi_r)}{\mu_i \cdot E_i(\theta_i, \varphi_i)} \tag{2.42}$$

其中，E_i 为入射准直光穿过垂直于光束单位截面的辐射照度。双向反射率作为入射方向和反射方向的函数，也被称为双向反射率分布函数 (bidirectional reflectance distribution function，BRDF)。

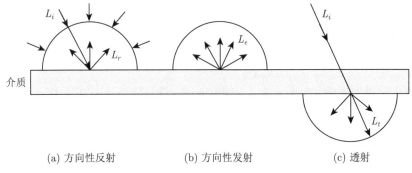

(a) 方向性反射　　　　(b) 方向性发射　　　　(c) 透射

图 2.10　辐射的方向性示意图

以上定义可以是单色光谱的、特定宽谱段的或者全谱段的，但单色光谱的定义更能去除外部辐射场的影响而只反映物质辐射属性，若无特殊说明，以下定义的辐射比率均指单色光谱值，光谱下标都省去。根据定义，若介质的双向反射率已知，就可以利用指定方向的入射辐射亮度或辐射照度，计算它在指定方向的反射辐射亮度。

根据光学互易性定理，对于表面平整的一维介质，R 满足：

$$R(\theta_i, \varphi_i; \theta_r, \varphi_r) = R(\theta_r, \varphi_r; \theta_i, \varphi_i) \tag{2.43}$$

后者中 (θ_r, φ_r) 为入射方向，(θ_i, φ_i) 为反射方向。

需要指出，对于表面具有三维结构的介质，其作为整体的双向反射率可能会由于入射和反射方向的介质不对称而不满足光学互易性定理，因为此时的双向反射率反映三维结构的平均辐射属性而不是单一类型物质的辐射属性。分析具有复杂结构辐射体的辐射特性时，应该注意类似的物理参量的实际含义，以保证对物理定律的正确使用。另外，对于朗伯体，R 与方向无关，即无论从哪一方向入射或从哪一方向反射，介质的反射能力是恒定的，可以表达为

$$R_L = \frac{a}{\pi} \tag{2.44}$$

其中，a 为小于等于 1 的常数。

在特性计算中，也常会使用反照率 (albedo) 概念，它是入射辐射通量密度与反射辐射通量密度的比率。对于入射辐射为准直光束的情形，可以定义 A_b：

$$A_b(\theta_i, \varphi_i) = \frac{F_r(\theta_i, \varphi_i)}{\mu_i \cdot E_i(\theta_i, \varphi_i)} \tag{2.45}$$

其中，F_r 为对反射半球空间辐射亮度积分获得的反射辐射通量密度。它是反射总能量占入射能量的比重，代表介质对方向性辐射的总反射能力。一些文献将其称

之为黑空反照率 (black albedo) 或平面反照率 (plane albedo) 或方向半球反射率 (directional-hemispherical reflectance)，在没有特殊说明的情况下，"反照率" 一词就是指黑空反照率或平面反照率。易推算，反照率与双向反射率的关系为

$$A_b(\theta_i, \varphi_i) = \int_0^{2\pi} \int_0^{\pi/2} R(\theta_i, \varphi_i; \theta_r, \varphi_r) \cos\theta_r \sin\theta_r \mathrm{d}\theta_r \mathrm{d}\varphi_r \tag{2.46}$$

对于入射辐射为漫辐射的情形，若入射辐射亮度在半球空间各向同性，可以定义 A_w：

$$A_w = \frac{F_r}{F_i} \tag{2.47}$$

这里，F_i 为各向同性入射辐射的辐射通量密度，F_r 为它反射辐射的辐射通量密度。它代表介质对漫辐射的平均反射能力，一些文献称之为白空反照率 (white albedo) 或球面反照率 (spherical albedo)。易推算，白空反照率与黑空反照率的关系为

$$A_w = \frac{1}{\pi} \int_0^{2\pi} \int_0^{\pi/2} A_b(\theta_i, \varphi_i) \cos\theta_i \sin\theta_i \mathrm{d}\theta_i \mathrm{d}\varphi_i \tag{2.48}$$

对于朗伯体，黑空反照率和白空反照率相等，可以表达为

$$A_{bL} = A_{wL} = a \tag{2.49}$$

其中，A_{bL} 和 A_{wL} 分别代表朗伯体的黑空反照率和白空反照率，a 为与 (2.44) 式中的 a 含义相同的常数，也就是朗伯体的反射性质可以使用一个与方向无关的数值确定。

一般而言，方向性反射体也是方向性发射体。如图 2.10(b) 所示，若介质从 (θ_e, φ_e) 方向发射辐射的辐射亮度为 L_e，具有介质温度的黑体的辐射亮度为 L_b，它们的比率就是方向性发射率 ε：

$$\varepsilon(\theta_e, \varphi_e) = \frac{L_e(\theta_e, \varphi_e)}{L_b} \tag{2.50}$$

根据定义，若介质的方向性发射率和温度已知，就可以计算出它在指定方向上的发射辐射亮度。半球空间平均的发射率就是介质辐射出射度 M_e 与黑体辐射出射度 M_b 的比率，ε_w 可以表达为

$$\varepsilon_w = \frac{M_e}{M_b} \tag{2.51}$$

若介质的半球空间平均发射率和温度已知，就可以计算出它的辐射出射度。易推算，方向性发射率与半球空间平均发射率的关系为

$$\varepsilon_w = \frac{1}{\pi} \int_0^{2\pi} \int_0^{\pi/2} \varepsilon(\theta_e, \varphi_e) \cos\theta_e \sin\theta_e \mathrm{d}\theta_e \mathrm{d}\varphi_e \tag{2.52}$$

对于朗伯体，发射不存在方向性，有

$$\varepsilon_L = \varepsilon_{wL} = e \tag{2.53}$$

其中，ε_L 和 ε_{wL} 分别代表朗伯体的方向性发射率和半球空间平均发射率，e 为小于等于 1 的常数。

采用可观测辐射量定义介质的吸收率并不容易，但根据基尔霍夫定律，处于热力学平衡或局域热力学平衡状态的介质，获知发射率就等于获知吸收率，有

$$\alpha(\theta, \varphi) = \varepsilon(\theta, \varphi) \tag{2.54}$$

其中，$\alpha(\theta, \varphi)$ 为方向性吸收率，它的含义是介质从平衡辐射场吸收的能量会通过在该方向发射相同的辐射补充回去。

对于一个有限厚度且可透过的介质，存在两种透射类型，如图 2.10(c) 所示。一类是入射辐射不改变方向穿过一段介质路径后在介质另一端出射，称为直接透射辐射；另一类是入射辐射经过介质的散射，遍布各方向的散射辐射在介质另一端出射，称为漫射透射辐射。若在 (θ, φ) 方向入射辐射亮度为 L_i，直接出射辐射亮度为 L_t，可以定义直接透射率 T 为

$$T(\theta, \varphi) = \frac{L_t(\theta, \varphi)}{L_i(\theta, \varphi)} \tag{2.55}$$

这就是通常所说的透射率，也称为透过率。它代表介质对辐射传输一段路径的衰减能力。根据定义，若介质的透射率已知，利用入射辐射亮度就可以计算出透射辐射亮度。对于准直光束，利用辐射照度替换，以上定义依然适用。

对于漫射透射辐射，可以类比方向性反射率定义方向性 (漫射) 透射率表征透射的方向分布特征。在特性计算中，它们的使用频率远不如以上详细介绍的几种辐射比率，在此不再赘述。

2.3.3 辐射的光谱性

根据发射率的定义，黑体[①]的发射率为 1，并且在所有光谱位置恒定为 1，即 $\varepsilon_{b\lambda}=1$。但是，实际的目标与环境辐射体不可能达到这种理想假设，可能只在少部分谱段接近于黑体辐射特性。这里引入一种更有可能接近真实情况的辐射体，即灰体 (gray body)。灰体的吸收率或发射率是不随光谱变化的常数，且小于 1，在热平衡或局域热平衡条件下，有

$$\alpha_\lambda = \varepsilon_\lambda = g < 1 \tag{2.56}$$

---

① 一些文献将这种黑体称为绝对黑体或理想黑体。在实际应用中，可以在部分谱段模拟出接近于黑体的设备，被广泛用于辐射定标等。

其中，g 为常数。尽管全谱段吸收率或发射率不变的绝对灰体也是不可能存在的，但很多常见的人造材料、自然环境中的水体等在部分光学谱段，尤其是红外谱段，都可以近似看作灰体。这样只需要测定一个光谱位置处的吸收率或发射率，就可以获知相当宽谱段内的值，十分有利于辐射特性分析和理论计算。

相对而言，很多实际介质的辐射属性存在显著的光谱变化特征，尤其是气体介质。图 2.11 展示出整层大气在大气底部出射辐射亮度，可以看到，辐射亮度随光谱变化呈现出大幅度振荡，它反映出大气的等效发射率也是随光谱显著变化的。这类辐射比率随光谱变化的辐射体被称为选择性辐射体，对它的辐射特性分析时，弄清其辐射属性的光谱分布是必要的。

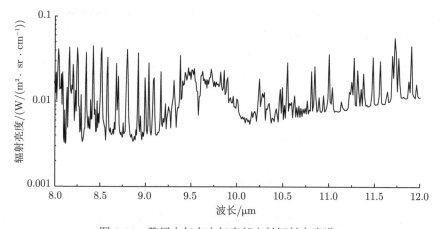

图 2.11   整层大气在大气底部出射辐射亮度谱

应该指出，由于辐射比率随光谱的变化，在计算具有一个光谱宽度的辐射量时，需要特别小心使用光谱辐射比率和谱平均辐射比率的差异，当谱段内物体有十分明显的选择性辐射且外部入射辐射也存在十分明显的光谱分布时，采用谱平均辐射比率的计算结果可能出现较大偏差。

2.4   气体辐射基础

气体主要由原子和分子构成。本书关注的原子和分子的有效尺度在 1Å 量级，作为微观粒子，具有经典物理学不能完全解释的辐射机制，决定了气体独有的辐射特性。本节介绍与原子或分子微观性质相关的气体吸收、发射；由于原子或分子散射辐射可以采用经典物理学理论描述，因此将在 2.5 节与粒子散射一起介绍。

2.4.1   原子/分子辐射跃迁

原子是由原子核和围绕它运动的电子组成的系统。一个原子具有的能量由它整体运动的动能和电子与原子核间的势能构成，前者称为平动能 E_t，后者称为原

子内部能量 E_{in}, 原子总能量 E_a 可以表达为

$$E_a = E_t + E_{in} \tag{2.57}$$

平动能由原子运动速度决定, 通常是连续变化的; 但是, 量子理论指出, 束缚在极小空间中的电子与原子核相互作用产生的势能是不连续的, 也就是, 原子内部能量只能是一系列特定的、分立的数值。这些分立的原子能量被称为能级 (energy level)。以原子的玻尔模型来解释, 如图 2.12 所示, 电子围绕原子核在一定的轨道上运动, 当电子位于最低轨道时原子具有最低内部能量, 称原子处于基态 (ground state) 能级; 当电子位于较高轨道时原子具有更高内部能量, 称原子处于激发态 (excited state) 能级; 原子从一种能级状态转变为另一种能级状态, 称原子在能级间跃迁 (transition)。应该指明, 玻尔模型虽然比较形象地解释了原子内部能量, 但量子力学表明, 电子并没有这样经典的轨道运动形式, 这只是一种形象化的概念示意模型。

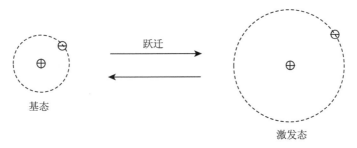

图 2.12 原子的玻尔模型

分子是由两个及两个以上原子组成的系统, 它具有平动 (translation)、振动 (vibration) 和转动 (rotation) 三种运动形式。分子平动就是分子作为整体的运动。分子振动就是原子的相对运动, 不同的分子结构会产生不同的振动形式, 比如, 双原子分子只存在对称振动形式, 三原子分子存在对称 (symmetrical) 振动、挠曲 (bending) 振动、不对称 (asymmetrical) 振动三种形式, 多原子分子具有更复杂的振动形式, 如图 2.13 所示。分子转动就是其作为整体围绕一个轴旋转。三种运动形式对应的能量就是分子的平动能量 E_t、振动能量 E_v 和转动能量 E_r。除此以外, 分子中所有电子与所有原子核之间的相互作用对应的能量统称为电子能量 E_e。分子总能量 E_m 可以表达为

$$E_m = E_t + E_e + E_v + E_r \tag{2.58}$$

量子理论表明, 后三种能量是不连续的, 可以称为分子内部能量, 分别采用电子能级、振动能级和转动能级表征, 它们分别具有的最低能量对应着电子基态、振

动基态和转动基态。就内部能量而言，分子的某一能级是特定的电子能级、特定的振动能级和特定的转动能级的叠加，因此，所谓的基态分子就是三种能态同时处于基态时的分子。

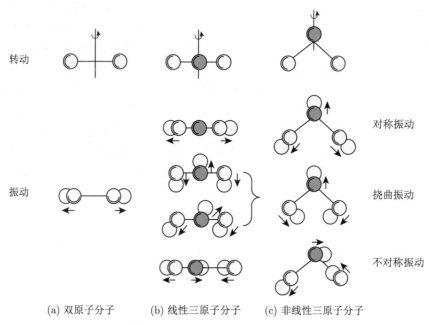

图 2.13　分子转动和振动形式示意图

总体上，相邻的电子能级的能量差明显大于相邻振动能级的，又明显大于相邻转动能级的，即

$$\Delta E_e > \Delta E_v > \Delta E_r \tag{2.59}$$

分子在一次能级跃迁中可以只存在电子能级跃迁或振动能级跃迁或转动能级跃迁，也可以存在两种或三种能级同时跃迁。

根据现代电磁理论，电磁辐射本质上由一种基本粒子构成，称为光子 (photon)。光子具有波粒二象属性。它的波动性使电磁辐射以电磁波的形式展现；它还具有粒子性，在电磁辐射与物质作用的光电效应、康普顿散射等现象中展现出来。一个光子具有的能量 ε 由它的频率决定：

$$\varepsilon = h\nu \tag{2.60}$$

其中，h 称为普朗克常量 (Planck constant)。利用频率与波长或波数的关系，可以给出按波长或波数计算光子能量的表达式。假设电磁辐射场中共 N 个光子，总辐射能就是

$$E = Nh\nu \tag{2.61}$$

光子的产生和湮灭的主要方式就是能级的跃迁，此类跃迁称为辐射跃迁。原子或分子的辐射跃迁存在三种类型，如图 2.14 所示。

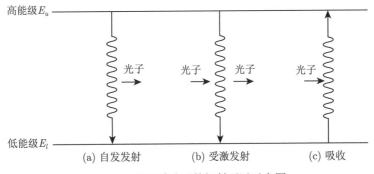

图 2.14　原子或分子的辐射跃迁示意图

(1) 自发发射 (spontaneous emission) 跃迁：处于较高能级的原子或分子在不受任何外界扰动的情况下，自行跃迁到较低能级，并发射出一个光子；

(2) 受激发射 (induced emission) 跃迁：处于较高能级的原子或分子与具有特定能量的光子相互作用，跃迁到较低能级，并发射出一个完全相同的光子；

(3) 吸收 (absorption) 跃迁：处于较低能级的原子或分子吸收一个具有特定能量的光子，跃迁到较高能级。

由于能级是分立的，且只有一些特定的能级组合才能发生辐射跃迁，因此，原子或分子吸收或发射的辐射只能具有特定的频率。按照图 2.14 的示意，假设低能级能量为 E_l，高能级能量为 E_u，吸收或发射的光子能量 E_p 可以写为

$$E_p = h\nu = E_u - E_l \tag{2.62}$$

也就是，辐射光子频率由跃迁能级差决定。这就是气体只在一系列分立的光谱位置明显地吸收和发射辐射的原因，导致气体辐射特性呈现极强的光谱选择性。

由于电子、振动和转动的能级差不同，它们的辐射跃迁会产生不同谱段的气体光谱。一般而言，原子或分子的电子能级跃迁会产生紫外、可见光和近红外谱段的吸收和发射光谱，很高的电子能级间跃迁可能产生红外谱段光谱；振动能级跃迁是产生红外谱段光谱的主要原因；转动能级跃迁会产生远红外、太赫兹和微波谱段的光谱。本书关注的红外谱段主要对应于分子的振转跃迁和部分纯转动跃迁[①]。

2.4.2　气体的辐射谱线

根据量子理论，若一对能级间允许由低能级到高能级的吸收跃迁，那么也允许由高能级到低能级的自发发射和受激发射跃迁，因此气体吸收谱和发射谱是完

---

① 振转跃迁是指分子从一个振动能级跃迁到另一个振动能级，伴随着转动能级从一个跃迁到另一个，分子的电子能级不发生改变。纯转动跃迁是指只有转动能级间的跃迁，分子的振动能级和电子能级都不发生改变。

全对应的。这里采用吸收谱线介绍气体辐射谱线，它的基本特征完全适用于发射谱线。

图 2.15(a) 展示出一组典型的分子吸收谱线，相比于原子谱线一条一条相互独立，分子谱线呈分簇的带状分布，称为分子谱带。谱带特征来源于分子振转能级的带状分布，即在每个振动能级上叠加着多且"细密"的转动能级，转动能级间隔远小于振动能级间隔，如图 2.15(b) 所示。若分子在振动能级间辐射跃迁，但转动能级不变，形成这个谱带的中心谱线，称为 Q 支谱线；若转动能级同时跃迁到更高能级，形成频率大于中心谱线的谱线簇，称为 R 支谱线；若转动能级同时跃迁到更低能级，形成频率小于中心谱线的谱线簇，称为 P 支谱线。不同的振转带跃迁造成了不同的分子谱带。每个振动能级内的纯转动跃迁也可以形成谱带，但不具有类似于振转跃迁的对称谱带结构。表 2.1 展示出一些目标与环境辐射特性中常涉及的分子的红外谱带，表中的谱带中心波长为这些分子的主要同位素的，它们的次要同位素的谱带波长会与主要同位素的存在少量差异。

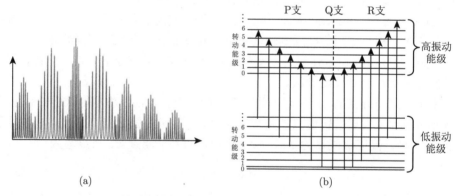

图 2.15　(a) 分子谱线分布示意图；(b) 振转能级跃迁示意图

表 2.1　典型辐射活跃分子及其红外谱带的中心波长

辐射分子	谱带中心波长/μm	辐射分子	谱带中心波长/μm
H_2O	2.7(2.66, 2.74); 3.2; 6.25; >10(纯转动)	CH_4	2.2; 2.3; 2.37; 3.26; 3.31; 3.43; 3.83; 6.55; 7.66
O_3	3.3; 4.75; 9.6; 14.27	NO	2.7; 5.3
CO_2	2.0; 2.7; 4.3; 4.8; 5.2; 10.6; 15	N_2O	2.87; 2.97; 3.9; 4.06; 4.5; 7.78; 17
CO	2.34; 4.67	HCl	1.7; 3.6

在分子谱带内，谱线具有两方面特征：一是，不同谱线的强弱不同，代表着分子吸收或发射辐射的强弱程度随谱线变化；二是，每条谱线都不是没有宽度的理想"线"，而是具有一定展宽的。以谱线强度 S 描述前者，归一化线型函数 $f(\nu - \nu_0)$

描述后者，一条谱线可以表达为

$$\sigma(\nu) = S \cdot f(\nu - \nu_0) \qquad (2.63)$$

其中，ν_0 为谱线的中心频率。σ 被称为 "截面"(cross section)，是理论上描述一个分子的吸收或发射能力的参量，截面越大表明该分子吸收或发射的能力越强。吸收截面 (absorption cross section) 常记为 σ_a，发射截面 (emission cross section) 常记为 σ_j。若在 ν 处存在多条谱线叠加，此处的分子总截面可以写为

$$\sigma(\nu) = \sum_{i}^{n} S_i \cdot f_i(\nu - \nu_{0i}) \qquad (2.64)$$

这里，i 代表第 i 条谱线。对于单个分子而言，截面的常用单位为 m^2/个或 cm^2/个，一些文献也会采用质量截面 (mass cross section) 的概念，记为 σ^m，常用单位为 m^2/kg 或 cm^2/g，即单位质量的同类分子的吸收或发射能力。

假设单位体积的气体具有 N 个相同的分子，经过单位长度的传输后吸收作用产生的辐射衰减能力采用吸收系数 (absorption coefficient)k_a 表示，发射作用产生的辐射增强能力采用发射系数 (emission coefficient)k_j 表示，它们与截面的关系可以表达为

$$k_{a,j}(\nu) = \sigma_{a,j}(\nu) \cdot N \qquad (2.65)$$

或者

$$k_{a,j}(\nu) = \sigma_{a,j}^m(\nu) \cdot \rho \qquad (2.66)$$

其中，ρ 表示气体质量密度。吸收系数和发射系数的常用单位为 m^{-1} 或 cm^{-1}。根据基尔霍夫定律，处于热平衡状态或局域热平衡状态的气体，$k_a(\nu)=k_j(\nu)$。很明显，获知分子谱线强度和线型函数是确定气体辐射特性的关键。

1. 谱线强度

一种能级跃迁产生的谱线强度由辐射跃迁过程发生的速率决定，三种辐射跃迁发生速率采用三种爱因斯坦系数 (Einstein coefficient) 表示，分别是自发辐射系数 A_{ul}，受激辐射系数 B_{ul}，吸收跃迁系数 B_{lu}，下标 u 代表高能级，下标 l 代表低能级。它们的物理含义为单位时间内一个分子发生自发发射跃迁或在外部辐射作用下发生受激发射跃迁或吸收跃迁的概率。因此，若单位体积内 N 个分子中，有 n_u 个分子处于高能级，有 n_l 个分子处于低能级 (参照图 2.14)，两能级间跃迁产生的吸收谱线强度 S_a 可以表达为

$$S_a \propto \frac{n_l B_{lu}}{N} \qquad (2.67)$$

发射谱线强度 S_j 可以表达为

$$S_j \propto \frac{n_u A_{ul} + n_u B_{ul}}{N} \tag{2.68}$$

由于热平衡状态下吸收系数等于发射系数，一般只需要获知吸收谱线强度即可。

2. 线型函数

实际气体中分子的能级并不是一个能量数值，而是具有一定宽度的能量范围，也就是，能级具有一定的展宽。这导致谱线强度被分摊到一个光谱分布中，而不是一个谱点上的数值，光谱分布形式由能级展宽机制决定。造成能级展宽的机制有很多种，比如自然展宽、碰撞展宽、多普勒 (Doppler) 展宽等。其中，对谱线光谱分布产生主要影响的是碰撞展宽和多普勒展宽。

碰撞展宽的机制是：气体中分子以一定的概率相互碰撞，致使分子能级相比于其保持独立时发生偏移，由于统计意义上分子总是受到速度不同的其他分子碰撞，就相当于独立分子能级拓展到一定的宽度。碰撞展宽导致的谱线形状最早由洛伦兹给出，称为洛伦兹线型，归一化线型函数 f_L 可以表达为

$$f_L(\nu - \nu_0) = \frac{1}{\pi} \cdot \frac{\alpha_L}{(\nu - \nu_0)^2 + \alpha_L^2} \tag{2.69}$$

其中，α_L 为洛伦兹线型的半高宽，中心频率 ν_0 对应着高低能级展宽中心的能量差，如图 2.16 所示。α_L 是气体压强和温度的函数，有

$$\alpha_L = \alpha_0 \frac{p}{p_0} \left(\frac{T_0}{T} \right)^n \tag{2.70}$$

其中，p 为气体压强，T 为气体温度，p_0 约为 1013hPa，T_0 约为 273K；α_0 为标准气压和标准温度下洛伦兹线型的半高宽；指数 n 随分子类型在 0.5~1 变动。

多普勒展宽的机制是：根据多普勒效应，同一电磁波入射运动速度不同的分子时频率是不同的，由于气体中分子具有一定的速度分布，这导致了统计意义上一定光谱范围的电磁波入射，都可能以一定概率使分子在固定能级间发生跃迁。反之，对于分子发射辐射也是相似的。这就等效于"静止"分子能级拓展到一定的宽度。多普勒展宽导致的谱线形状称为高斯线型，由归一化线型函数 f_D 描述，可以表达为

$$f_D(\nu - \nu_0) = \frac{1}{\alpha_D \sqrt{\pi}} \exp \left[-\left(\frac{\nu - \nu_0}{\alpha_D} \right)^2 \right] \tag{2.71}$$

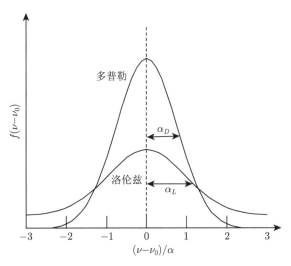

图 2.16 线型函数示意图

其中，α_D 为高斯线型的半高宽，是气体温度 T 的函数，有

$$\alpha_D = \nu_0 \left(\frac{2kT}{mc^2} \right)^{1/2} \tag{2.72}$$

式中，m 是分子质量，k 为玻尔兹曼常量。在确定的温度和气压下，一般而言，α_D 会明显小于 α_L，如图 2.16 所示。

实际气体中，谱线同时存在两种展宽，因此，严格的线型函数 f_V 应该是两者的卷积，谱线形状称为 Voigt 线型，可以表达为

$$f_V(\nu - \nu_0) = \int_0^\infty f_L(\nu' - \nu_0) f_D(\nu - \nu') \mathrm{d}\nu' \tag{2.73}$$

该函数中的积分没有解析表达式，通常采用数值方法求解。

以上对原子和分子结构、辐射跃迁以及所形成的辐射谱线进行了最简要的描述，为本书涉及的气体辐射特性提供知识背景。原子和分子光谱是一门涉及宽广、理论内涵丰富的学科，它本身也在不断发展中，更详细的能级和光谱知识可以参考该领域一些经典著作[6-8]。

尽管分子的振转跃迁和纯转动跃迁是气体辐射最主要的机制，但是实际气体辐射过程可能不只是来源于此。在清洁的大气中，气体透射率观测的结果与采用分子谱带计算的结果间总是存在一定差异，目前将这种差异归结于气体的连续吸收，连续吸收不同于振转跃迁和纯转动跃迁形成的谱带，它具有更宽广、平缓的光谱分布特征。对连续吸收机制的认识还存在很多理论困难，它对应的吸收系数

的获取来自实验测量结果。关于连续吸收在气体辐射特性中体现的具体特征，以及它的一些可能机制解释，将在第 4 章中阐述。

2.4.3   热力学非平衡状态

基尔霍夫定律定义了热力学平衡状态，统计物理理论指出，介质处于热力学平衡的微观实质就是其能级分布为玻尔兹曼分布，可以表达为

$$\frac{n_e}{n_0} = \frac{g_e}{g_0} \cdot \exp\left(-\frac{E_e}{kT}\right) \tag{2.74}$$

其中 n_0 为处于基态能级上的 "谐振子" 数密度，n_e 为处于激发态能级上的数密度，常用单位为个/m^3 或个/cm^3；g_0 为基态能级简并度，g_e 为激发态能级简并度，简并度 (degeneracy) 是指具有相同能级的量子态数目；E_e 是激发态相对于基态的能量差；k 为玻尔兹曼常量；T 为介质温度。处于不同能级上的 "谐振子" 的数密度分布被称为能级分布。

对于固体和液体介质，E_e 的分布间隔极小或是连续的，紧密的 "谐振子" 排列也有利于能量状态改变在介质中迅速传导，因此，自然状态下的绝大多数固体或液体介质，能级分布都不会明显偏离玻尔兹曼分布，也就是，处于局域热力学平衡状态。气体介质的 "谐振子" 就是原子和分子，它们具有明显分立的能级，且原子或分子间距很大，只以一定概率发生短时碰撞作用。对于气体的能级分布是否总能达到或接近于玻尔兹曼分布，需要根据其能级跃迁机制进一步讨论。

以分子气体为例，如图 2.17 所示，导致分子能级跃迁的机制不只有辐射过程，它们可以大致分为三类：

(1) 辐射过程：通过吸收光子，分子从低能级跃迁到高能级；通过自发辐射或受激辐射过程发射光子，分子从高能级跃迁到低能级。

(2) 化学与光化学反应过程：通过化学与光化学反应，直接产生高能级分子。

(3) 碰撞过程：分子间相互碰撞，使得分子内部能量和平动能相互转化，称为热碰撞；或者使得分子间内部能量直接交换，称为非热碰撞。

这些过程共同决定了分子能级最终的分布状态。在所有能级跃迁机制中，热碰撞过程是将分子内部能量与气体温度联系起来的机制，此过程倾向于使分子内部能级接近玻尔兹曼分布。辐射过程、化学过程和非热碰撞过程以温度无关或弱相关的形式影响分子能级分布，倾向于使其偏离玻尔兹曼分布。

因此，只要气体内热碰撞过程占据主导地位，比如分子数密度很大使得热碰撞频次足够多或者能级间隔很小使得单次热碰撞跃迁效率足够高，气体就可以被认为处于局域热力学平衡状态。这种情况适用于稠密或高温的气体，比如对流层大气或低空的火箭喷焰等。但是，当热碰撞过程不再占据主导地位时，比如分子

数密度很低的稀薄气体中热碰撞频次很低或者存在足够强的辐射过程、化学过程与非热碰撞过程，分子能级分布会显著偏离玻尔兹曼分布，此时称气体处于热力学非平衡 (thermodynamic non equilibrium) 状态。这种情况可能出现在临近空间大气、稀薄高超声速流场、高空的火箭喷焰等。

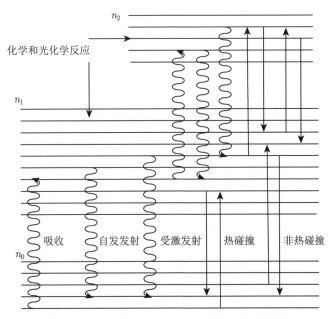

图 2.17　气体介质中分子能级跃迁机制示意图

热力学非平衡状态的气体能级分布需要根据所有影响它的微观机制求解，可能在外部条件作用下产生显著变化，这导致热力学非平衡状态的气体辐射特性理论复杂度大大增加。处于热力学非平衡状态的气体，吸收和发射属性会显著不同于局域热力学平衡状态的气体，不再是温度和压强的简单函数关系；可以想见，会展现出很多"新奇"的辐射特性。一些典型的大气非平衡辐射特性将在第 4 章详细介绍。

2.5　粒子辐射基础

实际的气体介质中常常含有各种宏观粒子，它们的有效尺度小至 0.1μm 量级 (比如极细的气溶胶，可以长期悬浮于气体中)，大至 1mm 量级 (比如雨、雪、冰雹，短暂停留在气体中后快速沉降)。这些粒子都远大于原子或分子，有效尺度与光学波段的电磁波波长相当或更大，使得它们对电磁波的吸收和散射性质与原子或分子相比具有显著的差别。

2.5.1   粒子的形态学

气体介质中的粒子来源大致有两类：一类可以称为自然源粒子，主要是地球大气中因自然因素产生的粒子，比如云雾粒子、雨/雪/霰/冰雹等降水粒子、自然源气溶胶粒子[①]。所谓自然源气溶胶粒子是指地表/海表与大气产生物质交换时进入大气的沙尘、植物孢子、海盐颗粒等，火山喷发、森林火灾产生的烟尘，气相介质自然反应生成的化学颗粒，以及流星等引入大气的星际尘埃。相对地，另一类可以称为人为源粒子，即由人类活动制造的粒子，比如化石燃料燃烧、工业废气诱发的化学反应生成的颗粒，或者人为制造的水幕、烟幕粒子等。

众多的粒子源不仅造成它们的物质组分复杂多样，而且粒子的形态也十分丰富、多变。图 2.18 展示了一个例子，对干扰烟幕的燃烧产物进行电子显微镜成像，可以看到，烟雾粒子呈现方形、椭球形、球形以及各种复杂聚合形状，尺寸也从小于 1μm 到超过 10μm 不等。粒子形状和大小与燃烧物的属性以及燃烧条件等都密切相关。类似的例子还有，卷云中的冰晶粒子以及多数类型气溶胶粒子[9,10]。

图 2.18   镁粉燃烧产物的电子显微镜照片

面对形态各异的粒子，为了正确表征粒子的辐射性质，首要任务就是准确地描述粒子尺度和一定体积内粒子尺度的分布特征。球形粒子的尺度度量最简单，使用粒子的半径或直径。非球形粒子不规则的形状给它的度量造成一定困难，一般根据不同的研究需求有不同的尺度表示法。

为了更好地体现粒子的散射辐射性质，在光学上常使用尺度参数 x 度量其光学特性，表达为

$$x = \pi l/\lambda \tag{2.75}$$

[①] "气溶胶"的原义是指悬浮在气体中的固体或液体微粒与气体介质共同组成的多相体系，但由于微粒的很多物理化学特性可以独立于气体单独研究，因此现在多数文献中气溶胶就是指气体中包含的微粒。

其中，l 是粒子的最大长度，λ 为入射电磁波的波长。不同的尺度参数代表粒子尺寸与入射电磁波波长的相对大小关系，根据它可以大致区分粒子散射适用的理论方法。但是，尺度参数是一个相对指标，与入射电磁波紧密相关，不能独立表征粒子几何尺度。结合粒子的光散射理论，目前研究者常用有效尺度 d_e 来度量任意单个粒子的几何尺度，表达为

$$d_e = \frac{3}{2} \cdot \frac{V}{A} \tag{2.76}$$

其中，V 是粒子的体积，A 是粒子在垂直于入射电磁波方向的平面上几何投影面积。这个定义涵盖了球形粒子，当粒子是球形时，容易得知其有效尺度就是球体的直径 d(对于球体而言，$d = l$)。对于不规则粒子，在不同方向的电磁波入射时呈现出的几何投影面积可能不同，也就造成不同的有效尺度，这在固定取向冰晶的光散射等问题中尤其重要。

由于不同尺度粒子的辐射性质会显著不同，要明确粒子群的辐射性质，必须先了解粒子在不同尺度上的数密度，称为粒子尺度分布或粒子尺度谱。为了与多数描述粒子尺度谱的文献的习惯表达保持一致，以下的表达式均采用所谓粒子的有效半径 r，$r = d/2$ 或者 $r = d_e/2$。尺度谱的微分表达可写为

$$n(r) = \frac{\mathrm{d}N}{\mathrm{d}r} \tag{2.77}$$

其中，$\mathrm{d}N$ 代表有效半径在 $(r, r + \mathrm{d}r)$ 范围内的粒子数密度，常用单位为个/m³或个/cm³；$n(r)$ 就是有效半径处于 r 的单位宽度内的粒子数密度，常用单位为个/$(\mathrm{cm}^3 \cdot \mu\mathrm{m})$，称为尺度谱函数。

对于粒子尺度范围跨度很大的情况，往往小尺度粒子数密度远高于大尺度粒子数密度，为了更好地展示小尺度粒子的分布特征，也常用对数尺度作为尺度谱的变量，函数形式变为

$$n(\ln r) = \frac{\mathrm{d}N}{\mathrm{d}(\ln r)} \tag{2.78}$$

或者

$$n(\lg r) = \frac{\mathrm{d}N}{\mathrm{d}(\lg r)} \tag{2.79}$$

粒子的线性尺度谱与对数尺度谱之间的转换关系易通过定义推得。

2.5.2 粒子的辐射属性

为了充分理解含粒子的宏观介质对辐射的影响机制，有必要先了解描述单个粒子和粒子群的辐射属性特征量。下面先介绍单粒子的辐射属性特征量，再结合

粒子尺度谱，介绍它们在实际粒子群中的系综平均表达。以下特征量都是在单色频率上阐述，为表述简便，光谱下标均省去。

电磁波穿过含有粒子的介质，会受到粒子的吸收和散射作用而在原传输方向上衰减；根据基尔霍夫定律，吸收辐射的粒子自身也会发射辐射，补充原传输方向上的辐射场。理论上，仍采用"截面"概念表示粒子对辐射的影响能力。若单个粒子的吸收截面记为 σ_a，散射截面 (scattering cross section) 记为 σ_s，则总的消光截面 (extinction cross section)σ_e 为

$$\sigma_e = \sigma_a + \sigma_s \tag{2.80}$$

消光截面 (吸收、散射或总消光的任意一种) 越大表明该粒子衰减辐射的能力越强。在热平衡状态或局域热平衡状态下，发射截面等于吸收截面。

假设单位体积内所有粒子都是相同的，辐射经过单位长度传输后辐射强度或辐射亮度受到衰减的程度采用粒子消光系数 (extinction coefficient)k 表示，可以表达为

$$k_{a,s,e} = \sigma_{a,s,e} \cdot N \tag{2.81}$$

其中，N 表示粒子数密度，或者

$$k_{a,s,e} = \sigma_{a,s,e}^m \cdot \rho \tag{2.82}$$

其中，ρ 表示粒子质量密度，σ^m 代表粒子的质量截面。相比于分子或原子吸收系数显著振荡的光谱分布特征，一般而言，粒子吸收系数具有比较平缓的光谱分布。

在辐射特性分析中，常会使用消光截面的一些衍生量。一个是消光效率因子，常用于等价替换消光截面，其中，吸收效率因子 (absorption efficiency) 记为 Q_a，散射效率因子 (scattering efficiency) 记为 Q_s，总的消光效率因子 (extinction efficiency) 记为 Q_e，它们的定义为

$$Q_{a,s,e} = \frac{\sigma_{a,s,e}}{A} \tag{2.83}$$

其中，A 是粒子在垂直于入射电磁波方向的平面上几何投影面积。很明显，有

$$Q_e = Q_a + Q_s \tag{2.84}$$

消光效率因子无量纲，表征单位几何投影面积粒子的消光能力，相比于消光截面，更能独立于粒子体积反映粒子组分的消光性质。对于非球形粒子而言，消光截面和消光效率因子都可能是与入射电磁波方向有关的。

另一个常用衍生量是单散射反照率 (single-scattering albedo)ϖ：

$$\varpi = \frac{\sigma_s}{\sigma_e} \tag{2.85}$$

它也可以采用消光效率因子表示：$\varpi = Q_s/Q_e$。单散射反照率表征散射消光占总消光的比重，$0 \leqslant \varpi \leqslant 1$，代表粒子由无散射消光到只有散射消光的变化。

经过粒子散射的辐射虽然被移除出原传输方向，但是散射辐射会在 4π 空间中继续传播，当散射辐射被其他粒子再次散射时，部分辐射会重新回到原传输方向上；同理其他方向的辐射经粒子散射后，部分辐射也会进入主传输方向 (就是以上所述"原传输方向")。因此散射过程也可能转化为补充主传输方向上辐射场的源。为了定量分析散射辐射源的性质，有必要准确了解辐射被粒子散射后在 4π 空间中的分布特征。理论上，采用相函数 (phase function)P 表示散射辐射能量的空间分布特征。如图 2.19 所示，以粒子为中心，建立 x-y-z 坐标系，假定入射方向为 z 方向，散射光的空间方向以方向角 θ 和方位角 φ 表征，相函数在 4π 空间的积分有

$$\int_0^{2\pi} \int_0^{\pi} P(\theta, \varphi) \cdot \sin\theta \mathrm{d}\theta \mathrm{d}\varphi = 1 \tag{2.86}$$

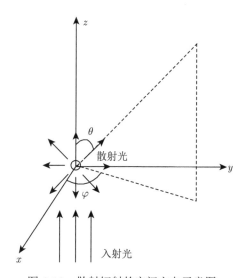

图 2.19　散射辐射的空间方向示意图

指定方向上的相函数值就代表被散射到该方向上的辐射相对于总散射辐射的比例。一般来说，相函数与 θ，φ 都有关，但对于以入射方向为轴旋转对称的粒子，相函数只与 θ 有关。最理想的情况就是球形粒子，辐射入射方向的改变也不会影响相函数，它只与方向角 θ 有关，即 $P(\theta)$。对于单个粒子，在指定的散射方向上，散射辐射亮度就可以表示为

$$L(\theta, \varphi) = L_0 \cdot \sigma_s P(\theta, \varphi) \tag{2.87}$$

其中，L_0 为入射辐射强度。应该说明的是，尽管在宏观粒子散射特性中引入了相函数的概念，但作为散射辐射空间分布的一般性数学表达，原子和分子的散射也可以使用相同的概念。

不同组分、尺寸和形状的粒子以及原子和分子具有差异明显的相函数，比如，一些尺度参数在 1 左右的粒子具有十分显著的前向散射特征，而原子或分子和极小的粒子往往具有双球对称散射特征 (即在方向角 90° 时散射相函数达到极小值，在前向 0° 和后向 180° 时散射相函数达到极大值，也称为瑞利散射)。因此，准确的相函数不仅能够帮助定量计算粒子辐射特性，它呈现出的显著空间分布特征也能帮助设计探测粒子本征属性的方法。一般采用不对称因子 (asymmetry factor)g 作为一个散射空间分布特征的指标，它是相函数对方向角余弦的加权平均：

$$g = \int_0^{2\pi} \int_0^{\pi} P(\theta, \varphi) \cos\theta \sin\theta \mathrm{d}\theta \mathrm{d}\varphi \tag{2.88}$$

当相函数与方位角无关时，不对称因子表达为

$$g = 2\pi \int_{-1}^{1} P(\theta) \cos\theta \mathrm{d}\cos\theta \tag{2.89}$$

它的变化范围是 $-1 \leqslant g \leqslant 1$。对于严格的各向同性散射和前后对称散射 (比如瑞利散射) 的情况，g 为 0；对于前向散射很强的情况，g 为正值，前向散射十分强时，g 趋向于 1；对于后向散射很强的情况，g 为负值，后向散射十分强时，g 趋向于 -1。

以上特征量都表征单个粒子的辐射属性，实际情况中，辐射总是穿过数目众多的粒子，粒子群中粒子的尺度甚至组分都存在变化。因此，为了应用于实际介质的辐射特性分析，粒子群的辐射属性系综平均量是更有意义的。所谓的系综平均就是对以上各单粒子的特征量，利用粒子群的组分和尺度谱，求这些特征量的平均值。

以消光截面为例：

$$\langle \sigma_{a,s,e} \rangle = \frac{\displaystyle\int_0^{\infty} \sum_{i=1}^{s} f^i(r) \sigma_{a,s,e}^i(r) n(r) \mathrm{d}r}{\displaystyle\int_0^{\infty} \sum n(r) \mathrm{d}r} \tag{2.90}$$

其中，假设有 s 种组分，$f^i(r)$ 是有效半径为 r 的粒子中第 i 种组分粒子所占比例，它们在每个有效半径上的和都是 1。总粒子数密度 N 为

$$N = \int_0^{\infty} n(r) \mathrm{d}r \tag{2.91}$$

$\langle \sigma_{a,s,e} \rangle$ 的含义就是粒子群的总消光截面在其中单个粒子上的平均值。对于实际粒子群，消光系数需要改写为

$$\langle k_{a,s,e} \rangle = \langle \sigma_{a,s,e} \rangle \cdot N \tag{2.92}$$

单散射反照率需要改写为

$$\langle \varpi \rangle = \frac{\langle \sigma_s \rangle}{\langle \sigma_e \rangle} \tag{2.93}$$

类比消光截面，粒子群系综平均的消光效率因子 $\langle Q_{a,s,e} \rangle$、相函数 $\langle P \rangle$、不对称因子 $\langle g \rangle$ 都可以采用类似的定义给出。

值得说明的是，对于粒子群中粒子随机取向的情况，粒子群相对于不同方向入射的电磁波呈现相同的光学性质，这意味着系综平均的辐射属性特征量都将与电磁波入射方向无关，且 $\langle P \rangle$ 只与入射方向的方向角 θ 有关。更重要的是，在绝大多数实际介质中，粒子随机取向假设是成立的，因此粒子辐射特性的理论分析将得到极大的简化。但是，也存在一些特殊情况，比如卷云中存在固定取向冰晶粒子的情况 [11]，它的一般性理论处理将变得十分复杂，针对具体的应用需求开展简化分析也许是合适的处理方式。

2.5.3 粒子辐射理论简述

若假设粒子组分电磁性质和粒子尺度谱都是已知的，原则上可以利用电磁场与物质相互作用理论计算单粒子和粒子群的各种辐射属性特征量，进而帮助分析其局域的和广域的辐射特性。本节不会对具体的计算理论进行详尽的推导说明，但为了帮助阐明特性规律，有必要简要概述几种不同类别的理论，部分理论计算的细节将在第 3 章展开。

按照尺度参数 x 分类，当 x 远小于 1 时，瑞利散射理论适用于粒子辐射的计算，这包括相比于电磁波波长极小的宏观粒子以及不属于本节粒子概念范畴的原子和分子。瑞利散射理论解析地给出了散射截面 σ_s^{ray} 和相函数 P^{ray}：

$$\sigma_s^{\mathrm{ray}} = \frac{128\pi^5 \alpha^2}{3\lambda^4} \tag{2.94}$$

$$P^{\mathrm{ray}}(\theta) = \frac{3}{4}(1 + (\cos\theta)^2) \tag{2.95}$$

其中，α 为粒子极化率，λ 为入射电磁波的波长。以上表达式是在非偏振电磁波入射的条件下推导出的。

满足瑞利散射的粒子，散射截面与电磁波波长的四次方成反比，因此随波长变小，散射截面迅速增大，这是导致晴朗天空呈现蓝色的机制 (晴朗天空以分子

的瑞利散射为主要光散射过程)；随波长变大，散射截面会迅速减小，这导致一般在大于 3μm 的红外谱段都忽略分子和小粒子散射对辐射的衰减作用。另外，瑞利相函数的表达式也证实了散射能量的空间分布是只与 θ 有关的双球分布。鉴于瑞利散射理论常用于分子散射特性分析，它应该与分子的吸收截面计算理论明确区分开，因为能级跃迁是分子吸收的物理机制，它需要量子理论描述，作为经典电磁范畴的瑞利理论不能正确应用于分子吸收作用。

当 x 接近于 1 或大于 1 时，粒子有效尺度与电磁波波长相当或大于波长，这时瑞利散射理论也不再适用于粒子散射过程的计算。实际上，由于电磁理论的复杂性，目前并没有任何单一的理论方法可以解决粒子辐射计算的所有问题，有必要按照粒子形态进行讨论。

对于理想的球形粒子，存在一套解析的理论方法计算它的辐射特征量，称为洛伦兹-米理论 (Lorentz-Mie theory)。它是在 20 世纪初由洛伦兹和米两位物理学家分别独立从麦克斯韦方程组出发，推导了电磁波在球形粒子散射过程中的各种物性特征量的计算方法 [12]。理论表明，只要准确获知粒子的复折射率 $m(m = m_r + \mathrm{j}m_i$，表征物质组分的辐射性质，不同的粒子组分反映出不同的 m)，以及粒子的半径 r，就可以严格计算出球形粒子的散射截面、吸收截面、相函数以及各种衍生量；根据尺度谱 $n(r)$，就可以推算出球形粒子群的系综平均特征量。应该说明的是，复折射率虚部 m_i 代表粒子的吸收属性，洛伦兹-米理论包含了对粒子吸收特性的计算。

然而，对于非球形粒子，尽管理论上可知其辐射属性也由复折射率、粒子有效尺度及尺度谱决定，但除了无限长圆柱体等少数理想粒子，一般没有解析理论可以计算它们的辐射特征量。计算电磁学和光散射领域的研究者发展了多种数值计算方法，常用的包括：有限差分时域 (finite-difference time-domain，FDTD) 法 [13]，几何光学法 (geometrical-optics method，GOM)[14]，T 矩阵 (T-matrix) 法 [15]，离散偶极子近似 (discrete dipole approximation，DDA) 法 [16] 等。每种方法都有一定的局限性，只能用于部分满足条件的粒子的散射计算；目前，一些研究者在实际应用中采用不同方法进行组合来缓解这一困难 [17]。

2.6　辐射传输概论

电磁波在气体介质中传输，被介质中的原子、分子和宏观粒子吸收或散射而衰减，介质自身发射辐射和多次散射辐射在传输方向上的补充会使其增强。定量地描述这些传输机制，并构建介质中辐射传输模型及辐射量的求解方法，就是辐射传输理论的研究内容。

在 20 世纪 50 年代以前，辐射传输问题主要由天体物理学家进行研究。比如，1905 年，Schuster 研究了有雾大气的辐射传输，讨论了多次散射的重要性；1906 年，Schwarzschild 研究辐射在太阳大气中的传输问题，试图解释太阳的临边昏暗 (limb darkening) 现象；1914 年，Schwarzschild 还系统地阐述了大气中长波红外辐射传输理论 [18]。1950 年，Chandrasekhar 出版的专著 *Radiative Transfer* 具有里程碑意义，他系统地阐述了辐射传输的主要内容并发展了平面平行介质中辐射传输的多种解法，奠定了该领域的理论基础 [19]。目前，辐射传输方法已经被应用到恒星大气、行星大气和很多人造气体的辐射特性计算中，成为目标与环境辐射特性研究的基础理论。

2.6.1 辐射传输方程

气体介质中的原子、分子和宏观粒子是离散分布的，除碰撞发生时，绝大多数时间里粒子 (这里包含微观粒子和宏观粒子) 间都相距很远，理论上认为，尽管单个粒子的光学性质会与其他粒子相关，但辐射场与单个粒子相互作用过程可以等同于其他粒子不存在的情况，称为近独立粒子假设。因此，能够直接使用辐射场的能量值代替电场值构建辐射传输理论。

如图 2.20 所示，假设电磁波从 s_0 位置入射一段气体介质，入射辐射亮度为 $L_\nu(s_0)$，经过介质内的传输，在 s_1 位置出射，出射辐射亮度为 $L_\nu(s_1)$。辐射能量在介质中衰减的规律可以由著名的比尔-布格-朗伯 (Beer-Bouguet-Lambert) 定律描述，也称比尔定律，或布格定律，或朗伯定律，是根据测量数据总结出的实验

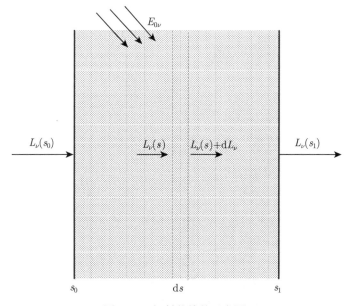

图 2.20　辐射传输的示意图

定律。它指出，辐射通过一段均匀介质微元 ds，辐射的衰减程度与微元长度 ds 和入射辐射能量成正比，采用辐射亮度为参量，数学形式可以表达为

$$\mathrm{d}L_\nu = -k_\nu(s)L_\nu(s)\mathrm{d}s \tag{2.96}$$

其中，$k_\nu(s)$ 表示 s 位置处介质在频率 ν 处的总消光系数，可以表达为

$$k_\nu(s) = \sum_i \sigma_{\nu,i}(s)n_i(s) \tag{2.97}$$

其中，$\sigma_{\nu,i}(s)$ 为 s 位置处第 i 种组分的单粒子消光截面，是吸收截面和散射截面之和；$n_i(s)$ 为 s 位置处第 i 种组分的粒子数密度，所有在频率 ν 处起到消光作用的原子、分子和宏观粒子都应该被记入。负号代表辐射的衰减。

另一方面，介质在传输方向上发射的辐射以及辐射在介质中经过多次散射重新进入传输方向的辐射，形成辐射增强源。类比衰减过程，引入辐射增强的微分形式：

$$\mathrm{d}L_\nu = j_\nu(s)\mathrm{d}s \tag{2.98}$$

其中，$j_\nu(s)$ 称为辐射源函数系数，代表 s 位置处传输单位距离后辐射亮度增强的大小，它是介质中粒子数密度和介质本征辐射属性的函数。鉴于吸收和发射之间的联系，为表述方便，定义源函数 J：

$$J_\nu = \frac{j_\nu}{k_\nu} \tag{2.99}$$

因此，辐射增强的微分形式可以改写为

$$\mathrm{d}L_\nu = k_\nu(s)J_\nu(s)\mathrm{d}s \tag{2.100}$$

源函数 J 具有辐射亮度的量纲。

据此，可以总结出传输路径上辐射亮度的变化满足以下方程：

$$\frac{\mathrm{d}L_\nu(s)}{\mathrm{d}s} = k_\nu(s) \cdot (J_\nu(s) - L_\nu(s)) \tag{2.101}$$

这就是辐射传输方程。该形式最早在 20 世纪初由 Schwarzschild 和 Milne 在各自的研究中给出，并一直沿用至今。

辐射传输方程从实验定律引出，具有十分简洁的数学形式，有利于辐射量的计算和传输性质分析。但应该指出，简洁的数学形式是因为方程本身没有直接说明诸多辐射与介质相互作用具体的物理过程，而是将它们隐含在消光系数和源函

数中。因此，在辐射传输计算中，明确消光系数和源函数的机制及计算方法是关键所在。

最后，有两点值得说明：

一是，这里的辐射传输方程只计算辐射能量在传输路径上的变化，实际上传输过程中电磁波的偏振状态也可能发生变化，该方程没有包含任何偏振辐射的传输机制，为了计算偏振辐射的传输特性，需要针对描述偏振的斯托克斯矩阵构建偏振辐射传输方程。在一些文献中，将这里的方程称为标量辐射传输方程，偏振方程称为矢量辐射传输方程。由于斯托克斯矩阵包含了辐射能量，偏振辐射传输方程可以看作更一般的辐射传输理论形式。

二是，气体并非总是稳定的，实际气体往往处于湍流状态，它造成指定位置的介质组分浓度和温度等参量短时、随机起伏变化，穿过湍流介质的电磁波的振幅和相位都会产生随机起伏，导致辐射传输的湍流效应。这里的辐射传输方程无法描述湍流效应。幸运的是，多数用于辐射测量的设备具有相对较长的积分时间，也就是，在设备捕捉辐射信号的最小时间尺度上，介质的湍流效应可以忽略；另一方面，绝大多数情况下湍流对辐射能量的影响只是在平均状态附近产生很小的起伏，甚至小于测量设备本身噪声引起的起伏；因此，这里的方程足以表征可测量辐射量表现出的特性规律。但是，随着高帧频测量和高灵敏度测量技术的发展，需要构建考虑湍流效应的方程，与这里的方程联合，用于分析极小时间尺度上的辐射传输特性。

以上两点涉及的理论和应用对象都超出了本书的范畴，不再详细讨论。在此简要说明，是为了给本书采用的辐射传输方程划定适用范围。

2.6.2　辐射传输的积分形式解

对辐射传输方程进行求解，容易得到它的积分形式解，即

$$L_\nu(s_1) = L_\nu(s_0) \exp\left[-\tau_\nu(s_0, s_1)\right] + \int_{s_0}^{s_1} k_\nu(s) J_\nu(s) \exp\left[-\tau_\nu(s, s_1)\right] \mathrm{d}s \quad (2.102)$$

其中，$\tau_\nu(s, s_1)$ 是 s 至 s_1 之间传输路径的介质光学厚度 (optical thickness)，是无量纲的参量，表达形式为

$$\tau_\nu(s, s_1) = \int_s^{s_1} k_\nu(s) \mathrm{d}s \quad (2.103)$$

光学厚度越大代表介质对辐射的衰减能力越强。

根据积分形式解，辐射传输的物理图景是十分清晰的，即 s_1 位置处的出射辐射来自于两个部分：一是，s_0 位置处的入射辐射经过 s_0 至 s_1 间的介质衰减后到

达 s_1 位置处的剩余；二是，s_0 至 s_1 间每一段介质微元的源辐射经过微元至 s_1 间的介质衰减后到达 s_1 位置处的累积。

为了定量计算辐射亮度，就需要确定传输路径上介质的消光系数和源函数，这里对源函数的形式再做进一步讨论。由于源函数反映了在传输方向上介质的发射和多次散射，并且具有辐射亮度的量纲，利用以上介绍的辐射属性特征量，源函数的一般形式可以表达为

$$
J(s,\Omega) = \frac{\langle \varpi \rangle}{4\pi} \int_{4\pi} L(s,\Omega')P(s,\Omega',\Omega)\mathrm{d}\Omega'
$$

$$
+ \frac{\langle \varpi \rangle}{4\pi} E_0 \exp(-\tau_0)P(s,\Omega_0,\Omega) + (1 - \langle \varpi \rangle)J_e(s) \tag{2.104}
$$

为了表达简便，上式将光谱下标省去。这里 $J(s,\Omega)$ 表示传输路径上 s 位置处的源函数，Ω 代表传输方向的单位立体角；$\langle \varpi \rangle$ 为单位体积介质的单散射反照率，$L(s,\Omega')$ 为 s 位置处 Ω' 方向的辐射亮度，$P(s,\Omega',\Omega)$ 为 s 位置处将 Ω' 方向入射辐射分配到 Ω 方向的散射相函数；E_0 代表一种外部准直光源的辐射照度，如图 2.20 所示，比如太阳辐射，τ_0 代表外部源入射直至 s 位置的介质光学厚度；$J_e(s)$ 表示 s 位置处介质发射源函数。因此，上式中第一项代表介质内漫射辐射的多次散射贡献；第二项代表外部准直光源直射到传输路径后的散射贡献，它的效果类似于多次散射；第三项代表介质发射辐射贡献。若介质处于局域热平衡状态，根据基尔霍夫定律和普朗克定律，发射源函数就是黑体辐射函数，即

$$
J_e(s) = L_b(s) \tag{2.105}
$$

对于热力学非平衡状态的介质，$J_e(s)$ 需要根据微观能级跃迁机制计算。

根据源函数的一般形式，若多次散射是重要的，介质中任意位置任意方向上的辐射亮度与其他位置和方向上的辐射亮度是耦合关联的，必须考虑辐射在整体介质中的传输性质，而不是只考虑某一条传输路径上介质的影响，这导致了辐射传输问题的复杂性。因此，辐射传输定量计算作为一类典型的数学物理问题，需要建立专门的计算理论。目前常用的辐射传输计算方法有：离散坐标法、有限体积法、二流法/四流法 (也称热流法)、累加法，以及应用计算机模拟技术的蒙特卡罗法等。第 3 章将展开介绍部分辐射传输计算方法，更系统的辐射传输计算理论和数值算法可以参考该领域的一些经典著作 [19–22]。

在此，再说明一种特殊的辐射传输形式。对于红外谱段，尤其是波长大于 $3\mu\mathrm{m}$ 的谱段，若气体介质中不含有宏观粒子，只有原子和分子，则介质的散射作用是可以忽略的，这意味着 (2.104) 式中复杂的散射源函数项都可以省去。若气体处

于局域热平衡状态，辐射传输方程改写为

$$\frac{\mathrm{d}L_\nu(s)}{\mathrm{d}s} = k_{a\nu}(s) \cdot (L_{b\nu}(s) - L_\nu(s)) \tag{2.106}$$

其中，$k_{a\nu}$ 是介质在频率 ν 处的吸收系数，源函数就是黑体辐射函数。这就是 Schwarzschild 最初得到的红外辐射传输方程，也称为 Schwarzschild 方程。它的积分形式解为

$$L_\nu(s_1) = L_\nu(s_0) \exp\left[-\tau_\nu(s_0, s_1)\right] + \int_{s_0}^{s_1} k_{a\nu}(s) L_{b\nu}(s) \exp\left[-\tau_\nu(s, s_1)\right] \mathrm{d}s \tag{2.107}$$

它与一般的积分形式解相似，但源函数的简化给辐射传输分析带来很大便利。在此情况下，源函数只与传输路径上介质温度有关，利用黑体辐射函数可以方便地计算出，辐射传输计算的主要任务就转变为传输路径上介质光学厚度的求解。因此，辐射亮度只与该传输路径上的介质性质有关，而与其他位置的介质完全解耦，避免了复杂的多次散射计算。这是分子气体红外辐射特性分析的理论基础。

最后，根据 2.3～2.6 节介绍的辐射理论基础，可以总结，目标与环境辐射特性就是构成它们的介质的辐射属性、热状态及其分布的函数。定量计算辐射特性的前提就是获知每一类介质的含量、温度的时空分布。对此，目前目标辐射特性与环境辐射特性的处理方式有所不同。人造的目标相比于地球大气环境总是小尺度的、组成与结构相对简单的，只要充分了解目标的传热性质、运动状态及外部环境条件，准确计算出目标本体及其产生的流场的介质含量与温度时空分布是可能的。因此，目标辐射特性的计算往往从其固有的传热与光学属性参量开始，先构建流场与传热模型计算不同条件下介质含量与温度分布，进而构建辐射特性模型计算指定观测视角下的辐射量。对于地球大气环境，大气与海洋的全球尺度运动和复杂的相变及化学反应过程导致其介质含量与温度的定量计算变得异常复杂，尽管基于第一性原理的天气/气候预报模型已经发展数十年，但它的计算精度还很难满足多数情况下的环境辐射特性需求。对于地外天体更是如此。因此，环境辐射特性的建模与计算严重依赖于环境介质含量与温度的独立观测数据，将主要的理论问题聚焦在辐射特性建模上。这样，第 3 章对建模理论的介绍将从目标视角出发，介绍目标的流场计算理论、温度场计算理论和辐射特性计算理论。由于辐射计算理论的通用性，不再单独阐述环境辐射特性理论。在第 4 章，直接阐述不同环境对象的辐射特性规律。

参 考 文 献

[1] López-Puertas M, Taylor F W. Non-LTE Radiative Transfer in the Atmosphere[M]. Singapore: World Scientific, 2001.

[2]   Feynman R P, Leighton R B, Sands M L. The Feynman Lecture on Physics[M]. New York: Addison-Wesley Pub. Co., 1964.

[3]   Baldridge A M, Hook S J, Grove C I, et al. The ASTER spectral library version 2.0[J]. Remote Sensing of Environment, 2009, 113(4): 711-715.

[4]   Clark R L, Swayze G A, Wise R, et al. USGS digital spectral library splib06a[R]. U.S. Geological Survey, 2007.

[5]   Nicodemus F E. Reflectance nomenclature and directional reflectance and emissivity[J]. Applied Optics, 1970, 9(6): 1474-1475.

[6]   Herzberg G, Mrozowski S. Molecular Spectra and Molecular Structure. I. Spectra of Diatomic Molecules[M]. Amsterdam: D.Van Nostrand Co, 1950.

[7]   Herzberg G. Molecular Spectra and Molecular Structure. II. Infrared and Raman Spectra of Polyatomic Molecules[M]. Amsterdam: D.Van Nostrand Co, 1950.

[8]   Penner S S, Landshoff R. Quantitative Molecular Spectroscopy and Gas Emissivities[M]. London: Pergamon Press, 1960.

[9]   Yang P, Gao B C, Baum B A, et al. Sensitivity of cirrus bidirectional reflectance to vertical inhomogeneity of ice crystal habits and size distributions for two Moderate-Resolution Imaging Spectroradiometer (MODIS) bands[J]. Journal of Geophysical Research Atmospheres, 2001, 106(D15): 17267-17291.

[10] Mishchenko M I, Travis L D, Lacis A A. Scattering, Absorption, and Emission of Light by Small Particles[M]. New York: Cambridge University Press, 2002.

[11] Takano Y, Liou K N. Transfer of polarized infrared radiation in optically anisotropic media: application to horizontally oriented ice crystals[J]. Journal of the Optical Society of America A, 1994, 10(6): 1243-1256.

[12] Wiscombe W J. Mie scattering calculations: advances in technique and fast, vector-speed computer codes[R]. NCAR/TN-140+STR, 1978: 23-25.

[13] Sun W, Qiang F, Chen Z. Finite-difference time-domain solution of light scattering by dielectric particles with a perfectly matched layer absorbing boundary condition[J]. Applied Optics, 1999, 38(15): 3141.

[14] Yang P. Geometric-optics-integral-equation method for light scattering by nonspherical ice crystals[J]. Applied Optics, 1996, 35(33): 6568.

[15] Mishchenko M I, Mackowski D W, Travis L D. T-matrix computations of light scattering by nonspherical particles: a review[J]. Journal of Quantitative Spectroscopy and Radiative Transfer, 1996, 55(5): 535-575.

[16] Draine B T, Flatau. Discrete-dipole approximation for scattering calculations[J]. Journal of the Optical Society of America A, 1994, 11: 1491-1499.

[17] Ping Y, Liou K N, Wyser K, et al. Parameterization of the scattering and absorption properties of individual ice crystals[J]. Journal of Geophysical Research: Atmospheres, 2000, 105(D4): 4699-4718.

[18] Schwarzschild K. Diffusion and Absorption in the Sun's Atmosphere[M]//Menzel D H. Selected Papers on the Transfer of Radiation. New York: Dover Publications, 1914.

[19] Chandrasekhar S. Radiative Transfer[M]. New York: Dover Publications, 1950.

[20] Liou K N. An Introduction to Atmospheric Radiation[M]. San Diego: Academic Press, 2002.

[21] Goody R M, Yung Y L. Atmospheric radiation: theoretical basis[M]. New York: Oxford University Press, 1989.

[22] van de Hulst H C. Multiple Light Scattering: Tables, Formulas, and Applications[M]. San Diego: Academic Press, 1980.

第 3 章　目标红外辐射特性建模

在本书中，我们定义人造物体为"目标"。目标可以出现在大气层外，不断向空间发射能量，并且接收来自太阳和地球大气系统的辐射；目标也可以运动在大气层中，周围大气的气动加热作用使其表面温度上升；当速度进一步加快达到超声速甚至高超声速时，目标周围的气体也将具有很高的温度，发射出不可忽视的辐射；目标的动力系统通过燃烧喷出高温气体，也会产生强烈的红外辐射。本章根据目标红外辐射特性产生来源，分别介绍气体介质和固体壁面红外辐射的计算方法。

3.1　气体介质流场计算

高速运动的飞行器往往会使用发动机产生高温射流来获取反作用力进行加速，同时飞行器周围也会形成高温的空气流场。这些流场一般具有较高的能量，或者自身能够发光，或者会给飞行器带来气动热。因此要描述目标的红外辐射特性需要掌握这些流场的性质 [1-3]。

3.1.1　气体流动基本方程

飞行器在从地面到空间大尺度域飞行过程中，不同飞行高度对应不同外部环境，一般以克努森数 Kn 来衡量其稀薄程度。随着飞行高度的增加，Kn 也随之增大，按照 Kn 由低到高，依次将流动区域划分为连续流区、滑移流区、过渡流区以及自由分子流区 [4]。图 3.1 给出了基于 Kn 的流动分区和对应的求解方法。

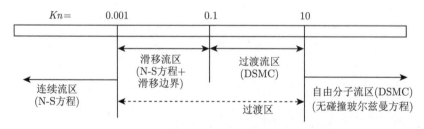

图 3.1　流动分区和对应的求解方法

在连续流区，Kn 趋于零，气体分子间碰撞频率相当高，气体的流动完全遵循连续介质模型理论。该流域计算方法通常从宏观气体流动角度出发，以气体的密度、温度、速度作为独立变量，通过基于平衡态麦克斯韦分布对玻尔兹曼方程展开得到相应宏观流体力学方程，诸如欧拉 (Euler) 方程、纳维-斯托克斯 (Navier-Stokes, N-S) 方程等数值计算模型，目前已发展了许多较为成熟的数值方法和商用软件。

在滑移流区，气体分子间的碰撞频率仍然远比气体分子与固体壁面之间碰撞的频率高，但稀薄气体效应已经不能忽略。麦克斯韦认为连续介质理论最早在气体和固壁的交界处失效，在交界处，气体的流动速度不为零，推导出了滑移速度的表达式。在滑移流区仍然以纳维-斯托克斯方程为控制方程，利用改进的滑移边界条件，对气体流动进行数值模拟。

在过渡流区以及自由分子流区，气体分子之间的碰撞频率和气体分子与固体壁面的碰撞频率大体相当，都不可忽略，从而不能再应用以气体分子之间碰撞占支配地位为前提的连续介质处理方法，纳维-斯托克斯方程和滑移边界条件不再适用，在数值模拟方面，从微观分子动力学理论出发，研究分子间碰撞机理和运动变化等作用规律，提出了直接模拟蒙特卡罗 (DSMC) 方法。

在连续介质模型中，流体是由连续分布的流体质点组成，流体运动时，表征流体质点运动的属性，如速度、加速度等流动参数都随空间和时间的变化而变化，在研究气体运动的规律时，首先要解决的问题是用什么方法描述流体的运动，一般采用两种不同的描述方法，即拉格朗日法和欧拉法[2]。

(1) 拉格朗日法：以研究个别流体质点运动为基础，通过对每一个质点运动的研究来获得整个流场运动的规律性。利用质点在任意时刻的坐标位置来给定质点的运动轨迹，流体由无数个质点组成，要研究整个流体运动，就必须研究每一个质点的运动，为此，选取初始时刻为 t_0，以每一个质点初始坐标 (a, b, c) 作为它的标记，用不同值区分不同的质点。流体质点的坐标可以表示为时间和初始位置的函数，即

$$x = x(a, b, c, t), \quad y = y(a, b, c, t), \quad z = z(a, b, c, t) \tag{3.1}$$

显然，(a, b, c) 是参量，t 是自变量。当 (a, b, c) 固定时，以上函数表示某一个确定质点的运动轨迹，当 t 固定时，以上函数表示该时刻各个质点的位置。(a, b, c) 称为拉格朗日变数，它们虽然也是连续分布的空间坐标，但与质点的运动坐标不同，(a, b, c) 不随时间的变化而变化。

按照定义，质点的速度也可以表示为轨迹坐标 (x, y, z) 对时间的一阶导数。质点速度可以表示为

$$u_x = \frac{\partial x}{\partial t}, \quad u_y = \frac{\partial y}{\partial t}, \quad u_z = \frac{\partial z}{\partial t} \tag{3.2}$$

同样地，质点的加速度是 (x, y, z) 对时间的二阶导数，可以表示为

$$a_x = \frac{\partial^2 x}{\partial t^2}, \quad a_y = \frac{\partial^2 y}{\partial t^2}, \quad a_z = \frac{\partial^2 z}{\partial t^2} \tag{3.3}$$

　　使用拉格朗日法必须找出并跟踪每一个质点并进行研究，由于流体具有易流动性，要跟踪每一个质点十分困难。

　　(2) 欧拉法：着眼于研究空间中固定点的流动情况，即研究流体质点经过某一空间点的速度、压强、密度等变化规律，将许多空间点在不同时刻的流体质点的运动情况记录下来，进而获得整个流场的运动规律。用欧拉法研究流动情况时，将速度、密度和压强等流动参数表示为空间坐标和时间的函数，即

$$v_x = v_x(x,y,z,t), \quad v_y = v_y(x,y,z,t), \quad v_z = v_z(x,y,z,t) \tag{3.4}$$

$$\rho = \rho(x,y,z,t), \quad p = p(x,y,z,t) \tag{3.5}$$

　　虽然没有给出流体质点的运动轨迹，但却给出了不同时刻整个空间流场的流动参数分布。

　　流体加速度可表示为

$$\begin{cases} a_x = \dfrac{\mathrm{d}v_x}{\mathrm{d}t} = \dfrac{\partial v_x}{\partial t} + v_x\dfrac{\partial v_x}{\partial x} + v_y\dfrac{\partial v_x}{\partial y} + v_z\dfrac{\partial v_x}{\partial z} \\[2mm] a_y = \dfrac{\mathrm{d}v_y}{\mathrm{d}t} = \dfrac{\partial v_y}{\partial t} + v_x\dfrac{\partial v_y}{\partial x} + v_y\dfrac{\partial v_y}{\partial y} + v_z\dfrac{\partial v_y}{\partial z} \\[2mm] a_z = \dfrac{\mathrm{d}v_z}{\mathrm{d}t} = \dfrac{\partial v_z}{\partial t} + v_x\dfrac{\partial v_z}{\partial x} + v_y\dfrac{\partial v_z}{\partial y} + v_z\dfrac{\partial v_z}{\partial z} \end{cases} \tag{3.6}$$

　　式 (3.6) 中加速度由两部分组成，第一部分称为局部加速度，也称为时变加速度，它表示在同一位置上所观察到的速度对时间的变化率；第二部分称为对流加速度，它表示位置的变化引起的速度变化率。类似地，也可以给出流体的密度和压强对时间的变化率。

　　式 (3.6) 中导数表达式可以用一个通式表示，即

$$\frac{\mathrm{d}}{\mathrm{d}t} = \frac{\partial}{\partial t} + v_x\frac{\partial}{\partial x} + v_y\frac{\partial}{\partial y} + v_z\frac{\partial}{\partial z} \tag{3.7}$$

　　它表示流体质点所具有的物理量 (速度、密度、压强) 的时间变化率，称为随体导数，也称为物质导数。

　　流体的运动看似千变万化，但实际上都具有一定的内在规律。为了描述流体的运动规律，可以基于质量守恒定律、动量守恒定律、能量守恒定律分别得到流体运动的连续性方程、运动方程以及能量方程，具体如下。

1. 连续性方程

　　连续性方程是质量守恒定律在流体力学中具体的数学表达。连续性方程可以表示为

$$\frac{\partial \rho}{\partial t} + \frac{\partial(\rho v_x)}{\partial x} + \frac{\partial(\rho v_y)}{\partial y} + \frac{\partial(\rho v_z)}{\partial z} = 0 \tag{3.8}$$

对于均质不可压缩流体，其密度为常数，则可简化为

$$\frac{\partial v_x}{\partial x} + \frac{\partial v_y}{\partial y} + \frac{\partial v_z}{\partial z} = 0 \tag{3.9}$$

2. 运动方程

运动微分方程是根据动量守恒定律对质量系统建立的动力学方程，作用在系统上的外力来自质量力和边界面上的压强。设质量力为 $f = f_x i + f_y j + f_z k$，压强为 p，对于无黏流体，该方程称为欧拉方程，表达为

$$\begin{cases} \dfrac{\partial(\rho v_x)}{\partial t} + v_x \dfrac{\partial(\rho v_x)}{\partial x} + v_y \dfrac{\partial(\rho v_x)}{\partial y} + v_z \dfrac{\partial(\rho v_x)}{\partial z} = \rho f_x - \dfrac{\partial p}{\partial x} \\[2mm] \dfrac{\partial(\rho v_y)}{\partial t} + v_x \dfrac{\partial(\rho v_y)}{\partial x} + v_y \dfrac{\partial(\rho v_y)}{\partial y} + v_z \dfrac{\partial(\rho v_y)}{\partial z} = \rho f_y - \dfrac{\partial p}{\partial y} \\[2mm] \dfrac{\partial(\rho v_z)}{\partial t} + v_x \dfrac{\partial(\rho v_z)}{\partial x} + v_y \dfrac{\partial(\rho v_z)}{\partial y} + v_z \dfrac{\partial(\rho v_z)}{\partial z} = \rho f_z - \dfrac{\partial p}{\partial z} \end{cases} \tag{3.10}$$

对于黏性流体，需要考虑黏性引起的剪切力，该方程称为纳维-斯托克斯方程，使用 τ 表示流体介质剪切力，方程表达为

$$\begin{cases} \dfrac{\partial(\rho v_x)}{\partial t} + v_x \dfrac{\partial(\rho v_x)}{\partial x} + v_y \dfrac{\partial(\rho v_x)}{\partial y} + v_z \dfrac{\partial(\rho v_x)}{\partial z} = \rho f_x - \dfrac{\partial p}{\partial x} + \dfrac{\partial \tau_{xx}}{\partial x} + \dfrac{\partial \tau_{yx}}{\partial y} + \dfrac{\partial \tau_{zx}}{\partial z} \\[2mm] \dfrac{\partial(\rho v_y)}{\partial t} + v_x \dfrac{\partial(\rho v_y)}{\partial x} + v_y \dfrac{\partial(\rho v_y)}{\partial y} + v_z \dfrac{\partial(\rho v_y)}{\partial z} = \rho f_y - \dfrac{\partial p}{\partial y} + \dfrac{\partial \tau_{xy}}{\partial x} + \dfrac{\partial \tau_{yy}}{\partial y} + \dfrac{\partial \tau_{zy}}{\partial z} \\[2mm] \dfrac{\partial(\rho v_z)}{\partial t} + v_x \dfrac{\partial(\rho v_z)}{\partial x} + v_y \dfrac{\partial(\rho v_z)}{\partial y} + v_z \dfrac{\partial(\rho v_z)}{\partial z} = \rho f_z - \dfrac{\partial p}{\partial z} + \dfrac{\partial \tau_{xz}}{\partial x} + \dfrac{\partial \tau_{yz}}{\partial y} + \dfrac{\partial \tau_{zz}}{\partial z} \end{cases}$$
$$\tag{3.11}$$

这组方程给出了运动参数与力参数之间的关系。

3. 能量方程

流体的能量方程由能量守恒定律推导出。对于一个运动的流体微团，能量组成可以分为微团的内能和微团整体运动的动能。对于内能，假设微团没有整体运动速度，气体的原子和分子以完全随机的方式在系统内平动，每个原子或分子都具有平动能，这个能量与原子或分子的随机运动相关，此外，分子自身还能转动和振动，从而也具有转动能和振动能，最后，电子围绕原子核的运动又给原子或分子加上了电子能。因此一个特定分子的总内能就是它的平动能、转动能、振动能和电子能的总和，而每个原子的总内能就是它的平动能和电子能之和。流体微团的内能就是系统内每个分子和原子内能的总和。所以，运动流体微团的能量，有两个来源：一是静止流体微团的内能 e；二是流体微团整体运动时具有的动能，单

位质量的动能为 $V^2/2$，这里 V 为流体微团的整体运动速度总量。另外，如果有内热源，采用 $\bar{q}$ 表示单位质量流体的体积加热率。

无黏流动的能量方程为

$$\frac{\partial}{\partial t}\left[\rho\left(e+\frac{V^2}{2}\right)\right]+\nabla\cdot\left[\rho\left(e+\frac{V^2}{2}\right)\boldsymbol{V}\right]$$

$$=\rho\bar{q}+\frac{\partial}{\partial x}\left(k\frac{\partial T}{\partial x}\right)+\frac{\partial}{\partial y}\left(k\frac{\partial T}{\partial y}\right)+\frac{\partial}{\partial z}\left(k\frac{\partial T}{\partial z}\right)$$

$$-\frac{\partial(pv_x)}{\partial x}-\frac{\partial(pv_y)}{\partial y}-\frac{\partial(pv_z)}{\partial z}+\rho\boldsymbol{f}\cdot\boldsymbol{V} \tag{3.12}$$

黏性流动的能量方程为

$$\frac{\partial}{\partial t}\left[\rho\left(e+\frac{V^2}{2}\right)\right]+\nabla\cdot\left[\rho\left(e+\frac{V^2}{2}\right)\boldsymbol{V}\right]$$

$$=\rho\bar{q}+\frac{\partial}{\partial x}\left(k\frac{\partial T}{\partial x}\right)+\frac{\partial}{\partial y}\left(k\frac{\partial T}{\partial y}\right)+\frac{\partial}{\partial z}\left(k\frac{\partial T}{\partial z}\right)-\frac{\partial(pv_x)}{\partial x}-\frac{\partial(pv_y)}{\partial y}-\frac{\partial(pv_z)}{\partial z}$$

$$+\frac{\partial(\tau_{xx}v_x)}{\partial x}+\frac{\partial(\tau_{yx}v_x)}{\partial y}+\frac{\partial(\tau_{zx}v_x)}{\partial z}+\frac{\partial(\tau_{xy}v_y)}{\partial x}+\frac{\partial(\tau_{yy}v_y)}{\partial y}+\frac{\partial(\tau_{zy}v_y)}{\partial z}$$

$$+\frac{\partial(\tau_{xz}v_z)}{\partial x}+\frac{\partial(\tau_{yz}v_z)}{\partial y}+\frac{\partial(\tau_{zz}v_z)}{\partial z}+\rho\boldsymbol{f}\cdot\boldsymbol{V} \tag{3.13}$$

上述方程中涉及的正应力和切应力都是速度梯度的函数

$$\tau_{xx}=\lambda\left(\nabla\cdot V\right)+2\mu\frac{\partial v_x}{\partial x} \tag{3.14}$$

$$\tau_{yy}=\lambda\left(\nabla\cdot V\right)+2\mu\frac{\partial v_y}{\partial y} \tag{3.15}$$

$$\tau_{zz}=\lambda\left(\nabla\cdot V\right)+2\mu\frac{\partial v_z}{\partial z} \tag{3.16}$$

$$\tau_{xy}=\tau_{yx}=\mu\left(\frac{\partial v_y}{\partial x}+\frac{\partial v_x}{\partial y}\right) \tag{3.17}$$

$$\tau_{xz}=\tau_{zx}=\mu\left(\frac{\partial v_x}{\partial z}+\frac{\partial v_z}{\partial x}\right) \tag{3.18}$$

$$\tau_{yz}=\tau_{zy}=\mu\left(\frac{\partial v_z}{\partial y}+\frac{\partial v_y}{\partial z}\right) \tag{3.19}$$

其中，μ 是分子黏性系数，λ 是第二黏性系数，斯托克斯提出假设，认为

$$\lambda=-\frac{2}{3}\mu \tag{3.20}$$

这一关系式已被广泛采用，但直到今天仍没有被严格证明。

实际上，我们构建了五个方程和六个未知数的流场变量，在空气动力学中，假设气体是完全气体 (分子间作用力可忽略) 通常是合理的。对完全气体，状态方程是 [3]

$$p = \rho RT \tag{3.21}$$

其中，R 是普适气体常量，这个方程也被称为热状态方程，它提供了第六个方程。气体内能方程可表示为

$$e = e(T, p) \tag{3.22}$$

对量热完全气体，这个关系可以是

$$e = c_v T \tag{3.23}$$

其中，c_v 是定容比热容。这个方程有时也被称为量热状态方程。

由上述可知，黏性流动的运动微分方程被称为纳维-斯托克斯方程，从历史的角度，这种说法是准确的，但是，在当代 CFD(Computational Fluid Dynamics) 文献中，这个术语被扩展到了黏性流动的整个方程组，除动量方程外，还包括连续性方程和能量方程。因此，当 CFD 文献中谈到纳维-斯托克斯方程的数值解时，实际它通常指整个方程组的数值解。在这个意义下，求解纳维-斯托克斯方程即为用整个方程组求解流动的问题。

随着气体稀薄程度的增加，气体的间断粒子效应就会变得显著，这使得通常用于求解流体问题的纳维-斯托克斯方程中的输运系数不再正确，因此对稀薄气体进行统计性的描述成为目前唯一可行的方式。

基于统计原理，气体宏观量的描述要依赖速度分布函数，而玻尔兹曼方程恰能给出分布函数对空间位置和时间变化率的关系。

在各态遍历、混沌和二元碰撞假设的基础上，玻尔兹曼方程可以写为

$$\frac{\partial f}{\partial t} + \xi \cdot \frac{\partial f}{\partial X} + F \cdot \frac{\partial f}{\partial \xi} = \int_{-\infty}^{\infty} \int_{0}^{4\pi} (f'f_1' - ff_1) g\sigma(g, \chi) \mathrm{d}\Omega \mathrm{d}\xi \tag{3.24}$$

式中，$f \equiv f(t, X, \xi)$ 为气体分子的速度分布函数，$\boldsymbol{\xi}$、$\boldsymbol{X}$ 分别表示速度矢量和位置矢量，$\boldsymbol{F}$ 为气体分子单位质量上的外力，g 为气体分子的相对运动速度，σ 为气体分子碰撞截面，χ 为中心散射角，Ω 为方向角，上标 "'" 表示碰撞后的物理量。由上述方程可见，气体分子速度分布函数 $f(t, X, \xi)$ 变化率由两部分组成，第一部分是由气体分子在相对空间中运动引起的分布状态变化，以 $f(t, X, \xi)$ 的微分形式出现；另一部分是由于气体分子间相互碰撞而引起的 $f(t, X, \xi)$ 变化，以

$f(t, X, \xi)$ 的积分形式出现。由于玻尔兹曼方程是典型的非线性积分微分方程，直接进行解析求解具有很大困难。

进一步地，多组分混合气体的玻尔兹曼方程是由 N 个方程组成的联立方程组，如下式：

$$\frac{\partial f_i}{\partial t} + \xi_i \cdot \frac{\partial f_i}{\partial X_i} + F_i \cdot \frac{\partial f_i}{\partial \xi_i}$$

$$= \sum_{j=1}^{N} \int_{-\infty}^{\infty} \int_{0}^{4\pi} (f_i' f_j' - f_i f_j) g \sigma_{ij}(g, \chi) \mathrm{d}\Omega \mathrm{d}\xi_j, \quad i = 1, 2, \cdots, N \qquad (3.25)$$

方程左边项与前述公式中的含义相同，但其分布函数的变化针对的是指定的第 i 种组分，方程右边则表示指定的第 i 种分子与第 j 种分子碰撞引起的分布函数的变化率。由于 i 种分子可以和不同类别的分子相互碰撞，因而需要在右边对 j 进行从 1 到 N 的求和处理，N 是气体中的组分总数目。

在玻尔兹曼方程中，由于涉及大量分子的直接碰撞处理和状态统计，目前主要采用一些近似或简化模型进行计算分析。特别对于高空稀薄条件下的流动，很难通过直接求解玻尔兹曼方程获得其数值解，可以采用 DSMC 算法 [4] 进行求解计算。

3.1.2　发动机射流模型

1. 低空发动机射流模型

在中低空高度下，发动机射流一般满足连续性假设。中低空射流流动可能呈现过膨胀、低度欠膨胀、中度过膨胀以及高度过膨胀等状态，射流流动范围从几米扩展至几百或上千米，但控制其流场状态的流动机理是相同的，流场结构也具有一定的相似性 [5]。对于中低空射流流动，不管处于哪类膨胀状态，均可近似地分为三个典型区域，即初始区、过渡区和射流区。其中低度欠膨胀状态的射流流场结构分区如图 3.2 所示。

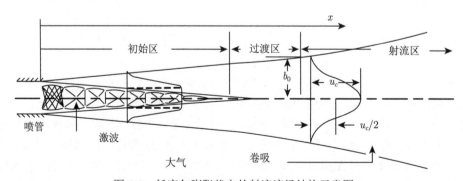

图 3.2　低度欠膨胀状态的射流流场结构示意图

气体高速流动过程中，通常处于一种紊流状态，造成流场内部出现湍流现象。湍流具有很强的不稳定性，会破坏原有流场结构。尤其是在高速流动过程中，湍流一方面严重影响流场，同时还会消耗流动势能产生一定的热源，对流场内的能量分布造成一定的影响，因此高速飞行过程中，必须要考虑湍流的计算[6]。

在射流流动这类具有显著湍流混合的流动中，由湍流产生的流动速度变化可表示为平均变化 U 与随机变化 $u'(t)$ 的叠加，即雷诺分解：

$$u(t) = U(t) + u'(t) \tag{3.26}$$

相对于时间上小尺度的湍流脉动，大尺度的平均标量变化对流场的影响更为重要，因此以统计平均值表征标量变化是描述湍流特性的基本方式。以密度加权平均方式计算标量 $u(t)$ 在某一微小时间段内的统计平均值，对于速度分量 $u_i(t)$ 有

$$\tilde{u}_i = \frac{\dfrac{1}{\Delta t}\displaystyle\int_{\Delta t}\rho(t)u_i(t)\mathrm{d}t}{\dfrac{1}{\Delta t}\displaystyle\int_{\Delta t}\rho(t)\mathrm{d}t} = \frac{\dfrac{1}{\Delta t}\left[\displaystyle\int_{\Delta t}\rho(t)U_i(t)\mathrm{d}t + \displaystyle\int_{\Delta t}\rho(t)u_i'(t)\mathrm{d}t\right]}{\dfrac{1}{\Delta t}\displaystyle\int_{\Delta t}\rho(t)\mathrm{d}t} = \tilde{U}_i + \frac{\overline{\rho u'}_i}{\bar{\rho}}$$

$$\tag{3.27}$$

将此式代入运动微分方程中，并将其展开到三维空间，经过变化与整理可得

$$\begin{cases} \dfrac{\partial(\bar{\rho}\tilde{U}_1)}{\partial t} + \mathrm{div}(\bar{\rho}\tilde{U}_1\tilde{V}) = \mathrm{div}(\mu\,\mathrm{grad}\tilde{U}_1) + \left[-\dfrac{\partial(\overline{\rho u_1'^2})}{\partial x_1} - \dfrac{\partial(\overline{\rho u_1'u_2'})}{\partial x_2} - \dfrac{\partial(\overline{\rho u_1'u_3'})}{\partial x_3} \right] + S_{M_1} \\[4mm] \dfrac{\partial(\bar{\rho}\tilde{U}_2)}{\partial t} + \mathrm{div}(\bar{\rho}\tilde{U}_2\tilde{V}) = \mathrm{div}(\mu\,\mathrm{grad}\tilde{U}_2) + \left[-\dfrac{\partial(\overline{\rho u_2'u_1'})}{\partial x_1} - \dfrac{\partial(\overline{\rho u_2'^2})}{\partial x_2} - \dfrac{\partial(\overline{\rho u_2'u_3'})}{\partial x_3} \right] + S_{M_2} \\[4mm] \dfrac{\partial(\bar{\rho}\tilde{U}_3)}{\partial t} + \mathrm{div}(\bar{\rho}\tilde{U}_3\tilde{V}) = \mathrm{div}(\mu\,\mathrm{grad}\tilde{U}_3) + \left[-\dfrac{\partial(\overline{\rho u_3'u_1'})}{\partial x_1} - \dfrac{\partial(\overline{\rho u_3'u_2'})}{\partial x_2} - \dfrac{\partial(\overline{\rho u_3'^2})}{\partial x_3} \right] + S_{M_3} \end{cases}$$

$$\tag{3.28}$$

式中，$\tilde{V}$ 是速度矢量 v 平均流动部分的密度加权均值，压差产生的动量变化率已合并到源项 S_M 中，等号右侧第二项由湍流随机运动产生的额外应力就是雷诺应力，以应力符号表示为

$$\begin{cases} \tau_{11} = -\bar{\rho}u_1'^2 \\ \tau_{22} = -\bar{\rho}u_2'^2 \\ \tau_{33} = -\bar{\rho}u_3'^2 \end{cases}, \qquad \begin{cases} \tau_{12} = \tau_{21} = -\overline{\bar{\rho}u_1'u_2'} \\ \tau_{13} = \tau_{31} = -\overline{\bar{\rho}u_1'u_3'} \\ \tau_{23} = \tau_{32} = -\overline{\bar{\rho}u_2'u_3'} \end{cases} \tag{3.29}$$

引入雷诺应力以后，由湍流脉动造成的额外应力多达六项，每一项雷诺应力表示为涡黏性、湍流动能与流场平均速度梯度的关系式：

$$\tau_{ij} = -\overline{\bar{\rho} u_i' u_j'} = \mu_t \left(\frac{\partial \tilde{U}_i}{\partial x_j} + \frac{\partial \tilde{U}_j}{\partial x_i} \right) - \frac{2}{3} \left(\bar{\rho} k + \mu_t \frac{\partial \tilde{U}_k}{\partial x_k} \right) \delta_{ij} \tag{3.30}$$

$$\mu_t = \bar{\rho} C_\mu \frac{k^2}{\varepsilon} \tag{3.31}$$

式中，μ_t 为湍流黏性系数；C_μ 是与流体微团变形率和涡量相关的系数；$k = \frac{1}{2} \sum \overline{u_i'^2}$ 为湍流动能；ε 为湍流动能耗散率；δ_{ij} 是克罗内克函数，当 $i = j$ 时，$\delta_{ij}=1$，当 $i \neq j$ 时，$\delta_{ij}=0$。由此可见，为求解湍流黏性系数 μ_t，需要先求解 k 与 ε，而湍流动能 k 与 ε 是伴随着涡的生成与湮灭在流场中传输的，这两个参数的输运方程为

$$\begin{aligned} &\frac{\partial (\bar{\rho} k)}{\partial t} + \mathrm{div}(\bar{\rho} k \tilde{V}) \\ =&\mathrm{div} \left[\left(\mu + \frac{\mu_t}{\sigma_t} \right) \mathrm{grad} k \right] + G_k + G_b - \bar{\rho} \varepsilon - Y_M + S_k \end{aligned} \tag{3.32}$$

$$\begin{aligned} &\frac{\partial (\bar{\rho} \varepsilon)}{\partial t} + \mathrm{div}(\bar{\rho} \varepsilon \tilde{V}) \\ =&\mathrm{div} \left[\left(\mu + \frac{\mu_t}{\sigma_\varepsilon} \right) \mathrm{grad} \varepsilon \right] + \bar{\rho} C_1 S_\varepsilon - \bar{\rho} C_2 \frac{\varepsilon^2}{k + \sqrt{v\varepsilon}} + C_{1\varepsilon} C_{3\varepsilon} G_b \frac{\varepsilon}{k} + S_\varepsilon \end{aligned} \tag{3.33}$$

式中，σ_t 与 σ_ε 分别是 k 与 ε 的湍流普朗特数，G_k 表示由流体微团平均应变率产生的湍流动能生成率，S 是平均应变张量的模量，G_b 表示由体积力与温度梯度产生的湍流动能生成率，Pr_t 是湍流普朗特数，Y_M 表示在高马赫数下由流体的可压缩性造成的湍流动能膨胀耗散率，S_k 与 S_ε 分别表示湍流动能与耗散率的源项，C_1、C_2、$C_{1\varepsilon}$ 与 $C_{3\varepsilon}$ 均是半经验系数，v 是运动黏性系数。另外，C_μ 随流体微团变形与旋转而变化，其表达式为

$$C_\mu = \frac{1}{A_0 + A_S \dfrac{kU^*}{\varepsilon}} \tag{3.34}$$

式中，A_0 为常数，A_S 是与应变率相关的系数，U^* 为反映平均应变与平均旋转率叠加作用的流体微团变形率。

由于湍流运动增强了垂直于速度矢量方向上的流体微团随机运动，相当于促进了流体的扩散运动，因此，在湍流流场中除了考虑流体分子本身的扩散运动外，还应考虑由湍流造成的扩散运动。采用等效热传导系数 $k_{c,\text{eff}}$ 代替层流热传导系数 k_c，其表达式为

$$k_{c,\text{eff}} = k_c + \frac{c_p \mu_t}{Pr_t} \qquad (3.35)$$

式中，c_p 为流体的定压比热容，μ_t 为湍流黏性系数，Pr_t 为湍流普朗特数。

喷焰出口组分之间会发生复杂的化学反应生成多种中间产物与自由基，且在不同的环境温度下反应速率也不同，产物的组分构成也会发生变化。基元反应是化学反应过程的构成基础，其反应速率与产物浓度、环境温度直接相关。为计算和分析这类气体复燃化学反应，通常采用基元化学反应和有限速率法进行处理。在化学反应过程中，各组元的浓度之间有一定的关系，这个关系由化学反应式所控制。对于任一化学反应，描述从反应物到生成物变化的化学反应式的一般形式如式 (3.36) 所示：

$$\sum_{i=1}^{N} v_i' M_i \Leftrightarrow \sum_{i=1}^{N} v_i'' M_i' \qquad (3.36)$$

上式对喷焰中所有的化学反应都适用，但要求反应物和生成物组分的计量系数非零。这样，不满足条件的其他化学组分就不出现在方程中。式中可逆反应和不可逆反应都是有效的。反应速度常数是温度的强烈非线性函数，用 Arrhenius 定律表示的正向化学反应速率常数 k_f 如式 (3.37) 所示：

$$k_f = A_r T^n \exp(-E_r/(RT)) \qquad (3.37)$$

在流场质量守恒方程中，R_i 为由化学反应引起的组分 i 气体的净生成率，由式 (3.38) 给出：

$$R_{i,r} = (v_{i,r}'' - v_{i,r}') \left(k_{f,r} \prod_{j=1}^{N_r} [C_{j,r}]^{\eta_{j,r}} - k_{b,r} \prod_{j=1}^{N_r} [C_{j,r}]^{\eta_{j,r}} \right) \qquad (3.38)$$

对于一个正向反应过程，如果不考虑可逆反应，一般来说生成物对正向化学反应速率影响较小，其速率指数可以为 0；对于基元反应，反应物的速率指数一般等于其反应方程式中的化学计量系数；对于总体反应，各反应物的速率指数不一定等于其化学计量系数。以常见的火箭发动机射流 H_2-CO-HCl 化学反应机理模型为例，如表 3.1 所示 [7]。

表 3.1　H₂-CO-HCl 化学反应机理模型 [7]

序号	反应式	A	n	E
1	$H+O_2 \Longrightarrow OH+O$	0.330×10^{-9}	0.00	1.6802×10^4
2	$O+H_2 \Longrightarrow H+OH$	0.850×10^{-19}	2.67	6.2850×10^3
3	$OH+H_2 \Longrightarrow H+H_2O$	0.170×10^{-15}	1.60	3.2980×10^3
4	$OH+OH \Longrightarrow O+H_2O$	0.250×10^{-14}	1.14	9.9000×10^1
5	$H+H+M \Longrightarrow H_2+M$	0.248×10^{-29}	-1.00	0.0
6	$H+OH+M \Longrightarrow H_2O+M$	0.610×10^{-25}	-2.00	0.0
7	$H+O+M \Longrightarrow OH+M$	0.130×10^{-28}	-1.00	0.0
8	$O+O+M \Longrightarrow O_2+M$	0.400×10^{-30}	-1.00	0.0
9	$CO+OH \Longrightarrow CO_2+H$	0.105×10^{-16}	-1.50	-4.9700×10^2
10	$CO+O_2 \Longrightarrow CO_2+O$	0.415×10^{-11}	0.00	4.7801×10^4
11	$CO+O+M \Longrightarrow CO_2+M$	0.138×10^{-34}	0.00	-2.3180×10^3
12	$H+HCl \Longrightarrow H_2+Cl$	0.281×10^{-10}	0.00	4.1400×10^3
13	$H+Cl_2 \Longrightarrow HCl+Cl$	0.142×10^{-9}	0.00	1.1700×10^3
14	$HCl+OH \Longrightarrow H_2O+Cl$	0.450×10^{-16}	1.65	-2.2000×10^2
15	$HCl+O \Longrightarrow OH+Cl$	0.560×10^{-20}	2.87	3.5100×10^3
16	$Cl+Cl+M \Longrightarrow Cl_2+M$	0.129×10^{-32}	0.00	-1.8000×10^3
17	$H+Cl+M \Longrightarrow HCl+M$	0.198×10^{-25}	-2.00	0.0

如果反应是可逆的，r 反应的逆反应率常数由正反应速率常数获得，它们之间的关系式为

$$k_{b,r} = \frac{k_{f,r}}{K_r} \tag{3.39}$$

其中，K_r 可由下式求得

$$K_r = \exp\left(\frac{\Delta S_r^0}{R} - \frac{\Delta H_r^0}{RT}\right)\left(\frac{p_{\text{atm}}}{RT}\right)^{\sum\limits_{r=1}^{N_R}(v_{j,r}'' - v_{j,r}')} \tag{3.40}$$

2. 高空发动机射流模型

在高空，环境压强很低，射流将不受干扰地迅速膨胀，剖面呈现扇形，如开屏的孔雀尾羽，也称之为发动机羽流。高空火箭喷焰相对于低空喷焰而言，由于环境中的空气稀薄，二次燃烧效应基本消失，但是存在大尺度效应、非平衡效应、组分分离效应等，且纳维-斯托克斯方程中剪切力和热流不能再由低阶宏观量 (速度、温度) 表征，使得高空火箭喷焰研究存在更多难点。高空射流流场结构如图 3.3 所示。

常用的 DSMC 方法可以用于描述高空发动机射流流场，用大量的模拟分子模拟真实的气体，模拟分子数目要足够多，以使它们在流场网格中能够充分地代表真实气体分子的分布 [8]。这一数目比起真实分子的数目要小得多，即一个模拟分子代表着巨大数目的真实分子。计算机存储每一模拟分子的位置坐标、速度分量及内能，它们随分子的运动、与边界的碰撞以及分子之间的碰撞而随时间不断

地改变，通过统计平均方法获得稀薄气体流动宏观结果。表 3.2 给出了常用气体组分的分子物理参数。

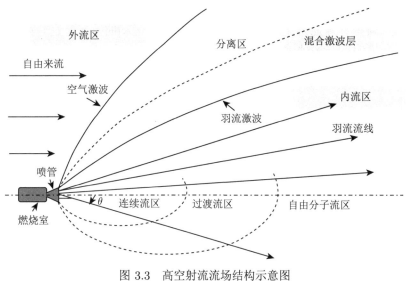

图 3.3 高空射流流场结构示意图

表 3.2 发动机燃气组分的分子物理参数

代号	自由度 ξ	分子质量 $m/(\times10^{-27}\text{kg})$	分子直径 $d/(\times10^{-10}\text{m})$	黏性指数 ω
Ar	3.0	66.3	4.17	0.81
Ne	3.0	33.5	2.77	0.66
CO	5.0	46.5	4.19	0.73
HCl	5.0	61.4	5.76	1.0
H_2O	3.0	29.9	5.01	0.93
CO_2	6.7	73.1	5.62	0.93
O_2	5.0	53.12	4.07	0.77
N_2	5.0	46.5	4.17	0.74

假定来流处于平衡态，可根据麦克斯韦分布来布置速度，假设来流的速度仅为喷焰轴向的速度 u_0、温度为 T_0，则分布函数可表示为

$$f_0 = n\left(\frac{m}{2\pi kT_0}\right)^{3/2}\exp\left(-\frac{m}{2kT_0}u_0^2\right) \tag{3.41}$$

进入的分子数通量为

$$\dot{N} = \frac{n}{2\beta\sqrt{\pi}}\left\{\exp(-s^2\cos^2\theta) + \pi^{\frac{1}{2}}s\cos\theta\left[1 + \text{erf}(s\cos\theta)\right]\right\} \tag{3.42}$$

式中，$s = u_0\beta = \dfrac{u_0}{\sqrt{2RT_0}}$ 为速度比，n 为数密度，$\mathrm{erf}(x)$ 为误差函数。分子与壁面边界碰撞后速度服从麦克斯韦分布。

在直接模拟蒙特卡罗方法中恰当地选择潜在的碰撞对并从中择取一定数量的样本来参与碰撞计算显得尤为重要，关系到碰撞与运动的匹配而且与计算效率息息相关，如非时间计数器法。

首先，对 N 个分子通过排列组合得到可能的碰撞对数目为

$$N_{\mathrm{coll}} = C_N^2 = \frac{N(N-1)}{2} \tag{3.43}$$

在 Δt 时间内被选中的两个分子发生碰撞的概率为

$$P_{\mathrm{coll}} = \frac{F_{\mathrm{num}}\sigma_T c_r \Delta t}{V_{\mathrm{cell}}} \tag{3.44}$$

为了提高选取的效率，在 N_{coll} 中取一个很小的样本 ζN_{coll}，但为了保证碰撞发生的概率，需要进行同倍数的放大，即 P_{coll}/ζ，易得 $\zeta = F_{\mathrm{num}}(\sigma_T c_r)_{\mathrm{max}}\Delta t/V_c$。

对于双原子分子和多原子分子，除平动能外，分子还具有转动能和振动能，Larsen 和 Bergnakke 引入一种唯象论模型，中心思想是假设碰撞中的动能 (由相对速度表达) 和内部能量遵守能量守恒，碰撞后的内部能量按照动能和内部能量组合的平衡分布取值，而能量松弛过程的速率靠调节弹性碰撞和非弹性碰撞的比率加以确定，使其满足实验的结果。

组分 1 和组分 2 的内部能量分布函数分别正比于

$$f(\varepsilon_{i,1}) \propto \varepsilon_{i,1}^{\frac{\zeta_1}{2}-1} \mathrm{e}^{-\frac{\varepsilon_{i,1}}{kT}} \tag{3.45}$$

$$f(\varepsilon_{i,2}) \propto \varepsilon_{i,2}^{\frac{\zeta_2}{2}-1} \mathrm{e}^{-\frac{\varepsilon_{i,2}}{kT}} \tag{3.46}$$

则碰撞对的总内部能量为

$$E_i = \varepsilon_{i,1} + \varepsilon_{i,2} \tag{3.47}$$

组分 1 的内部能量为 $\varepsilon_{i,1}$ 到 $\varepsilon_{i,1}+\mathrm{d}\varepsilon_{i,1}$，组分 2 的内部能量为 $\varepsilon_{i,2}$ 到 $\varepsilon_{i,2}+\mathrm{d}\varepsilon_{i,2}$，总内部能量的微分为

$$\varepsilon_{i,1}^{\frac{\zeta_1}{2}-1}(E_i - \varepsilon_{i,1})^{\frac{\zeta_2}{2}-1} \mathrm{e}^{-\frac{E_i}{kT}} \mathrm{d}\varepsilon_{i,1}\mathrm{d}\varepsilon_{i,2} \tag{3.48}$$

先固定 $\varepsilon_{i,1}$ 值，这时 $\mathrm{d}E_i = \mathrm{d}\varepsilon_{i,2}$，再对 $\varepsilon_{i,1}$ 值从 0 积分到 E_i，即可得到总内部能量的分布函数表达为

$$f(E_i)\mathrm{d}E_i \propto \left(\int_0^{E_i} \varepsilon_{i,1}^{\frac{\zeta_1}{2}-1}(E_i - \varepsilon_{i,1})^{\frac{\zeta_2}{2}-1} \mathrm{d}\varepsilon_{i,1}\right) \mathrm{e}^{-\frac{E_i}{kT}} \mathrm{d}E_i$$

$$= E_i^{\frac{\zeta_1+\zeta_2}{2}} \frac{\Gamma\left(\dfrac{\zeta_1}{2}\right)\Gamma\left(\dfrac{\zeta_1}{2}\right)}{\Gamma\left(\dfrac{\zeta_1+\zeta_2}{2}\right)} \mathrm{e}^{-\frac{E_i}{kT}}\mathrm{d}E_i \tag{3.49}$$

另一方面，相对速度 c_r 用平动能 $\varepsilon_t = \dfrac{1}{2}m_r c_r^2$ 表示，可以得到

$$\bar{Q} \propto \int_0^\infty Q\varepsilon_t^{\frac{3}{2}-\omega}\exp\left(-\frac{\varepsilon_t}{kT}\right)\mathrm{d}\varepsilon_t \tag{3.50}$$

即平动能的分布函数 $f(\varepsilon_t)$ 正比于

$$f(\varepsilon_t) \propto \varepsilon_t^{\frac{3}{2}-\omega}\exp\left(-\frac{\varepsilon_t}{kT}\right) \tag{3.51}$$

式中，ω 是气体黏性指数。

碰撞中的总能量 E_c 是平动能 ε_t 和总内部能量 E_i 之和：

$$E_c = \varepsilon_t + E_i \tag{3.52}$$

由式 (3.49) 和式 (3.51)，可以得到碰撞中平动能和总内部能量的分布函数正比于

$$\varepsilon_t^{\frac{3}{2}-\omega_{12}}E_i^{\bar{\zeta}-1}\exp\left(-\frac{\varepsilon_t+E_i}{kT}\right) \tag{3.53}$$

由于碰撞中的有效温度是由碰撞中的总能量所决定的，所以指数项是一常数，碰撞中的平动能分布函数正比于

$$\varepsilon_t^{\frac{3}{2}-\omega_{12}}(E_c-\varepsilon_t)^{\bar{\zeta}-1} \tag{3.54}$$

在非弹性碰撞中，碰撞后的平动能 ε_t^* 和内部能量按平衡分布取样，即 ε_t^*/E_c 从下式用"取舍法"取样：

$$f\left(\frac{\varepsilon_t^*}{E_c}\right) \propto \left(\frac{\varepsilon_t^*}{E_c}\right)^{\frac{3}{2}-\omega_{12}}\left(1-\frac{\varepsilon_t^*}{E_c}\right)^{\bar{\zeta}-1} \tag{3.55}$$

碰撞后的内部能量 $E_i^* = E_c - \varepsilon_t^*$ 在两个分子间的分布按下式用"取舍法"取样：

$$f\left(\frac{\varepsilon_{i,1}^*}{E_c^*}\right) \propto \left(\frac{\varepsilon_{i,1}^*}{E_i^*}\right)^{\frac{\zeta_1}{2}-1}\left(1-\frac{\varepsilon_{i,1}^*}{E_i^*}\right)^{\frac{\zeta_2}{2}-1} \tag{3.56}$$

　　如果在直接模拟蒙特卡罗方法中所有碰撞不加限制地都按非弹性碰撞实现，内部能量从一状态向另一状态变化的过程将是过于快的，与实际上的物理松弛过程的速率不同[8]。一般，引入松弛时间 τ_i 来表征状态变化的速度，这是状态函数趋于平衡时与平衡值的偏离衰减为初始偏离时所需的时间，这一时间要比碰撞时间大数倍。

$$\tau_i = Z_i / \nu \tag{3.57}$$

式中，Z_i 为松弛碰撞数，如 Z_ν 为振动松弛碰撞数，Z_R 为转动松弛碰撞数。为了一般计算的需要，通常采用 $Z_R = 5$，$Z_\nu = 50$，在直接模拟蒙特卡罗方法中控制弹性碰撞和非弹性碰撞的比率为 $\left(1 - \dfrac{1}{Z_R} - \dfrac{1}{Z_\nu}\right) : \left(\dfrac{1}{Z_R}\right) : \left(\dfrac{1}{Z_\nu}\right)$，即可大致保证转动和振动的松弛速率。

　　可以引入碰撞中的振动能交换概率 ϕ_ν 来更准确地表征振动松弛过程，每一碰撞中的平均碰撞概率 P_ν 可以通过振动能交换概率表达

$$P_\nu = \frac{1}{\tau_\nu \nu} = \int_0^\infty \phi_\nu f\left(\frac{E_c}{kT}\right) \mathrm{d}\left(\frac{E_c}{kT}\right) \tag{3.58}$$

式中，假设 ϕ_ν 依赖于碰撞中的总能量，其中 ν 为碰撞频率，f 为碰撞中能量的平衡分布

$$f\left(\frac{E_c}{kT}\right) = \frac{1}{\Gamma\left(\frac{5}{2} - \omega + \zeta\right)} \left(\frac{E_c}{kT}\right)^{\frac{3}{2} - \omega + \zeta} \exp\left(\frac{E_c}{kT}\right) \tag{3.59}$$

起初振动能交换概率 ϕ_ν 设为相对速度 c_r 的函数并正比于 $\exp(-c^*/c_r)$。

　　在此基础上假设 ϕ_ν 依赖于 E_c，并有如下的形式：

$$\phi_\nu(E_c) = \frac{1}{Z_0} E_c^\beta \exp\left(-\frac{S^*}{\sqrt{E_c}}\right) \tag{3.60}$$

式中，Z_0，β，S^* 由式 (3.60) 与实验值比较确定，而 τ_ν 由 Millikan-White 对松弛时间的实验关联给出：

$$p\tau_\nu = nkT\tau = \exp(A/T^{1/3} + B) \tag{3.61}$$

3.1.3　高速绕流场模型

　　在地球大气进行高速飞行，来流的成分是空气。大致来说，其中有摩尔比占 78% 的 N_2、21% 的 O_2、0.04% 的 CO_2；大气中也含有 H_2O，但只在 20km 以下的稠密大气层中含量较多。同时还含有 O_3、N_2O、CO、CH_4 等众多组分。因此，

对于典型的高超声速流场, 其中主要是 N、O、C 元素组成的原子、分子、离子。高速绕流场结构, 如图 3.4 所示。

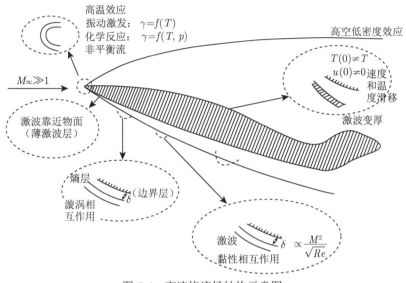

图 3.4 高速绕流场结构示意图

图 3.5 和表 3.3 分别给出了不同高度和速度下空气化学反应状态和典型空气化学反应速率。一般来说, 当马赫数 Ma[①] 达到 9 时, 飞行器周围的双原子分子就开始分解, 当马赫数在 18 以上时, 电离现象显著, 绕流场中的离子占据很大比例。在这种极端环境下, 飞行器周围的环境会有很大变化, 比如: 气体分子的输运系数和热力学性质都会发生显著的变化。当温度升至 800K 时, 气体各组分的振动能开始激发, 当温度升高至 2500K 时, 氧气开始分解, 当温度升高至 4000K 时氧气几乎分解完毕, 此时空气中的氮气分子开始分解, 温度继续升高至 9000K 时, 氮气几乎分解完毕, 若温度再升高, 刚分解的氧原子和氮原子开始发生电离, 飞行器附近气体成分更加丰富, 热环境更加恶劣, 化学反应更加复杂, 这种高温效应也常常被称为 "真实气体效应"。考虑真实气体效应后, 气体组分之间的相互反应和粒子能量的激发吸收了很大一部分热量, 流场内的温度大大降低, 因此飞行目标附近的热环境将会显著变化, 此外考虑真实气体效应后, 分离区的大小和流场中激波位置等流动状态也会发生变化, 这将对高速绕流场的红外辐射特性产生影响。

流场中形成的与辐射相关的组分主要为 N、N^+、N_2、N_2^+、NO、NO^+、NO_2、O、O_2、O^+、CO、CO_2、e^-。由于同核双原子分子的振转偶极距为零, 几乎没有红外辐射谱线, 因此在红外波段主要关心的辐射组分为 N、O、NO、CO、CO_2、

---

① $Ma = v/\sqrt{k_a R T}$, 这里 v 为飞行速度, k_a 为空气比热比, R 为气体常数, T 为空气温度。

e^- 等。

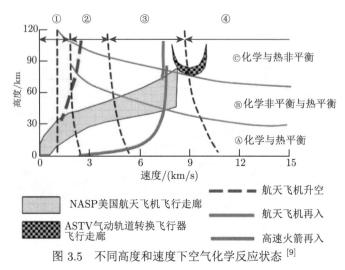

图 3.5　不同高度和速度下空气化学反应状态 [9]

NASP: National Aero-Space Plane; ASTV: Aero-assisted Space Transfer Vehicles

表 3.3　典型空气化学反应速率 [10]

反应式	$A_{f,r}$ /(m³/(kmol·s))	η	θ/K	碰撞成分	T_a
$N_2 + M \Longrightarrow N + N + M$	7.0×10^8	-1.6	113200	$M = N_2, O_2, NO, NO^+, N_2^+, O_2^+$	$\sqrt{TT_v}$
$N_2 + M \Longrightarrow N + N + M$	3.0×10^9	-1.6	113200	$M = N, O, N^+, O^+$	$\sqrt{TT_v}$
$N_2 + M \Longrightarrow N + N + M$	3.0×10^{11}	-1.6	113200	$M = e^-$	$\sqrt{TT_v}$
$O_2 + M \Longrightarrow O + O + M$	2.0×10^8	-1.5	59500	$M = N_2, O_2, NO, NO^+, N_2^+, O_2^+$	$\sqrt{TT_v}$
$O_2 + M \Longrightarrow O + O + M$	1.0×10^9	-1.5	59500	$M = N, O, N^+, O^+$	$\sqrt{TT_v}$
$NO + M \Longrightarrow N + O + M$	5.0×10^2	0	75500	$M = N_2, O_2, NO, NO^+, N_2^+, O_2^+$	$\sqrt{TT_v}$
$NO + M \Longrightarrow N + O + M$	1.1×10^4	0	75,500	$M = N, O, N^+, O^+$	$\sqrt{TT_v}$
$N + e^- \Longrightarrow N^+ + e^- + e^-$	4.46×10^{16}	-2.64	168730		$\sqrt{TT_v}$
$O + e^- \Longrightarrow O^+ + e^- + e^-$	7.136×10^{12}	-1.88	155510		T
$N_2 + O \Longrightarrow NO + N$	6.4×10^4	-1.0	38400		T
$NO + O \Longrightarrow O_2 + N$	8.4×10^9	0	19400		T
$N + O \Longrightarrow NO_+ + e^-$	5.3×10^9	0	31900		T
$N + N \Longrightarrow N_2^+ + e^-$	2.0×10^1	0	67500		T
$O + O \Longrightarrow O_2^+ + e^-$	1.1×10^1	0	80600		T
$O^+ + N_2 \Longrightarrow N_2^+ + O$	9.1×10^8	0.36	22800		T
$O^+ + NO \Longrightarrow N^+ + O_2$	1.4×10^2	1.9	15300		T
$NO^+ + O_2 \Longrightarrow O_2^+ + NO$	2.4×10^1	0.41	32600		T
$NO^+ + N \Longrightarrow N_2^+ + O$	7.2×10^1	0	35500		T
$NO^+ + O \Longrightarrow N^+ + O_2$	1.0×10^9	0.5	77200		T
$O_2^+ + N \Longrightarrow N^+ + O_2$	8.7×10^1	0.14	28600		T
$O_2^+ + N_2 \Longrightarrow N_2^+ + O_2$	9.9×10^9	0	40700		T
$NO^+ + N \Longrightarrow O^+ + N_2$	3.4×10^1	-1.08	12800		T
$NO^+ + O \Longrightarrow O_2^+ + N$	7.2×10^9	0.29	48600		T

3.2 固体壁面温度场计算

对于高速飞行器本体,其红外辐射特性除受自身绕流场中气体介质光学性质影响外,另一重要因素就是固体表面的温度。因此计算目标固体部分的温度是计算飞行器红外辐射另一重要环节,一般决定固体壁面温度的换热过程如图 3.6 所示。

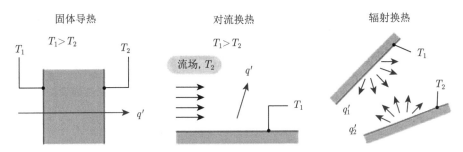

图 3.6 导热、对流以及辐射换热模型

3.2.1 固体导热基本方程

导热是指在介质中或者不同介质直接接触时,热量从高温区传到低温区的过程。在导热过程中,没有宏观物体的相对运动而只有微观粒子的运动。在不透明的固体内部,导热是传递热量的唯一方式。而在流体内,导热也是存在的,但所传递的热量通常总与对流结合在一起。本章所指的固体目标在运动过程中,因为受外界环境的影响,造成内外壁面产生一定的温度差异,从而使目标的内部固体介质产生一定的热交换。导热的基本规律首先由法国数理学家傅里叶提出,对于一维导热而言,可用下式表示 [11]:

$$\Phi = -kA\frac{\partial T}{\partial x} \tag{3.62}$$

式中,单位时间内通过截面 A 所传递的热量 Φ,正比于垂直于该截面方向的温度变化率 $\dfrac{\partial T}{\partial x}$;$x$ 是垂直于面积 A 的坐标轴;比例常数 k 称为导热系数。式中负号表示热量传递的方向指向温度降低的方向。傅里叶定律用文字表达为:在导热现象中,单位时间内通过给定截面的热量,正比垂直于该截面方向上的温度变化率和截面积,而热量传递的方向指向温度降低的方向。

对于导热系数而言,气体导热是由于气体分子相互碰撞而产生了能量的交换,使得能量从高能部分转移到低能部分,也就是热能从高温物体传递给低温物体,这就是气体的导热过程，由此可见，温度越高，分子运动越剧烈，能量转移过程也完成得越快，所以，气体的导热系数是随着温度的升高而增加的。固体的导热机理不同于气体，它的能量转移是依靠晶体的振动和自由电子的运动来完成的。金属的结构特点是晶格间有大量的自由电子存在，所以，对于金属的导热来说，自由电子的运动起主要作用。当温度升高时，晶体振动加剧，反而影响了自由电子运动的畅通无阻，而晶体本身振动的加剧所引起导热性能的增加又较少，因此，金属的导热特点是温度升高时导热系数反而下降。但是非金属物质的特点是自由电子较少，所以，能量的传递主要是依靠晶体的振动。温度升高时，晶体振动就剧烈，因而能量传递就快，导热系数也就随温度的升高而增大，但是非金属材料的导热系数远远小于金属的导热系数。图 3.7 给出了典型材料的导热系数随温度的变化关系。

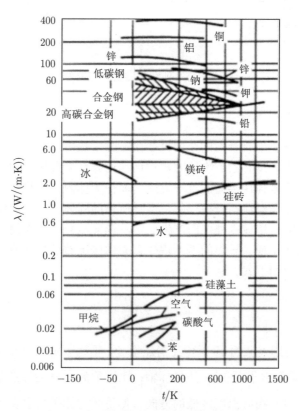

图 3.7　典型材料的导热系数随温度的变化

一般情况下，金属的导热系数最大 (2~400W/(m·K))，液体次之 (0.1~0.7W/(m·K))，气体最小 (0.006~0.6W/(m·K))。工程上常用导热系数很小的非金属材料作为绝热材料，通常把导热系数在 0.23W/(m·K) 以下的材料称为绝热材料。

直接利用傅里叶定律能计算一些简单形状物体的导热问题，但对于复杂的几何形状和非稳态情况下的导热问题，采用如下方程：

$$\rho c \frac{\partial T}{\partial t} = \frac{\partial}{\partial x}\left(k\frac{\partial T}{\partial x}\right) + \frac{\partial}{\partial y}\left(k\frac{\partial T}{\partial y}\right) + \frac{\partial}{\partial z}\left(k\frac{\partial T}{\partial z}\right) + \overline{\Phi} \tag{3.63}$$

式中，c 为热容，k 为导热系数，最后一项表示内热源，这是非稳态固体导热微分方程的一般表达式。

假如导热系数为常数，且无内热源时，上式简化为

$$\frac{1}{a}\frac{\partial T}{\partial t} = \frac{\partial^2 T}{\partial x^2} + \frac{\partial^2 T}{\partial y^2} + \frac{\partial^2 T}{\partial z^2} \tag{3.64}$$

式中，$a = k/(\rho c)$，叫做热扩散率，也称为热扩散系数。它反映了导热能力与储热能力之间的关系。导热能力越大，温度随时间的变化越迅速；储热能力越大，温度随时间的变化就越缓慢。因此，热扩散率是反映热扩散性能的一个物性参数，是描述非稳态导热过程的一个重要物理量。

在稳态导热的情况下，$\partial T/\partial t = 0$，则可进一步简化为

$$\frac{\partial^2 T}{\partial x^2} + \frac{\partial^2 T}{\partial y^2} + \frac{\partial^2 T}{\partial z^2} = 0 \tag{3.65}$$

在二维稳态导热情况下，简化为

$$\frac{\partial^2 T}{\partial x^2} + \frac{\partial^2 T}{\partial y^2} = 0 \tag{3.66}$$

在一维稳态导热情况下，简化为

$$\frac{\partial^2 T}{\partial x^2} = 0 \tag{3.67}$$

上面导出的导热微分方程是描述物体温度随空间坐标及时间变化的一般性关系式，它是在一定假设条件下根据微元体在导热过程中能量守恒和傅里叶定律建立起来的，在推导过程中没有涉及导热过程的具体特点，它适用于无穷多个导热过程。要完整地描述某个具体的导热过程，除导热微分方程之外，还必须说明导热过程的具体特点，即给出导热微分方程的定解条件，使导热微分方程具有唯一解。如给出所讨论对象的几何形状、尺寸和物性参数等条件，另外更重要的是，定解条件必须给出时间条件和边界条件。

时间条件用来说明导热过程进行的时间维度上的特点。对于非稳态导热过程，必须给出过程开始时物体内部的温度分布规律，称为非稳态导热过程的初始条件，一般形式为

$$T\,|_{t=0} = f(x, y, z) \tag{3.68}$$

如果过程开始时物体内部的温度分布均匀，则初始条件简化为

$$T\,|_{t=0} = T_0 = 常数 \tag{3.69}$$

边界条件用来说明导热物体边界上的热状态，以及与周围环境之间的相互作用。边界条件可分为下面三类。

(1) 第一类边界条件：给出物体边界上的温度分布及其随时间的变化规律，一般形式为

$$T_w = f(x, y, z, t) \tag{3.70}$$

如果在整个导热过程中物体边界上的温度为定值，则简化为

$$T_w = c \tag{3.71}$$

(2) 第二类边界条件：给出物体边界上的热流密度分布及其随时间的变化规律，一般形式为

$$q_w = f(x, y, z, t) \tag{3.72}$$

所以第二类边界条件给出了边界面法线方向的温度变化率，但边界温度未知。

若物体边界处表面绝热，则成为第二类齐次边界条件，即

$$q_w = 0 \tag{3.73}$$

(3) 第三类边界条件：给出边界上物体表面与周围流体间的表面传热系数 h 和流体的温度 T_f。根据边界面的热平衡，由物体内部导向边界面的热流密度应该等于从边界面传给周围流体的热流密度，于是第三类边界条件一般形式为

$$-k\left(\frac{\partial T}{\partial n}\right)_w = h\left(T_w - T_f\right) \tag{3.74}$$

其中，n 代表壁面法向，该式建立了物体内部温度在边界处的变化率与边界处表面对流传热之间的关系，所以第三类边界条件也称为对流边界条件。从第三类边界条件表达式可以看出，在一定情况下，第三类边界条件将转化为第一类边界条件或第二类边界条件，当 h 非常大时，$T_w \approx T_f$，边界温度近似等于已知的流体温度，此时第三类边界条件转化为第一类边界条件；当 h 非常小时，$h \approx 0$，$q_w = 0$ 相当于第二类边界条件。

上述三类边界条件都是线性的, 也称为线性边界条件。如果导热物体的边界处除了对流换热还存在与周围环境之间的辐射换热, 则由物体边界面的热平衡可得出此时的边界条件为

$$-k\left(\frac{\partial T}{\partial n}\right)_w = h\left(T_w - T_f\right) + q_r \tag{3.75}$$

式中, q_r 为物体边界表面与周围环境之间的净辐射换热热流密度, q_r 与物体边界面和周围环境温度有关, 这种对流换热与辐射换热叠加的复合边界条件是非线性的边界条件。

3.2.2 对流换热计算模型

在运动着的流体与固体壁面间进行的对流换热, 同时存在着导热和对流作用, 比单纯的导热过程要复杂。对流是把导热作用、能量存储和混合运动三者结合在一起的能量迁移过程。假定, 从温度较高的壁面对周围流体的对流换热过程可分成几个步骤进行, 首先, 热量通过导热作用从壁面传给邻近的流体微团, 传热的结果增加了这些流体微团的温度和热能; 然后, 由于受外力或温差引起的升力作用, 受热的流体微团转移到低温区同其他微团混合, 从而把能量传给低温的流体微团。这里流体起着载热体的作用, 先把能量储存起来然后转移给低温流体。

对流换热的强度主要取决于流体的热物理性质和混合作用, 是一个比较复杂的物理现象, 和很多因素密切相关。流动状态便是其中一个因素, 流动状态是指流体处于层流流动还是湍流流动。在层流流动中, 流体的运动是有秩序分层进行的, 各层的流体微团沿着与轴线平行方向, 保持一定的顺序流动, 互不超越, 如果物体壁面与流体之间存在温差, 则在壁面与流体接触的层上, 或各相邻两流体层间将会发生以分子导热方式进行的热传递。在湍流流动中, 流体微团的运动杂乱无章, 流动速度和方向时刻都在变化, 流体中会产生涡流, 当固体壁面与流体之间存在温差时, 热量的转移除依靠导热作用外, 同时还受涡流扰动的影响。流动状态对换热的影响可用雷诺数反映, 在其他条件相同时, 流速增加, 雷诺数也增大, 对流传热的作用相应得到增强[12]。

不同流体的物性不同, 同一种流体温度不同, 物性也会变化, 这些都对换热产生影响。影响换热的物性主要是定压比热容、导热系数、密度及黏度 (动力黏度或运动黏度) 等。

导热系数比较大的流体, 会增强流体内部、流体与壁面之间的换热, 如水的导热系数是空气的 20 多倍, 故水的换热系数远比空气大。比热容和密度大的流体, 其单位体积内能够携带更多的热量, 故其对流作用转移热量的能力也就大。一般来说, 黏度大, 换热系数将减小, 这是因为流体的黏度阻碍流体的运动, 从而影响流体把热量迅速带走。

　　物性随温度而改变，因此流体内的温度分布对流体的物性、速度分布和换热强度都有明显的影响，导热系数、比热容和动力黏度只是温度的函数，而与压强无关，运动黏度和导温系数不仅与温度有关，还与压强有关。

　　换热面的几何因素 (大小、形状、内部或外部) 对流体的运动状态、速度分布及温度分布都有很大的影响，从而影响换热。

　　通过上述分析可以看出，对流换热过程是相当复杂的，影响因素相当多，换热系数将是所有这些因素的复杂函数，即

$$h = f(V, k, c_p, \rho, \mu, l, \cdots) \tag{3.76}$$

不难看出，上式只是给出了传热系数定义，并不能直接解决对流换热的问题。如何确定换热系数，当壁面上的流体分子层由于受固体壁面的吸附而处于不滑移的状态，其流速为零，那么通过它的热流量只能依靠导热的方式传递，进而得到对流换热微分方程：

$$q_c = h\left(T_w - T_\infty\right) = -k\frac{\partial T}{\partial y}\bigg|_{y=0} \tag{3.77}$$

或

$$h = -\frac{k}{\Delta T}\frac{\partial T}{\partial y}\bigg|_{y=0} \tag{3.78}$$

上式给出了计算对流换热壁面上热流密度的公式，也确定了换热系数与流体温度之间的关系。即要求解一个对流换热问题，获得该问题的表面传热系数或者交换的热流量，就必须首先获得流场的温度分布，然后确定壁面上的温度梯度，最后计算出在参考温差下的传热系数。因此计算流体系统的温度场支配方程是主要工作，由于流体系统中流体的运动影响着流场的温度分布，为了计算温度，流体系统的速度分布也是要同时确定的，因而要联立其流动方程。下面给出了常物性不可压缩流体二维层流流动与换热的方程组，它们是支配对流换热过程的场方程。

$$\begin{cases} \dfrac{\partial u}{\partial x} + \dfrac{\partial v}{\partial y} = 0 \\[2mm] \rho\left(\dfrac{\partial u}{\partial t} + u\dfrac{\partial u}{\partial x} + v\dfrac{\partial u}{\partial y}\right) = F_x - \dfrac{\partial p}{\partial x} + \mu\left(\dfrac{\partial^2 u}{\partial x^2} + \dfrac{\partial^2 u}{\partial y^2}\right) \\[2mm] \rho\left(\dfrac{\partial v}{\partial t} + u\dfrac{\partial v}{\partial x} + v\dfrac{\partial v}{\partial y}\right) = F_y - \dfrac{\partial p}{\partial y} + \mu\left(\dfrac{\partial^2 v}{\partial x^2} + \dfrac{\partial^2 v}{\partial y^2}\right) \\[2mm] \rho c_p\left(\dfrac{\partial T}{\partial t} + u\dfrac{\partial T}{\partial x} + v\dfrac{\partial T}{\partial y}\right) = k\left(\dfrac{\partial^2 T}{\partial x^2} + \dfrac{\partial^2 T}{\partial y^2}\right) \end{cases} \tag{3.79}$$

　　对于给定的流场，在相应的边值条件下，联立求解连续性方程和动量方程可以获得流场速度分布和压力分布，在速度场已知的情况下求解能量微分方程，最

终可以获得流场的温度分布,此时,再引入换热微分方程 $h = -\dfrac{k}{\Delta T}\dfrac{\partial T}{\partial n}\bigg|_{n=0}$ (n 为壁面法线方向的坐标),最后可以求出流体与固体壁面之间的表面传热系数,从而解决给定的对流换热问题。

需要进一步指出的是,当流体流过固体壁面时,在流体黏性力的作用下,近壁面流体流速在垂直于壁面的方向上会从壁面处的零速度逐步变化到来流速度,如图 3.8 所示。流体流速变化的剧烈程度,即该方向上的速度梯度,与流体的黏性力和速度的大小密切相关。对于低黏性的流体,在以较大的流速流过固体壁面时,在壁面上流体速度发生显著变化的流体层非常薄,因此垂直于壁面方向上流体流速发生显著变化的流体薄层定义为速度边界层或流动边界层,如图 3.8 所示。

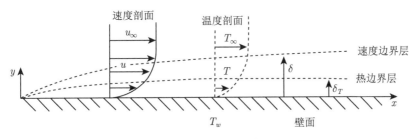

图 3.8 边界层概念示意图

在实际分析边界层问题时,通常约定当速度变化达到 $u/u_\infty = 0.99$ 时的空间位置为速度边界层的外边缘。边缘到平板壁面之间的距离就是边界层的厚度 $\delta(x)$,随着流体流动沿 x 方向 (主流方向) 向前推进,边界层的厚度也会逐步增大。

当流体流过平板的温度与来流流体温度不相等时,对于空气这样低黏性流体,其热扩散系数也很小,在壁面上方也能形成温度发生显著变化的薄层,称为温度边界层或热边界层,仿照速度边界层的规则,当壁面与流体之间的温差达到壁面与来流流体之间温差的 0.99 倍时,$(T_w - T)/(T_w - T_\infty) = 0.99$,此时空间位置就是热边界层的外边缘。

在流动和传热方程进行相似分析时,有几个重要的相似特征数,普朗特数 $Pr = \nu/a$,由流体的运动黏度和导温系数相除构成,表示流体传递动量和传递热量能力的相对大小,可以直接表示速度边界层和温度边界层的相对厚度;努塞特数 $Nu = hl/\lambda$,是对流换热特征数,反映对流换热的强弱,表示换热表面上的过余温度梯度。

1. 针对二维平板层流边界层问题精确解

针对二维平板层流边界层问题可进行精确求解,此时须对方程进行变量代换并求解数值解,得到布拉休斯精确解。

边界层厚度：

$$\frac{\delta}{x} = \frac{4.92}{\sqrt{Re_x}} \tag{3.80}$$

热边界层和速度边界层的厚度比

$$\frac{\delta_T}{\delta} = Pr^{1/3} \tag{3.81}$$

换热系数

$$h_x = 0.332 \frac{k}{x} Re_x^{1/2} Pr^{1/3} \tag{3.82}$$

努塞特数

$$Nu_x = 0.332 Re_x^{1/2} Pr^{1/3} \tag{3.83}$$

沿板长的平均换热系数

$$\bar{h} = 0.664 \frac{k}{l} Re_l^{1/2} Pr^{1/3} \tag{3.84}$$

沿板长的平均努塞特数

$$\overline{Nu} = 0.664 Re_l^{1/2} Pr^{1/3} \tag{3.85}$$

2. 针对高超声速飞行器驻点气动热估算

虽然高超声速飞行器表面各部分所处环境十分复杂，但是在飞行器驻点区域，流场速度几乎为零，此处的气动热流有较为简单的经验公式可以估算，表达为

$$Q_w = 1.83 \times 10^{-7} \rho_\infty^{0.5} U^3 R^{-0.5} \left(1 - \frac{T_w}{T_0}\right) \tag{3.86}$$

式中，Q_w 为驻点热流，常用单位是 kW/m^2；ρ_∞ 为来流密度，常用单位是 kg/m^3；U 为来流速度，常用单位是 m/s；R 为驻点处的曲率半径，常用单位是 m；T_w 为壁面温度，常用单位是 K；T_0 为来流总温，常用单位是 K。

总温的计算表达式为

$$T_0 = \left(1 + \frac{k_a - 1}{2} Ma^2\right) T_\infty \tag{3.87}$$

其中，T_∞ 为来流温度；Ma 为来流马赫数；k_a 为空气比热比。

对于大多数对流换热问题，很难实现精确求解，一般有以下几个途径：①分析求解，主要针对一些简单问题，如二维的边界层层流流动、管内流动换热等，可以通过数学分析的方法来求解；②实验研究，尤其对于湍流换热问题、有相变换热问题或者几何结构复杂的换热问题等，实验求解几乎是唯一的途径；③数值求解，将对流换热方程组在离散的控制体中变为代数方程组进行求解，此时需采用 3.1 节中介绍的数值计算方法来计算。

3.2.3 辐射换热计算模型

当目标处于大气层外时，由于周围几乎是真空环境，气动加热效应可以忽略不计，此时环境光带来的辐射换热则成为热流的主要来源。

空间目标接收到的外热流主要是太阳直接辐射、地球大气系统辐射以及地球对太阳的反照辐射，其他天体的辐射加热可忽略不计。

1. 太阳直接辐射

太阳是距地球最近的球形炽热恒星天体。当目标在空间飞行时，太阳直接加热是目标接收外热流的最主要部分，它对目标各部分的温度影响很大，背阳面与向阳面之间温差很大。

美国宇航局空间飞行器设计规范数据给出：太阳半径为 $6.3638 \times 10^5 \mathrm{km}$，地球与太阳之间平均距离 $1\mathrm{AU} = 1.49598 \times 10^8 \mathrm{km}$，在地球与太阳距离为 1AU 时，太阳在地球大气层外产生的总辐射照度 (即太阳常数) 为

$$E_0 = \int_0^\infty E_\lambda \mathrm{d}\lambda = 1366\mathrm{W/m}^2 \tag{3.88}$$

太阳常数 E_s 表示为在日地平均距离上，垂直于太阳光的每平方米面积上通过的太阳辐射能量。太阳常数在一年之内是变化的，在冬至日比平均值约大 3.42%，而在夏至日却比平均值约小 3.27%，由于地球与太阳的距离很大，可以近似认为太阳光为平行光 [13]。

2. 地球大气系统辐射

针对空间目标接收到的地球大气辐射，通常将其作为一个整体系统考虑。由于地球各地区温度不同，因此各地区的热辐射通量密度也不同，但考虑到目标飞行高度较高、速度较大，可以近似认为地球是一个均匀的热辐射平衡体，且其表面任一点辐射通量密度相同，粗略计算认为地球大气系统几乎处于热平衡状态，即地球向空间辐射的能量等于它所吸收的太阳辐射能量 [14]。常取地球大气系统的平均反射率 $\rho = 0.35$，则

$$E_s \pi R^2 (1 - \rho) = F_e \cdot 4\pi R^2 \tag{3.89}$$

式中，R 为地球半径。则可得地球大气系统的辐射通量密度为

$$F_e = \frac{1 - \rho}{4} E_s \tag{3.90}$$

地球大气长波辐射角系数 F_2 定义为地球表面红外辐射照射到目标面元上的辐射通量密度与地球表面总辐射通量密度之比，它可表示为目标高度 H 和目标

法线与地心目标质心连线夹角 β 的函数。有了地球大气长波辐射角系数，就可以很容易得到目标微元面 $\mathrm{d}A$ 所受的地球长波辐射外热流 $\mathrm{d}Q_2$，即

$$\mathrm{d}Q_2 = F_e S_2 \mathrm{d}A \tag{3.91}$$

此处，以平板目标为例，其在不同高度的地球大气辐射角系数典型值如表 3.4 所示。

表 3.4　典型位置的地球大气辐射角系数随高度及平板俯仰角的变化

平板俯仰角 $\beta/(°)$	目标高度 H/km		
	100	200	300
0	0.9693	0.94	0.9121
10	0.9546	0.9258	0.8982
20	0.916	0.8847	0.8572
30	0.8634	0.8257	0.7976
40	0.7994	0.7597	0.7272
50	0.7263	0.6831	0.6491
60	0.6461	0.6009	0.5661
70	0.5615	0.5156	0.4808
80	0.4749	0.4296	0.396
90	0.3891	0.3457	0.314
100	0.3066	0.2664	0.2376
110	0.2299	0.194	0.1689
120	0.1614	0.139	0.1101
130	0.1032	0.0788	0.0629
140	0.0569	0.0393	0.0285
150	0.0239	0.0134	0.0077
160	0.0051	0.0013	0.0002
170	0	0	0

3. 地球对太阳的反照辐射

假设地球为一漫反射体，对太阳辐射的反射遵守朗伯定律并且各处均匀，反射光谱与太阳光谱相同。

地球反照角系数定义为地球反照太阳辐射照射到目标面元上的辐射强度与地球反照太阳辐射总辐射强度之比，它可表示为目标距地面的高度 H、目标微元法线在地心目标坐标系中的俯仰角 θ 和方位角 ϕ_0 以及太阳光线与地心目标质心连线的夹角 η_0 的函数，即它与目标的位置和姿态以及太阳的位置有关。

有了地球反照角系数，就可以很容易得到目标微元面 $\mathrm{d}A$ 吸收地球反照太阳能量 $\mathrm{d}Q_3$ 为

$$\mathrm{d}Q_3 = E_s \rho S_3 \mathrm{d}A \tag{3.92}$$

式中，ρ 为地表平均反射率，常取 $\rho = 0.35$。

此处，以平板目标为例，其在典型位置下的地球反照角系数如表 3.5 所示。

表 3.5 典型位置下的地球反照角系数随平板方位角 ϕ_0 的变化 (目标高度 $H = 100\text{km}$)

平板方位角 $\phi_0/(°)$	太阳光线与地心目标质心连线的夹角 $\eta_0/(°)$		
	20	40	60
0	0.7547	0.6193	0.4092
30	0.7542	0.6183	0.4079
60	0.7527	0.6157	0.4044
90	0.7508	0.6121	0.3995
120	0.7489	0.6085	0.3946
150	0.7475	0.6058	0.3911
180	0.747	0.6049	0.3898

3.3 流固耦合辐射传输计算

对于纯固体目标的红外辐射特性，通过 3.2 节的方法获得表面温度后，即可基于第 2 章的基础理论完成红外辐射特性计算。但是对于含有气体流场的目标，由于气体是可透过的介质，要描述其红外辐射会复杂得多，固体目标的辐射作为边界条件与气体流场辐射紧密耦合，需要考虑辐射传输过程。

另一方面，本节中目标的辐射传输数值计算方法与大气环境的辐射传输并无本质区别，只是对于目标而言，常考虑三维辐射传输问题，对于大气而言，常考虑一维辐射传输问题。第 4 章中环境辐射传输特性计算也可选用本节中介绍的数值算法。

3.3.1 气体辐射数值计算方法

气体的吸收光谱是由一根根辐射跃迁的谱线叠加而成的，最直接的计算方法即是计算每根谱线的光谱再将所有谱线效果叠加得到在整个谱段的吸收系数谱，这样能够得到近乎无限高的光谱分辨率和最高的计算精度，该方法被称为逐线法。但是由于气体分子的谱线有数百万条之多，采用逐线法计算往往意味着庞大的计算量。随后，谱带法和 k-分布法被开发出来，在不损失太大精度的条件下，尽力减少计算代价。下面逐个介绍不同气体吸收系数的计算方法。

1. 逐线法

想要使用逐线法，首先需要使用不同组分原子、分子的谱线参数，包括第 2 章中提到的谱线强度、谱线中心位置、谱线展宽信息等。这些信息已经被封装成各类数据库，如原子的 ASD 数据库 [15]、分子的 HITRAN 数据库 [16]。

HITRAN 的分子光谱参数及其物理意义如表 3.6 所示。

表 3.6　**HITRAN** 的分子光谱参数及其物理意义

参数	记录格式	物理意义
Mol	I2	分子序号
Iso	I1	同位素序号
v_{ij}	F12.6	谱线跃迁频率，单位：cm^{-1}
S_{ij}	E10.3	参考温度为 296K 时的谱线强度，单位：$cm^{-1}/(mol \cdot cm^2)$
A_{ij}	E10.3	爱因斯坦系数
γ_{air}	F5.4	参考温度为 296K，谱线半极大值处的空气加宽半宽度 (HWHM)，单位：cm^{-1}/atm
γ_{self}	F5.4	参考温度为 296K，谱线半极大值处的自加宽半宽度 (HWHM)，单位：cm^{-1}/atm
E''	F10.4	跃迁的低态能量，单位：cm^{-1}
n_{air}	F4.2	空气加宽半宽度的温度依赖关系
δ_{air}	F8.6	参考温度为 296K 时，空气加宽压力漂移，单位：cm^{-1}/atm
v', v''	2A15	高低态的全量子数
q', q''	2A15	高低态的局域量子数
Ierr	6I1	波数、线强、空气加宽和自加宽半宽度、温度依赖关系以及压力漂移的不确定性指数
Iref	6I2	与波数、线强、空气加宽和自加宽半宽度、温度依赖关系以及压力漂移对应的参考文献序号
Flag	A1	由线耦合算法提供的浦西的标示符
g'	F7.1	高态统计权重
g''	F7.1	低态统计权重

在局地热力学平衡的条件下，分子各态之间的粒子数分布将决定于环境温度 T 下的玻尔兹曼分布，可写为

$$\frac{g_\eta n_{\eta'}}{g_{\eta'} n_\eta} = \exp(-c_2 v_{\eta\eta'}/T) \tag{3.93}$$

式中，g_η 和 $g_{\eta'}$ 分别表示能态 η 和 η' 的简并度，n_η 和 $n_{\eta'}$ 分别表示能态 η 和 η' 的能级数密度，$v_{\eta\eta'}$ 表示能态 η 和 η' 之间跃迁的辐射波长，c_2 是第二辐射常数。

一个能级的数密度与总数密度的关系为

$$\frac{n_\eta}{N} = \frac{g_\eta \exp(-c_2 E_\eta/T)}{Q(T)} \tag{3.94}$$

式中，N 表示组分总的数密度，E_η 表示能态 η 的能量，$Q(T)$ 表示分子总配分函数。总配分函数是分子各能态配分函数之和。

$$Q(T) = \sum_\eta g_\eta \exp(-c_2 E_\eta/T) \tag{3.95}$$

参考以上关系，线强的温度修订可以表示为

$$S_{\eta\eta'}(T) = S_{\eta\eta'}(T_{ref}) \frac{Q(T_{ref})}{Q(T)} \frac{\exp(-c_2 E_\eta/T)}{\exp(-c_2 E_\eta/T_{ref})} \frac{[1 - \exp(-c_2 v_{\eta\eta'}/T)]}{[1 - \exp(-c_2 v_{\eta\eta'}/T_{ref})]} \tag{3.96}$$

T_{ref} 就是数据库的参考温度，HITRAN 为 296K，T 为实际环境温度。可以看出关系式右边的第 2、3 项表示玻尔兹曼粒子数分布之比，第 4 项表示受激发射的效应。

谱线半宽的温度和压力修正表示为

$$\gamma(p, T) = \left(\frac{T_{\mathrm{ref}}}{T}\right)^n \left[\gamma_{\mathrm{air}}(p_{\mathrm{ref}}, T_{\mathrm{ref}})(p - p_s) + \gamma_{\mathrm{self}}(p_{\mathrm{ref}}, T_{\mathrm{ref}})p_s\right] \tag{3.97}$$

用于计算处于压力 p[atm]、T[K] 以及自身分压为 p_s 的气体某一组分的加宽。数据库的参考压力为 1atm。

在得到谱线强度和展宽后，可基于公式 (2.63)~(2.65) 计算气体的吸收系数。

2. 谱带法

谱带模型法的基本原理是在低分辨率光谱试验结果的基础上，根据光谱学理论，选择实验波数范围内该气体的谱线线性函数，建立谱线辐射强度与谱线参数的关系式；然后假设谱线在此波数范围内的分布规律。这样就可以从理论上推出气体在此波数范围内的总辐射强度或发射率与谱线参数、谱线分布参数的关联式。将此谱带模型，或者说关联式，与试验数据拟合，就可得到关联式中谱线参数、谱线分布参数。通常采用各种简化方法，使得出的关联式易于拟合。谱带模型不能计算气体的光谱辐射特性，只能计算气体某一波长范围 (谱带)，或全波长的辐射特性。谱带模型法分为两类：一类为窄谱带模型 (narrow band model)，另一类为宽谱带模型 (wide band model)[17]。

所谓窄谱带模型是将某一波数间隔 $\Delta\eta$ 内 (一般是 5~50cm^{-1}) 的光谱线的排列、重叠性质与单个谱线的性质联系起来，但是不需要详细知道谱带中每一根谱线的形状、谱线强度和谱线位置，而是假定谱线形状，并且它们的强度和位置分布符合一定的规律，故可用数学函数形式表示出来，而公式中的谱带参数 (平均吸收系数、谱线平均半宽和谱线平均间隔) 由实验数据拟合确定。用这种简化模式可以表示出某一个小光谱间隔 $\Delta\eta$ 内的平均透射率与光谱参数的关系。对于某些分子的光谱带，谱线参数并不是精确知道的，窄谱带模型法反而可以得到比"逐线计算法"好的结果。

对于像水蒸气这样的非线性多原子分子而言，观察其光谱可发现，其谱线的位置及强度分布均具有随机的特性。因此统计谱带模型假定，在波数间隔 $\Delta\eta$ 内分布着 N 条谱线，这些谱线的位置、强度的分布均是随机的，即认为 $\Delta\eta$ 内任一位置上谱线出现的概率是相同的。令 $\overline{S} = \int_0^\infty SP(S)\mathrm{d}S$ 表示平均谱线强度，且 $\overline{b}_L$、$\overline{d}$ 都是计算谱带内的平均值，则按照谱线强度分布规律的假设的不同，统计谱带模型可以分为等线强度分布 (间距随机)，指数线强度分布 (Goody)，指数-尾

倒数线强度分布 (Malkmus)。其中，应用最广的是指数-尾倒数线强度分布的统计模型。

1) 等线强度分布

$$P(S) = \delta(S - \overline{S}) \tag{3.98}$$

$$\overline{\gamma_\eta} = \exp(-W/\overline{d}) \tag{3.99}$$

$$W = SX = \overline{k}_{\eta,\mathrm{NB}}\overline{d}X, \quad x \ll 1 \tag{3.100}$$

$$W = 2\overline{d} = \sqrt{\overline{k}_{\eta,\mathrm{NB}}X\beta/\pi}, \quad x \gg 1 \tag{3.101}$$

$$x = \overline{S}X/(2\pi\overline{b}_L) = \overline{k}_{\eta,\mathrm{NB}}X/(2\beta) \tag{3.102}$$

式中，W 代表有效谱线宽度，单位为 cm^{-1}，$W = \int_{\Delta\eta}[1 - \exp(-k_\eta^l X)]\mathrm{d}\eta$，其中 k_η^l 是单根谱线在 η 处的光谱吸收系数；$\overline{\gamma}_\eta$ 代表光谱透射率；X 代表压力行程长度，$X = PL$，使用时要外推到标准态下，即 $X = PL(296/T)$。

2) 指数线强度分布

此模型的条件：窄谱带中谱线的位置按等概率随机分布；谱线强度按指数规律分布；谱线采用洛伦兹形。

$$P(S) = \left(\frac{1}{\overline{S}}\right)\exp\left(-\frac{S}{\overline{S}}\right) \tag{3.103}$$

$$\overline{\gamma_\eta} = \exp\left[-\frac{\overline{k}_{\eta,\mathrm{NB}}X}{\sqrt{1 + \overline{k}_{\eta,\mathrm{NB}}X/\beta}}\right] \tag{3.104}$$

3) 指数-尾倒数线强度分布

$$P(S) \propto \left(\frac{1}{S}\right)\exp\left(-\frac{S}{S_M}\right) \tag{3.105}$$

$$\overline{\gamma_\eta} = \exp\left[-\frac{2\beta}{\pi}\left(\sqrt{1 + \pi\overline{k}_{\eta,\mathrm{NB}}X/\beta} - 1\right)\right] \tag{3.106}$$

3. k-分布法

对于均匀路径下的某一气体，光谱辐射量与几何位置、普朗克函数、吸收系数等有关。在某一窄谱带内 ($5\sim100\mathrm{cm}^{-1}$)，气体的吸收系数变化剧烈，而其他参数可以近似等于一个常数。因此，可以假设在这一窄带内辐射量仅仅随着吸收系数变化而变化。另外，如图 3.9 所示，即使在很小的谱带间隔内，吸收系数变化也非常剧烈，在一个窄带内就会出现很多个相同的 k_η 值，每一个相同的 k_η 会得到相同的辐射结果。所以，逐线计算法在计算过程中做了许多重复的工作，造成了极大的浪费。窄带 k-分布法的基本思想就是将窄带内的光谱吸收系数进行重排，转换为一个光滑的、递增的函数，使得计算辐射时，相同的吸收系数仅计算一次，避免了重复计算。

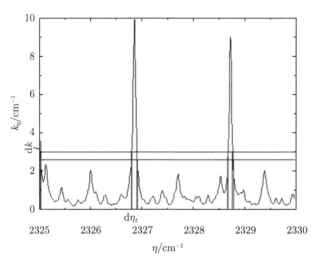

图 3.9 CO_2 在 4.3μm 处的光谱吸收系数

窄带平均透射率可以表示为

$$\overline{T}_\eta = \frac{1}{\Delta\eta} \int_{\Delta\eta} e^{-k_\eta X} d\eta = \frac{1}{\Delta\eta} \int_{\Delta\eta} e^{-k_\eta X} \frac{d\eta}{dk_\eta} dk_\eta \tag{3.107}$$

它可以转化为

$$\overline{T}_\eta = \int_{k_{\eta,\min}}^{k_{\eta,\max}} e^{-kX} f(k) dk \tag{3.108}$$

其中，$f(k)$ 为 k-分布函数，$f(k) = \frac{1}{\Delta\eta} \sum_i \left| \frac{d\eta_i}{dk_\eta} \right|$。计算窄带平均透射率 $\overline{T}_\eta$ 从对波数积分转换为了对 k 积分，但是，如式 (3.108) 所示，在一个窄波段内，对 k 进行积分还是十分复杂的，所以这里引入了累计分布函数

$$g(k) = \int_0^k f(k) dk \tag{3.109}$$

这样 $\overline{T}_\eta$ 又可以转化为

$$\overline{T}_\eta = \int_0^1 e^{-k(g)X} dg \tag{3.110}$$

其中，$g(k)$ 是一个单调递增的函数。

除了窄带平均透射率，在某窄谱带内只依赖吸收系数的变量的平均值，如平均辐射亮度 $\overline{L}_\eta$ 等，也可以表达为该形式

$$\overline{L}_\eta = \frac{1}{\Delta\eta}\int_{\Delta\eta} L_\eta \mathrm{d}\eta = \frac{1}{\Delta\eta}\int_{k_{\eta,\min}}^{k_{\eta,\max}} L_k f(k)\mathrm{d}k = \int_0^1 L_g \mathrm{d}g \tag{3.111}$$

这样，这些变量的窄带平均值的计算就从一个极具复杂的积分问题转换成了较为简单的积分问题，式 (3.110) 和 (3.111) 的积分可以采用数值积分方法来计算

$$\overline{T}_\eta = \sum_i^{N_g} \varpi_i \mathrm{e}^{-k(g_i)X} \tag{3.112}$$

$$\overline{L}_\eta = \sum_i^{N_g} \varpi_i L(g_i) \tag{3.113}$$

其中，ϖ_i 为积分权重因子，N_g 为积分点总数。

一般把 k-分布函数表示为

$$f(k) = \frac{1}{\Delta\eta}\int_{\Delta\eta} \delta(k - k_\eta)\mathrm{d}\eta \tag{3.114}$$

其中，$\delta(k - k_\eta)$ 是 Dirac-delta 函数

$$\delta(x) = \lim_{\Delta\to 0}\begin{cases} 0, & |x| > \Delta \\ \dfrac{1}{2\Delta}, & |x| < \Delta \end{cases} \tag{3.115}$$

在窄带内对吸收系数 k 进行重新排列，在区间 $k_j \leqslant k < k_j + \mathrm{d}k_j$ 内有分布函数

$$f(k_j) \approx \frac{1}{\Delta\eta}\sum_i \left\{\left|\frac{\mathrm{d}\eta_i}{\mathrm{d}k_j}\right|[H(k_j + \mathrm{d}k_j - k_{\eta_i}) - H(k_j - k_{\eta_i})]\right\} \tag{3.116}$$

其中，$H(x)$ 为 Heaviside 阶梯函数

$$H(x) = \begin{cases} 0, & x < 0 \\ 1, & x > 0 \end{cases} \tag{3.117}$$

吸收系数 k 要在窄谱带内的最大值 $k_{\max}$ 与最小值 $k_{\min}$ 之间进行离散重排，在离散 k 时，$\mathrm{d}k$ 的选取方式非常重要。由图 3.9 所示的吸收系数分布可以看到，

如果采用平均分配的方式，若 k 离散数量较少，将会抹去 k 值比较小时的细节，而如果 k 离散数量很多，将会给计算带来不必要的浪费。所以在离散 k 时，一般 k 值小的地方离散数量稍大，而 k 值大的地方离散数量较少些。Lacis 和 Oinas[18] 对 $\log k$ 进行平均分配计算了 k-分布函数。但是较大的 k 值相对较小 k 值对辐射的影响较大，所以较大 k 值的地方离散分辨率也不能过低。Gupta[19] 提出了一种新的 k 离散方式，既保证了较小的 k 值的地方分辨率较高，也不会导致 k 值较大的地方分辨率过低，即

$$(\Delta k)' = [(k_{\max})^n - (k_{\min})^n]/(N_k - 1) \tag{3.118}$$

$$k_j = [(k_{\min})^n + (j-1) \cdot (\Delta k)']^{1/n}, \quad j = 1, 2, \cdots, N_k \tag{3.119}$$

其中，n 为指数因子，一般情况下，n 取小于 1 的数，当 $n=1$ 时，为平均分配。

累积分布函数由下式求得

$$g(k_{j+1}) = \sum_{n=1}^{j} f(k_n)\Delta k_n \tag{3.120}$$

上述三种算法都可以计算一个均匀气体微元的吸收系数。以 CO_2 为例，在温度 1000K，压力 10^4Pa，CO_2 摩尔浓度 1% 的条件下，不同光谱分辨率的气体吸收系数如图 3.10 所示。

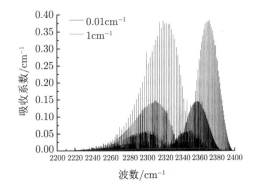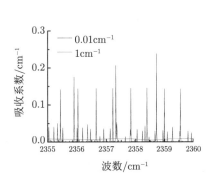

图 3.10 不同光谱分辨率下气体吸收系数谱 (右图为局部放大图)

CO_2 的振转谱线非常多，在较宽的光谱范围上，这些谱线看上去很连续，形成了一个个辐射谱带。当放大光谱时可以看出，整个谱是由一个个较为分离的谱线组成的。在降低了光谱分辨率之后，光谱的绝对量值会远小于高分辨率下的谱线峰值。

图 3.11 展示出四种气体组分的特征谱带在典型条件下辐射强度的结果，可以看到，在不同温度下吸收带的辐射强度差异显著。

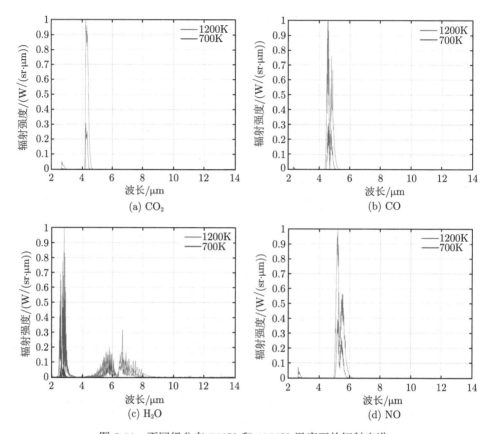

图 3.11　不同组分在 700K 和 1200K 温度下的辐射光谱

3.3.2　粒子散射数值计算方法

目标流场中除包含气体外，还会由于不完全燃烧、烧蚀等过程产生一些固体颗粒。单个粒子辐射问题的解，可以归结为一束平面电磁波投射到一给定形状、尺寸及光学常数粒子的麦克斯韦方程的解。目前，广泛使用的是对均匀球形粒子适用的洛伦兹-米理论。实际粒子既不是球形也不是均质，但是由于粒子所处方位的随机性，使粒子呈现球形的某些特性，因此，粒子的球形假设是可行的。

米散射公式是非偏振平面电磁波投射到均质球形粒子时得到的麦克斯韦方程远场解[20]。远场是指距粒子比较远处的电磁场，因为在实用中粒子间的距离通常都比粒子尺寸大得多，所以通常情况都采用远场解。球粒子的衰减因子、散射因子、吸收因子、散射反照率和相函数的计算公式分别如下：

$$Q_e\left(m, x\right) = \frac{C_e}{G} = \frac{2}{x^2} \sum_{n=1}^{\infty} \left(2n + 1\right) \operatorname{Re}\left\{a_n + b_n\right\} = \frac{4}{x^2} \operatorname{Re}\left\{S_0\right\} \tag{3.121}$$

$$Q_s\left(m,x\right)=\frac{C_s}{G}=\frac{2}{x^2}\sum_{n=1}^{\infty}\left(2n+1\right)\left[\left|a_n\right|^2+\left|b_n\right|^2\right] \tag{3.122}$$

$$Q_a=Q_e-Q_s \tag{3.123}$$

$$\omega=Q_s/Q_e \tag{3.124}$$

$$\Phi\left(m,x,\Theta\right)=\frac{2}{Q_sx^2}\left[\left|S_1\right|^2+\left|S_2\right|^2\right] \tag{3.125}$$

式中，Re 表示取复数实部；$G=\pi D^2/4$ 为球粒子的几何投影面积，m^2；C_s 与 C_e 分别为散射及衰减截面，m^2；$m=n-\mathrm{i}k$ 为粒子光学常数 (复折射率)；a_n 与 b_n 称为米散射系数；S_1 和 S_2 称为复数幅值函数 (也称散射函数)；$S_0=S_1\left(0\right)=S_2\left(0\right)$，称为前向幅值函数。各参数计算式分别如下：

$$a_n=\frac{\psi_n'\left(mx\right)\psi_n\left(x\right)-m\,\psi_n\left(mx\right)\psi_n'\left(x\right)}{\psi_n'\left(mx\right)\xi_n\left(x\right)-m\,\psi_n\left(mx\right)\xi_n'\left(x\right)} \tag{3.126}$$

$$b_n=\frac{m\,\psi_n'\left(mx\right)\psi_n\left(x\right)-\psi_n\left(mx\right)\psi_n'\left(x\right)}{m\,\psi_n'\left(mx\right)\xi_n\left(x\right)-\psi_n\left(mx\right)\xi_n'\left(x\right)} \tag{3.127}$$

式中，符号上带一撇表示对自变量求导数；$\xi_n=\psi_n-\mathrm{i}\,\eta_n$；$\psi_n$ 及 η_n 为贝塞尔函数 (Ricatti-Bessel)，满足下面的递推关系：

$$\psi_{n+1}(z)=\frac{2n+1}{z}\psi_n(z)-\psi_{n-1}(z)\,,\quad\psi_{-1}(z)=\cos z\,,\quad\psi_0(z)=\sin z \tag{3.128}$$

$$\eta_{n+1}(z)=\frac{2n+1}{z}\eta_n(z)-\eta_{n-1}(z)\,,\quad\eta_{-1}(z)=-\sin z\,,\quad\eta_0(z)=\cos z \tag{3.129}$$

复数幅值函数计算式如下：

$$S_1\left(\Theta\right)=\sum_{n=1}^{\infty}\frac{2n+1}{n\left(n+1\right)}\left[a_n\pi_n\left(\cos\Theta\right)+b_n\tau_n\left(\cos\Theta\right)\right] \tag{3.130}$$

$$S_2\left(\Theta\right)=\sum_{n=1}^{\infty}\frac{2n+1}{n\left(n+1\right)}\left[a_n\tau_n\left(\cos\Theta\right)+b_n\pi_n\left(\cos\Theta\right)\right] \tag{3.131}$$

式中，Θ 为散射角度；π_n 和 τ_n 称为散射角函数，其定义式为

$$\pi_n\left(\cos\Theta\right)=\frac{\mathrm{d}P_n\left(\cos\Theta\right)}{\mathrm{d}\cos\Theta} \tag{3.132}$$

$$\tau_n\left(\cos\Theta\right)=\cos\Theta\,\pi_n\left(\cos\Theta\right)-\sin^2\Theta\frac{\mathrm{d}}{\mathrm{d}\cos\Theta}\left[\pi_n\left(\cos\Theta\right)\right] \tag{3.133}$$

其中，P_n 为勒让德多项式，满足下面递推关系：

$$P_n(z) = \frac{2n-1}{n} z P_{n-1}(z) - \frac{n-1}{n} P_{n-2}(z)$$
$$P_0(z) = 1, \quad P_1(z) = z$$

(3.134)

3.3.3　辐射传输数值计算方法

为了将目标周围的流场和目标自身的固体壁面耦合完成整体的红外辐射计算，需要建立合适的辐射传输。经过了多年的发展积累，对于辐射传输的数值求解已经从各个思路发展出了多套有效的算法，如热流法 (heat flux method)、区域法 (zone method)、球形谐波法 (spherical harmonics method)、蒙特卡罗法 (Monte Carlo method)、离散传递法 (discrete transfer method)、离散坐标法 (discrete ordinates method)、有限体积法 (finite volume method) 等[21]。由于每种方法的出发点不同，造成他们各有利弊。在本节我们将对其中比较有代表性的几种辐射传输算法进行简单介绍。

1. 热流法

辐射强度对角度的依赖性是使辐射问题复杂化的关键因素，若将辐射强度在某一立体角范围内简化成均匀的或具有某一简单的分布特性，辐射传递方程求解的复杂性将大为减小。Schuser-Schwarzschild 近似法就是基于这一思想发展起来的，它将微元体界面上复杂的半球空间热辐射简化成垂直于此界面的均匀强度或热流，使积分-微分形式的辐射传递方程简化为一组有关辐射强度或热流密度的线性微分方程，然后用通用的疏运方程求解方法求解，此类方法通常称为热流法。

我们把将辐射方向简化为两个的热流法称为二流法，事实上也存在四流法和六流法用于更准确地处理高维问题。

热流法是一个有效的简化计算方法，采用最微小的假设，最大程度上简化了计算。虽然热流法在计算精度上要弱于其他的辐射传输算法，但其简化计算的思路是在工程应用中十分可贵的。

2. 有限体积法

有限体积法的思路是将空间区域划分为有限数目的控制体，将发射方向划分为一些离散的控制角，在这些离散的角度和空间内建立能量守恒的关系。

对于正交的或球坐标系均可将空间离散成互相不重叠的控制体。

同时空间角度也可按照需要进行离散。图 3.12 和图 3.13 分别给出了有限体积法的空间离散和角度离散。

能量守恒的关系可以表示为对于一个控制体，在一个离散的立体角内，在控制体各个面上入射的能量等于控制体在此方向角内吸收、发射、散射的能量之和。

用有限体积法处理辐射传输问题的优点是计算精度比较高, 除了对空间和角度的离散带来误差之外并没有引入任何的系统误差; 同时有限体积法基于的能量守恒思路在各个物理领域都是适用的, 因此有限体积法可以很好地与其他物理过程耦合求解, 如传热问题。有限体积法的确定也十分明显, 首先该方法比较复杂, 建立模型比较困难; 其次该方法对网格的要求较高, 因此在处理结构较复杂的问题时难度较大。

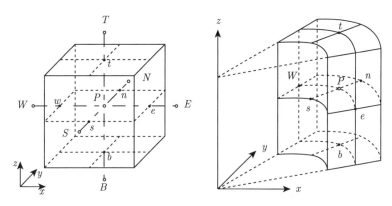

图 3.12 有限体积法的空间离散示意图

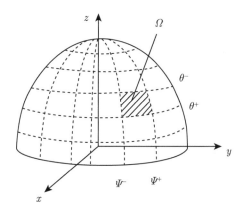

图 3.13 有限体积法的角度离散示意图

3. 蒙特卡罗法

蒙特卡罗法求解光谱辐射传输问题的基本思想是将光谱辐射的传输过程分解为发射、透射、反射、吸收和散射等一系列独立的子过程, 并建立每个子过程的概率模型。令每个单元 (面元和体元) 发射一定量的光子, 跟踪、统计每个光子的归宿 (被介质和界面吸收, 或从系统中透射出或逸出), 从而得到该单元辐射能量分配的统计结果。概率模型是整个蒙特卡罗法的核心, 求解表面辐射光谱特性与传输规律时, 涉及: 发射位置概率模型、发射/传递方向空间分布概率模型、光谱分布概率模型、光子与物质作用概率模型 (包括吸收、反射、透射、衍射等模型)。

蒙特卡罗法的优点是即使是非常复杂的问题, 也可以采用相对简单的方法解决, 对于一个很简单的问题, 设置一个合适的光子独立抽样技术可能要比采用解析方法更费事, 但是随着问题复杂性的增加, 对传统技术来说, 其公式的复杂性和求解所花费的精力将大量增加。超过了某个复杂度, 采用蒙特卡罗法将更可取, 如图 3.14 所示。

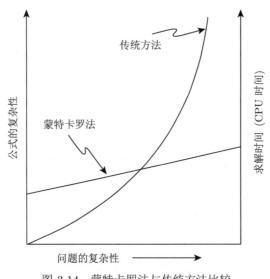

图 3.14   蒙特卡罗法与传统方法比较

蒙特卡罗法的缺点是作为统计学方法, 受到统计学误差的影响, 就像实验测量中无法避免的实验误差一样。

蒙特卡罗法按跟踪路径的不同, 可分成两类, 即正向蒙特卡罗法 (forward Monte Carlo method, FMCM) 和反向蒙特卡罗法 (backward Monte Carlo method, BMCM)。FMCM 从光子 (光束、能束或射线) 的发射地点开始, 沿光子行进路径跟踪直至光子的吸收地点。BMCM 则从光子的吸收地点开始, 沿光子行进路径反向跟踪直至光子的发射地, 并确定沿程各点发射的辐射能被吸收的量。

如果已知温度分布, 可以采用携带能量的光子 (光束、能束) 对概率模拟和温度场进行迭代计算求解。如果温度场是待求量, 每个光子 (光束、能束) 携带的能量在求解温度场的迭代过程中不断变化, 这就要求温度场每迭代一次就必须重复一次概率模拟。因此, 随机抽样光子数量不可能取得很大, 模拟精度难以提高。

反向蒙特卡罗法的计算原理如下:

前文提到, 反向蒙特卡罗法是相对正向蒙特卡罗法的一种 "反向" 的方法, 光线从探测点发出，跟踪光线的路径，直到光线被目标的某个面元吸收，或者光线飞出探测的外边界。反向蒙特卡罗法的计算原理比较简单，可以很容易地模拟比较复杂的问题，对辐射场的整体计算，该方法是非常合理有效的。

反向蒙特卡罗法避免了正向的一些问题，比如当目标发射的光线只有很少一部分落在探测器上面时，正向方法需要发射大量的光线才能得到合理的结果，消耗了大量的计算资源。而反向蒙特卡罗法得到同样的计算效果，所需要发射的光线数目要少很多。图 3.15 给出了反向蒙特卡罗法的跟踪过程。

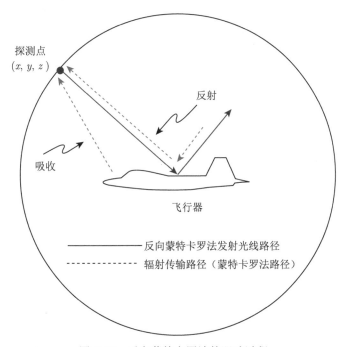

图 3.15 反向蒙特卡罗法的跟踪过程

这种反向追踪求解的方法，已经开始被国内外的研究者使用，所有的理论都基于互易性原理，即光路可逆原理。

辐射传递系数 RD_{ij} 的定义为在一个红外辐射传输系统中，单元 i(面元 S_i 和体元 V_i) 的本身辐射能量，经一次投射以及经系统内其他各单元一次或者多次反射和散射以后，最终被单元 j(面元 S_i 和体元 V_i) 吸收的份额。

通过随机模拟，并记录由单元 i 发射，最终被其他各单元 j 吸收的光束数，即可求出辐射传递因子 RD_{ij}。由体元 (i_e,j_e,k_e) 发射，被体元 (i_a,j_a,k_a) 或面元 (m_a,n_a) 吸收的辐射传递系数为

$$RD\left(i_e,j_e,k_e,i_a,j_a,k_a\right) = N_a\left(i_a,j_a,k_a\right)/N_e\left(i_e,j_e,k_e\right) \tag{3.135}$$

$$RD\left(i_e, j_e, k_e, m_a, n_a\right) = N_a\left(m_a, n_a\right) / N_e\left(i_e, j_e, k_e\right) \tag{3.136}$$

式中 $N_e(i_e, j_e, k_e)$ 表示体元 (i_e, j_e, k_e) 发射的光束数；$N_a(i_a, j_a, k_a)$ 表示体元 (i_a, j_a, k_a) 吸收的光束数；$N_a(m_a, n_a)$ 表示体元 (m_a, n_a) 吸收的光束数。辐射传递系数的性质如下。

1) 完整性

根据能量守恒原理，在一个封闭辐射系统中，任意一个面元 i 对所有面元 (包括本身) 的辐射传递系数之和等于 1。这是辐射传递系数的完整性质。

$$\sum_{j=1}^{n} RD_{ij} = 1 \tag{3.137}$$

2) 相对性

$$\varepsilon_i S_i RD_{ij} = \varepsilon_j S_j RD_{ji} \quad (\text{面元 } i \text{ 和面元 } j \text{ 之间}) \tag{3.138}$$

$$\varepsilon_i S_i RD_{ij} = 4k_j V_j RD_{ji} \quad (\text{面元 } i \text{ 和体元 } j \text{ 之间}) \tag{3.139}$$

$$4k_i V_i RD_{ij} = 4k_j V_j RD_{ji} \quad (\text{体元 } i \text{ 和体元 } j \text{ 之间}) \tag{3.140}$$

每个表达式左侧与右侧之差的绝对值即为相对性的绝对误差。

3) 守恒性

在热平衡条件下

$$\sum_{j=1}^{M_v} 4kV_j RD_{ji} + \sum_{k=1}^{M_s} \varepsilon_k S_k RD_{ki} = \varepsilon_i S_i \quad (\text{面元} S_i) \tag{3.141}$$

$$\sum_{j=1}^{M_v} 4kV_j RD_{ji} + \sum_{k=1}^{M_s} \varepsilon_k S_k RD_{ki} = 4kV_i \quad (\text{体元} V_i) \tag{3.142}$$

每个表达式左侧与右侧之差的绝对值即为守恒性的绝对误差。其中方程的右侧为精确值。

4) 对称性

由于辐射传递系数只与几何形状及物性参数有关，因此，若几何形状、物性参数皆对称 (温度分布可以不对称)，则辐射传递因子也应对称分布。

3.4　典型飞行器红外辐射特性

3.4.1　飞机红外辐射特性

飞机的红外辐射主要来自机身蒙皮的自身辐射和散射辐射，以及发动机排气系统高温部件的热辐射和尾喷焰热辐射。这些辐射源对飞机整体红外辐射的贡献取决于以下因素：推进系统及其运行状态、飞机外形、温度、蒙皮表面材料的光学特性、飞行条件和环境条件等。飞机蒙皮辐射主要跟目标表面温度和涂覆材料特性有关，同时受到光照和环境条件影响。喷焰辐射本质上是高温气体辐射，具有明显的光谱选择性。飞机在不同波段的主要辐射源如表 3.7 所示。

传感器接收到的辐射除了与飞机本身的辐射有关之外，还与大气沿路径的传输与辐射密切相关。

表 3.7　飞机在不同波段的主要辐射源

光谱范围/μm	辐射源	波段定义
0.7~1.5	机身散射太阳直射	近红外
1.5~3.0	机身散射辐射、热金属部件、高温 H_2O	短波红外
3.0~5.5	机身散射辐射、热金属部件、高温 CO_2	中波红外
8~14	热金属部件、机身蒙皮、高温气体	长波红外

典型飞机自身红外辐射经过远距离大气吸收之后的光谱如图 3.16 所示。

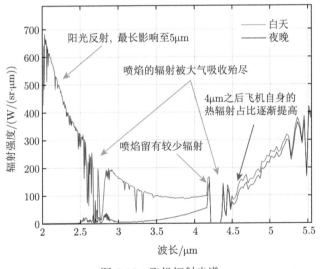

图 3.16　飞机辐射光谱

3.4.2　火箭红外辐射特性

火箭发动机喷焰燃气中常见的组分 (CO_2、CO、H_2O、HCl 等) 会因高温振-转跃迁而发射出特定波段的光辐射，不论是固体火箭发动机还是液体火箭发动机，其喷焰的红外辐射能量主要集中在 2.5~3.0μm、4.0~4.5μm 和 4.5~5.0μm 波段，此波段区间内包含了 H_2O 的 2.7μm 发射带，CO_2 的 4.3μm 发射带以及 CO 的

$4.6\mu m$ 发射带，$2.5\sim3.0\mu m$、$5.5\sim6.0\mu m$、$6.5\sim7.0\mu m$ 这几个波段基本都是 H_2O 的发射带，$4.5\sim5.0\mu m$ 波段包含 CO 的发射带，而在 HCl 的吸收带内，其谱线处的吸收强度较强，但变化剧烈，具有极大的波动性。图 3.17 是典型液体火箭发动机喷焰的红外辐射光谱和剖面分布。

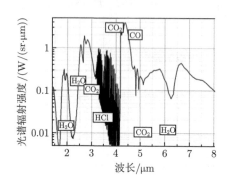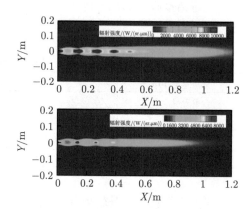

图 3.17　液体火箭发动机喷焰的红外辐射光谱和剖面分布

固体火箭发动机除燃气外，另一方面，作为比气体分子尺寸大得多的凝相产物，Al_2O_3 以及 $SOOT$ 会形成连续辐射谱，类似于黑体辐射，其辐射能量取决于颗粒属性、颗粒大小、浓度和光学特性。其影响主要体现在两个方面，一是对气相流场影响，可显著提高喷焰核心区温度，从而间接影响辐射特性，二是固体粒子本身散射能量产生的影响。

3.4.3　高超声速飞行器绕流场红外辐射特性

1. 辐射组分贡献

在高超声速飞行器周围会形成高温的流场，流场中发生复杂的化学反应，产生大量的气体组分。每个组分都有独特的辐射谱带，从而使流场产生具有很强光谱选择性的红外辐射。

在红外波段，N 原子、O 原子、NO、CO、CO_2、e^- 等组分均有不同的特征辐射谱带。N 原子、O 原子的辐射谱线主要分布在紫外、可见光波段，但是在少数高能级间，能级差较小也会产生红外辐射，谱线孤立地分散在中短波红外。NO、CO、CO_2 这类分子的振转跃迁谱带会在红外波段形成准连续的辐射谱带。电子、离子等带电微粒也会产生连续的轫致辐射。

以来流速度 $6000m/s$、压力 $333Pa$、温度 $300K$ 的激波为例。激波后的热力学参数如表 3.8 所示。

表 3.8 激波后流场热力学状态

物理量	激波后值
温度/K	6416
压力/Pa	1.28×10^5
组分摩尔浓度	
N	0.26
N_2	0.43
O	0.30
O_2	1.5×10^{-4}
NO	6.3×10^{-3}
CO	2.6×10^{-4}
CO_2	3.4×10^{-8}
N^+	1.1×10^{-5}
O^+	1.4×10^{-5}
N_2^+	3.9×10^{-6}
NO^+	3.1×10^{-4}
e^-	3.3×10^{-4}

由于激波的压缩作用，温度和压力急剧升高。在这种状态下，N_2 和 O_2 分子发生剧烈离解，其中 O_2 几乎离解完全。流场中主要的气体组分是 N 原子、O 原子和 N_2 分子。C 元素主要以 CO 的形式存在。电离产生了 0.033% 的电子。

在这种情况下，激波层的红外辐射主要集中在中波范围内，辐射最强的组分是 NO 分子，在 $2.5 \sim 3\mu m$ 和 $5 \sim 7\mu m$ 存在很强的辐射谱带。其次，CO 和 CO_2 的辐射谱带在 $4 \sim 5\mu m$ 也能形成较小的谱带。在整个中波范围内还存在一些零星的原子谱线，但辐射强度要小于分子谱带。

2. 热力学非平衡效应

在临近空间高超声速的飞行过程中，飞行器周围的流场会处于一定程度的热化学非平衡状态中。这是由于化学反应和内能激发过程的进行都需要一定的时间。当流动的特征时间与化学反应/内能激发过程所需的时间可比拟时，热化学过程来不及在当地热力学状态下达到平衡状态，而是处在趋向平衡状态的某一中间状态中。此时热化学过程与流动过程是耦合在一起的。热力学状态达到平衡所需要的时间称为"弛豫时间"。

平衡条件下原子、分子的能级分布只与当地的温度有关，满足玻尔兹曼方程。但是在热力学非平衡条件下，原子、分子的能级分布描述则困难重重。在一般的描述中，将流场温度分为平动温度和振动温度两个物理量，或增加电子温度为三个温度量。这种多温度的描述方式表现了能量在分子不同自由度之间达不到平衡的现象，但依然不够本质。事实上有研究表明[21]，电子和振动自由度的各个能级在热力学非平衡条件下，依然不能达到各自温度下的玻尔兹曼。最为细致的表述是将每个组分的各个能级单独考虑，放弃使用温度来表征能量的做法。

由于气体辐射的能量与跃迁谱线的高态能级数密度直接相关，因此热力学非平衡效应与流场的辐射特性有直接影响。

由于热力学非平衡效应反应的是原子、分子能级受流动状态变化而激发的滞后效应，因此在典型的高超声速流场中，热力学非平衡效应会使流场辐射特性发生减弱与增强两种过程。

以球体的绕流场为例，如图 3.18 所示，在头激波中流场由常温被压缩至数千开尔文的高温，平动温度只需要很少次碰撞、很短的时间即可响应这样的压缩，而振动温度需要经过更多次碰撞、更长的时间才会升高。因此在激波层中振动温度会低于平动温度。而流过球体的尾迹是膨胀降温的过程。同样振动温度的变化更慢，于是尾迹中振动温度高于平动温度。

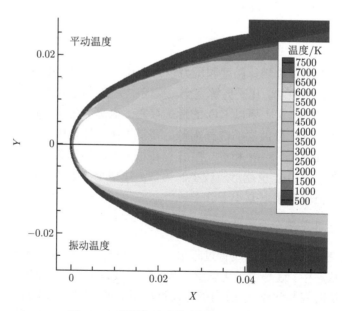

图 3.18   高超声速球体流场多温度分布

在头激波中，流场密度总体较大，显著非平衡的区域较小，对红外辐射的总体影响也较小。但是在尾迹中，密度小，非平衡影响的区域较大。在尾迹的部分位置，分子的振动能级会比平衡状态下高数个量级，极大增强尾迹的红外辐射。图

3.19 展示典型尾迹中 CO_2 各振动能级的分布。图中离散点代表非平衡状态的能级分布计算结果，连续曲线代表平衡状态的能级分布计算结果。

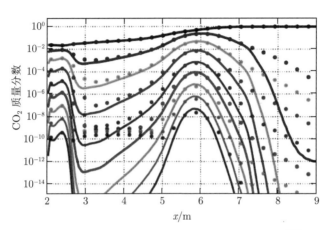

图 3.19 高超声速尾迹中 CO_2 各振动能级的分布 [22]

参 考 文 献

[1] 任玉新, 陈海昕. 计算流体力学基础 [M]. 北京：清华大学出版社, 2006.

[2] 张兆顺, 崔桂香. 流体力学 [M]. 2 版. 北京：清华大学出版社, 2006.

[3] 沈维道, 童钧耕. 工程热力学 [M]. 4 版. 北京：高等教育出版社, 2007.

[4] Bird G A. Breakdown of continuμm flow flow in free jets and rocket plμmes[J]. 12th International Symposium on Rarefied Gas Dynamics, edited by S. S. Fisher, Charlottesviles, VA, 1980, 2: 681-694.

[5] 毛宏霞. 跨流域火箭发动机喷焰流动与辐射特性研究 [D]. 北京：北京理工大学, 2017.

[6] 姜毅, 傅德彬. 固体火箭发动机尾喷焰复燃流场计算 [J]. 宇航学报, 2008, 29(2): 615-620.

[7] 沈青. 稀薄气体动力学 [M]. 北京：国防工业出版社, 2002.

[8] Bird G A. Molecular gas dynamics and the direct simulation of gas flows[D]. New York: Oxford University Press, 1994.

[9] 牛青林. 连续流域高速目标辐射现象学研究 [D]. 哈尔滨：哈尔滨工业大学, 2019.

[10] Ozawa T, Zhong J, Levin D. Development of kinetic-based energy exchange models fornoncontinuμm, ionized hypersonic flows[J]. Physics of Fluids, 2008, 20(4): 046102.

[11] 杨世铭, 陶文铨. 传热学 [M]. 4 版. 北京：高等教育出版社, 2006.

[12] 邓斌, 申志彬, 段静波, 等. 考虑对流换热影响的固体发动机热力耦合分析 [J]. 固体火箭技术, 2015, 35(1): 42-46.

[13] 魏玺章, 黎湘, 庄钊文. 红外目标背景及温度场的计算 [J]. 红外与毫米波学报, 2000, 4(2): 139-141.

[14] 舒锐, 周彦平, 陶乾宇. 空间目标红外辐射特性的研究 [J]. 光学技术, 2006, 32(2)：196-199.

[15] https://www/nist.gov/pml/atomic-spectra-database.

[16] Gordon I E, Rothman L S, Hill C, et al. The HITRAN2016 molecular spectroscopic-database[J]. Journal of Quantitative Spectroscopy and Radiative Transfer, 2017, 203: 3-69.

[17] 谈和平, 夏新林, 刘林华, 等. 红外辐射特性与传输的数值计算-计算热辐射学 [M]. 哈尔滨: 哈尔滨工业大学出版社, 2006.

[18] Lacis A A, Oinas V. A description of the correlated-kdistribution method for modeling nongray gaseous absorption, thermal emission,and multiple scattering in vertically inhomogeneous atmospheres[J]. Journal of Geophysical Research, 1991, 96(D5): 9027-9063.

[19] Pal G, Gupta A, Modest M F, et al. Comparison of accuracy and computational expense of radiation models in simulation of non-premixed turbulent jet flames [J]. Combustion and Flame, 2015, 162(6): 2487-2495.

[20] Kerker M. The Scattering of Light [M]. New York: Academic Press, 1969.

[21] 王伟臣, 魏志军, 张峤, 等. 铝粉对固体推进剂羽流红外特性的影响 [J]. 固体火箭技术, 2011, 34(3): 304-310.

[22] Laux C O, Pierrot L, Gessman R J. State-to-state modeling of a recombining nitrogen plasma experiment[J]. Chemical Physics, 2012, 398: 46-55.

第 4 章 环境的红外传输与辐射特性

目标以外的所有辐射介质构成了红外特性研究中关注的环境，对于处在地球和近地空间范围内的目标而言，环境主要是地球表面、大气①以及作为遥远辐射背景的地外天体。相比于体积十分有限的目标，环境可以被认为是广域的、无边界的。就整体而言，目标和探测器都处于环境之中，随着探测视线的变化，决定辐射测量值的环境对象往往会产生明显的变化。另一方面，由于各种辐射源产生的辐射可以在大气中远距离传输，并被多次散射/反射，特定环境介质的辐射特性可能由多种辐射源的辐射性质及大气传输性质共同决定，也就是，一般意义上环境辐射总是耦合的。因此，环境所呈现的辐射特性规律，以及研究它需要采取的方式都明显区别于目标辐射特性。需要说明的是，环境红外特性不仅可以用于辅助目标探测、识别等，由于其自身携带着丰富的环境介质信息，比如介质温度和辐射成分含量，因此，也是基于红外辐射的地球遥感、深空探测等领域的物理基础。

本章首先介绍红外辐射在大气中的传输，包括必要的大气热力学结构与组分分布知识、红外辐射在大气中的衰减机制和典型的传输特性规律；接着，分别介绍地外天体、地表、海表、大气、地球大气耦合体的辐射机制、随影响因素的变化规律或典型的辐射特性规律。

4.1 红外辐射在大气中的传输

4.1.1 大气的热力学结构与组分分布

红外辐射在大气中传输特性的复杂性首先源自于大气热力学结构、组分时空分布的复杂性。大气的多尺度运动过程，以及发生在其中的相变过程、化学/光化学反应过程等，造成其结构分布存在一定的不可预测性，但也存在一些宏观尺度的基本特征。

1. 大气的热力学结构

在辐射、化学和动力学过程的共同作用下，大气在垂直方向上具有明显分层的热力学结构。根据 1960 年国际大气测量和地球物理联合会 (IUGG) 规定的标准术语 [1]，大气温度的垂直廓线区分出四个明显不同的热力学分层，如图 4.1

---

① 无特殊说明的情况下，本书中 "大气" 就是指地球的大气；而 "地球大气" 作为固定表达，指地球表面及其大气的耦合体。

所示, 由下至上分别称为对流层 (troposphere), 平流层 (stratosphere), 中间层 (mesosphere), 热层 (thermosphere)。热层以上存在一段与星际空间过渡的区域, 游离的气体分子处于摆脱地球引力的边缘, 称为散逸层 (exosphere)。不同层之间的过渡区域分别称为对流层顶 (tropopause), 平流层顶 (stratopause), 中间层顶 (mesopause), 热层顶 (thermopause)。

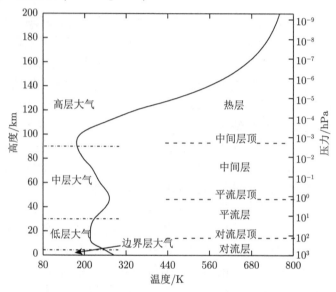

图 4.1　大气热力学结构示意图

　　对流层的大气温度随高度的增加总体上降低, 典型值从 280K 以上降到 220K 以下。其间可能出现一些逆温层结构, 温度随高度的增加出现短暂的升高, 但逆温层并不总是存在。地表水-水汽-云雾的相变转换, 以及所引起的雷暴、台风、降水等各种气象过程几乎都限定在对流层, 导致其物理化学状态复杂多变。一般情况下, 对流层顶在赤道附近最高, 达到 14~15km 高度, 向两极区域延伸逐渐降低, 在极地达到 6~7km 高度。

　　在对流层顶至 20km 高度左右, 平流层的大气温度基本保持恒定, 称为等温层。20km 高度以上大气温度随高度的增加逐渐升高, 在 50km 高度左右的平流层顶附近典型温度值在 270K 以上。平流层大气几乎不存在垂直对流过程, 热力学结构十分稳定。

　　从 50km 高度开始, 大气温度再次随高度的增加逐渐降低, 在中间层顶典型温度值可以低至 140~160K, 在绝对温度上属于地球大气中最冷的区域。中间层也具有与对流层类似的强烈垂直对流过程, 但由于远离地表、大气稀薄且水汽含量极少, 该层不具有类似对流层的气象过程。尽管如此, 在极地夏季的中间层顶区域, 也可能出现目视可见的冰云, 称为中间层云或夜光云 (noctilucent cloud)。夜光云的成因尚未完全明确, 目前认为它是中间层水汽直接凝结而成。近年来, 对中间层与低热层的遥感探测表明, 中间层顶的高度与纬度/季节都明显相关, 在 80~100km 的较大范围内变化。

热层大气受到太阳紫外辐射和宇宙高能粒子作用, 大气温度会急剧上升, 且随着太阳活动和地磁活动强弱的改变而产生很大的变化, 可能在 500K 至 2000K 的范围内剧烈扰动。热层顶的界限比较模糊, 一般认为在 500~800km 高度范围内。

也存在一些其他的大气热力学结构分层方式。常见的是, 将经常出现逆温结构且与地表耦合作用最显著的近地面 1~2km 称为边界层; 将边界层以上至平流层下部称为低层大气; 将平流层中上部至中间层上部称为中层大气; 将中间层顶和热层大气称为高层大气。

2. 大气中的气体及大气模式

现代地球大气以氮气 (N_2) 和氧气 (O_2) 为主要气体组分, 占据气体分子总数的 99% 左右。同时, 大气中还含有数十种微量成分和痕量成分, 比如氩气 (Ar) 等惰性气体, 二氧化碳 (CO_2) 和水汽 (H_2O) 等温室气体; 在人类工业化以后, 人造气体组分的种类和含量也在不断增加, 比如用于冷冻剂和推进剂的氯氟碳化物 (CFC-X) 等。虽然这些气体组分的相对含量很少, 但它们中很多具有十分活跃的热性质、化学性质和辐射性质, 是产生气象过程、影响环境质量、决定地球系统能量收支和气候变迁的关键因子。从红外辐射传输的角度来讲, 以 CO_2 和 H_2O 为代表的很多痕量气体组分具有覆盖宽广、吸收能力很强的红外谱带, 准确地获知这些痕量成分的含量分布, 对于红外传输特性的评估是十分重要的。

总体而言, 由于地球引力的作用, 低层大气密度 (数密度或质量密度) 更大, 随着高度的增加, 大气密度呈指数性降低, 同样反映到大气压强随高度的指数性降低。具体到每一种气体组分的密度变化, 在低层大气可以大致分为两类: 一类气体组分基本保持恒定的浓度, 比如 N_2、O_2、CO_2、CH_4 等, 它们的密度变化趋势与大气总密度一致; 另一类气体组分的浓度存在明显的时空变化特征, 以 O_3 的垂直浓度廓线为例, 它在近地面是极小的值, 在 20~30km 的平流层下部达到浓度峰值, 因此它们的密度变化也更加复杂。表 4.1 展示出低层大气中主要气体组分和主要红外辐射气体组分的浓度[2], 浓度以体积混合比表示 (单位为%); 水汽和臭氧作为浓度变化组分的代表, 体积混合比以一个变化范围表示。若指定气团的气压或总分子数密度已知, 根据体积混合比就可以推算出每种组分的分子数密度。但是, 在中高层大气, 由于输运、相变和化学过程的影响, 几乎所有的气体组分的浓度都会随高度产生明显变化。

为了更全面地展示各种痕量气体浓度随高度的变化, 图 4.2 展示出一种典型大气条件下, 18 种痕量气体 0~200km 体积混合比垂直廓线 (单位为 ppmv(1ppmv

表 4.1 大气中主要气体组分和主要红外辐射组分的含量

气体成分	体积混合比/%
氮 (N_2)	78.084
氧 (O_2)	20.948
氩 (Ar)	0.934
二氧化碳 (CO_2)	~ 0.04
甲烷 (CH_4)	$\sim 1.7 \times 10^{-4}$
一氧化碳 (CO)	$\sim 0.08 \times 10^{-4}$
氧化亚氮 (N_2O)	$\sim 0.3 \times 10^{-4}$
水汽 (H_2O)	$0 \sim 0.04$
臭氧 (O_3)	$0 \sim 1.2 \times 10^{-3}$

$= 1 \times 10^{-6}$))[3]。从整层大气的角度看，绝大多数痕量气体的浓度都随高度发生显著的变化。即使是在低层大气保持均匀混合的 CO_2，在中间层顶以上，受到分子扩散分离作用和太阳极紫外辐射解离作用的影响，也开始偏离均匀混合；最新的观测结果证实了这样的垂直廓线分布，同时表明它在不同季节、纬度和白天/夜晚具有明显不同的分布特征 [4]。

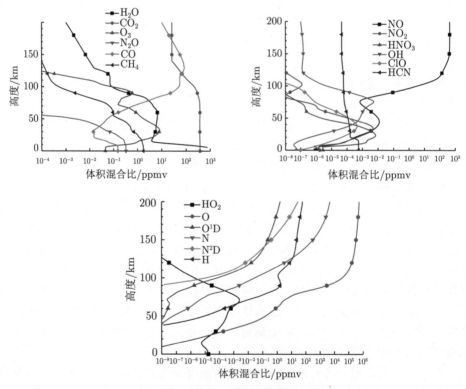

图 4.2 痕量气体的体积混合比随高度变化的典型分布

实际上，在全球尺度的大气环流作用主导下，每一种气体浓度和大气温度都展现出随季节、纬度、日夜变化的气候学分布特征。这样，即使不能精确地获知某种气体组分含量，也可以在一些简单的限定条件下给出一个相对可靠的平均值或变化范围。根据这一认知，可以利用大量观测数据，结合预报数据等多种数据源，统计获得气候学大气模式 (部分文献也称参考大气模式)，代表气体含量和大气温度分布的典型状态。

最广为人知、使用最广泛的大气模式是美国标准大气模式 (U.S. Standard Atmosphere)，它由美国标准大气委员会 (U.S. Committee on Extension to the Standard Atmosphere) 制作发布，在 1953 年发布第一版，并在 1958 年、1962 年、1966 年和 1976 年迭代新版本，目前使用的主要是 1976 版 [5]。标准大气模式包含海平面至 1000km 高度的大气温度、大气密度和 11 种痕量气体浓度在北半球 5 个典型纬度带 (15°、30°、45°、60°、75°) 及冬夏两个季节的气候学平均值。尽管高度覆盖至 1000km，但标准大气模式侧重于低层大气，在 30km 以下廓线的高度分辨率达到 0.05km，在 30km 以上高度分辨率为 5km。很多大气模式都是在美国标准大气模式的基础上发展而来。其他的经典大气模式还包括：空间研究委员会 (Committee on Space Research，COSPAR) 发布的国际参考大气 (COSPAR International Reference Atmosphere，CIRA)[6]；史密森天体物理中心 (Smithsonian Astrophysical Observatory) 发布的侧重于高层大气的 Jacchia 参考大气模式 [7]。

近年来，以卫星遥感为代表的新型探测手段积累了高质量的全球规模大气观测数据，利用这些新数据源产生出更能代表目前气候状态的、更加精细的大气模式。比较有代表性的是 IG2 参考大气模式 [8] 和 GRANADA 参考大气模式 [9]。它们基于 MIPAS(Michelson Interferometer for Passive Atmospheric Sounding) 等中高层大气遥感载荷的实测数据，显著提升了 30~200km 的中高层大气廓线的置信度。表 4.2 总结了这些主要气候学大气模式的特点。

表 4.2　主要气候学大气模式

模式名称	覆盖高度/km	气候学分类标准	主要参数
U.S. Standard Atmosphere	0~1000	纬度；季节	温度、密度、11 种组分浓度
CIRA	0~2000	纬度；月份	温度、密度、纬向风
Jacchia	90~2500	纬度；季节；日/夜；太阳活动；地磁活动	温度、密度、5 种组分浓度
IG2	0~120	纬度；季节	温度、压强、37 种组分浓度
GRANADA	0~200	纬度；季节；日/夜	温度、压强、43 种组分浓度

从绝对密度上看，低层大气对辐射的传输衰减作用比中高层大气显著得多。但近年来，全高度耦合气候模式、临近空间飞行器探测等应用需求的增加使得中高层大气的密度、温度、组分浓度分布也开始受到重视。中高层大气特有的物理

化学环境造成了气辉、极光等独特的环境光辐射现象，对这些现象的机理阐释和定量分析，也需要准确的中高层大气参数时空分布信息。因此，中高层大气参数模式的有效性和精确度理应受到同等的重视。

在一些应用中，需要快速生成或预测当时当地的大气温度、压强/密度和气体组分浓度的垂直廓线。若直接使用气候学大气模式数据，可能不满足精度需求或者体现不出小尺度变化特征。因此，基于大气波动和化学/光化学规律的参数化模型，拟合或融合实测数据，形成了满足以上需求的半经验大气模式。目前，使用最广泛的是 MSIS(Mass Spectrometer Incoherent Scatter) 系列模式。早期的 MSIS-83、MSIS-86 和 MSIS-90 限于热层大气温度、密度和少数几种高层大气组分浓度的预测 [10]。通过建立包含天循环、月循环、年循环、年际变化以及太阳活动、地磁活动的参数化模型，拟合实测数据得到一系列模型系数，在空间位置、时间和少数地球物理指数限定下，就可以生成热层大气温度、密度等垂直廓线。最新的 NRLMSISE-00 将高度范围扩展到 0~1000km，除大气温度和密度外，组分方面扩展了一些低层大气的主要成分 [11]。

随着探测技术的发展，已经有十分丰富的手段获取海量的大气温度和气体组分含量的实测数据。当需要更可靠的大气参数数据作为传输特性评估的输入时，完全可以直接使用这些实测数据，以提高特性表征的精确性。以近地表的 CO_2 浓度为例，通常情况下假定其为常数，不随时空变化。但是，Mauna Loa 大气本底监测站的数据显示近地面 CO_2 体积混合比在持续的上升，如图 4.3 所示，在 2021 年初 CO_2 体积混合比本底值超过了 417ppmv[12]。由于全球工业排放的不均衡等因素，CO_2 体积混合比也存在空间上的不均匀，碳排放监测卫星提供了全球范围内的碳分布监测数据 [13,14]。类似地，大气温度和其他大气组分也有多种探测手段获取实测数据。若对数据分布的时空均匀性有更高的要求，全球气候模型或中尺度数值天气预报模型等产生的预报数据，以及实测数据经过同化后的再分析数据都是较好的补充。表 4.3 列举了几类主要的大气参数数据来源。

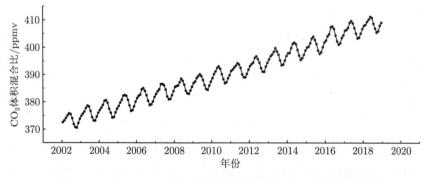

图 4.3   Mauna Loa 大气本底监测站测量的 CO_2 体积混合比

表 4.3　大气参数的主要数据来源

数据获取方式	典型技术或数据源
原位探测	地面气象站、探空气球/探空火箭等
遥感探测	ARM 等地基遥感计划、EOS 等卫星遥感计划
模型预报	WACCM、ECMWF 等
再分析	NCEP、MERRA 等再分析资料

注：ARM，Atmosphere Radiation Measurement；

EOS，Earth Observation System；

WACCM，Whole Atmosphere Community Climate Model；

ECMWF，European Center for Medium-Range Weather Forecasts；

NCEP，National Centers for Environmental Prediction；

MERRA，Modern Era Retrospective-Analysis for Research and Application。

3. 大气中的粒子及其分布

除了各种气体组分外，大气中含有类型丰富的粒子，比如云/雾滴、冰晶、雨/雪/霰/冰雹粒子以及来源广泛的气溶胶粒子。它们不仅直接决定着天气、气候和环境质量，而且对红外辐射在大气中的传输有显著的影响。

根据 2.5 节，大气中的粒子存在明显的粒径尺度变化，大小不一的粒子具有明显不同的光学性质。因此，为了弄清大气中粒子群对辐射传输的影响，首要任务就是明确粒子的尺度谱分布。表 4.4 列出大气中主要粒子的典型数密度和有效半径变化范围。研究者在对各种粒子的形态学观测中，总结出了适用于不同类型粒子的典型尺度谱，以下介绍几种最常用的谱分布。

表 4.4　大气中主要粒子的典型数密度和有效半径

粒子类型	数密度/(个/cm^3)	有效半径/μm
气溶胶	$10\sim10^4$	$10^{-2}\sim10$
水云滴	$10\sim10^3$	$1\sim10^2$
雾滴	$10\sim10^3$	$10^{-1}\sim10$
冰晶	$10^{-2}\sim10^{-1}$	$10\sim10^3$
雨滴	$10^{-5}\sim10^{-2}$	$10^2\sim10^4$

1) Junge 分布

20 世纪中期，Junge 在对清洁的对流层大气和平流层大气气溶胶进行大量的粒子尺度观测的基础上，提出了气溶胶粒子的 Junge 分布[15]：

$$n(r) = N_0 \cdot r^{(-v-1)} \tag{4.1}$$

其中，$n(r)$ 是有效半径在 r 的单位宽度内的粒子数密度；N_0 为粒子数密度相关的常数；v 称为 Junge 指数，它控制粒子数密度随有效尺度增大而下降的快慢，一

般取 2 至 4 之间。另外，一种 Junge 分布的修正函数常被用于卷云中冰晶粒子的尺度谱描述，可以表达为

$$n(r) = I \cdot f \cdot ar^b \tag{4.2}$$

其中，I 为单位体积内总的冰水含量，f 为假设冰晶都是理想六棱柱形状而引入的修正因子，f、a 和 b 在不同类型的卷云中可能采用不同的数值。

虽然 Junge 分布能够反映粒子数密度随尺度变化的总体特征，并在相对干净的大气中较准确地定量描述粒子尺度分布。但是观测证据已经表明 [16]，对于能见度较低的霾和煤烟型污染气溶胶，Junge 谱的误差较大。

2) 广义 Γ 分布

为了使谱函数更普适地应用于各种粒子尺度分布的拟合，Deirmandjian 提出了一种谱函数形式 [17]：

$$n(r) = ar^\alpha \exp(-br^v) \tag{4.3}$$

它由 a，b，α，v 四个参数确定，由于积分中包含 Γ 函数，故常称为广义 Γ 分布。尽管最初是针对云/雾滴的尺度谱设计，但对四个控制参数的调整可以使其表征各种粒子的尺度分布。表 4.5 展示了不同类型粒子利用广义 Γ 分布表征时典型的参数组合；r_e 称为平均有效半径，反映不同类型粒子的典型尺度，它的定义为

$$r_e = \frac{\int_0^\infty r^3 n(r)\mathrm{d}r}{\int_0^\infty r^2 n(r)\mathrm{d}r} \tag{4.4}$$

尽管通过调整控制参数，广义 Γ 分布可以较好地拟合绝大多数粒子的尺度分布，但是过多的可变参数使其在实际使用中存在一定局限性。因此，常见粒子类型也会根据自有的尺度特征，采用更方便的谱函数。

表 4.5 典型粒子的广义 Γ 分布 [16]

类型	a	b	α	v	r_e/μm
陆地型气溶胶	4.9757×10^6	15.1186	2	1/2	0.07
海洋型气溶胶	5.3333×10^4	8.9443	1	1/2	0.05
高空气溶胶	4.0000×10^5	20.0000	2	1	0.10
小雨	4.9757×10^7	15.1186	2	1/2	0.07
中雨	5.3333×10^5	8.9443	1	1/2	0.05
冰雹	4.0000×10^4	20.0000	2	1	1000
积云	2.3730	3/2	6	1	4
Corona 云	1.0851×10^{-2}	1/24	8	3	4
贝母云	5.5556	1/3	8	3	2

3) 对数正态分布

在有效尺度取对数坐标时，一些粒子的尺度谱分布可能接近于正态分布，它们适合使用对数正态分布函数描述，其数学形式可以写为 [18]

$$n(r) = \frac{N}{\sqrt{2\pi} r \ln \sigma_g} \exp\left[-\frac{(\ln r - \ln r_g)^2}{2 \ln^2 \sigma_g}\right] \tag{4.5}$$

其中，N 为总的粒子数密度；r_g 和 σ_g 分别称为粒子的几何平均半径和几何标准差，它们控制了尺度谱的具体形状，分别定义为

$$\ln r_g = \frac{\displaystyle\int_0^\infty n(r) \ln r \, \mathrm{d}r}{\displaystyle\int_0^\infty n(r) \mathrm{d}r} \tag{4.6}$$

$$\ln \sigma_g = \sqrt{\frac{\displaystyle\int_0^\infty n(r)(\ln r - \ln r_g)^2 \mathrm{d}r}{\displaystyle\int_0^\infty n(r)\mathrm{d}r - 1}} \tag{4.7}$$

4) e 指数分布

对于雨/雪/霰/冰雹等降水粒子的尺度谱描述，常采用更简单的以 e 为底的指数分布，它的数学形式可以写为 [19]

$$n(r) = N_0 \exp(-\Lambda r) \tag{4.8}$$

其中，N_0 是与粒子总数密度有关的控制参量，Λ 为斜率因子，两者都与降水强度相关；对于不同类型的降水，具体表达形式有一定的差异。

理论上，采用一种合适的谱函数表征特定粒子的尺度分布，根据谱函数中控制参量随时间和空间的变化，就可以准确地描述大气中所有粒子的时空分布特征。然而，目前的探测技术往往只能通过少量原位采样的方式精确地确定局域范围内某种粒子的成分和尺度分布，无法大规模地精确获取这些信息。更重要的是，考虑到大气中粒子类型和尺度谱的复杂性，即使能够严格地描述这些信息，它在粒子辐射特性评估和遥感探测等应用中也面临诸多计算困难。这凸显出建立大气粒子模式的必要性。

大气粒子模式构造的基本方式可以总结为：

(1) 以粒子组分和尺度分布特征为依据,将大气中主要的云、雾、降水和气溶胶进行分类,采用最符合的谱函数描述每一种基本类别的尺度分布。这是计算特定类别粒子光学特性的依据。

(2) 大气中气溶胶常常是多种类型混合的,通过不同基本类别气溶胶按比例混合,构造混合型气溶胶模式。比如,常用的气溶胶与云光学特性软件 OPAC(Optical Properties of Aerosols and Clouds)[20] 按照一定比例构造出典型的陆地清洁型、陆地污染型、海洋型、城市型、沙漠型等近地表气溶胶模式以及数种高空大气气溶胶模式,并提供了自定义模式构造功能。

(3) 针对气溶胶和云雾的粒子数密度随高度变化,采用一定的高度分布函数描述。比如 OPAC 中假定云层内粒子数密度是均一的;将整个大气的气溶胶分为四层 (边界层、传输层、自由对流层和平流层),每一层气溶胶不仅类型和尺度谱不同,随高度的变化也不同,每一层的垂直分布采用 e 指数表示:

$$N(h) = N(0)\mathrm{e}^{-\frac{h}{Z}} \tag{4.9}$$

其中,$N(0)$ 是气溶胶在地表附近的总粒子数密度;Z 为气溶胶标高,每一层气溶胶的标高都可能不相同。

根据所构造的气溶胶模式,可以有针对性地快速评估不同类型、不同浓度的大气粒子对辐射的影响特性;另一方面,大气粒子模式为气溶胶、云的关键参数观测/反演等应用需求提供了有效的参考依据。

4.1.2　红外辐射在大气中的衰减机制

红外辐射在大气中传输的过程中,受到大气分子和气溶胶、云/雾等粒子的吸收及散射作用而产生衰减。一段传输路径上大气介质的衰减能力以其光学厚度或透射率表征,两种参量的关系可以表示为

$$T_v = \exp\left(-\tau_v\right) \tag{4.10}$$

其中,T 代表透射率,τ 代表光学厚度,v 代表单色电磁波的波数 (在红外辐射中,习惯采用波数)。传输路径上大气介质的光学厚度越大,透射率就越小。

在实际应用中,由于探测器光谱分辨率的限制,需要获知的透射率往往是一个波数间隔 Δv 内的平均透射率 $T_{\Delta v}$。根据光学厚度的定义,谱平均透射率的计算可以按如下所示:

$$T_{\Delta v} = \frac{1}{\Delta v} \int_{\Delta v} \exp\left(-\int_{s_0}^{s_1} \sum_i \sigma_{v,i}(s) n_i(s) \mathrm{d}s\right) \mathrm{d}v \tag{4.11}$$

其中,s_0 和 s_1 分别代表传输路径的起点和终点位置,$\sigma_{v,i}(s)$ 为第 i 种大气组分

在传输路径上 s 处波数 v 上的单分子/单粒子消光截面, $n_i(s)$ 为第 i 种大气组分在传输路径上 s 处的组分数密度。

谱平均透射率的计算涉及路径积分和波数积分的嵌套, 一般而言, 由于传输路径上消光系数的相关性, 分段路径的平均透射率的乘积并不等于整段路径单色透射率的平均, 也就是, 上式中路径积分和波数积分是不能随意调换的。但是, 根据实际大气的消光机制, 在一个相对小的波数间隔内 (比如 1cm^{-1}), 谱平均透射率按照三类消光过程贡献的透射率可以分解为

$$T_{\Delta v} = \prod_i T_{\Delta v, m_i} \cdot \prod_j T_{\Delta v, c_j} \cdot \prod_k T_{\Delta v, p_k} \qquad (4.12)$$

其中, $T_{\Delta v, m_i}$ 表示第 i 种大气分子的散射和谱带吸收贡献的透射率, $T_{\Delta v, c_j}$ 表示第 j 种大气分子连续吸收贡献的透射率, $\text{T}_{\Delta v, p_k}$ 表示第 k 种大气粒子的散射和吸收贡献的透射率。统计上看, 每种分子或粒子的消光光谱是独立不相关的, 不同机制产生的消光光谱可以认为也是独立不相关的, 因此单独计算每种组分、每种机制的平均透射率分量再直接相乘的做法是很好的近似。下面分别说明三类消光过程的特点和常用算法。

1. 分子散射和分子吸收谱带

大气分子的散射符合瑞利散射理论, 根据 2.5.3 节, 在红外波段大气分子的散射消光一般可以忽略不计, 即使严格地考虑此项, 利用瑞利散射公式也容易获知其散射截面。由于瑞利散射截面随光谱的变化总体上十分平滑, 在一个小波数间隔内可以认为其为常数, 因此它与光谱积分无关; 一种分子的谱平均透射率可以表示为

$$T_{\Delta v, m} = T_s \cdot \frac{1}{\Delta v} \int_{\Delta v} \exp(-\tau_v) \mathrm{d}v \qquad (4.13)$$

其中, T_s 代表分子散射贡献的透射率, τ_v 代表分子的单色吸收光学厚度。对于红外波段, 很多种大气组分具有十分细密、交叠的吸收谱, 吸收截面在 10^{-4}cm^{-1} 或更小的区间内才能取得单色数值, 因此, τ_v 随波数的变化呈现陡峭、振荡的谱分布, 这为其在 Δv 内的积分造成了很大的困难。以逐单色格点累加的方式计算谱平均透射率被称为逐线积分法 (line by line), 虽然在算法上是精确的, 但是需要消耗十分可观的计算资源, 很难符合在光电评估、遥感探测、气候模拟等领域透射率快速计算或大规模计算的需求。研究者提出了多种加快计算的方法, 常用的包括: 谱带模式法 (band model)[21], k-分布法 (k-distribution)[22], 多项式拟合法 (polynomial fitting)[23], 主成分分析法 (principal component analysis)[24], 以及近些年兴起的机器学习法 (machine learning)[25]。这些算法在损失一定精度的情况下, 计算速度可以比逐线积分法加快数十倍甚至数百倍以上。

应该指出，第 3 章介绍的几种目标辐射吸收谱带算法与这里对应的大气辐射算法原理上是一致的，只在具体实施中有一定差异，因此可以相互参考。

2. 分子连续吸收

根据光谱测量实验与分子谱带计算结果的比较，研究者发现大气分子对红外辐射的衰减作用除了已知的分子吸收谱带外还包含一些光谱变化相对平缓的吸收机制，统称为连续吸收 (continuum absorption)。连续吸收的微观机理仍存在一定争议，目前普遍认可的三种来源是 [26]：

(1) 吸收谱带的远翼叠加。由于利用分子谱线计算透射率时总是只考虑谱线中心左右一定宽度内的影响，对于单条谱线，远翼的影响确实可以忽略，但若谱带具有数量极多的谱线 (比如 H_2O 的红外谱带)，远翼的叠加也可以造成不可忽略的影响。

(2) 碰撞诱导吸收。理论上分子吸收谱都是在近独立粒子假设下获得的，但实际上分子间存在频繁的碰撞，碰撞产生的分子能级改变可能导致原本不能产生辐射跃迁的分子也产生辐射跃迁过程，比如 N_2 存在连续吸收谱。

(3) 多分子聚合体吸收。分子在碰撞过程中，以一定概率形成短时的多分子聚合体，聚合体结构复杂往往形成更连续的能级分布，对应着连续吸收谱；从统计上看，大气中总是存在一定量的多分子聚合体贡献吸收衰减。

对连续吸收贡献 $T_{\Delta v,c}$ 的计算一般采用基于实验数据总结出的半经验模型，目前使用最广泛的连续吸收模型是 MT_CKD 模型 [27]。

3. 粒子消光

由于粒子的消光截面一般具有较平缓的光谱变化，在小的波数间隔内，它可以被认为是常数，因此粒子透射率贡献的计算能够简化为路径上粒子消光系数的分段求和。但是，鉴于粒子散射理论的复杂性，若每次计算都从单粒子散射理论结合粒子尺度谱出发，粒子消光的计算也将十分耗时。通常的做法是，根据 4.1.1 节阐述的大气粒子模式，在数十个选定的波数上，通过预先计算构造一些消光系数随波长和气象因子变化的查找表，利用查找表的插值快速给出指定条件的粒子消光系数 [28]。实际上，考虑到气溶胶等大气粒子的成分和时空分布复杂性，从传输特性评估的角度，若能直接测得所需波段的大气粒子消光廓线，是最有利于准确获知传输特性的；但充分理解粒子辐射理论，对于利用已有手段设计推算粒子消光系数的方法也是很有必要的。

4.1.3　大气的红外传输特性

大气的红外传输特性是传输路径上所有组分对辐射衰减的综合体现，随着传输路径和大气状态的不同，会呈现出变化多端的特性现象。总结一些主要的变化规律。

图 4.4 展示出一种典型中纬度夏季晴朗无云大气条件下 (包含清洁大陆型气溶胶) 的整层大气透射率, 观测方向设定在当地天顶方向, 若无特殊说明均默认采用此大气条件。由于大气分子吸收消光作用, 红外谱段的大气透射率呈现出明显的谱带分布特征。以一些典型谱段为例, CO_2 和 H_2O 以 2.7μm 为中心的吸收带, CO_2 以 4.3μm 为中心的吸收带, H_2O 以 6.3μm 为中心的吸收带, 以及在大于 15μm 的远红外区域 H_2O 延展极长的纯转动吸收带, 都导致这些谱段的整层大气透射率为零或接近零。图 4.4 展示了两种光谱分辨率 ($1cm^{-1}$ 和 $10cm^{-1}$) 的透射率谱, 在接近零的强吸收带两者几乎没有差异; 但是在消光作用较弱、具有一定透过性的谱段, 高光谱分辨率的透射率谱呈现出明显更复杂的变化, 分子吸收杂乱、细密的光谱特征被展现出来。

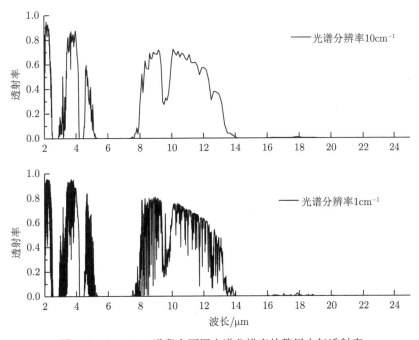

图 4.4 2~25μm 谱段在不同光谱分辨率的整层大气透射率

这种不同光谱分辨率的差异不仅体现在相对谱分布, 也体现在一个特定谱点的透射率数值上。为了更清楚说明定量差异, 图 4.5 展示出 3~5μm 和 8~12μm 两个谱段的比较。在谱线细密的区域高分辨率光谱被平均后绝对值总体居中, 对于振荡幅度较大的区域, 特定谱点的两种光谱分辨率值可以相差 0.5 以上, 而在平缓变化的谱段, 两种光谱分辨率的数值几乎相同。这表明, 对于光谱敏感的应用，评估大气传输效应时光谱分辨率的差异是必须考虑的因素，选择合适的光谱分辨率才能得到正确的评估结果。

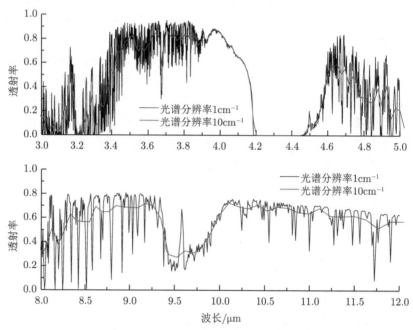

图 4.5　3~5μm 和 8~12μm 谱段在不同光谱分辨率的整层大气透射率

值得说明的是，即使是 3~5μm 和 8~12μm 两个大气"窗口区"，透射率的光谱变化也是十分显著的，H_2O、CO_2、O_3、CH_4 等多种痕量气体都贡献了"窗口区"的吸收。为了更清楚地说明每种大气组分或机制的消光作用，图 4.6 展示了 7 种大气主要吸收分子的透射率谱 (分子振转吸收导致的)，2 种主要的连续吸收作用导致的透射率谱，以及气溶胶消光导致的透射率谱，这些光谱是以上总透射率谱的分解量，图中展示的光谱分辨率为 $50cm^{-1}$。H_2O 和 CO_2 具有最丰富的吸收带，尤其是 H_2O 的吸收作用几乎覆盖了整个红外区域，强吸收带的中心都是不透过的；其他分子也展现出各自的特征吸收带。另一方面，根据以上连续吸收机制的介绍，一些特殊的分子振转跃迁过程产生的吸收作用也属于连续吸收，因此，连续吸收谱并非完全平缓的，也具有谱带特征。气溶胶消光作用随光谱的变化相对平缓，呈现出的透射率谱也十分平缓。应该说明的是，随着大气温度和消光组分类型、浓度的变化，透射率值会产生明显的变化，比如，图 4.6 中气溶胶透射率是在假定气溶胶浓度较小的清洁大气条件下给出的，当气溶胶浓度增大时，它导致的透射率会逐渐降低。

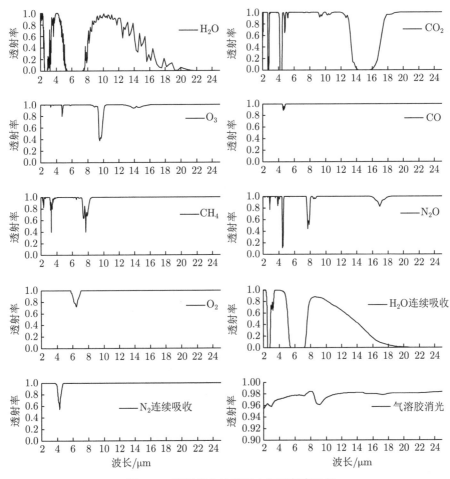

图 4.6 不同组分的整层大气透射率贡献

图 4.7 展示出整层大气透射率随观测天顶角的变化特征，观测天顶角 0° 对应地基垂直向上观测的情况，观测天顶角的增大就对应探测器倾斜角的增大，当观测天顶角 90° 时，对应地基探测器水平观测的情况。除了强吸收带始终保持为零外，非零透过的谱段都呈现随观测天顶角的增大而透射率减小的现象。这种变化的实际机制是，随着观测天顶角的增大，辐射穿过每一层大气的路径长度都增加，当观测天顶角较大时路径长度增加的速度会显著加快，直至水平观测时在地球曲率影响下辐射将传输极长的路径才能到达大气层顶。因此在水平观测时红外波段的整层大气透射率几乎全部接近于零。

实际上在确定的介质状态下，传输路径越长透射率越低，反言之，随着传输路径的变短，透射率会逐渐增大。但是，由于大气的非均质性，不同观测方式和不同大气状态都会造成变化特征的不同。比如，地基观测时，由于低层大气更稠密，由远及近随传输路径变小透射率增大的速度较慢；空基/天基观测时，由于中上层大气更稀薄，随传输路径变小透射率增大的速度较快；有厚云的大气中，传输路径在包含云的情况下透射率可能始终很低，传输路径缩短至不包含云的情况时透射率会出现突然的增大。

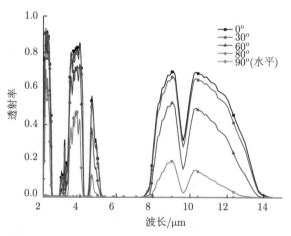

图 4.7   不同观测天顶角的整层大气透射率

图 4.8 展示出三种不同大气类型的整层大气透射率，这里的大气类型采用了三种气候学平均大气廓线 (亚极地冬季大气，中纬度夏季大气，热带大气)。它们对透射率的影响实际上来自于不同大气廓线中温度和成分浓度的不同，由于多数吸收气体在近地面可以近似认为是常数，因此主要的差异就来自于大气温度和水汽含量的差异。温度越低分子吸收能力总体上越低，水汽含量越低水汽的吸收也越弱。亚极地冬季的近地面大气温度为 257K，水汽柱体积混合比[①]为 517.7ppmv；中纬度夏季的近地面大气温度为 294K，水汽柱体积混合比为 3635.9ppmv；热带大气的近地面大气温度为 299K，水汽柱体积混合比为 5119.4ppmv。因此，亚极地冬季大气的整层透射率总体最大，中纬度夏季次之，热带大气最小。

图 4.9 展示出三类典型气象条件下在近地面水平传输 1km 的大气透射率。这里设定雨强 25mm/h 为大雨，根据以上降雨粒子尺度的 e 指数分布，雨强越大意味着降雨粒子的总数密度和平均有效半径越大，衰减辐射的能力就越强。霾和雾的浓度都设定在等效能见度 1km 的条件，其含义为在一定的尺度谱设定下粒子群的消光系数在 0.55μm 处为能见度 1km 时的消光系数，能见度与 0.55μm 处消光系数的关系为[29]

---

① 柱体积混合比为体积混合比廓线对高度求和的结果。

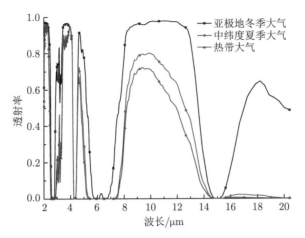

图 4.8 三种典型大气类型条件下的整层大气透射率

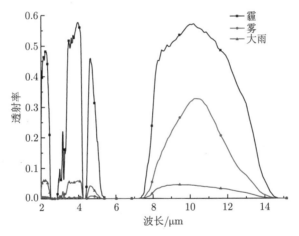

图 4.9 典型霾、雾、雨气象条件下近地面水平传输 1km 的大气透射率

$$\text{vis} = \frac{3.912}{k_a(0.55\mu m) + k_m(0.55\mu m)} \tag{4.14}$$

其中，vis 为能见度，k_a 为大气粒子消光系数，k_m 为大气分子消光系数。在标准大气压条件下 (p_0=1013hPa)，k_m 通常取值 0.01159km^{-1}，随着大气压强 p 的变化，k_m 在此常数基础上乘以 p/p_0。能见度越低对应着 0.55μm 处粒子消光系数越大，也就是粒子的总数密度越大。利用粒子尺度谱预先计算的消光系数查找表，可以根据 0.55μm 处粒子消光系数推算任意波长上的消光系数，进而计算透射率谱。

根据图 4.9，总体上大雨对红外辐射的衰减最强，这是因为相比于长期悬浮于大气中的霾粒子和雾粒子，雨粒子的平均有效半径最大，更大尺度的粒子具有更大的散射消光截面。霾粒子的平均有效半径较小，因此对红外辐射的衰减也更小 (本示例采用非吸收性气溶胶)；雾粒子的平均有效半径也较小，但雾滴对红外辐射有明显的吸收作用，导致雾的衰减相比霾更大。另外，雾粒子主要集中在有效半径较小的尺度区间，导致它在短波红外和中波红外谱段的衰减作用十分明显，但在长波红外谱段的衰减作用明显减弱。应该指出，同样是能见度 1km 的霾和雾导致的红外透射率差异很大，这说明可见光能见度不能直接表征红外波段的大气衰减能力，需要结合具体的大气组分分布和属性才能准确评估红外传输特性。

图 4.10 通过展示三种有云大气的整层大气透射率说明云对红外辐射传输的影响。由于强烈的吸收和散射消光作用，1km 厚的层云 (只含有水滴) 几乎完全阻挡了整个红外谱段的辐射穿过云层；当云厚变为 100m 时，才在 10~12μm 波段有微弱的透过。这表明只有极薄的水云才具有红外辐射的透过性。相比而言，1km 厚的高空卷云 (只含有冰晶粒子) 具有良好的透过性，在主要的红外窗区卷云大气的透射率都保持在较大的数值，吸收带主要还是来自于大气气体组分。

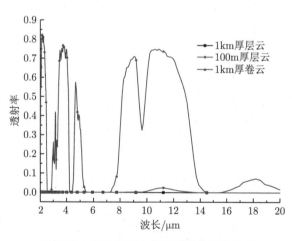

图 4.10   三种有云大气的整层大气透射率

随着红外探测技术的进步，基于空基或天基平台的临边探测得到越来越多的应用。所谓临边探测就是探测器视线及其反向延长线与地球表面没有交点，只与大气有关；视线路径存在一个最低高度点，称为临边路径的切点。图 4.11 展示了两种临边探测类型涉及的三种临边路径。天基探测器位于大气层外时，探测视线总是贯穿整个大气并在切点两侧保持对称；而空基探测器位于大气层内，临边路径存在两种，一种是过切点的长路径，一种是不过切点的短路径 (反向延长线过切点);对于一维大气模型,切点高度可以确定天基临边路径,切点高度配合探测器高度可以确定空基临边路径。实际上,图 4.7 中地基探测器水平观测也属于临边探测。

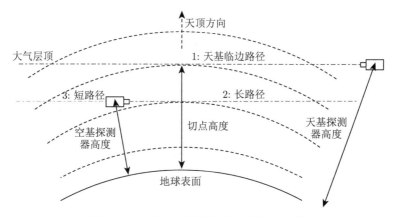

图 4.11 空基和天基临边探测路径示意图

临边探测的大气传输特性与斜程探测情况总体是一致的,它独有的特点可以总结两个方面:一是,临边大气路径往往远长于斜程大气路径,导致很多中等强度的吸收带也变为完全不透过的谱段,弱吸收带经过传输累积可能也具有较差的透过性。二是,传输特性只与切点高度以上的大气有关,当切点高度位于中高层大气时,由于大气组分与低层大气明显不同,传输特性也与低层大气传输特性具有明显的差异。图 4.12 展示出一个天基探测临边切点高度为 50km 时的大气透射率,

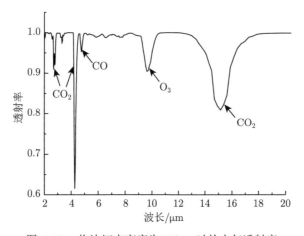

图 4.12 临边切点高度为 50km 时的大气透射率

由于中高层大气水汽含量极少，在低层大气透射率极低的水汽吸收带都具有接近于 1 的透射率，明显的衰减来自于 O_3、CO_2、CO 这些中高层大气主要痕量组分的红外吸收带。

4.2 地外天体红外辐射特性

4.2.1 太阳的辐射特性

太阳辐射不仅是地球最主要的能量来源，也是地球大气最主要的外部光源，它通过直接或间接的方式驱动了地球大气的光辐射现象产生。例如，大气散射太阳辐射形成了明亮的天空；地球表面和大气吸收太阳辐射受到加热后，自身发射的热辐射会增强。

太阳作为距离地球最近的恒星，是太阳系的中心天体，太阳系外恒星离地球都非常遥远，最近的系外恒星与地球的距离也是日地距离的 27 万倍，到达地球的恒星辐射能量远低于太阳辐射。太阳质量约占据太阳系质量的 99.78%，等离子态和气态的氢约占 73%、氦约占 25%，氧、碳、氖、铁和其他元素约占 2%。由内至外，太阳可以分为内部结构 (核心区、辐射区、对流区) 和太阳大气 (光球层、色球层和日冕)。

太阳内部结构发生的聚变核反应是太阳能量的源头，促使太阳大气产生类似于高温黑体的光辐射，粗略地考虑，太阳表面出射辐射类似于温度约 5800K 的黑体辐射。但太阳大气的吸收作用导致精细的太阳光谱展示出许多吸收谱线结构，称为夫琅禾费谱线，这导致利用 5800K 黑体计算得到的总辐射能量会比真实情况明显偏高。另外，太阳是十分活跃的恒星体，太阳表面不断地出现又消失的黑子、耀斑、米粒组织等不均匀现象就是一个直观的表现，太阳活动会导致太阳辐射发生改变。因此，假定太阳为恒定的理想黑体的做法在精细的辐射特性分析中是不足够的，获取准确的太阳总辐射能量及其光谱分布是十分必要的。

在本书涉及的辐射特性分析中，具有直接意义的是到达地球大气层顶的太阳辐射照度。在经过约 1.5 亿千米的日地空间传输后，只有极小立体角内的太阳表面出射辐射可以到达地球大气层顶，以至于在近地空间中可以近似将太阳辐射看作确定方向的平行辐射。地球大气层顶的太阳辐射照度 (solar irradiance)$S_\odot$ 可以表达为

$$S_\odot = L_\odot \cdot \frac{\pi R_\odot^2}{D^2} \tag{4.15}$$

其中，$L_\odot$ 代表太阳表面的出射辐射亮度，它是整个日盘的平均值；$R_\odot$ 代表面向地球的日盘有效半径；D 代表日地间直线距离。$L_\odot$ 可以是总量或光谱，相应求出 $S_\odot$ 的总量或光谱。很明显，除太阳表面出射辐射引起的变化外，$S_\odot$ 也随日地

距离改变；若日地平均距离①为 D_m，任意距离 D 上太阳辐射照度应该乘以比例因子 D_m^2/D^2。为表述简便，约定以下的太阳辐射参量均描述地球大气层顶的太阳辐射。

总太阳辐射照度②(total solar irradiance) 对于评估近地空间目标的热状态是不可或缺的，除此以外，它对地球气候演化研究和气象预报等具有重要意义。早期，对它的测量主要采取地基手段，发展了斯密森 (Smithson) 长法和短法等测量技术，但受到地球大气的影响，地基测量的精度有限[30]。天基测量技术的发展使得彻底摆脱地球大气影响成为可能，1978 年搭载在 Nimbus7 卫星平台上的太阳辐射照度测量仪 HF 可以看作天基测量的开端，随后多个测量载荷相继升空，提供了数十年的观测数据。针对长时序数据的分析，去除所有太阳活动和日地相对运动导致的变化后，目前比较公认的平均总太阳辐射照度为 $1366\mathrm{W/m^2}$，而太阳活动造成的变化幅度约为 $\pm 3\mathrm{W/m^2}$[31]。平均总太阳辐射照度就是太阳活动平均状态时在日地平均距离上的辐射照度，相比而言，太阳活动造成的变化幅度并不是很大，表明太阳辐射是比较稳定的。太阳活动产生的影响主要体现在紫外谱段，它随着太阳黑子、耀斑和太阳磁场等因素的变化可能产生剧烈变化；但是，太阳辐射能量主要集中在可见光和近红外谱段，它们的稳定性保障了总太阳辐射照度的稳定。

太阳辐射照度光谱 (spectral solar irradiance) 的测量也经历了从地基到天基的发展。绝大多数太阳光谱的测量都位于紫外谱段和可见光-近红外谱段，近些年利用红外光谱载荷也开始获取较长时序的高分辨率太阳红外光谱。较早的试验载荷是搭载在航天飞机上的傅里叶变换光谱仪 ATMOS(Atmospheric Trace Molecule Spectroscopy)[32]。它的改进型 ACE-FTS(Atmospheric Chemistry Experiment-Fourier Transform Spectrometer) 具有 $0.02\mathrm{cm^{-1}}$ 光谱分辨率，覆盖 $2.2\sim 13.3\mathrm{\mu m}(750\sim 4430\mathrm{cm^{-1}})$，搭载在 SCISAT-1 卫星平台上，于 2003 年升空，持续积累太阳辐射照度红外光谱数据[33]。

类似于参考大气模式，利用多种光谱测量数据，结合理论计算，可以构造代表不同太阳活动状态的、具有更连续光谱分布的太阳辐射照度参考光谱 (solar irradiance reference spectra)。目前，广泛使用的一些参考光谱如表 4.6 所示[34]。图 4.13 展示出一条 Kurucz 参考光谱，同时展示出假设太阳为 5800K 和 5000K 黑体时计算得到的地球大气层顶处辐射照度光谱。实际太阳光谱与假设太阳为 5800K 黑体时计算结果总体上最相符；但是，在红外谱段太阳辐射有所减弱，它与假设太阳为 5000K 黑体的计算结果更相符。另外，紫外和可见光太阳光谱展现出细密

---

① 日地平均距离被定义为一个天文单位，单位符号 AU(Astronomical Unit)，1AU 约为 $1.49598\times 10^8\mathrm{km}$。

② 一些文献中，将总太阳辐射照度称为太阳常数，由于它具有一定变化性，为避免误以为它是恒定不变的常数，本书不使用 "太阳常数" 这一术语。

的夫琅禾费谱线, 红外太阳光谱相对平滑。

表 4.6　一些典型的太阳辐射照度参考光谱

贡献者或数据源	光谱范围/μm
Labs and Neckel	0.205~100
Smith and Gottlieb	0.0002~20000
WRC	0.1995~20
ASTM	0.1195~1000
Kurucz	0.2~10000
SORCE	0.2~2.4
ACE-FTS	2.2~13.3

注: WRC: World Radiation Center; ASTM: American Society for Testing and Materials。

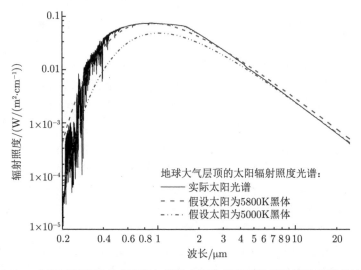

图 4.13　太阳辐射照度参考光谱与假设太阳为黑体时计算的等效光谱的比较

　　为了说明红外谱段的太阳辐射与地球大气热辐射相对强弱, 图 4.14 比较了大气层顶处的太阳辐射与地气系统上行热辐射, 并给出 300K、250K、200K、150K 黑体表面出射辐射作为对照, 为统一标准, 将所有参量都转化到辐射通量密度。这些温度的黑体辐射基本上反映了大气层顶的地球大气上行辐射跨度。在短波红外谱段, 太阳辐射明显强于 300K 黑体辐射; 在中波红外谱段, 太阳辐射与 200~300K 的黑体辐射相当; 向长波红外延伸, 太阳辐射逐渐弱于 150K 的黑体辐射。这总体上说明了, 在短波和中波红外谱段, 大气传输和环境背景的分析都必须考虑太阳辐射的影响; 但在长波红外谱段, 太阳辐射相比地球大气热辐射是可以忽略不计的。另外, 很明显, 经过日地长距离传输后到达地球大气层顶的太阳辐射绝对能量只与低温黑体辐射相当了。

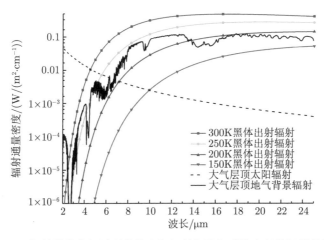

图 4.14 红外谱段大气层顶处的太阳辐射与地气系统上行热辐射的比较

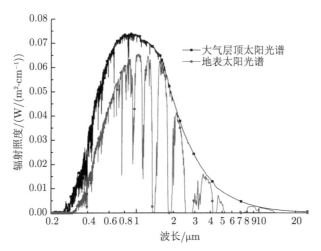

图 4.15 大气层顶太阳辐射和地表太阳辐射的比较

由地球大气层顶入射的太阳辐射受到大气衰减作用而减小，图 4.15 展示出大气层顶的太阳辐射照度和一种典型大气条件下垂直入射时在地表附近接收的直接太阳辐射照度。在绝大多数谱段，衰减都是明显的，痕量气体组分的谱带吸收作用贡献了地表光谱中的吸收带。少数衰减很弱的谱段被称为大气的辐射“窗口”，表明辐射可以相对容易穿透整层大气。

在一些应用中，需要更精细地获知太阳辐射照度随太阳活动的变化特征，或者预测一定活动状态下的太阳辐射照度，因此研究者通过对实测数据的分析提出了基于特征指数拟合的太阳辐射半经验模型。常用的特征指数包括：代表太阳黑子活动状态的 PSI(Photometric Sunspot Index)；代表太阳耀斑活动状态的 PFI(Photometric Facular Index)、Mg Ⅱ(Magnesium Ⅱ index)；专门表征紫外扰动的 Lyman-α/β、F10.7、E10.7 等 [35]。对于扰动特别显著的紫外谱段太阳辐射，半经验模型显得尤其重要，它也扮演着从辐射机理到实际应用的桥梁。

目前，已经发展出多种太阳辐射照度模型，最具代表性的是集成性模型 SOLAR2000[36]。它能够覆盖 0.001~1000μm 光谱范围，从分钟尺度到天尺度再到年尺度，还原或预测不同太阳活动状态下的太阳辐射。

4.2.2　月球的辐射特性

月球作为地球唯一的自然卫星，是距离地球最近的地外天体。由于月球没有大气，它的辐射主要由月球表面反射太阳辐射和发射辐射两部分构成，因此，月球辐射不存在类似地球的大气吸收造成的复杂谱带分布。月球表面在时间维度上十分稳定，因此，月球辐射也展现出很高的稳定性。另外，月球对于近地观测设备属于面目标，且月球辐射的量值动态范围与地球辐射相当。基于这些特点，近年来，利用月球辐射开展天基光学载荷在轨定标的技术逐渐兴起，使得月球辐射特性得到区别于其他天体的特别关注。

在月球表面测量得到的任意均质区域的辐射亮度 L_M 可以表达为

$$L_M = \frac{\mu_s}{\pi} \cdot S_0 \cdot R + \varepsilon \cdot L_B(T_M) \tag{4.16}$$

其中，S_0 是到达月球表面的太阳辐射照度，它的计算方法与到达地球大气层顶的太阳辐射照度相同，随月球至太阳的直线距离变化；$\mu_s = \cos\theta_s$，θ_s 是太阳辐射入射月球表面的天顶角。R 是月球表面的反射率，ε 是其发射率；L_B 为黑体辐射亮度；T_M 是月球表面温度。上式中，第一项代表月球表面反射太阳辐射，第二项代表月球表面发射辐射。严格来说，月球辐射也包含对地球和其他星体辐射的反射，但相比于两个主要项，这些贡献是可以忽略不计的。

月球辐射最显著的特性就是它在一个朔望周期的变化。由于潮汐锁定作用，月球总是固定的一面朝向地球，月球上观测太阳的起落变化来自于月球围绕地球的公转。公转一周对应了月球上太阳起落循环的"一天"，也就是一个朔望周期，约 29.5 个地球日。太阳照射的变化从两个方面改变月球辐射：一是，太阳辐射入射天顶角 θ_s 的改变导致月球反射辐射的变化，有效太阳入射辐射 $\mu_s S_0$ 存在从零到最大值的变化，零值对应着太阳"落山"后的月夜，最大值出现在月球的"正午"时刻；二是，太阳辐射对月球表面的加热作用改变月表温度，进而导致月球发射辐射的变化，在月球的"一天"，"正午"附近最大，月球"夜晚"降到最低水平。因此，掌握月球表面的反射率/发射率特性和月表温度变化规律是准确获知月球辐射特性的关键所在。

图 4.16 展示出一组 2~14μm 的发射率谱，它由 Apollo 12 号登月飞船带回的月球土壤样品测得。在红外谱段，月壤的发射率都在 0.7 以上，在 2~8μm 谱段，发射率总体上随波长增大而增大，在 8μm 以上，发射率保持在接近黑体的 0.98 附近。不同密度的月壤测量结果表明，在 2~8μm 谱段，密度的变化会导致发射率轻微的改变，随波长增大，变化幅度减小，在 8μm 以上差异小于测量不确定度。实际上，Hapke 等[38] 对月表反射率/发射率的建模研究已经揭示出，月壤密度对应的颗粒间距变化会导致发射率改变，不同区域月壤组分复折射率的变化也会导致发射率改变，这是导致月球表面不均匀辐射的原因之一。另外，Hapke 理论和观测数据都表明，月壤是各向异性反射体，发射率也随观测方向的变化而改变；只是由于在长波红外谱段月壤的吸收性很强，使得各向异性效应都不再显著、甚至可以忽略。

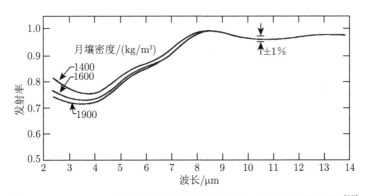

图 4.16　Apollo 12 月球样品测得的月球土壤红外谱段发射率谱[37]

图 4.17 展示出一组不同月球纬度上月表温度在月球"一天"内的变化，横坐标采用的月球当地时是对一个朔望周期在 0~24h 上的归一化。它是由 2009 年开始探测任务的绕月轨道器 LRO(Lunar Reconnaissance Orbiter) 搭载的 Diviner 辐射计通过测量月表热辐射反演得到的，图 4.17 中的数值是超过 5 年的观测数据的平均值。应该指明，Diviner 反演方法导致它获得的辐射温度 T_{bol} 略小于真实温度，但这不妨碍变化规律的分析。月表温度在整个月球"白天"经历增高再降低的变化过程，在"正午"附近达到极大值，对实测数据的拟合表明"白天"的温度近似正比于 $(\cos\theta_s)^{1/6}$。在"夜晚"月表温度继续降低，在月球当地时 5h"黎明"时刻达到极小值，但由于在 19h 附近的"日落"时刻月表温度已经降至 100K 左右很低的水平，"夜晚"月表热辐射的散热作用不显著，温度变化较平缓。另外，月表温度随月球纬度的变化十分明显，在赤道的温度最高，极大值可以达到 400K 左右，随纬度增大而减小，在极地的温度最低，极大值降至 170K 左右。

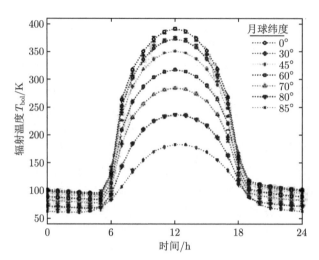

图 4.17　基于 LRO 数据的典型纬度带月球表面温度在月球"一天"的变化 [39]

近年来，LRO 等绕月轨道器已经获取全月分布的多谱段月表反射率/发射率和月表温度 [40]；我国"嫦娥"探月计划等也获取了大量宝贵的观测数据。随着探月技术的发展，对月球辐射特性的认知在逐渐加深。

4.2.3　其他天体的辐射特性

太阳系内其他行星、银河系的其他恒星、其他河外星系以及星际物质产生的电磁辐射都会传输到地球，形成一定的辐射背景。由于距离地球遥远或者自身辐射很弱，总体上，这些天体在地球大气层顶处产生的辐射照度或辐射亮度，相比于太阳辐射、月球辐射和地球大气辐射，是较小的。但是，对于在特定谱段以深空为背景观测空间目标等应用场景，它们是不可忽略的。

对于近地观测设备，单个星体属于点源或小面源，较亮的星体在地球大气层顶处产生的辐射照度可以利用星表获知。星表是根据天文观测数据制作的星体辐射信息目录，一般包括星体编号、位置、谱段和谱段对应的辐射数据，一些星表直接使用辐射照度表征星体辐射，一些则采用星等表征。星等是星体的辐射照度相对测量值，表达式可以写为

$$m = -2.5 \log_{10} \frac{E}{E_0} \tag{4.17}$$

其中，m 为星体的星等；E 为星体的测量辐射照度；E_0 为基准辐射照度，也称为测光零点，它对应着 0 星等。不同观测谱段的测光零点是不同的，表 4.7 展示出一组常用的天文观测谱段和对应的典型测光零点，一般而言，天文观测系统会

根据自己的谱段范围、信噪比等选择测光零点值。根据上式，可以将星表中的星等数据转化为测量口面的辐射照度数据。

目前常用的红外星表有 IRAS、MSX、WISE 和 2MASS 星表，前三者都是由红外天文卫星获取的数据制作而成，不用做大气修正就可以直接代表大气层顶处的星体辐射。以下分别说明四种星表 [42]：

(1) IRAS(Infrared Astronomical Satellite) 是美国、英国、荷兰联合发射的第一代红外天文卫星，搭载的天文望远镜有四个谱段，分别是 8.5~15μm、19~30μm、40~80μm、83~120μm。在 1983 年 1 月至 11 月工作期内完成对 96% 天区的搜索和观测，形成一个包含 245889 颗星体位置和辐射信息的星表。IRAS 星表直接给出四个谱段的辐射照度。

(2) MSX(Midcourse Space Experiment) 是美国在 1996 年发射的目标与环境光辐射测量星，它的红外成像载荷在巡天观测模式下获取的数据被制作成星表，有六个谱段，分别是 4.22~4.36μm、4.24~4.45μm、6.8~10.8μm、11.1~13.2μm、13.5~15.9μm、18.2~25.1μm。MSX 星表包含 177860 颗星体，直接给出六个谱段的辐射照度。

表 4.7   常用的天文观测谱段及典型测光零点 [41]

谱段代号	中心波长/μm	谱段宽度/μm	$E_0/(\mathrm{W}/(\mathrm{m}^2 \cdot \mu\mathrm{m}))$	谱段范畴
U	0.36	0.068	4.38×10^{-8}	紫外
B	0.44	0.098	7.2×10^{-8}	可见光
V	0.55	0.089	3.92×10^{-8}	可见光
R	0.7	0.22	1.76×10^{-8}	近红外
I	0.9	0.24	8.3×10^{-9}	近红外
J	1.25	0.3	3.4×10^{-9}	近红外
H	1.65	0.35	7.0×10^{-10}	近红外
K	2.2	0.4	3.9×10^{-10}	短波红外
L	3.40	0.55	8.1×10^{-11}	中波红外
M	5.0	0.3	2.2×10^{-11}	中波红外
N	10.2	5.0	1.23×10^{-12}	长波红外
Q	21.0	8.0	6.8×10^{-14}	长波红外

(3) WISE(Wide-field Infrared Survey Explorer) 是美国 2009 年底发射的新一代红外天文卫星，可以实现全天区扫描，有四个谱段，分别是 2.8~3.8μm、4.1~5.2μm、7.5~16.5μm、20~28μm。WISE 星表包含 563921584 颗星体，采用星等表征辐射信息。

(4) 2MASS(Two Micron All Sky Survey) 是两台口径 1.3m 的地基红外天文望远镜，一台位于美国亚利桑那州 Hopkins 山，一台位于智利 Tololo 山，有三个 2μm 左右的谱段，分别是 1.07~1.40μm、1.41~1.91μm、1.90~2.42μm。2MASS

星表包含 470992970 颗星体,采用星等表征辐射信息。

由于星表只能给出特定谱段的星体辐射照度,一些研究将恒星辐射看作黑体辐射,利用测量辐射照度反演恒星等效黑体温度和有效张角,可以表达为

$$E = \int_{\lambda_1}^{\lambda_2} \frac{\Omega}{\lambda^5} \frac{c_1}{\pi \left\{ \exp[c_2/(\lambda T)] - 1 \right\}} d\lambda \tag{4.18}$$

其中 c_1、c_2 为第一、第二辐射常数;E 为在 $\lambda_1 - \lambda_2$ 谱段探测器测得的辐射照度;Ω 为恒星相对于探测器的有效张角;T 为恒星等效黑体温度,也称为恒星色温。根据反演的等效黑体温度和有效张角,就可以外推其他谱段恒星辐射照度。从图 4.13 展示出的太阳光谱与黑体辐射光谱拟合效果来看,恒星在地球大气层顶处产生的辐射照度是可以采用一种等效黑体温度较好地表征的,尤其是红外谱段,印证了外推方法在一定置信度范围内的合理性。

除了可以分辨的点源或小面源,距离地球十分遥远的星系中数目众多的恒星会聚集在一个像素的视场内而无法区分,在整个天区充满这样的星系从而形成连续的辐射背景。另外,星际间的尘埃物质散射恒星辐射或自身发射辐射,也会形成连续的星际辐射背景。天文望远镜可以在巡天过程中测量这些扩展源在地球大气层顶处产生的辐射亮度及其随观测方向的变化。

表 4.8 展示出一些典型扩展源在地球大气层顶处的辐射亮度。黄道光是在黄道面内从太阳一直延伸到小行星轨道的星际尘埃散射太阳辐射和自身发射辐射形成的光源;行星际尘埃光是太阳系内除黄道尘埃以外的行星际间尘埃通过散射和发射辐射形成的光源;银河星光是银河系恒星体作为整体形成的光源;银道光是银道面内的星际尘埃通过散射和发射辐射形成的光源;星系累计光就是遥远星系累积形成的背景光源,其中区分出红外发射辐射较强的红外星系光源和富星系团光源。作为对比,表中列出地球大气背景在大气层顶处的辐射亮度典型值,可以看到,它远大于以上星际扩展源辐射亮度。

表 4.8　典型扩展源在地球大气层顶处的辐射亮度 [43]

源类型	辐射峰值波长/μm	峰值辐射亮度/(W/(m²·sr·μm))
黄道光	10	1×10^{-8}
行星际尘埃光	10	1×10^{-8}
银河星光	2~5	2×10^{-7}
银道光	100	1×10^{-9}
星系累计光	5	2×10^{-8}
红外星系光	200	2×10^{-10}
富星系团光	250	3×10^{-11}
地球大气光	20	3

4.3 地表红外辐射特性

地表或海表作为完全独立的环境背景被探测的情况是很少的，绝大多数情况下，探测器与地、海表间存在一段大气传输路径，探测器接收到的辐射是地、海表辐射与大气辐射的叠加。尽管如此，单独分析地、海表的辐射特性是很有必要的，一方面，它是辐射传输的边界条件，另一方面，当大气透过性很好的时候地、海表辐射可能主导探测器接收到的辐射。

4.3.1 地表辐射机制

图 4.18 展示出地表出射辐射的贡献来源分解，由三部分构成。

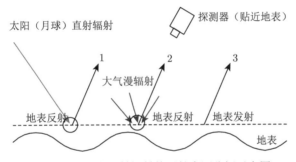

图 4.18　地表出射辐射的贡献来源分解示意图

(1) 直射反射：穿过大气到达地表的太阳直射辐射经过地表反射到探测方向上的辐射；在夜晚，外部辐射源由太阳变为月球，它可能是微光探测时的重要部分。

(2) 漫射反射：由大气底部出射的漫辐射经过地表反射到探测方向上的辐射；一般而言，漫辐射来自于太阳或月球辐射在大气中的散射以及大气发射辐射，它从半球空间各方向入射地表。

(3) 地表发射：在探测方向上地表自身发射的辐射。

以辐射亮度为参量，数学形式可以表达为

$$L_{\mathrm{tot}} = L_{\mathrm{sref}} + L_{\mathrm{aref}} + L_{\mathrm{ems}} \tag{4.19}$$

其中，L_{tot} 为总的地表出射辐射亮度；L_{sref} 为直射反射贡献的辐射亮度；L_{aref} 为漫射反射贡献的辐射亮度；L_{ems} 为地表发射贡献的辐射亮度。

若地表的双向反射率为 R，L_{sref} 可以表达为

$$L_{\mathrm{sref}}(\theta_s, \varphi_s; \theta_v, \varphi_v) = \mu_s E_s(\theta_s) \cdot R(\theta_s, \varphi_s; \theta_v, \varphi_v) \tag{4.20}$$

其中，$\mu_s = \cos\theta_s$，θ_s 和 φ_s 分别为直射方向的天顶角和方位角，θ_v 和 φ_v 分别为探测方向的天顶角和方位角；E_s 为地表处的太阳或月球直射辐射照度。

若到达地表处的大气下行漫辐射亮度为 L_{atm}，L_{aref} 可以表达为

$$L_{\mathrm{aref}}(\theta_v, \varphi_v) = \int_0^{2\pi} \int_0^{\pi/2} L_{\mathrm{atm}}(\theta_i, \varphi_i) R(\theta_i, \varphi_i; \theta_v, \varphi_v) \cos\theta_i \sin\theta_i \mathrm{d}\theta_i \mathrm{d}\varphi_i \quad (4.21)$$

其中，θ_i 和 φ_i 分别为大气下行漫辐射在 i 方向入射的天顶角和方位角，该部分贡献需要对整个入射半球空间积分。

若地表发射率为 ε，L_{ems} 可以表达为

$$L_{\mathrm{ems}}(\theta_v, \varphi_v) = \varepsilon(\theta_v, \varphi_v) \cdot L_B(T) \quad (4.22)$$

其中，T 为地表温度，$L_B(T)$ 为该温度下的黑体辐射亮度。根据基尔霍夫定律，存在方向性反射的地表也是方向性发射的，因此，实际地表发射贡献也可能随观测方向变化而改变。以上三个贡献量都是在单色光谱下给出的，光谱下标被省去；对于具有一定谱段宽度的情况，需要将三个贡献量分别进行光谱积分。

根据以上贡献来源的分解，地表出射辐射不仅与地表性质相关，还与太阳、月球辐射和大气状态有关。具体体现为：

(1) 直射方向角的变化会改变太阳或月球辐射在大气中传输的路径长度，导致到达地表处的太阳或月球直接辐射变化，影响第一项贡献。

(2) 大气状态的变化 (表现在大气温度、吸收气体浓度、云和气溶胶等大气粒子浓度等) 不仅会通过大气透射率的改变导致到达地表处的太阳或月球直射辐射变化，还会导致大气下行漫辐射变化，影响前两项贡献。一个例子是，在太阳反射显著的谱段，有云的阴天时地表看起来不如晴朗时明亮。

(3) 地表热状态的变化 (表现在地表温度) 会导致地表热辐射的变化，影响第三项贡献。一个例子是，在地表发射显著的谱段，红外热像仪观测到的高温地表比低温地表更明亮。

(4) 反射和发射贡献的相对比例受到地表反射率/发射率的影响，不妨在朗伯体假设下说明：当地表反照率为 1 时，地表发射率为 0，此时地表出射辐射完全由反射贡献决定，即使是十分高温的地表也不能贡献发射辐射；反之，当地表发射率为 1 时，地表反照率为 0，此时地表辐射完全由发射贡献决定，即使有很强的外部辐射入射地表也不能贡献反射辐射。

尽管地表出射辐射是外部辐射源、大气状态和地表状态共同决定的，但是，从辐射传输理论来看，作为边界的地表，反射率/发射率和温度确定了它自身的辐射属性。以下地表红外辐射特性的分析，归结于地表红外反射率/发射率特性和地表温度变化规律的讨论。

对于地表反射率/发射率和地表温度，在以上辐射机制分析中，它们都是探测像元尺度上的平均参量。鉴于此，异质性地表的辐射特性存在 "尺度效应"。匀质类型地物可以定义为平整地表上铺展开的、光学属性和热属性空间均匀的地物，使

得地表反射率/发射率和地表温度在空间分布上是均匀的；所谓异质地表是指，在一定范围的区域内分布着属性不同的地物并且地形也可能是不平整的。那么，若指定区域的地表是高度异质性的，不同空间分辨率的探测像元内地物和地形可能会存在明显的差异，导致像元平均的地表反射率/发射率和地表温度随像元尺度不同而变化，这就是异质地表辐射特性的"尺度效应"。

以一片包含裸土和树木的山地为例，认为裸土和树木是两种类型的均质地物，它们具有各自的反射率/发射率和温度。如图 4.19 示意，当两者被包含在一个像元内时，体现出的地表反射率/发射率和地表温度是两者独立参量的权重平均。另外，山地的三维地形结构会改变地物与辐射方向的相对几何关系，并可能产生辐射在不同地物间的多次反射或阻挡，从而导致它具有与平坦地表相比不同的平均反射率/发射率；地形起伏对辐射的阻挡也会影响地物传热过程，从而导致它具有与平坦地表相比不同的平均温度。

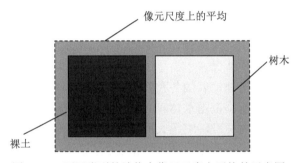

图 4.19　不同类型的地物在像元尺度上平均的示意图

异质性地表"尺度效应"的数学形式可以表达为

$$X = f(x_1, \cdots, x_n; a_1, \cdots, a_n) \tag{4.23}$$

其中，X 代表像元尺度的平均反射率/发射率或温度，$x_1, \cdots, x_n$ 代表像元内 n 种地物组分的反射率/发射率或温度，$a_1, \cdots, a_n$ 代表像元内 n 种地物组分占据的比例；它们随像元尺度的改变可能发生改变；并且，在同一个像元区域，计算地表反射率/发射率和地表温度两种参量时，地物组分分类方式和组分占比可能是不同的，分类方式分别由光学属性和热属性决定。像元内组分的混合不一定是线性的，可能由于地物间的相互作用而具有复杂的函数形式，但由于线性混合简单易用，这一假设被广泛采用，它的数学形式可以表达为

$$X = \sum_{i=1}^{n} a_i x_i + \delta \tag{4.24}$$

其中，组分占比有

$$\sum_{i=1}^{n} a_i = 1 \tag{4.25}$$

它表示像元尺度的平均参量是像元内组分参量的线性权重平均。另外，上式中 δ 为残余量，代表线性混合的结果与实际像元平均量之间的差异，它的引入使得线性混合模型能够更精确地反映实际像元值。实践表明[44]，线性混合模型可以较好地用于地表反射率/发射率和地表温度的分解或平均，多数情况下，非线性混合模型并不能获得明显更好的效果。

在使用异质像元的平均参量时，应该结合具体情况考察基本物理定律是否可以直接用于这些平均参量，或者在多大程度上可以近似适用。比如，由于三维地形的存在，像元的平均双向反射率并不严格满足光学互易性定理，但对于较大尺度的天基遥感像元，多数实际地表并不会明显偏离光学互易性。

在陆地上，地表异质性是普遍存在的，因此，"尺度效应"是地表辐射特性分析时必须考虑的基本因素，也就是，应明确探测场景的空间分辨率，以确定像元尺度内的地物组成及地形情况。

本节中，地物是指陆地地表的各种物体，比如土壤、树木、草地、雪地、道路或房屋以及它们包围的小范围水体等。如何将这些地表物体划分为单一类型的均质地物并不存在恒定的标准，它很大程度上取决于应用需求；比如，在一些应用中，将土壤细分为黏土、沃土、砂土等很多类型，每种类型赋予一种反射率谱和温度变化规律，但在另一些应用中，可能将这些土壤看作一种类型并认为具有一种反射率谱和温度变化规律是足够充分的。

4.3.2　地物反射率/发射率的变化特性

由于很多地物具有比较稳定的光学属性，为了使用方便，研究者在实验室中测量了大量单一类型地物的反射率/发射率谱，并汇编成集，称为地物光谱数据库。目前，常用的包括：JHU 光谱库 (Johns Hopkins University Spectral Library)[45]，JPL 光谱库 (Jet Propulsion Laboratory Spectral Library)[46]，USGS 光谱库 (USGS Spectral Library)[47]，MODIS UCSB 发射率库 (MODIS UCSB Emissivity Library)[48] 等。图 4.20 至图 4.23 展示出 JHU 光谱库中一些典型地物的红外反照率谱，反照率是在入射光束与样品法线方向夹角为 10° 时测量的。

图 4.20 展示出四种典型土壤的红外反照率谱。沃土和黏土具有相似的反照率谱分布，在短波红外谱段，反照率最大可以达到 0.5 左右；在中波红外谱段，反照率存在一个较小的峰值；在长波红外谱段，反照率衰减到接近于 0，沃土的反照率在 8~10μm 存在一个很小的峰值。石英砂构成的土壤具有明显不同的反照率

谱分布，在小于 7.5μm 的谱段内，反照率都在 0.2 以下；在 8~10μm 存在明显的峰值，极大值超过 0.8；在 10μm 以上，反照率总体上在 0.2 以上。

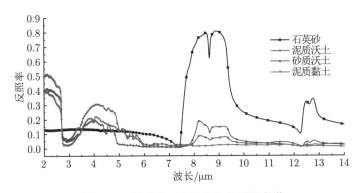

图 4.20　四种典型土壤的红外反照率谱

图 4.21 展示出三种典型植被的红外反照率谱。典型的阔叶林、针叶林和草地具有相似的反照率谱分布，在短波红外谱段，反照率存在一个较窄的峰值区，阔叶林和草地的极大值在 0.17 左右，针叶林的极大值在 0.125 左右；在中波和长波红外谱段，反照率总体上保持在 0.03 以下。这反映出植被在红外谱段具有很强的吸收性，它与植被含水量较大直接相关。

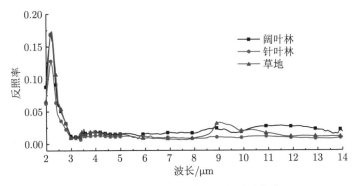

图 4.21　三种典型植被的红外反照率谱

图 4.22 展示出典型的霜和粗、细颗粒雪的红外反照率谱。在短波红外谱段，霜和细颗粒雪具有明显的反照率峰值，极大值分别在 0.45 和 0.28 左右；在中波和长波红外谱段，雪的吸收性很强，反照率总体上在 0.05 以下；霜在中波红外波段存在两个较弱的反照率峰，极大值在 0.1 左右。

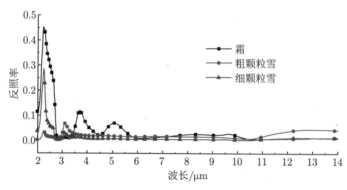

图 4.22　霜和粗、细颗粒雪的红外反照率谱

　　图 4.23 展示出人造物中四种常用材质的红外反照率谱。常温常压下，不同类型的金属展示出显著差异的反照率谱分布，铝在整个红外谱段的反照率接近于灰体，保持在 0.9 左右；钢具有更明显的谱变化，反照率在 0.2~0.6 变化。应该指明，金属掺杂物及处理工艺对其反射性质影响很大，需要根据具体样品测定。混凝土和沥青在红外谱段具有很强的吸收性，反照率总体上在 0.1 以下，混凝土在短波红外谱段存在一个反照率峰。

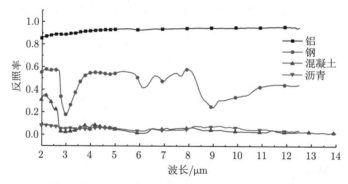

图 4.23　四种典型人造物组成材质的红外反照率谱

　　实验已经表明 [49]，测量得到的地物反照率和发射率是可以较好地满足基尔霍夫定律的，由于辐射与地物的作用深度一般很浅，地物热梯度产生的温度差异对基尔霍夫定律应用精度的影响是较小的。因此，根据测量的反照率谱，容易推得发射率谱。

　　在一些应用中，地物被假设为朗伯体并不会带来显著的误差，利用地物光谱库提供的反照率谱就可以完全表征其反射/发射特性。但是，严格来说，真实地物的反射率/发射率往往存在一定的方向性，在一些方向性敏感或者专门利用方向性的应用中，以上地物光谱库是不足够的，有必要进一步了解地物的方向性反射/发射特性。

地物方向性反射/发射的产生机制可以从均质地物和三维地形结构两方面说明。针对均质地物，又可以分为两类典型情形：

(1) 具有平整光洁表面的固体或液体介质，比如金属、冰和水等。电磁理论表明，在这些空间尺度远大于电磁波波长的介质表面，存在明显的镜面反射现象，即反射率在与入射方向镜面对称的反射方向上存在极大值，偏离该方向后迅速减小到很小；并且随入射方向的变化，反射率也可能发生显著的变化，以至于发射率也是随方向变化的。在介质的介电常量或复折射率已知的情况下，利用菲涅耳公式容易计算此类方向性反射率/发射率[50]。

(2) 土壤、雪盖、植被等自然地物。即使在十分平整的地形条件下，由于这些类型的地物存在多孔结构，入射辐射在地物内部的传输过程会产生方向性差异。一般而言，在与入射方向重叠的后向反射方向存在反射率明显增大的现象，被称为 "后向效应"(opposite effect) 或 "热点效应"(hot spot effect)；随着入射角度 (入射方向与界面法线的夹角) 的增大，反射率会明显减小。相应地，它们的发射率也存在明显的方向分布。为了定量计算此类方向性反射率/发射率，很多学者构建了基于辐射传输原理的物理模型，比如 Hapke 模型[51]，Pinty-Verstraete 模型[52] 等；也提出了一些基于实验测量数据的经验模型，比如 Walthall 模型[53] 等。

另一方面，一个探测像元内的实际地物常常是具有三维地形结构的 (也就是粗糙地表)，三维结构对界面法线方向的改变以及不同部分之间的相互遮挡和多次反射会影响像元平均反射率/发射率的方向分布。但是，它对以上两类地物的影响方式存在明显差异。对于镜面反射地物，三维结构会导致指定方向的入射辐射在不同的斜面上形成的镜面反射辐射散布在各方向上；也就是，会破坏了镜面反射，使得地物趋向于各向同性漫反射。对于植被、建筑等地物，三维结构会导致在无阴影的后向方向反射更强而在有阴影的镜像方向反射更弱；也就是，三维结构会增强 "后向效应"。在三维结构中面元的反射率/发射率已知的情况下，一般采用射线追踪等几何光学的方法计算像元平均反射率/发射率。

基于以上认识，构建实际地表的方向性反射率/发射率模型，需要既考虑单一类型地物的反射/发射机制，又考虑三维地形结构引起的效应。比如，为了反演多方向遥感测量数据，研究者基于自然地物的辐射传输模型和几何光学模型构建了实际地表的 BRDF 参数化模型，典型的包括 Roujean 模型[54]，Ross-Li 模型[55] 等。以 Ross-Li 模型为例说明，数学形式可以表达为

$$R(\theta_i, \theta_r, \Delta\varphi) = f_{\text{iso}} + f_{\text{vol}} \cdot k_{\text{vol}}(\theta_i, \theta_r, \Delta\varphi) + f_{\text{geo}} \cdot k_{\text{geo}}(\theta_i, \theta_r, \Delta\varphi) \qquad (4.26)$$

其中，θ_i 为入射方向与地表法线方向的夹角 (入射天顶角)，θ_r 为反射方向与地表法线的夹角 (反射天顶角)，$\Delta\varphi$ 为入射与反射方向的相对方位夹角。k_{vol} 是地物辐射传输模型导出的体散射核函数，k_{geo} 是地物几何光学模型导出的表面散射

核函数，它们是独立于地物组元光学性质和地物几何结构的函数，只与入射方向和反射方向有关。所有的地物组元光学性质和地物几何结构都体现在 $f_{\mathrm{iso}}, f_{\mathrm{vol}}, f_{\mathrm{geo}}$ 三个系数中，它们就是反演过程中的待求参量。由于方向特征与地物属性的线性分离，该模型可以方便地应用到任意像元尺度的观测数据分析中，核函数不随像元尺度变化，$f_{\mathrm{iso}}, f_{\mathrm{vol}}, f_{\mathrm{geo}}$ 则体现出像元尺度上的平均地物属性。

图 4.24 展示出利用 Ross-Li 模型计算的一个双向反射率示例，假定 $f_{\mathrm{iso}}, f_{\mathrm{vol}},$ f_{geo} 分别为 850、50、300，计算入射天顶角为 5°、20°、35° 三种情况下，反射率随反射天顶角的变化。图 4.24(a) 为入射与反射方向处于主平面内的情况，反射天顶角正值代表相对方位角为 0°，负值代表相对方位角为 180°；反射率的极大值总是出现在入射与反射方向重叠的角度，体现出“后向效应”；在偏离后向的角度上反射率逐渐减小至 0。图 4.24(b) 为入射与反射方向处于交叉主平面内的情况，反射天顶角正值代表相对方位角为 90°，负值代表相对方位角为 270°；由于入射与反射方向不可能重叠，没有出现“后向效应”，反射率的极大值总是出现在反射天顶角为 0° 处，并在两侧对称减小至 0。另外，入射天顶角的改变也会导致同一反射方向上反射率的改变。

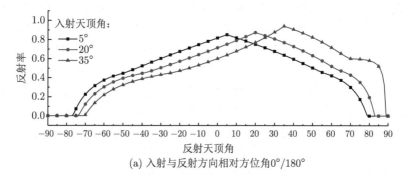

(a) 入射与反射方向相对方位角0°/180°

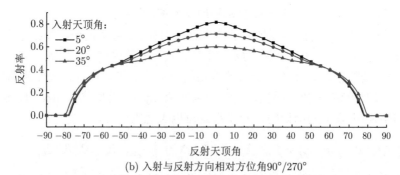

(b) 入射与反射方向相对方位角90°/270°

图 4.24　在三种不同的入射天顶角情况下双向反射率随反射天顶角的变化：(a) 入射与反射方向处于主平面内；(b) 入射与反射方向处于交叉主平面内

4.3.3 地表温度的变化特征

地表温度的理论模型可以利用一维热传导方程构建 [56]，数学形式表达为

$$\frac{\partial T}{\partial t} = \frac{\partial}{\partial z}\left(D\frac{\partial T}{\partial z}\right) \tag{4.27}$$

其中，T 为随地物深度变化的温度；t 为时间；z 为地物深度，$z = 0$ 代表地表处，$T(z = 0)$ 就是地表温度；D 为地物的热传导率，它与地表类型密切相关。为了求解地物剖面的温度分布，需要为热传导方程设定上下边界条件。

一般情况下，下边界条件取理想绝热条件，可以表达为

$$T(z = \infty) = T_\infty \tag{4.28}$$

其中，T_∞ 为常数，$z = \infty$ 代表很深的地下，实际上，在计算中并不会取很大的深度，在没有地下热源的情况下，距离地表数米的深度就可以看作 $z = \infty$。

上边界条件是地表的净热通量，由地表处的热通量方程确定。对于土壤等单层地表，净热通量 h_{net} 可以表达为

$$h_{net} = h_{rad} + h_{evap} + h_{conv} + h_{ro} \tag{4.29}$$

其中，h_{rad} 为地表净辐射通量，由地表温度、地表发射率、地表处太阳直射辐射照度和大气下行辐射通量等共同决定；h_{evap} 和 h_{conv} 分别为地表净蒸散热通量和净对流换热通量，由地表温度、大气温度、地表含水量、大气水汽含量、地表热容、蒸发潜热、强迫与自然对流系数等多种因素共同决定；h_{ro} 代表地表存在径流时地物与径流层间净换热通量，可以表征降雨时的地表热通量变化。另外，对于植被类型地表，需要将地表看作土壤层和植被层两部分，除以上方程表征的土壤层净热通量外，还需引入植被层的热通量方程。植被层的净热通量 $h_{net,c}$ 可以表达为

$$h_{net,c} = h_{rad,c} + h_{rad,g} + h_{evap,f} + h_{conv,f} \tag{4.30}$$

其中，$h_{rad,c}$ 为植被层与大气间净辐射通量，$h_{rad,g}$ 为植被层与土壤层间净辐射通量，$h_{evap,f}$ 和 $h_{conv,f}$ 分别为植被层的净蒸散热通量和净对流换热通量。

由于地表温度是地表和大气热属性共同决定的，复杂多变的气象条件和地物地形条件会使得对地表温度时空变化的模拟异常困难。理论模型的意义更侧重于物理过程及影响因素的分析，高精度的地表温度获取主要依靠各种测量手段，包括原位接触式测量、原位辐射测量和遥感辐射测量。尤其是，卫星遥感地表温度方法经过数十年的发展，目前已经可以在数十米空间分辨率或分钟级时间分辨率上全球规模监测地表温度 [57]。

　　根据测量结果, 去除复杂气象过程引起的不规则起伏后, 能够总结出地表温度的多种循环变化规律。研究者提出了多种地表温度循环变化的参数化模型, 利用少量的测量数据确定模型中的几个参数, 就可以描述地表温度在一天、一年等尺度的变化特征。

　　对于天循环, 以一种广泛使用的模型为例介绍, 模型将地表温度分为白天和夜晚两个变化阶段, 数学形式可以写为 [58]

$$T_{\text{day}}(t) = T_0 + T_a \cos\left(\frac{\pi}{\omega}(t - t_m)\right), \quad t < t_s$$

$$T_{\text{night}}(t) = (T_0 + \delta T) + \left[T_a \cos\left(\frac{\pi}{\omega}(t_s - t_m)\right) - \delta T\right]\frac{k}{(k + t - t_s)}, \quad t \geqslant t_s$$

$$(4.31)$$

其中, T 为一天内任意时刻 t 的地表温度; T_0 为日出附近的地表温度; T_a 为地表温度的振荡幅度; ω 为白天持续的时间, 可以根据地表区域所处的经纬度和时间计算得到; t_m 是地表温度达到最大值的时刻; t_s 是地表温度开始自由衰减的时刻; δT 是 T_0 与函数中 $T(t = \infty)$ 的差异; k 为地表温度衰减系数, 可以表达为

$$k = \frac{\omega}{\pi}\left[\tan^{-1}\left(\frac{\pi}{\omega}(t_s - t_m)\right) - \frac{\delta T}{T_a}\sin^{-1}\left(\frac{\pi}{\omega}(t_s - t_m)\right)\right] \quad (4.32)$$

因此, 模型中包含了 T_0、T_a、t_m、t_s、δT 五个未知参数, 一些文献中也将 ω 作为未知参数。

　　利用卫星遥感的少数几个时刻的地表温度数据, 就可以获取遥感分辨率上地表温度的天循环结果。图 4.25 展示出一组基于 MODIS 和 FY-2 遥感数据产生的典型地物的地表温度在四季的天循环变化结果, 显示出不同类型地表的温度在不同季节具有明显的变化差异。

　　对于年循环, 可以采用一种更简单的正弦函数表达, 数学形式写为 [60]

$$T(d) = T_M + T_Y \sin(2d\pi/365 + \theta) \quad (4.33)$$

其中, T 为一年中任意天 (d) 的天平均地表温度; T_M 为年平均地表温度; T_Y 为地表温度的年振荡幅度; θ 为年循环起点相对春分时刻平移的天数。模型中包含 T_M、T_Y、θ 三个未知参数, 它们与地物类型、经纬度密切相关, 可由观测数据拟合得到。

　　另一方面, 地表温度的天平均、年平均等存在一定规律的空间变化特征。比如, 在全球尺度上天平均地表温度存在明显的纬度-季节变化特征; 年平均地表温度总体上会随纬度向两极的延伸而变小。

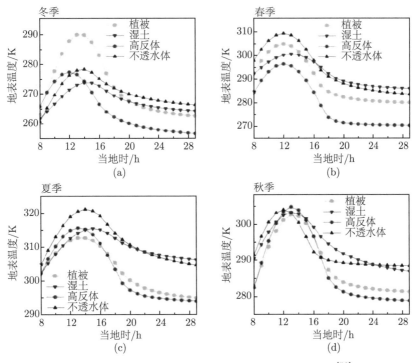

图 4.25　典型地物的地表温度在四季的天循环变化 [59]

4.4　海表红外辐射特性

4.4.1　海表辐射机制

从一般性辐射机制来看，海表辐射与 4.3 节介绍的地表辐射没有本质的区别，依然可以参照图 4.18 和表达式 (4.19) 的分解方式分析海表辐射特性。类似地，海表的出射辐射包含海表反射太阳或月球直接辐射、海表反射大气下行漫射辐射、海表自身发射辐射三部分，导致其与太阳或月球辐射、大气状态等外部条件和海表自身辐射属性均有关。不考虑外部条件，将海表辐射特性的分析归结于海表反射率/发射率特性和海表温度变化规律。

从探测的角度，这里的海表反射率/发射率和海表温度是指探测像元尺度上的平均参量，但是由于海洋的组分和动态变化特点，区别于陆表需要阐明它存在的"尺度效应"。

一方面，若海表是理想的平静水面，海表的光学属性和热属性是相对单一的，主要由液态水的性质决定，不同区域的含盐量、浮游物等会有限程度地对其产生影响 [61]。但一般而言，在探测视场内可以认为平静海表是空间均匀的。这样，海表辐射将不存在尺度效应，在任意像元尺度上获取的海表反射率/发射率和海表温度是一致的。一种特殊的情形是，海表存在外来污染，比如人为或自然因素形成的不规则分布的石油污染或者植被花粉漂浮物等，海表的光学属性和热属性将很大程度上体现为这些漂浮物的性质。此时，像元尺度的海表参量就是水体和漂浮物按组分占比的平均值，数学形式参照 4.3 节"尺度效应"的表达式 (4.23)。

另一方面，由于风和海洋自身动力学过程的影响，绝大多数时候，海表总是处于上下起伏波动的动态过程中。海表辐射来自于不同倾斜面水体的反射或发射，鉴于平面水体是镜面反射的，动态起伏海表会呈现显著的异质性，也就是不同像元尺度上的辐射存在明显差异。而且，在海浪幅度增大到一定程度后，海表会产生光学性质明显不同于液态水的浮沫，浪尖会产生形态复杂的卷浪、碎浪，这些都会进一步增强海表辐射异质性。需要强调的是，海表三维结构与陆表最大的区别在于它的动态变化特征。尽管陆表的三维结构也会引起辐射异质性，但陆地表面的空间结构是相对静止的，多数时候在探测时间范畴内可以认为其辐射特性只与空间分布有关，而与时间变化无关。然而，海表的动态变化会导致它的辐射特性既与空间尺度有关，也与时间尺度有关。也就是，对于探测像元内海表辐射特性的分析，"尺度效应"被拓展到空间和时间两个维度，应明确探测场景的空间分辨率和时间分辨率 (或探测积分时间)。

4.4.2　海表反射率/发射率的变化特性

类似于其他地物在实验室中测得的反射率谱，图 4.26 展示出 JHU 地物光谱库中编撰的蒸馏水、典型海水和典型海水浮沫在红外谱段的反照率谱，反照率在入射光束与样品法线夹角 10° 时测量得到。总体上，液态水及其产生的浮沫的反照率在红外谱段普遍很低。蒸馏水与含盐海水的红外反照率几乎一致，少量的差异表明盐分对该谱段液态水复折射率的轻微改变。海水浮沫主要来源于海水与空气相互作用后形成的漂浮在水面的气泡集合体，由于气泡表面仍然由海水构成，浮沫在红外谱段依然展现出强烈的吸收作用，反照率总体上仍没有超过 0.1；但气

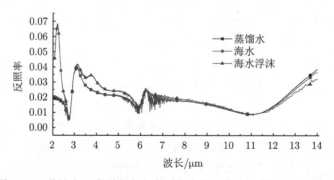

图 4.26　蒸馏水、典型海水和典型海水浮沫在红外谱段的反照率谱

泡的散射作用导致浮沫与液态水体的反射性质存在一定的差异，在短波和中波红外谱段相比于液态水明显增大，在长波红外谱段相比液态水轻微减小。根据基尔霍夫定律，液态水及浮沫在红外谱段的发射率普遍超过 0.9。

以上反照率谱是在入射光束选择特定角度下测量得到的双向反射率在半球空间的总值。在 4.3.2 节地物反射机制的分析中已经阐明，平整光洁的液体介质表面是镜面反射的，没有动态起伏的平静海表就是一个典型的例子。

在一定的入射方向下，平静海表的双向反射率在与入射方向镜面对称的反射方向上存在极大值，其他方向上的反射率都很小。对于这种镜面反射情形，一些文献也不再刻意区分反射率和反照率的术语表达。另一方面，当入射方向发生变化时，平静海表的反射方向不仅会随之变化，反射率也会随之变化，反射率与入射方向的关系由菲涅耳公式确定，具体表达为

$$r_p = \frac{n\cos\theta_i - \cos\theta_t}{n\cos\theta_i + \cos\theta_t} \tag{4.34}$$

$$r_v = \frac{\cos\theta_i - n\cos\theta_t}{\cos\theta_i + n\cos\theta_t} \tag{4.35}$$

其中，n 是海水的复折射率；θ_i 为入射角，θ_t 为折射角，如图 4.27 所示，电磁辐射从一种介质透射进入另一种复折射率不同的介质时传播方向会相对原方向产生偏折，入射角与折射角的关系满足菲涅耳定律，即

$$\sin\theta_t = \sin\theta_i / n \tag{4.36}$$

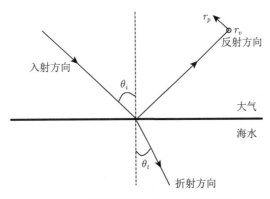

图 4.27　平静海表的反射与折射示意图

这里，以入射方向与反射方向确定平面，r_p 代表反射辐射与入射辐射在平行于平面方向上的振幅分量的比率，r_v 代表两者在垂直于平面方向上的振幅分量的比率。在入射辐射是无偏振的情况下，反射率 R 可以表达为

$$R = \frac{1}{2}\left(|r_p|^2 + |r_v|^2\right) \tag{4.37}$$

因此，在海水复折射率和入射角确定时，平静海表的反射率就可以计算得到。海水的温度、含盐量、浮游物以及其他污染物等多种因素都会影响其复折射率，进而决定平静海表的反射性质。

图 4.28 展示出假设海水温度 298K、盐分浓度 34.3ppt 且无其他污染物情况下，平静海表在三个典型红外波长处的反射率随入射角的变化。海表反射率在入射角小于 50° 时都保持在 0.05 以下，展现海水极强的吸收作用；此后，随着入射角的增加，反射率迅速增大，在入射角为 89° 的掠射入射条件下，反射率增大到 0.9 左右，表明以大角度入射的红外辐射有相当大的比例被反射到镜面对称方向上，而不是被海水吸收。因此，平静海表的反射和吸收性质与入射角度直接相关。根据图 4.28，中波和长波的三个典型波长处的反射率存在微弱的差异，这来源于海水在三个波长处的复折射率的不同。在 3.5μm 处，复折射率取 1.406−0.0094i；在 8.0μm 处，取 1.297−0.0343i；在 12.0μm 处，取 1.118−0.1900i。

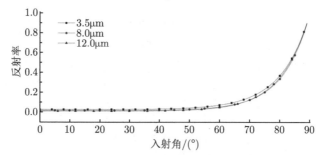

图 4.28　平静海表的反射率随入射角的变化

在实际环境中，动态起伏海表接收到来自一定方向的电磁辐射时，每一个相对于海平面具有不同倾斜角度的海表小面元的实际入射角都是不同的。如图 4.29 所示，建立直角坐标系，取完全平静的海平面为 xOy 平面，垂直于海平面向上的方向为 z 轴方向；对于倾斜的海表小面元，取垂直于它的单位矢量 $\boldsymbol{n}$ 代表其法线方向，$\boldsymbol{n}$ 与 z 轴的夹角为小面元的倾斜方向角 θ_n，$\boldsymbol{n}$ 在 xOy 平面的投影与 x 轴的夹角为小面元的倾斜方位角 φ_n；特定的入射方向单位矢量为 $\boldsymbol{i}$，严格起见，定义 $\boldsymbol{i}$ 的反方向 $\boldsymbol{e}$，$\boldsymbol{e}$ 与 z 轴的夹角 θ_e 为它相对于平静海表的入射角，当入射方向确定时 θ_e 就是固定不变的；$\boldsymbol{e}$ 与 $\boldsymbol{n}$ 的夹角 χ 为入射辐射相对于小面元的实际入射角，它决定着入射辐射在该小面元上的反射方向和反射率。由于海波浪的起伏会形成各种指向的海表小面元，特定方向入射的电磁辐射会被起伏海表反射到各方向上形成漫反射效应。

一般而言，确定某时刻海表的几何结构，进而给出海表小面元的倾斜方向或斜率的空间分布，就可以结合入射辐射方向及辐射亮度分布计算海表反射率及反射辐射亮度的二维分布。但是，构建真实海表辐射的计算模型时会遇到诸多的困难，主要体现在：一方面，海表的动态起伏特征与多种因素有关，如何采取合理的数学模型表征各类海浪的几何结构并准确产生指定时刻的面元斜率分布，一直是没有完全解决的问题；另一方面，随着近海表风速增大，海表并不只是简单的起伏幅度增大，而是会产生卷浪、碎浪以及海表浮沫等复杂现象，对这些现象的几何描述、光学性质描述以及它们形成的复杂结构体的辐射传输问题都给构建这种复杂海况的海表辐射模型造成较大的困难。

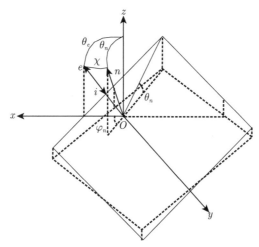

图 4.29 海表倾斜面元的空间方向示意图

尽管如此，这里可以利用一个简化模型，展示动态起伏海表的一些典型反射特性。假设海表的起伏都是源自于近海面的风，且始终没有浮沫等复杂现象出现，根据 Cox 和 Munk 实验 [62]，不同大小的海表斜率出现的概率满足正态分布，概率分布函数可以表达为

$$P(s_x, s_y) = \frac{1}{\pi \sigma^2} \exp \left[-\frac{s_x^2 + s_y^2}{\sigma^2} \right] \tag{4.38}$$

其中，s_x 和 s_y 分别为小面元在 x 轴方向和 y 轴方向的斜率，它们与小面元倾斜方向的关系可以表达为

$$s_x = -\tan \theta_n \cos \varphi_n, \quad s_y = -\tan \theta_n \sin \varphi_n \tag{4.39}$$

另外，σ^2 是斜率的分布方差，它的大小表征了海表起伏的程度，也称为海表粗糙度。对于 14m/s 以下的风引起的海浪，Cox 和 Munk 实验指出 [63]，海表粗糙度与风速呈线性关系：

$$\sigma^2 = 0.003 + 0.00512 \cdot w \tag{4.40}$$

这里，w 是距离海平面 12.5m 高处的风速。海表斜率的概率分布既可以是对某一点在较长一段时间内出现的所有斜率的统计，也可以是对一片较大的海域在某一时刻所有斜率空间分布的统计。这样，利用 Cox-Munk 统计分布模型，就可以计算动态海表的统计平均反射率；这一统计平均值既是对单点的时间平均，也是对确定时刻一片区域的空间平均 [64]。

图 4.30 展示出不同风速情况下典型海表在 3~5μm 谱段的平均反照率随入射角的变化。由于动态起伏海表形成了漫反射，这里采用反照率表示半球空间反射率的总和；风速为 0 代表平静海表的情况，不同的风速通过造成不同粗糙度的海表产生其反射性质的差异。在入射角不大于 70° 的情况下，不同风速的海表反照率几乎没有差异；但在入射角大于 70° 的情况下，随着风速的增大海表反照率明显降低，且入射角越大反照率降低幅度越大。在入射角为 89° 的掠射入射条件下，平静海表的反照率为 0.90，风速 3m/s 时降为 0.52，风速 5m/s 时降为 0.46，风速 10m/s 时降为 0.37。这表明在大入射角情况下，海表的粗糙性显著降低了其反射能力，更多的辐射被海水吸收；这主要是因为在大入射角情况下，倾斜小面元的真实入射角并不大使得实际反射率很低，另外，海表的起伏会造成显著的遮挡效应，海表不同面元间的多次散射也会增加，使得海水能够吸收更多的辐射，海表越粗糙以上效应就会越明显。

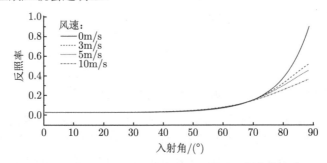

图 4.30　不同风速情况下海表反照率随入射角的变化

尽管在入射角不太大时风速的不同没有造成海表反照率的明显差异，但漫反射在半球空间各方向上的分布会呈现显著不同。图 4.31 展示出入射角为 45° 时不同风速情况下海表双向反射率分布。反射天顶角就是指定反射方向与 z 轴夹角，反射方位角为 180° 代表与入射方向镜面对称的反射方向，反射方位角为 0° 代表与入射方向重合的反射方向。图中的双向反射率已经被归一化。对于粗糙的海表，双向反射率呈现出明显的扩展分布，显示出一定方向入射的准直光束会被反射为空间方向扩展的漫辐射场，随着风速的增大，这种扩展效应会增强。此外，反射极大的方向也会随着风速的增大，逐渐偏离镜面反射方向。图 4.32 展示出入射角为 30° 时的双向反射率分布，进一步佐证以上观点；另外，不同入射角的情况下，双向反射率的分布也存在一定差异。

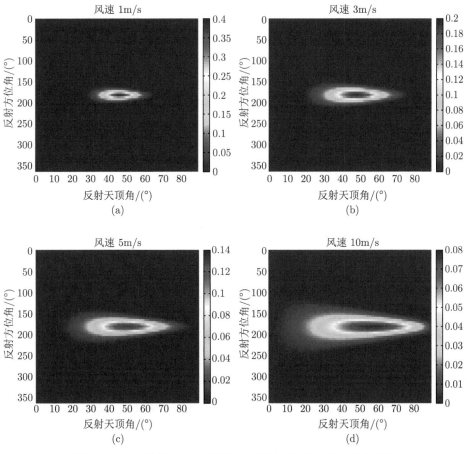

图 4.31 入射角为 45° 时不同风速情况下海表双向反射率分布

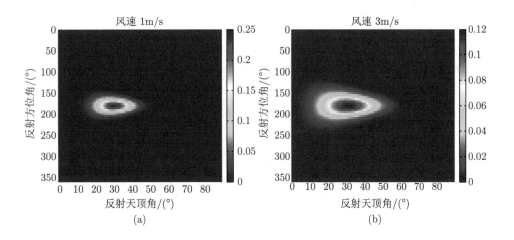

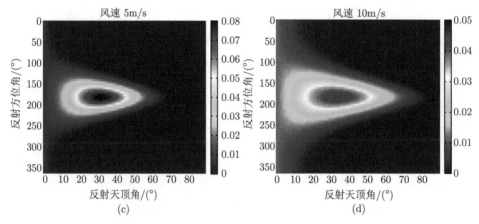

图 4.32　入射角为 30° 时不同风速情况下海表双向反射率分布

　　需要说明的是，以上结果是在 Cox-Munk 统计模型假设下得到的。由于该统计模型认为海表斜率分布是各向同性的，因此双向反射率的方位角分布在镜反方向两侧总体上是对称的。但是，实际海浪形成的斜率分布很可能是各向异性的，当斜率分布与方位有关时，图中展示的对称性就被破坏了，海表呈现出更加不规则的反射特性。

4.4.3　海表温度的变化特征

　　由于海水的流动性，一维热传导模型不再适用于海表温度的理论计算。海水温度的理论模型类似于大气，考虑在海表边界及其内部影响流体热状态变化的所有动力学、化学和辐射过程。由于影响因素的复杂性，理论模型往往规模庞大，计算时效性和精度仍然比较受限。海表温度的获取更多地依赖测量手段。

　　需要指明，红外辐射与海水的作用深度只有几毫米，因此，决定海表红外辐射的温度参量就是表面几毫米海水薄层的温度，也称为海表皮温 (skin temperature)[65]。受到太阳辐射和海气能量交换等因素的影响，靠近表面的海水温度存在明显的梯度变化，导致处于海水内部的浮标等原位测量装置获取的温度无法等同于海表温度。对海表温度的测量，主要依赖于海表红外辐射测量的反演。目前对地遥感温度的卫星一般都既可以获取陆表温度，也可以获取海表温度。

　　在 4.3.3 节中，地表温度天循环和年循环拟合的参数化模型在海表温度上都是适用的；并且由于海洋组分的相对均一性，天平均海表温度的纬度-季节变化特征以及年平均海表温度随纬度变化特征，相比于陆表都更加显著。

4.5 大气红外辐射特性

本节介绍的大气红外辐射特性是指，地基、空基或天基探测器通过仰视或临边探测的方式，视线避开地球表面时，接收到的大气红外辐射的变化规律。

4.5.1 大气红外辐射机制

图 4.33 展示出大气红外辐射的贡献来源分解以及三种主要大气探测方式的示意图。探测器接收到的大气红外辐射可以分解为两部分贡献来源：

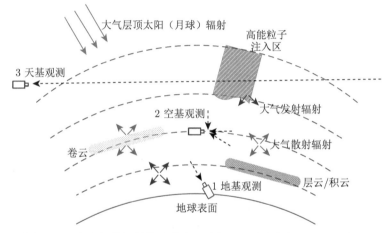

图 4.33 大气红外辐射的贡献来源分解及三种大气探测方式示意图

(1) 大气发射：探测路径上大气介质发射辐射经过传输后在探测器端的累积；

(2) 大气散射：探测路径上大气介质散射来自 4π 空间的辐射后进入探测视场的部分经过传输后在探测器端的累积。

以辐射亮度为参量，探测器接收到的辐射可以表达为

$$L_{\mathrm{tot}} = L_{\mathrm{ems}} + L_{\mathrm{sca}} \tag{4.41}$$

其中，L_{tot} 为探测器接收的总辐射亮度，L_{ems} 为发射贡献的辐射亮度，L_{sca} 为散射贡献的辐射亮度，简便起见，光谱下标省略。

在红外谱段，发射贡献和散射贡献会存在一些明显的谱分布特征，可以帮助规律分析。图 4.34 展示出典型中纬度夏季晴空条件下 (包含清洁大陆型气溶胶) 白天 (假定太阳直射天顶角为 30°) 地基探测器垂直向上观测时发射贡献和散射贡献的对比，上图是辐射亮度光谱的对比，下图是两者占据总辐射百分比的对比。总体上，在短波红外谱段，散射贡献明显强于发射贡献；在中波红外谱段，两者的

大小相当；在长波红外谱段，发射贡献明显强于散射贡献。这源自两个方面：一是，大气的等效黑体温度在 200~300K，发射辐射的峰值位于长波红外谱段，在可见光和短波红外谱段常常可以忽略不计；二是，大气介质的散射作用随波长增大显著减弱，太阳辐射在长波红外谱段也明显弱于地气系统热辐射 (见图 4.14)，长波红外的散射作用常常可以忽略不计。根据百分比变化可以看出，在计算条件下短波红外谱段只考虑散射贡献，长波红外谱段只考虑发射贡献，都不会损失太多精度。但是，在吸收带谱段需要单独考虑，由于吸收衰减导致大气散射辐射很难传输到探测器端，强吸收带的散射贡献是可以忽略的，发射贡献总是占据主导地位。

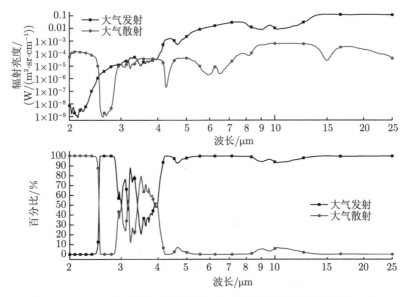

图 4.34　晴空大气条件下地基探测时大气发射贡献和散射贡献的对比

当大气条件和观测条件改变时，两种贡献的定量关系会发生一定的变化。图 4.35 展示出存在高空卷云的大气条件下 (云低高 10km，云厚 1km)，空基探测器在 8km 高度上垂直向上观测时发射贡献和散射贡献的对比示例。由于卷云中的冰晶粒子可以显著散射中长波红外谱段的辐射，在整个红外谱段散射贡献都相比晴空大气明显增大。另外，由于探测视线已经避开近地面大气，水汽等吸收组分的减少会导致吸收带辐射贡献的明显改变。

因此，在不同的大气条件和观测条件下，两种贡献机制的综合效果形成了大气红外辐射特性。下面针对地基、空基和天基三种观测方式的典型场景，分析主要变化规律。

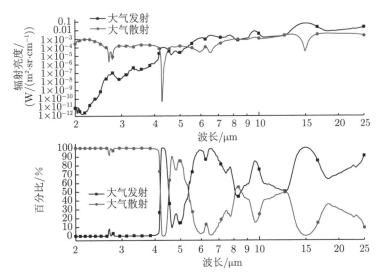

图 4.35 卷云大气条件下空基 (8km) 探测时大气发射贡献和散射贡献的对比

4.5.2 地基观测的大气红外辐射

大气红外辐射也存在光谱分辨率问题,图 4.36 展示出两种光谱分辨率 (1cm^{-1} 和 10cm^{-1}) 的大气红外辐射亮度,观测条件为中纬度夏季大气条件下 (包含清洁大陆型气溶胶),太阳直射天顶角为 $30°$ 时,地基垂直向上观测,若无特殊说明地基大气红外辐射均在此条件下给出。高分辨率辐射亮度在分子吸收带展现出十分

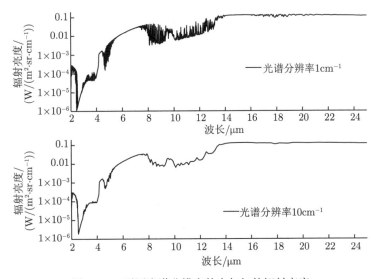

图 4.36 不同光谱分辨率的大气红外辐射亮度

细密的谱分布, 相比而言, 低分辨率光谱将振荡变化都平滑消除了。图 4.37 进一步展示了 3~5μm 和 8~12μm 谱段两种光谱分辨率的对比, 在谱分布复杂的部分两种辐射亮度的数值差异十分明显。

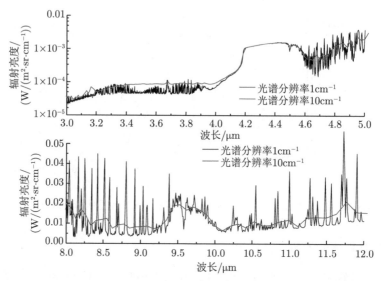

图 4.37 3~5μm 和 8~12μm 谱段不同光谱分辨率大气辐射亮度的比较

图 4.38 展示出三种典型大气类型条件下的地基观测大气红外辐射亮度。类似于大气传输特性的分析, 不同大气类型的辐射差异主要来自于大气温度和水汽含量的不同。因此, 在短波红外谱段, 受 H_2O 吸收带的影响, 2.7μm 处的大气辐射亮度差异明显, 其他短波辐射差异都不明显; 在中长波红外谱段, 大气温度的不同导致了非 H_2O 吸收带的差异, 大气温度和水汽含量共同导致了 H_2O 吸收带的差异。

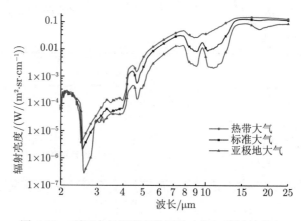

图 4.38 不同大气类型条件下的大气红外辐射亮度

图 4.39 展示出几种典型气溶胶和云条件下的大气红外辐射亮度，采用近地面能见度代表气溶胶浓度大小。图中"无云，能见度 20km"、"卷云，能见度 20km"、"无云，能见度 1km"代表大气散射衰减能力由弱变强的三种情况，散射作用的增强使得地基探测的大气辐射亮度逐渐增大，在短波红外谱段尤其明显。但是，在强吸收谱段，大气辐射亮度由探测器附近大气的发射辐射主导，三种情况的差异急剧减小，甚至被消除。另外，图 4.39 给出一种 1km 高厚积云且能见度 20km 的情况，由于厚云遮挡，太阳辐射无法到达地表，接收到的辐射来自于水云和云下大气辐射的累积。实际上，由于水云在红外谱段显著的吸收作用，它和云下大气共同形成一种接近于黑体的辐射特性，解释了图中十分平滑的光谱曲线。因此，对于具有低且厚的云的阴天，天空背景可以近似采用等效黑体辐射估计。

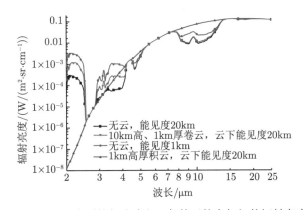

图 4.39 不同类型的气溶胶和云条件下的大气红外辐射亮度

图 4.40 展示出晴空条件下不同观测天顶角的大气红外辐射亮度，0° 代表垂直向上的天顶方向，90° 代表水平方向。由于越大的观测天顶角意味着越长的大气

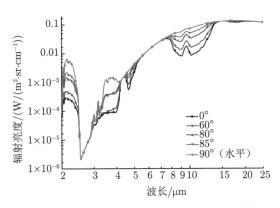

图 4.40 不同观测天顶角的大气红外辐射亮度

路径，在短波红外谱段意味着更大的散射辐射积累，在长波红外谱段意味着更大的发射辐射积累，因此总体上观测天顶角越大时大气辐射亮度就越大。但对于强吸收带，由于只有探测器附近的大气辐射可以传输到探测器端，因此这些谱段的辐射亮度几乎不随观测天顶角改变。

4.5.3　空基观测的大气红外辐射

随着空基探测器高度的增加，周围大气密度迅速降低，大气温度和主要红外辐射组分的浓度也发生明显变化，这些导致空基观测的大气红外辐射与地基观测相比存在规律性差异。

图 4.41 展示出处于 10km 高的空基探测器以仰视、平视和斜下视三种探测视角观测时接收到的大气红外辐射亮度。仰视采用观测天顶角 0°，即垂直向上；平视就是观测天顶角 90°，属于探测器位于切点处的一种大气层内临边探测方式；斜下视采用切点高度 2km 的临边探测路径，根据图 4.11，属于探测视线过切点的长路径。斜仰视属于探测视线不过切点的短路径，它与垂直仰视的差异来自于大气路径长度的变化，不再单独讨论。

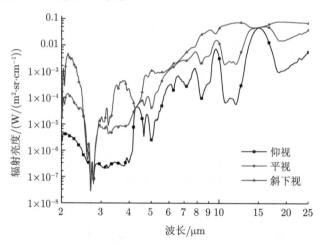

图 4.41　10km 高处空基探测器在不同探测视角获取的大气红外辐射亮度

由于 10km 高处的大气密度相比近地面显著降低，气溶胶含量也已经很少，因此仰视时接收到的大气散射辐射和发射辐射都明显减少，导致短波红外谱段的大气辐射亮度很低；平视的大气路径相比仰视长得多，导致大气辐射亮度增大超过 1 个数量级；斜下视时不仅大气路径进一步增加，而且路径上大气密度也在增加，导致大气辐射亮度进一步增大。在 10km 高处 H_2O 等痕量组分的绝对浓度相比近地面显著降低，一些近地面附近几乎不透过的强吸收带开始具有一定的透过性，这导致光学厚极限近似不再适用，因此长波红外谱段出现较多的谱振荡特征，而不是类似黑体辐射的平滑变化。但是，对于一些吸收作用仍十分显著的谱带，比如 CO_2 4.3μm 带和 15μm 带，由于探测器接收到的始终是其附近大气的发射辐射，因此几种探测视角获取的大气辐射亮度并没有明显差异。

需要指出，当空基探测器处于低层大气内时，由于大气密度相比于中高层大气仍比较稠密，接收到的大气红外辐射主要由低层大气决定，多数条件下中高层大气辐射可以忽略不计。但是，当探测器继续升高至低层大气以上时，仰视视角可以完全避开低层大气，空基观测的信号就是中高层大气红外辐射，它具有与低层大气明显不同的红外辐射特性。

鉴于中高层大气是天基临边观测中常遇到的情况，在 4.5.4 节专门分析它的红外辐射特性。空基与天基的规律是相似的，在此不再重复分析。

4.5.4　天基临边观测的大气红外辐射

对于天基临边观测，首先应该指明，当切点高度处于低层大气时，大气红外辐射特性与空基临边观测是相似的。因此，本节对天基临边观测的分析专注于中高层大气红外辐射特性，借此阐明稀薄大气的辐射传输和非平衡辐射效应引起的特有红外辐射现象及其变化规律。

图 4.42 展示出一组典型大气条件下切点高度 30km、50km、80km 的临边大气红外辐射亮度。由于临边路径只包含切点高度以上的大气介质，考虑到大气密度随高度增加迅速减小，随切点高度的增大，辐射亮度会迅速减小。实际上，大多数红外谱段是符合这一趋势的，比如在大于 5μm 的长波红外谱段。但是 2~5μm 的部分谱段呈现出 "异常" 的变化规律，大气辐射亮度随切点高度增加而衰减的幅度较小，甚至出现增大的现象。它的原因主要来自于两个方面：一是，绝对大气密度的衰减导致主要痕量组分绝对密度的衰减，决定临边大气辐射的机制从切点附近大气层辐射主导转变为整个大气路径上辐射的累积。这种辐射传输机制的转变，结合临边大气超长的传输路径，可以导致一些谱段在更高的切点高度上通过路径累积而具有更高的临边辐射亮度。二是，中高层大气的稀薄属性，结合其活跃的化学/光化学性质，导致一些红外谱带在一定高度以上开始具有显著的非平衡辐射效应，往往会明显强于同等条件下热平衡辐射。随切点高度增加，逐渐变好的透过性也有利于在局域气团内增强的发射辐射传输到探测器端，导致临边辐射亮度的增大。

非平衡辐射是中高层大气区别于低层大气最显著的光学效应，一些文献将无地磁扰动时中高层大气的非平衡辐射统称为气辉[①]。根据第 2 章的原理介绍，处

[①] "气辉" 一词最早是描述夜晚在地面观测到中高层大气中永久存在的绿光，这种大气发光现象的物理实质就是大气气团偏离热平衡状态后产生的异常发射辐射，因此一些文献将全谱段的非平衡辐射都称为气辉，红外谱段的就是红外气辉。但有必要强调它是在无地磁扰动条件下的非平衡辐射，以区别于极光辐射现象。

于热力学非平衡状态的气团，发射辐射源函数需要根据决定其能级分布的微观机制计算获知，而不能类比热力学平衡状态设定为普朗克函数。因此，需要专门建立适用于中高层大气的非平衡辐射模型，才能正确评估其辐射特性。

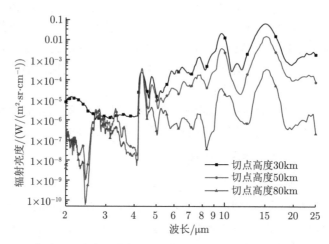

图 4.42　临边观测中高层大气时不同临边切点高度的大气红外辐射亮度

　　为了说明考虑非平衡效应的必要性，图 4.43 展示出利用一种中高层大气非平衡辐射模型和一种热平衡辐射模型在同等大气条件和太阳照射条件下分别模拟计算的 $3 \sim 5\mu m$ 和 $8 \sim 12\mu m$ 谱段临边大气辐射亮度，作为示例。很明显，若不考虑非平衡效应，临边大气辐射亮度随高度增加而减小的速度很快，但实际大气中太阳辐射对 CO_2 $4.3\mu m$ 带的"泵浦"作用会导致 $3 \sim 5\mu m$ 临边大气辐射几乎不减弱。光化学反应诱导的 O_3 $9.6\mu m$ 带辐射增强也能减缓 $8 \sim 12\mu m$ 临边大气减弱的速度，但增强效应不如 CO_2 $4.3\mu m$ 带显著。两种模型计算结果分叉的高度大约就是非平衡效应出现的高度，对于不同谱段、不同外部条件，这个高度会明显变化。

　　中高层大气是衔接地球低层空间和外太空的过渡区域，当发生强烈地磁扰动时，地球磁场不能完全阻挡太阳风携带的高能粒子 (主要是高能电子，也包含少量质子和氢核)，这些粒子会注入中高层大气，碰撞解离大气组分并诱导大气组分的化学反应过程发生，将原有的中高层大气痕量组分 (比如 CO_2、NO 等) 激发到高能级，或者新生出激发态组分 (比如 N^+、N_2^+、NO^+ 等)，导致大气发射辐射显著增强。此时观测到的中高层大气辐射就是通常所说的极光[①]，因此极光辐射可以看作一种特殊的大气非平衡辐射现象，需要建立能够计算极光事件中大气组分能

　　[①] "极光" 一词最早是描述在高纬度地区观测到的高空中极亮的绿光和红光，对极光辐射机理的认知经历了一个漫长的过程，早期被认为是带电粒子发光，现在已经明确它也是一种中高层大气发光现象，是高能粒子将动能转化为大气辐射能的体现。除了目视的可见光谱段极光，在紫外和红外谱段增强的大气辐射就是紫外极光和红外极光。

级分布和辐射传输的模型才能正确描述它的辐射特性。

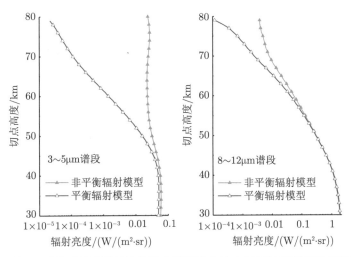

图 4.43 利用两类模型分别模拟计算的典型谱段临边大气辐射亮度随切点高度的变化

图 4.44 展示出利用一种只考虑高能电子注入大气的极光辐射模型模拟的典型极光事件发生时和无极光事件时的临边大气辐射亮度光谱，以切点高度 120km 的结果为例。极光事件发生时，并不是所有红外谱段的大气辐射都增强，高能电子只能激发部分大气组分的部分激发态能级，这符合目前对极光辐射的光谱观测结果。因此，极光辐射模型的构建需要根据每一个特征谱带被激发的机制，逐谱带建立模型。图 4.44 中被激发的 CO_2 和新生的 NO^+ 导致了 $4.3\mu m$ 附近谱段显著的辐射增强；CO_2 也导致了 $10\mu m$ 和 $15\mu m$ 附近谱段较弱的辐射增强；被激发的和新生的 NO 导致了 $2.7\mu m$ 和 $5.3\mu m$ 附近谱段显著的辐射增强 (图中箭头标注)。

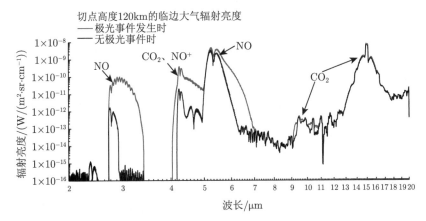

图 4.44 典型极光事件发生时和无极光事件时的临边大气辐射亮度

　　图 4.45 展示出三种典型 IBC(International Brightness Class) 强度的极光事件和无极光事件时 3~5μm 谱段的临边大气辐射亮度随切点高度的变化。利用电子能量通量谱的麦克斯韦分布描述极光事件中高能粒子注入强度,电子总能量通量和平均能量确定其能谱分布,表 4.9 给出三种典型 IBC 强度注入电子的总能量通量和平均能量,数值越大表明极光扰动越强烈。可以看到,电子能量注入越强,大气辐射亮度增强幅度越大,增强幅度最大的区域处于 60~120km,体现出这些大气层节的气团发射辐射增强最明显。与无极光大气辐射出现分叉的高度大约代表高能粒子能够"刺穿"大气的最深处,它随粒子注入强度不同而改变。

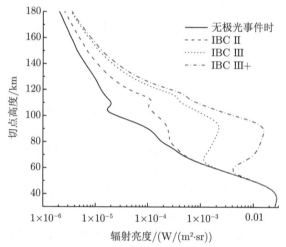

图 4.45　不同强度的极光事件和无极光事件时 3~5μm 谱段的临边大气辐射亮度随切点高度的变化

表 4.9　三种典型强度的电子能谱麦克斯韦分布参数

IBC 指数	总能量通量/(ergs/(cm²·s))	平均能量/keV
IBC II	12.9	2.9
IBC III	100.0	5.0
IBC III+	400.0	10.0

　　极光事件发生时,大气辐射可能不再满足准稳态假设,也就是,即使恒定强度的高能电子注入,大气辐射也可能是随时间变化的。图 4.46 展示出一种典型极光事件发生历程中 3~5μm 谱段的临边大气辐射亮度随时间的变化,以切点高度 120km 为例。为了对比,也展示出同等条件下无极光事件的大气辐射亮度。假设这一时间段内大气状态不变、注入电子强度恒定,时刻 0s 代表电子开始注入大气;持续 900s 后,电子注入结束。可以看到,3~5μm 谱段的大气辐射亮度在极光事件历程中并不是保持恒定的,在极光事件开始后逐渐增大,电子注入结束后

逐渐减弱而不是立即恢复到无极光事件的辐射亮度。这种含时演化特征主要来自于 CO_2 4.3μm 带能级分布的含时演化，关键机制体现在以下两个激发过程：

$$e + N_2(0) \longrightarrow N_2(1) + e \tag{4.42}$$

$$CO_2(\nu_1, \nu_2, 0) + N_2(1) \longrightarrow CO_2(\nu_1, \nu_2, 1) + N_2(0) \tag{4.43}$$

其中，e 代表电子，它与基态 $N_2(0)$ 碰撞将其激发为第一振动激发态 $N_2(1)$，$N_2(1)$ 再与基态 CO_2 碰撞将其激发为一种振动激发态 $CO_2(\nu_1, \nu_2, 1)$，使其可以通过自发跃迁发射出 4.3μm 带的光子。前一个过程的发生速率很快，在很短的时间内就可以产生大量的 $N_2(1)$，但 $N_2(1)$ 的损失速率很缓慢，这造成电子注入开始后 $N_2(1)$ 的数密度并不会很快达到稳定而是随时间增加逐渐积累，在电子注入结束后 $N_2(1)$ 的数密度也需要经历一段时间才能恢复原始状态。因此，后一个过程产生的激发态 CO_2 数密度和相应的 4.3μm 带辐射也跟随 $N_2(1)$ 含时演化。

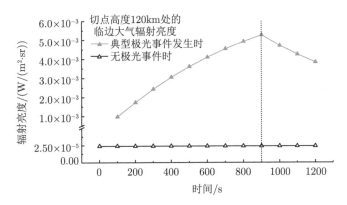

图 4.46　极光事件中 3~5μm 谱段的临边大气辐射亮度随时间的变化过程

需要指明，并非所有谱带的大气辐射在极光事件中都含时演化，比如仍符合准稳态假设的 NO^+ 4.3μm 带辐射。由此也可以看出，由于决定每一个辐射谱段的分子微观机制差异很大，每个谱段呈现出的宏观辐射特性也可能差异明显。在考虑非平衡辐射的分析中，必须结合每一个分子谱带的微观机制分别分析它们对红外辐射特性的影响。

4.6 地球大气红外辐射特性

本节介绍的地球大气红外辐射特性是指，空基或天基探测器下视探测，视线终点为地球表面时，接收到的地球表面和大气合成的红外辐射的变化规律。

4.6.1　地球大气红外辐射机制

图 4.47 展示出地球大气红外辐射的贡献来源分解及探测方式示意图。探测器接收到的红外辐射可以分解为以下四种贡献来源。

(1) 大气发射：大气介质发射辐射经过传输到达探测器端的累积，这里的大气介质指路径上所有的大气气体组分、云和气溶胶等各类粒子组分；

(2) 大气散射：大气介质散射来自 4π 空间的辐射后进入探测视场的部分经过传输到达探测器端的累积；

(3) 地表发射：地球表面发射辐射穿过视线路径直接传输到达探测器端的部分；

(4) 地表反射：包括明显不同的两部分，一是到达地表的太阳 (月球) 直接辐射经过地表反射后穿过视线路径直接传输到探测器端的部分，二是到达地表的大气漫射辐射经过地表反射后穿过视线路径直接传输到探测器端的部分。

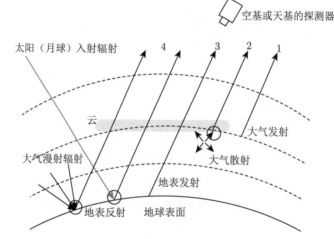

图 4.47　地球大气红外辐射机制及其探测方式的示意图

以辐射亮度为参量，探测器接收到的辐射可以表达为

$$L_{\text{tot}} = L_{\text{path}} + L_{\text{asc}} + L_{\text{sem}} + L_{\text{rfl}} \tag{4.44}$$

其中，L_{tot} 为探测器接收的总辐射亮度，L_{path} 为大气发射贡献的辐射亮度，L_{asc} 为大气散射贡献的辐射亮度，L_{sem} 为地表发射贡献的辐射亮度，L_{rfl} 为地表反射贡献的辐射亮度。按照这里的分解方式，大气发射贡献只与传输路径上的大气介质的辐射性质相关；地表发射贡献与探测视场内地表辐射性质及传输路径的透过性相关；大气散射贡献可能来自大气介质热辐射或太阳 (月球) 辐射在大气中的直

接散射或来自太阳 (月球)、地表和大气辐射在大气中多次散射后的辐射, 因此严格来说, 散射贡献与外部辐射源、地表边界和大气状态都相关; 相似地, 由于包含了大气漫射辐射的反射, 地表反射贡献除了与地表自身辐射性质相关外, 也与外部辐射源和大气状态都相关。因此, 在需要分离地表和大气辐射耦合的应用中, 关键就是对大气散射和地表反射部分的处理。

　　为了进一步说明四种贡献在红外谱段的主要特征, 图 4.48 展示出一种典型中纬度夏季晴空大气和森林地表条件下白天 (假定太阳直射天顶角为 30°) 天基探测时四种机制贡献的辐射亮度 (上图), 以及它们相对于总辐射亮度的百分比 (下图)。在短波红外谱段, 强吸收带的大气衰减作用导致大气散射、地表发射和地表反射都很弱, 大气发射辐射在短波红外处也很弱, 因此地球大气呈现出很暗的背景; 在弱吸收带, 大气散射和地表反射明显强于大气发射和地表发射, 太阳辐射的变化在这些谱段会显著影响地球大气辐射。在中波红外谱段, 四种辐射机制贡献相当, 在理论分析中很难完全忽略任何一种机制; 但在强吸收带明显以大气发射辐射为主导。在长波红外谱段, 不管强吸收带还是弱吸收带, 大气发射贡献都是不可忽略的; 强吸收带的大气衰减作用导致其他三种机制的贡献都很小, 近似计算时可以只考虑大气发射贡献; 弱吸收带的地表发射也可能占据主导地位。

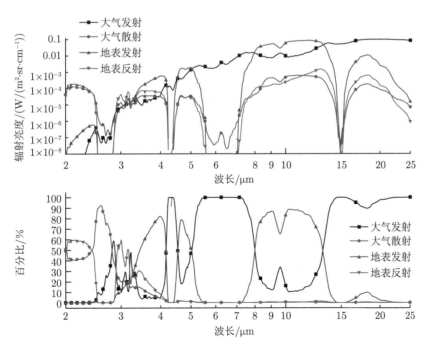

图 4.48　典型大气和地表条件下天基探测时四种辐射机制贡献的对比

需要指明，不同的大气条件和地表条件可能显著改变某些机制的贡献。地表和大气辐射的相互影响与叠加效应会使地球大气红外辐射呈现比大气辐射更复杂的变化特征，应该根据具体的大气和地表条件评估。尽管如此，仍可以针对一些典型场景定性地分析所呈现出的变化规律。

4.6.2　空基观测的地球大气红外辐射

根据机制分析，地球大气红外辐射特性也受到大气传输作用的影响，因此它类似于大气辐射特性，也存在光谱分辨率的问题，不同分辨率的地球大气光谱不仅分布结构明显不同，定量数值也有较大差异。对于光谱敏感的应用需求，光谱分辨率是必须考虑的因素，但由于基本认识是相似的，在此不再重复分析。

图 4.49 展示出空基探测器处于距地表 1km、5km、10km、14km 四种观测高度垂直下视时接收到的辐射亮度，它们的差异主要来自地表至探测器间大气路径长度的不同。在短波红外的弱吸收谱段，辐射亮度差异很小；这主要是因为它由地表反射和大气散射主导，在透射率很好的晴空条件下 (图 4.49 对应的大气条件) 不同长度的大气路径产生的辐射衰减和大气散射累积差异不大。但是，当大气中粒子含量增大导致短波红外的大气衰减增强时，不同高度探测的辐射亮度会呈现出明显的差异，尤其是在透射率变化很快的近地面附近。在中波和长波的弱吸收谱段，辐射亮度变化较复杂，很难总结出明显的变化规律。这是由于大气发射和大气散射贡献随观测高度增加而增大，但地表发射和地表反射贡献随观测高度增加而减小，这几种辐射机制的贡献没有绝对主导项，因此总的辐射亮度可能呈现交替增大和减小的现象。另外，在所有的强吸收谱段，辐射亮度都是随观测

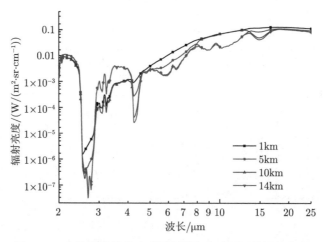

图 4.49　空基探测器处于不同观测高度时观测的辐射亮度

高度增加而减小；这是因为在强吸收带辐射几乎全部来自于大气发射，其他贡献部分都因大气衰减而可以忽略，由于强烈的吸收作用，探测器接收到的辐射主要来自距探测器不远的大气层节，考虑到对流层内高度越高大气温度越低且大气密度越低，因此大气发射辐射随观测高度增加而减小。

图 4.50 展示出观测高度 14km 时不同地表类型条件下空基探测器观测的辐射亮度。这里假设固定的大气条件和地表温度，辐射亮度的差异来自于不同地表类型的地表反射率/发射率的不同。这四种典型地表类型在短波和中波红外谱段的反射率具有明显差异，导致反射太阳辐射后的辐射亮度也相差很大；但它们在长波红外谱段的发射率差异较小，结合大气发射贡献，辐射亮度差异就很小。在完全不透过的强吸收带，辐射亮度只由大气发射决定，没有地表信息可以传达到探测器端，因此不同地表类型的情况没有展现出差异。

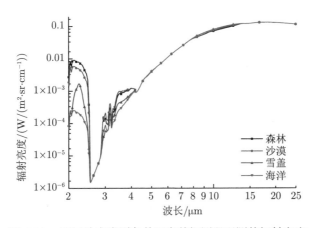

图 4.50　不同地表类型条件下空基探测器观测的辐射亮度

4.6.3　天基观测的地球大气红外辐射

对于天基观测，首先澄清它与空基观测时的不同。图 4.51 展示出典型晴空大气和地表条件下具有同样入射太阳天顶角和观测天顶角情况下，天基探测器和 14km 高处的空基探测器观测的辐射亮度。两者的差异主要来自于 14km 以上的大气辐射传输作用。在短波和中波红外弱吸收谱段，14km 以上的大气散射累积导致天基观测的辐射亮度更大；在长波红外弱吸收谱段，尽管 14km 以上的大气发射增加了部分辐射，但它对地表和下层大气辐射的衰减作用导致天基观测的辐射亮度更小。在强吸收带，两种背景辐射是否有差异取决于哪一层大气发射辐射主导了总辐射亮度。比如，在 2.7μm 和 4.3μm 带大气强吸收作用持续到平流层，14km 以上大气发射对总辐射亮度有明显的贡献，导致天基观测辐射亮度大于空基 14km 的。在 6.3μm 带和远红外谱段，强吸收作用来自对流层的水汽，因此这些谱段的天基和空基观测没有明显差异。

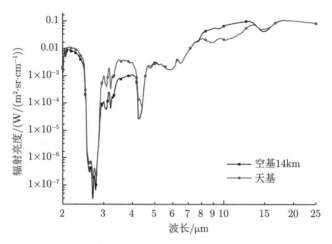

图 4.51　天基探测器和一种典型高度空基探测器观测的辐射亮度

　　天基观测时不同大气类型和不同地表类型的背景辐射变化规律与空基观测时类似，它们的差异就是图 4.51 展现的额外大气路径带来的定量差异，因此不再重复分析。在此，有必要分析不同云类型对天基观测地球大气辐射的影响，主要结论也适用于观测高度超过所有云顶高度的空基情况。

　　图 4.52 展示出典型大气和地表条件下晴空无云和存在积云、卷云时天基探测器观测的辐射亮度。积云情况采用云顶高 3km 的厚积云，云粒子为小水滴；卷云情况采用云顶高 11km、云厚 1km 的高空卷层云，云粒子为冰晶。在短波和中波红外的弱吸收谱段，晴空和卷云情况相似，晴空的辐射亮度略大，积云背景最暗；这是因为卷云的透过性很好，对地表反射的阻挡作用有限，并且卷云自身反射太阳辐射也弥补了地表反射贡献的衰减，但积云可以完全阻挡云下任何辐射穿过云层，积云在红外谱段的吸收作用也导致它对太阳辐射的反射不足以弥补无地表反射的损失。在强吸收带，云上大气的吸收衰减能力和太阳辐射影响强弱会使得不同吸收带的变化规律显著不同。比如，在 4.3μm 带，11km 以上的大气依然具有很强的吸收作用，该谱段的辐射由平流层大气发射主导，因此不同云类型的辐射亮度不会存在差异。在 6.3μm 带和远红外谱段，辐射由对流层上部的水汽发射主导，且太阳辐射在长波红外谱段已经明显弱于地球大气热辐射，导致太阳辐射在云顶的反射贡献可以忽略，因此不同云类型的辐射亮度相差也很小。在 2.7μm 带，水汽的吸收和发射作用导致晴空与积云的辐射亮度几乎没有差异，但是，卷云对太阳辐射的反射作用在该谱段是十分显著的，且 11km 以上水汽的吸收衰减已经很小，因此卷云的存在可以导致该谱段的辐射亮度明显增强。

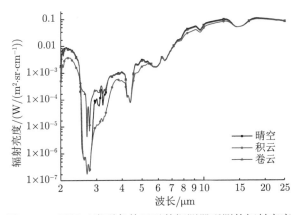

图 4.52　不同云类型条件下天基探测器观测的辐射亮度

参 考 文 献

[1]　Jursa A S. Handbook of Geophysics and the Space Environment[M]. Springfield: Air Force Geophysics Laboratory, Air Force Systems Command, United States Air Force, 1985.

[2]　Derr V E. Atmospheric handbook: atmospheric data tables available on computer tape[R]. World Data Center A for Solar-Terrestrial Physics, Report UAG-89, Boulder, Colorado, 1984.

[3]　https://www.iaa.csic.es/~puertas/granada.html.

[4]　Garcia R R, M López-Puertas, Funke B, et al. On the distribution of CO_2 and CO in the mesosphere and lower thermosphere[J]. Journal of Geophysical Research Atmospheres, 2014, 119(9): 5700-5718.

[5]　Pearson J A, et al. U.S. Standard atmosphere[R]. U.S. Government Printing Office, Washington, D.C., 1976.

[6]　Fleming E L, Chandra S, Shoeberl M R, et al. Monthly mean global climatology of temperature, wind, geopotential height and pressure for 0~120 km[R]. National Aeronautics and Space Administration, Technical Memorandum 100697, Washington, D.C., 1988.

[7]　Jacchia L G. New static models of the thermosphere and exosphere with empirical temperature profiles[R]. NGR 09-015-002 NASA, 1970.

[8]　Remedios J J, Leigh R J, Waterfall A M, et al. MIPAS reference atmospheres and comparisons to V4.61/V4.62 MIPAS level 2 geophysical data sets[J]. Atmospheric Chemistry & Physics, 2007, 7(4): 9973-10017.

[9]　Funke B, López-Puertas M, García-Comas M, et al. GRANADA: a generic RAdiative traNsfer AnD non-LTE population algorithm[J]. Journal of Quantitative Spectroscopy & Radiative Transfer, 2012, 113(14): 1771-1817.

[10]　Hedin A E. Extension of the MSIS thermosphere model into the middle and lower atmosphere[J]. Journal of Geophysical Research: Space Physics, 1991, 96(A2): 236-254.

[11] Picone J M, et al. NRLMSISE-00 empirical model of the atmosphere: statistical comparisons and scientific issues[J]. Journal of Geophysical Research: Space Physics, 2002, 107(A12): SIA 15-1-SIA 15-16.

[12] http://www.esrl.noaa.gov/gmd/ccgg/trends/.

[13] http://satellite.nsmc.org.cn/portalsite/Data/.

[14] https://yceo.yale.edu/news/oco-2-data-available-public.

[15] Junge C E. Atmospheric Chemistry[M]. San Diego: Academic Press, 1958.

[16] 盛裴轩，毛节泰，李建国. 大气物理学 [M]. 2 版. 北京: 北京大学出版社, 2013.

[17] Deirmendjian D. Electromagnetic Scattering on Spherical Polydispersions[M]. New York: American Elsevier Pub. Co., 1969.

[18] Hänel G, Zankl B. Aerosol size and relative humidity: water uptake by mixtures of salts[J]. Tellus, 1979, 31: 478-486.

[19] Heymsfield A J, Platt C. A parameterization of the particle size spectrum of ice clouds in terms of the ambient temperature and the ice water content[J]. Journal of the Atmospheric Sciences, 1984, 41(5): 846-855.

[20] Hess M, Koepke P, Schult I, Optical properties of aerosols and clouds: the software package OPAC[J]. Bulletin of American Meteorological Society,1998, 79(5): 831-844.

[21] Goldman A, Kyle T G. A comparison between statistical model and line by line calculation with application to the 9.6μm ozone and the 2.7μm water vapor bands[J]. Applied Optics, 1968, 7(6): 1167-1177.

[22] Arking A, Grossman K. The influence of line shape and band structure on temperatures in planetary atmospheres[J]. Journal of the Atmospheric Sciences, 1972, 29(5): 937-949.

[23] Mcmillin L M, Xiong X, Han Y, et al. Atmospheric transmittance of an absorbing gas. 7. Further improvements to the OPTRAN approach[J]. Applied Optics, 2006, 45(9): 2028.

[24] Liu X, Smith W L, Zhou D K, et al. Principal component-based radiative transfer model for hyperspectral sensors: theoretical concept[J]. Applied Optics, 2006, 45: 201-209.

[25] Le T, Liu C, Yao B, et al. Application of machine learning to hyperspectral radiative transfer simulations[J]. Journal of Quantitative Spectroscopy and Radiative Transfer, 2020, 246(10): 106928.

[26] López-Puertas M, Taylor F W. Non-LTE Radiative Transfer in the Atmosphere[M]. Singapore: WORLD SCIENTIFIC, 2001.

[27] Clough S A, Shephard M W, Mlawer E J, et al. Atmospheric radiative transfer modeling: a summary of the AER codes[J]. Journal of Quantitative Spectroscopy and Radiative Transfer, 2005, 91(2): 233-244.

[28] Hess M, Wiegner M. COP: a data library of optical properties of hexagonal ice crystals[J]. Applied Optics, 1994, 33(33): 7740.

[29] Horvath H. Atmospheric visibility[J]. Atmospheric Environment, 1981, 15: 1785-1796.

[30] Liou K N. An Introduction to Atmospheric Radiation[M]. San Diego: Academic Press, 2002.

[31]　Pap J M, Fox P, Frohlich C, et al. Solar variability and its effects on climate[J]. Solar Physics, 2005, 226(1): 187-188.

[32]　Farmer C B. High resolution infrared spectroscopy of the Sun and the Earth's atmosphere from space[J]. Microchimica Acta, 1987, 93(1-6): 189-214.

[33]　Bernath P F. Atmospheric chemistry experiment (ACE): mission overview[J]. Geophysical Research Letters, 2005, 15(2): 577-581.

[34]　Pap J M, Fox P, Frohlich C, et al. Solar variability and its effects on climate[R]. Geophysical Monograph Series, 2004.

[35]　Fontenla J, White O, Fox P, et al. Calculation of solar irradiances. I. Synthesis of the solar spectrum[J]. Astrophysical Journal, 1999, 518(1): 480-499.

[36]　Tobiska W K, Woods T, Eparvier F, et al. The SOLAR2000 empirical solar irradiance model and forecast tool[J]. Journal of Atmospheric and Solar-Terrestrial Physics, 2000, 62(14): 1233-1250.

[37]　Birkebak, Richard C. Spectral emittance of apollo-12 lunar fines[J]. Journal of Heat Transfer, 1972, 94(3): 323-324.

[38]　Hapke B W. A theoretical photometric function for the lunar surface[J]. Journal of Geophysical Research, 1963, 68(15): 279-280.

[39]　Williams A J, et al. The global surface temperatures of the Moon as measured by the Diviner Lunar Radiometer Experiment[J]. Icarus, 2017, 283: 300-325.

[40]　Paige D A, Siegler M A, Zhang J A, et al. Diviner lunar radiometer observations of cold traps in the moon's south polar region[J]. Science, 2010, 330: 479-482.

[41]　王誉都. 空间大面阵凝视相机在轨辐射定标方法研究 [D]. 上海：中国科学院大学 (中国科学院上海技术物理研究所), 2019.

[42]　张传新. 目标光学探测中传输介质及背景源干扰特性研究 [D]. 哈尔滨：哈尔滨工业大学, 2019.

[43]　郝允祥. 红外天文学导论 [M]. 北京：北京大学出版社, 1993.

[44]　Chen Y, Zhan W, Quan J, et al. Disaggregation of remotely sensed land surface temperature: a generalized paradigm[J]. IEEE Transactions on Geoscience & Remote Sensing, 2014, 52(9): 5952-5965.

[45]　Salisbury J W, Wald A, D 'Aria D M. Thermal-infrared remote sensing and Kirchhoff's law: 1. Laboratory measurements[J]. Journal of Geophysical Research Solid Earth, 1994, 99(B6): 11897-11911.

[46]　Baldridge A M, Hook S J, Grove C I, et al. The ASTER spectral library version 2.0[J]. Remote Sensing of Environment, 2009, 113(4): 711-715.

[47]　Clark R L, Swayze G A, Wise R, et al. USGS digital spectral library splib06a[R]. U.S. Geological Survey, 2007.

[48]　William C, Snyder, et al. Thermal infrared (3∼14 μm) bidirectional reflectance measurements of sands and soils[J]. Remote Sensing of Environment, 1997, 60(1): 101-109.

[49]　Korb A R, Salisbury J W, D'Aria D M. Thermal-infrared remote sensing and Kirchhoff's law: 2. Field measurements[J]. Journal of Geophysical Research Solid Earth, 1999,

104(B7): 15339-15350.

[50]   Born M, Wolf E, Principles of Optics: Electromagnetic Theory of Propagation, Inter-
        ference and Diffraction of Light[M]. London: Pergamon Publication, 1964.

[51]   Hapke B. Bidirectional reflectance spectroscopy: 1. Theory[J]. Journal of Geophysical
        Research, 1981, 86(B4): 3039-3054.

[52]   Verstraete M M, Pinty B, Dickinson R E. A physical model of the bidirectional re-
        flectance of vegetation canopies: 2. Inversion and validation[J]. Journal of Geophysical
        Research Atmospheres, 1990, 951(D8): 11755-11765.

[53]   Walthall C L, et al. Simple equation to approximate the bidirectional reflectance from
        vegetative canopies and bare soil surfaces[J]. Applied Optics, 1985, 24(3): 383.

[54]   Roujean J L, Leroy M, Deschanps P Y. A bidirectional reflectance model of the Earth's
        surface for the correction of remote sensing data[J]. Journal of Geophysical Research
        Atmospheres, 1992, 972(D18): 20455-20468.

[55]   Lucht W, Schaaf C B, Strahler A H. An algorithm for the retrieval of albedo from
        space using semiempirical BRDF models[J]. IEEE Transactions on Geoscience & Re-
        mote Sensing, 2002, 38(2): 977-998.

[56]   Herb W R, Janke B, Mohseni O, et al. Ground surface temperature simulation for
        different land covers[J]. Journal of Hydrology, 2008, 356(3): 327-343.

[57]   Hong F, Zhan W, Goettsche F M, et al. Comprehensive assessment of four-parameter
        diurnal land surface temperature cycle models under clear-sky[J]. ISPRS Journal of
        Photogrammetry and Remote Sensing, 2018, 142(AUG.): 190-204.

[58]   Duan S B, Li Z L, Wang N, et al. Evaluation of six land-surface diurnal temperature cy-
        cle models using clear-sky in situ and satellite data[J]. Remote Sensing of Environment,
        2012, 124(1): 15-25.

[59]   Quan J, Chen Y, Zhan W, et al. A hybrid method combining neighborhood information
        from satellite data with modeled diurnal temperature cycles over consecutive days[J].
        Remote Sensing of Environment, 2014, 155: 257-274.

[60]   Fu P, Weng Q. Variability in annual temperature cycle in the urban areas of the United
        States as revealed by MODIS imagery[J]. ISPRS Journal of Photogrammetry and Re-
        mote Sensing, 2018, 146(DEC.): 65-73.

[61]   Masuda K, Takashima T, Takayama Y. Emissivity of pure and sea waters for the model
        sea surface in the infrared window regions[J]. Remote Sensing of Environment, 1988,
        24: 313-329.

[62]   Cox C, Munk W. Statistics of the sea surface derived from sun glitter[J]. Journal of
        Marine Research, 1954, 13: 198-227.

[63]   Cox C, Munk W. Measurement of the roughness of the sea surface from photographs of
        the sun's glitter[J]. Journal of Optics Society of America, 1954, 44: 838-850.

[64]   毛宏霞, 杨宝成, 沈国土等. 海面反射率特性研究 [J]. 华东师范大学学报: 自然科学版,
        2000, 3: 57-61.

[65]   Fisher J I, Mustard J F. High spatial resolution sea surface climatology from Landsat
        thermal infrared data[J]. Remote Sensing of Environment, 2004, 90: 293-307.

第 5 章　红外辐射测量

红外辐射测量技术是目标与环境光学辐射特性研究中重要的技术手段，其测量数据的准确性会对特征提取、模型验证、目标识别等应用带来直接影响。本章从测量的基本物理量出发，对常用红外辐射测量仪器的基本原理与定标方法进行了描述，重点对空天、地海目标的红外辐射测量方法及材料光学参数的室内测量方法进行详细介绍。

5.1　红外辐射测量的基本物理量

在前面章节中介绍了一些与目标相关的辐射量，如辐射强度、辐射亮度、辐射出射度、辐射照度等。但是在实际红外辐射测量中，红外探测器采集得到的辐射测量值与目标真实的辐射量是不同的，这其中大气传输有着重要影响。目标红外辐射经大气传输会发生衰减，此时测量得到的为表观辐射物理量，用下标 ta 表示。在其他条件不变的情况下，大气传输距离越远，衰减越明显，表观辐射测量值与真实值之间的差异也越大。本章节关注的测量目标为固体目标，而非气体或烟雾，目标本身透射率视为零。

5.1.1　表观辐射亮度

表观辐射亮度是指经大气衰减后，探测器接收到的辐射亮度，它与目标辐射亮度的关系表示为

$$L_{ta} = L_t \times \tau_a + L_p \qquad (5.1)$$

式中，L_t 为目标辐射亮度，$W/(m^2 \cdot sr)$；L_{ta} 为表观辐射亮度，$W/(m^2 \cdot sr)$；L_p 为大气程辐射亮度，$W/(m^2 \cdot sr)$；τ_a 为传输路径中大气的平均透射率。

在红外成像测量中，仪器测量的表观辐射亮度，即为目标与环境在红外测量仪器入瞳处的辐射亮度，可以通过对探测器所成像的灰度值进行定量处理直接得到。

5.1.2　表观辐射强度

表观辐射强度是指经大气衰减后，探测器接收到的辐射强度，它与目标辐射强度的关系表示为

$$I_{ta} = I_t \times \tau_a + L_p \times A_s \qquad (5.2)$$

式中，I_t 为目标辐射强度，W/sr；I_{ta} 为表观辐射强度，W/sr；A_s 为目标投影面积，m^2。

在红外成像测量中，依据探测器测量得到的入瞳辐射亮度计算入瞳辐射强度，即目标的表观辐射强度，其测量方程可表示为

$$I_{ta} = N \times \overline{L_{ta}} \times \theta_H \times \theta_V \times R^2 \tag{5.3}$$

式中，$\overline{L_{ta}}$ 为表观辐射亮度均值，$W/(m^2 \cdot sr)$；N 为目标在探测器中成像所占的像元数；θ_H、θ_V 分别为测量仪器的水平与垂直角分辨率，rad；R 为目标与探测器之间的距离，m。

5.1.3　表观辐射照度

表观辐射照度是指经大气衰减后，在探测器接收面处产生的辐射照度，它与目标辐射亮度的关系表示为

$$E_{ta} = (L_t \cdot \tau_a + L_p) \cdot A_s / R^2 \tag{5.4}$$

式中，E_{ta} 为表观辐射照度，W/m^2。

在红外成像测量中，依据探测器测量得到的入瞳辐射亮度，计算入瞳辐射照度可以得到目标的表观辐射照度，其测量方程可表示为

$$E_{ta} = N \times \overline{L_{ta}} \times \theta_H \times \theta_V \tag{5.5}$$

5.1.4　表观辐射温度

在 2.2 节中已经定义了辐射温度，对于红外仪器测量得到的辐射值也可以采用辐射温度值等效表征。由于红外仪器具有特定的测量波长范围，对它的辐射温度定义采用部分谱段约定形式。表观辐射亮度 L_{ta} 对应的辐射温度表达为

$$L_{ta} = L_b(T_{ta}) \tag{5.6}$$

这里，

$$L_b(T_{ta}) = \int_{\lambda_1}^{\lambda_2} L_{b\lambda}(T_{ta}) \mathrm{d}\lambda \tag{5.7}$$

其中，$L_{b\lambda}$ 为黑体光谱辐射亮度，$\lambda_1 \sim \lambda_2$ 为仪器波长范围；T_{ta} 就是测量得到的表观辐射温度。T_{ta} 与目标表面的真实温度存在一定差异，一方面是因为大气传输作用导致表观辐射与目标出射辐射存在差异；另一方面是因为目标往往不是黑体，发射率会小于 1。因此，需要充分考虑大气传输效应和目标发射性质才可能从表观辐射温度还原出目标真实温度。

5.1.5 辐射面积

辐射面积是指目标经红外辐射测量仪器的光学系统后，在探测器上成的像所占的像元在目标空间位置处的投影面积。

$$A_s = N \times \theta_H \times \theta_V \times R^2 \tag{5.8}$$

式中，A_s 为辐射面积，m^2。

5.2 红外辐射测量仪器的基本原理

目标与环境的光辐射特性通常包含空间特性、光谱特性和时间特性等。红外成像辐射测量仪器兼具红外图像采集与高帧频采集能力，适用于高空间分辨率与时间分辨率的测试需求；红外光谱辐射测量仪器兼具光谱测量与快速采集的能力，适用于高光谱分辨率与时间分辨率的测试需求；而红外成像光谱辐射测量仪器在获取目标图像信息的同时可以得到图像内任意像元的光谱曲线，形成二维空间与一维光谱的数据立方体。目前，依靠单一类型辐射测量仪器无法同时获得兼具高空间、时间与光谱分辨率的有效数据，因此，在测量仪器的选取上应根据测试需求进行择优选取和综合配置，本节将对红外辐射测量仪器的基本原理进行简要介绍。

5.2.1 红外单点辐射测量仪器

1. 概述

红外单点辐射测量是将被测目标发出的红外辐射，通过单个像元探测器转换为电信号输出的测量方法。

2. 测量原理

红外单点辐射测量仪器 (又称辐射计) 的装置原理图，如图 5.1 所示。

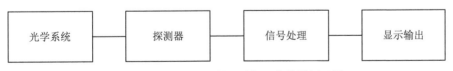

图 5.1　红外单点辐射测量仪器的装置原理图

红外单点辐射测量仪器中的光学系统较为简单，通常只需要一到两片透镜。通过聚焦透镜对被测目标红外辐射能量进行收集，利用探测器如光电探测器 (硅光二极管等) 或热电探测器 (热敏电阻等)，将光能/热能转换为电信号，依据斯特藩-玻尔兹曼定律，可计算得到被测目标的辐射温度、辐射照度等相关物理量。

3. 仪器性能评价指标

由于单点辐射测量不需要成像，因此系统性能评价指标主要为光谱响应范围、测量灵敏度、测量量程和测量精度。其中，探测器的类型对光谱响应范围起决定性作用。光电转换器件的光谱响应范围通常受感光材料限制，如硅光二极管对可见光到近红外有良好响应，碲镉汞则对中、远红外有良好响应。而热电转换器件的光谱响应范围则较宽。

5.2.2   红外成像辐射测量仪器

1. 概述

红外成像辐射测量是通过前置光学系统接收目标的红外辐射，利用红外焦平面探测器进行光电转换，进一步处理显示目标红外图像的测量方法。一般也称为热成像。

2. 测量原理

红外成像辐射测量仪器分为制冷型和非制冷型两类，在目标特性测量中，制冷型测量系统应用较多，其装置原理图如图 5.2 所示。

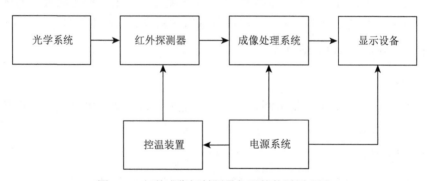

图 5.2   红外成像辐射测量仪器的装置原理图

红外成像辐射测量仪器第一级为光学系统，其负责将红外辐射会聚到红外探测器光敏面上。由于普通光学玻璃对 $2.5\mu m$ 以上波长的光线透射率很低，故而红外光学系统一般采用锗、硅和锗砷硒玻璃等在红外波段有着较好透射率的材料，尽量减小光学系统对红外辐射的损耗。

作为系统核心部件，红外探测器是进行红外系统设计的基础，红外成像辐射测量仪器其他各部分的设计都要围绕红外探测器的参数和工作要求来进行，如探测器像元尺寸和光敏面的大小会影响光学系统设计参数，电源系统要满足探测器偏压要求，成像处理电路也要根据探测器模拟输出信号的频率、幅值进行设计，可以说红外探测器确定以后，整个成像辐射测量仪器的探测性能和技术参数就已基本确定。制冷红外探测器一般工作于 77K 或更低温度稳定的环境中,以降低热噪声等因素的影响,提高其探测能力。

控温装置为红外探测器提供稳定的工作温度环境,制冷型红外成像辐射测量仪器可采用的控温装置主要有杜瓦瓶、斯特林循环制冷器等,以减小器件由于自身工作或者环境温度变化产生的温度波动而影响探测性能。

成像处理系统主要完成对红外探测器输出电信号的放大滤波、模数转换等处理,同时对原始图像数据进行处理,并按照一定格式输出。电源系统为整个红外成像辐射测量仪器的电子组件提供稳定的工作电压。显示设备用于将成像处理系统输出的图像数据显示出来,方便人眼观察。

在实际测量中,可以通过定标参数将图像中各像元测量的灰度值直接反演得到入瞳处的辐射亮度,进而根据测量需求通过几何位置关系将辐射亮度转换为辐射强度或者辐射照度等,根据普朗克定律,又可以将辐射亮度转换为辐射温度。

对扩展源目标的辐射亮度测量,需要探测器对接收的辐射信号均有响应。而探测器一般在中心位置具有良好响应,在边缘位置响应较差。为保证这种响应,测量过程中一般会把目标置于视场中心,并且视场范围要略大于目标。这样一方面保证了探测器像元响应,另一方面降低了测量系统与目标之间的准直定位要求。

对于点源目标的辐射强度测量,由于目标较小,在图像上能量在像元间扩散现象较明显,无法准确获得目标各个区域对应的辐射亮度,需要综合计算目标在成像区域所占像元反演的辐射亮度,得到目标整体的辐射强度。

3. 仪器性能评价指标

红外热像仪作为红外成像辐射测量的主要设备,其相关参数会对红外成像辐射测量结果产生直接影响,下面对一些基本参数进行简单介绍。

1) 焦距

焦距 f 是光学成像系统 (像方) 主平面到 (像方) 焦点的距离。它反映了光学成像系统的基本成像规律:不同物距上被成像景物在像方的位置、大小均由焦距确定。按焦距的长短区分,一般分为长焦距、中焦距、短焦距和变焦距。

2) 视场

视场 (field of view,FOV) 是探测系统所观察到的物空间垂直与水平方向二维视场角。该值取决于探测器尺寸 S_H(水平)$\times S_V$(垂直) 和光学系统焦距 f:

$$\mathrm{FOV}_H = \frac{S_H}{f}$$
$$\mathrm{FOV}_V = \frac{S_V}{f}$$

$$(5.9)$$

宽视场可以获得比较大的覆盖区域，像元分辨率相对较低，有利于目标搜索和跟踪。对于窄视场，探测器覆盖一个小区域，提高了像元分辨率，有利于目标识别。最好的设计是不断调整合适的视场以满足目标特性测量需求。

3) 角分辨率

角分辨率 θ 是探测系统对目标在空间上的分辨能力，也称瞬时视场 (instantaneous field of view，IFOV) 角。可以用像元尺寸 a(水平)×b(垂直) 和光学系统焦距 f 计算得到：

$$\theta_H = \frac{a}{f}$$

$$\theta_V = \frac{b}{f}$$

(5.10)

4) 图像分辨率

图像分辨率是指热像仪探测器的像元数，热像仪图像分辨率越高，成像像元数越多，测量图像就越清晰，测量也会更加准确。分辨率一般以探测器像元行数 × 列数表示，常见的如 320×256，640×512 等，部分热像仪还具备缩窗功能，即通过减小采集的图像像元数以提高测量帧频，得到更高频的测量结果。

5) 光谱响应范围

红外探测器响应率与波长的关系，称为光谱响应函数，其对应的波长范围为光谱响应范围。

光电型红外探测器分为光子探测器和热探测器。

对于光子探测器，只有当入射光子能量大于光敏材料中的电子激活能时，探测器才有响应，因此称为选择性红外探测器。就是说，探测器仅对波长小于某一特定波长的光子才有响应，这一特定波长也称为截止波长，截止波长处响应下降为零。而热探测器响应波长无选择性。

6) 噪声等效功率

噪声等效功率 (noise equivalent power，NEP) 是指当入射辐射所产生的输出电压正好等于探测器本身的噪声电压时的入射辐射功率。

噪声等效功率可以反映探测器的探测能力，但不等于系统无法探测到的信号强度弱于噪声等效功率的辐射信号强度。如果采取相关接收技术，即使入射功率小于噪声等效功率，由于信号是相关的，噪声是不相关的，也可以将信号检测出来，但是这种检测是以增加检测时间为代价的。另外，强度等于噪声等效功率的辐射信号，系统不能保证一定能探测到，因此在设计系统时通常要求最小可探测功率数倍于噪声等效功率，以保证探测系统有较高的探测概率。

7) 噪声等效通量密度

噪声等效通量密度 (noise equivalent flux density，NEFD) 是指探测器的输入信噪比为 1 时，红外探测系统入瞳处能分辨的最小辐射照度差，常用于红外辐射测量仪器作用距离计算。

8) 积分时间

红外探测器通过接受光子激发产生可存储于像元积分电容器的电子，进而通过存储的电子数反演计算探测器接收到的红外辐射能量。红外探测器如果想精确的探测到被测目标的能量，需要一定的时间接收到足够数量的光子达到一定的信噪比，该时间定义为探测器的积分时间。在测量过程中，需要选择合适的积分时间，保证探测器接收到足够数量的光子，才能准确给出目标的辐射能量，保证测量数据的有效性。

9) 帧频

帧频表示红外热像仪每秒采集的画面数量，帧频越高，画面动作越连贯，目标辐射特性变化越清晰。尤其对于运动目标，帧频越高，测量效果也越好。帧频一般与积分时间有关，积分时间越长，帧频越低。反之积分时间越短，帧频越高。

10) 噪声等效温差

噪声等效温差 (noise equivalent temperature difference，NETD) 是评价热成像系统探测目标灵敏度和噪声的一个客观参数。其定义为热成像系统信噪比 (signal-to-noise ratio，SNR) 为 1 时，探测目标与背景的温差。

5.2.3 红外光谱辐射测量仪器

1. 概述

红外光谱辐射测量是利用具备分光功能的红外测量系统，获取目标光谱特征的测量方法。光谱分光方式主要分为色散型和干涉型两种，前者主要借助于棱镜或光栅器件，后者主要借助于法布里-珀罗干涉腔或迈克耳孙干涉仪。

色散型分光元件经历了从色散棱镜到衍射光栅的演化，技术已经非常成熟，并被广泛地应用于紫外-可见-近红外波段的光谱测量。但在中、长波红外波段，色散型分光元件往往存在系统光谱分辨率和光通量相互制约的矛盾，且由于红外宽波段、高测量速度、高信噪比的光谱测量需求，色散型难以满足越来越高的应用需求，兼具高光谱分辨率、高能量利用率等优点的干涉型分光逐渐成为红外光谱测量的主要分光手段。

2. 测量原理

红外光谱辐射测量仪器的典型代表是傅里叶变换红外光谱仪 (Fourier transform infrared spectroscopy，FTIR)，其是一种建立在双光束干涉度量基础上，并应用傅里叶变换原理实现光谱测量的仪器。FTIR 光谱仪能够高效率采集、记录宽波段的光谱信息，在信噪比、分辨率和测量速度等方面优于传统光谱仪，广泛应用于红外光谱辐射测量领域，其装置原理图如图 5.3 所示。

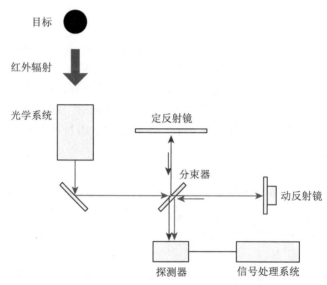

图 5.3 傅里叶变换红外光谱辐射测量仪器的装置原理图

目标发出的红外辐射由光学系统接收后，经分束器分光，分为反射光和透射光。反射光被定反射镜反射后，进入探测器；透射光被动反射镜反射后，也进入探测器。这两束发生干涉，在探测器上形成干涉图样。通过动反射镜变化，干涉图样随之发生变化。理论上，傅里叶变换红外光谱辐射测量的光谱分辨率与动反射镜的移动量成正比，增大移动量，可以提高光谱分辨率。而信噪比需要考虑目标的辐射强度以及探测器、信号处理系统的信号接收和处理能力。

探测器接收的信号振幅为

$$A = RTa(1 - \mathrm{e}^{-\mathrm{i}\phi}) \tag{5.11}$$

信号强度为

$$I_D(\Delta, \nu) = AA^* = 2RTI_0(\nu)(1 + \cos\phi) \tag{5.12}$$

式中，R, T 分别为分束片的反射率和透射率，a 为入射光振幅，$I_0(\nu)$ 是输入光束强度 $(I_0(\nu) = aa^*)$，ϕ 是来自固定镜和移动镜的两光束间的相位差：

$$\phi = 2\pi\nu\Delta \tag{5.13}$$

式中，Δ 是光程差，ν 为入射光波数。

探测器接收到的信号强度是输入光束强度和两光束间光程差的函数，为一沿光程差方向无限扩展的余弦函数，这是理想准直的单色辐射通过干涉仪形成的干涉图。

为求得一般情况，可以设想所表达的单色辐射为一具有无限窄线宽 $\mathrm{d}\nu$ 的谱元，故可改写为

$$\mathrm{d}I_D(\Delta,\nu) = 2RTI_0(\nu)[1+\cos(2\pi\nu\Delta)]\mathrm{d}\nu \tag{5.14}$$

对所有波数积分，则得

$$I_D(\Delta) = \int \mathrm{d}I_D(\Delta,\nu) = \int_0^\infty 2RTI_0(\nu)(1+\cos 2\pi\nu\Delta)\mathrm{d}\nu \tag{5.15}$$

即为一般情况下的干涉图表达式。由该式可知，当 $\Delta=0$ 时，

$$I_D(0) = \int_0^\infty 4RTI_0(\nu)\mathrm{d}\nu \tag{5.16}$$

当 $\Delta \to \infty$ 时，由于余弦函数的振荡性质，式中包含余弦函数的这一项的积分必趋于零，于是有

$$I_D(\infty) = \int_0^\infty 2RTI_0(\nu)\mathrm{d}\nu = I_D(0)/2 \tag{5.17}$$

可知，调制充分的干涉图，其干涉主极大值应接近于 $I_D(\infty)$ 的 2 倍。$I_D(\infty)$ 代表了干涉图的平均值或直流成分。可以说干涉图是一叠加在直流成分上的波动信号，而这一直流成分，在计算复原光谱时应该减去，因而可以简单地把干涉图表达式改写为

$$I_D(\Delta) = \int_0^\infty RTI_0(\nu)\cos(2\pi\nu\Delta)\mathrm{d}\nu \tag{5.18}$$

傅里叶积分变换可用如下一对方程式来定义：

$$F(\Delta) = \int_{-\infty}^\infty A(\nu)\mathrm{e}^{2\pi\nu\Delta}\mathrm{d}\nu \tag{5.19}$$

$$A(\nu) = \int_{-\infty}^\infty F(\Delta)\mathrm{e}^{-2\pi\nu\Delta}\mathrm{d}\Delta$$

$F(\Delta)$ 和 $A(\nu)$ 互为傅里叶变换对。

为利用方程从干涉图经傅里叶变换求得光谱图 $I_0(\nu)$，可以设想光谱图为一偶函数，即 $I_0(-\nu)=I_0(\nu)$，而将光谱扩展到负波数区域。再考虑到在理想干涉

仪情况下，干涉图也是一个偶函数，这样可改写为

$$I_D(\Delta) = \int_{-\infty}^{\infty} RTI_0(\nu)\mathrm{e}^{2\pi\nu\Delta}\mathrm{d}\nu = \mathrm{FT}[RTI_0(\nu)] \tag{5.20}$$

利用方程，可以直接得到光谱图的表达式，它是干涉图的傅里叶逆变换：

$$I(\nu) = \int_{-\infty}^{\infty} I_D(\Delta)\mathrm{e}^{-2\pi\nu\Delta}\mathrm{d}\Delta = \mathrm{FT}^{-1}[I_D(\Delta)] \tag{5.21}$$

式中，$I(\nu)$ 即为复原光谱，它与真实辐射光谱 $I_0(\nu)$ 相差一乘数因子 RT，在求相对谱值时，这一因子将被消去，可以不必考虑。

如上所述，干涉图是一个实偶函数，式中包含正弦项的虚部的积分为零，所以在多数情况下，公式可以简化为

$$I(\nu) = \int_{-\infty}^{\infty} I_D(\Delta)\cos(2\pi\nu\Delta)\mathrm{d}\Delta = 2\int_{0}^{\infty} I_D(\Delta)\cos(2\pi\nu\Delta)\mathrm{d}\Delta \tag{5.22}$$

如果已知干涉图，即探测器接收到的信号强度与光程差的关系 $I_D(\Delta)$，则可以根据干涉图的傅里叶变换式或余弦变换式给出波数处的光谱强度 $I(\nu)$。为得到整个光谱，只需对所关心的波段内的每一个波数，利用上式重复地进行傅里叶变换运算即可。

事实上，运算在实际中是不能够完成的，因为实验中干涉图只能测量到某一有限的极大光程差 ΔM 为止。此即意味着运用式 (5.22) 计算复原光谱 $I(\nu)$ 时，计算的是

$$I(\nu) = \int_{-\infty}^{\infty} I_D(\Delta) \cdot T(\Delta)\cos(2\pi\nu\Delta)\mathrm{d}\Delta \tag{5.23}$$

式中，

$$T(\Delta) = \mathrm{rect}(\Delta/(2\Delta_M)) \begin{cases} 1, & |\Delta| \leqslant \Delta_M \\ 0, & |\Delta| > \Delta_M \end{cases}$$

表明，截断函数 $T(\Delta)$ 是使对干涉图的计算只是在 $-\Delta_M$ 到 Δ_M 的范围内进行，而截去这一区间以外的干涉图。

按卷积定理，计算出的复原光谱畸变为 $I_t(\nu)$：

$$I_t(\nu) = I(\nu) * t(\nu) \tag{5.24}$$

在此，$I(\nu)$ 为未畸变的复原谱；$t(\nu)$ 是截断函数 $T(\Delta)$ 的傅里叶逆变换，称之为仪器谱线函数，或缩写为 ILS 函数。在 $T(\Delta)$ 为形如上述的矩形函数时，

$$t(\nu) = \mathrm{FT}^{-1}[T(\Delta)] = 2\Delta_M \mathrm{sinc}(2\pi\nu\Delta_M) \tag{5.25}$$

它可以看作是输入光谱为无限窄单色谱线情况下干涉仪系统的输出光谱或响应函数。当两单色谱线间距离略大于 ILS 函数的半高线宽 $(0.6/\Delta_M)$ 时，它们在傅里叶变换复原谱上可分辨开来。ILS 函数和傅里叶变换光谱仪的分辨率是直接相关的。当然，定义分辨率前要确定所采用的判据。最常用的判据是瑞利判据和半高线宽。但不论采用何种判据，傅里叶变换光谱仪的光谱分辨率都正比于两相干光束间最大光程差的倒数，即使考虑到切趾函数，分辨率值也总是介于 $1/(2\Delta_M)$ 到 $1/\Delta_M$ 之间，最大光程差 Δ_M 越大，光谱分辨率 $\delta\nu$ 也越高。

3. 仪器性能评价指标

红外光谱辐射测量仪器的主要性能指标有工作光谱区、光谱分辨率、波长准确度、波长重现性、光谱辐射测量精度以及光谱辐射测量重现性。

1) 工作光谱区

工作光谱区是指使用光谱仪器所能记录的光谱波长区域。它主要取决于光学零件的光谱透射率或反射率、光源、干涉器件与接收元件的匹配情况等。

2) 光谱分辨率

光谱分辨率是指分辨两条相邻谱线的能力，常用单位为波数或波长。傅里叶红外光谱仪的光谱分辨率是由干涉仪动镜移动的距离决定的，测量光谱时，如果已知光程差，那么这张光谱的分辨率就知道了，光谱分辨率 $\delta\nu$ 等于最大光程差 Δ_M 的倒数，即

$$\delta\nu = \frac{1}{\Delta_M} \tag{5.26}$$

3) 波长准确度

波长准确度是指仪器指示 (或记录) 出的谱线波长数值与谱线波长真值之间的偏差程度。

4) 波长重现性

波长重现性是指仪器在多次反复工作时，各波长值 (对同一真实波长值) 之间的偏差程度。通常以各次之间的最大偏差值表示。

5) 光谱辐射测量精度

光谱辐射测量精度，是指在一定条件下，光谱辐射亮度测定值相对于真值的最大偏差值，有时也可以用相对偏差表示。

6) 光谱辐射测量重现性

光谱辐射测量重现性，是指对同一试样多次重复测定获得的各次光谱辐射亮度示数之间的偏差值。

5.2.4　红外成像光谱辐射测量仪器

1. 概述

红外成像光谱辐射测量是将成像测量与光谱测量结合起来，在获取目标辐射图像空间特征的同时，可以得到目标的光谱特征。尽管红外成像测量的原理较为单一，但是红外光谱测量原理较多，按光谱分光方式主要分为色散型和干涉型。

2. 测量原理

色散型成像光谱辐射测量仪器按探测器的构造，可分为线列与面阵两大类，它们分别对应光机扫描型 (whiskbroom) 成像光谱测量系统和推扫型 (pushbroom) 成像光谱测量系统，其原理如图 5.4 所示。

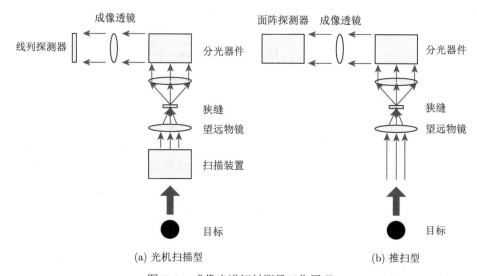

图 5.4　成像光谱辐射测量工作原理

干涉型成像光谱测量原理可以分为两部分，在光谱特征获取方面，与傅里叶变换红外光谱辐射测量原理一致，但需要获得一系列的时间序列干涉图；采用凝视方式，或者与色散型成像光谱测量相同的光机扫描或推扫装置，可以获得目标的空间图像特征。

3. 仪器性能评价指标

红外成像光谱辐射测量仪器的评价指标主要是光谱分辨率、空间分辨率、时间分辨率、辐射分辨率、仪器视场角、调制传递函数等。

1) 光谱分辨率

光谱分辨率与红外光谱辐射测量仪器中同类指标相同，见 5.2.3 节中光谱分辨率定义。

2) 空间分辨率

空间分辨率是指图像上能够详细区分的最小单元的尺寸或大小。对于红外成像光谱辐射测量仪器，其空间分辨率是指能区分两个目标的最小角度或线性距离的度量，由测量仪器的角分辨率决定。

3) 时间分辨率

时间分辨率是红外成像光谱辐射测量系统重复采集图像的最小时间间隔，它与测量系统运行参数相关。

4) 辐射分辨率

辐射分辨率是指在接收光谱信号时能分辨的最小辐射度差，或指对两个不同辐射源的辐射量的分辨能力。一般用灰度的分级数来表示，即最暗-最亮灰度值(亮度值) 间分级的数目-量化级数。

5) 仪器视场角

仪器视场角与红外成像辐射测量仪器中同类指标相同，见 5.2.2 节中视场角定义。

6) 调制传递函数

调制传递函数反映图像的光学对比度与空间频率的关系，是成像系统对所观察景物再现能力的度量。

5.3 红外辐射测量仪器定标

红外辐射测量仪器的高精度定标是实现定量化测量的前提。要保证红外数据的数据质量，首先必须对红外成像/光谱/成像光谱辐射测量仪器进行精确定标，从而由其测试数据中的测量值精确地转化为定量的辐射亮度、光谱辐射亮度等数据 [2,3]。

5.3.1 标准辐射源

合适的标准辐射源是定标准确度以及红外辐射测量有效性的重要保证。

红外辐射测量仪器一般采用黑体作为标准辐射源。黑体有点源黑体 (腔式黑体)，也有扩展源黑体 (面源黑体或大口径黑体)；前者可用于辐射照度定标，后者可用于辐射亮度定标。

可用于光谱定标的标准辐射源有气体谱线灯、气体吸收池、单色仪、可调谐激光器等。气体谱线灯主要利用已知气体的分子或原子的发射光谱。气体吸收池是利用已知气体的分子吸收光谱。单色仪是利用棱镜或光栅等分光器件，对宽带光源 (如黑体) 进行分光，产生窄带输出光谱。可调谐激光器是利用激光器单色性优点，配合波长可调功能，输出不同波长的窄线宽激光，通常会利用积分球匀化，或利用准直器扩束，使输出激光具有较大光斑半径。

5.3.2 辐射定标

1. 辐射照度定标

辐射照度定标时，采用点源作为标准辐射源。具体实现形式可采用黑体照明，通过小孔或准直器的焦点形成点源。红外辐射测量仪器的辐射照度定标原理，如图 5.5 所示。

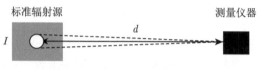

图 5.5 辐射照度定标原理图

采用辐射强度为 I 的标准辐射源，在距离为 d 的位置产生的红外辐射全部由测量仪器接收。辐射照度 E 的测量遵循距离平方反比定律，表示为

$$E = I/d^2 \tag{5.27}$$

2. 辐射亮度定标

采用面源黑体辐射源对红外成像辐射测量仪器进行定标，定标原理如图 5.6 所示。

图 5.6 辐射亮度定标装置原理图

首先，基于黑体辐射源的温度 T 与发射率 ε，并结合普朗克公式，计算黑体在特定波段下的辐射亮度 L 为

$$L = \frac{\varepsilon}{\pi} \int_{\lambda_1}^{\lambda_2} \frac{c_1}{\lambda^5} (e^{\frac{c_2}{\lambda T}} - 1)^{-1} d\lambda \tag{5.28}$$

式中，λ 为波长；c_1 为另一种形式的第一辐射常数，是第 2 章采用的第一辐射常数乘以 π，数值相应地变化为 $3.7415 \times 10^4 (\mathrm{W/cm^2}) \cdot \mu\mathrm{m}^4$；$c_2$ 为第二辐射常数，其值为 $1.4388 \times 10^4 \mu\mathrm{m} \cdot \mathrm{K}$。需说明的是，为了方便不同量纲的计算需求，往往会采用各种形式的普朗克公式，只需保证它们数学等价即可。

采用红外成像测量仪器对黑体辐射源成像，记录其在测量系统中成像的灰度值 DN。改变黑体辐射源温度，记录多组 L 与 DN 之间的一一对应关系，如图 5.7 所示，并通过二者的线性拟合，获取定标系数增益 Gain 和偏置 Offset，最终获得 L 与 DN 的函数关系为

$$L = \text{Gain} \times \text{DN} + \text{Offset} \tag{5.29}$$

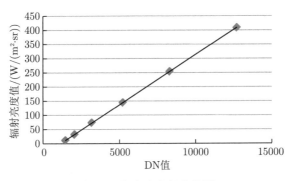

图 5.7　辐亮度定标曲线图

5.3.3　光谱定标

1. 光谱测量仪器的光谱定标

光谱定标的任务是确定各通道的光谱中心波长位置与光谱响应特性，其典型测量装置及原理如图 5.8 所示。

图 5.8　光谱定标典型测量装置及原理图

以黑体作为辐射源与分光器件的光学入口连接，一般选用单色仪作为分光器件。采用平行光管对出射光进行准直，为红外辐射测量仪器的光谱定标提供平行单色光。

在实施定标试验过程中，控制定标装置输出某一特定波长，调整分光器件，控制输出光谱带宽。经分光器件出口出射的单色光，通过准直光学系统准直出射，待校红外光谱测量仪器置于准直光路出口处，接收单色光能量，测量待校红外光谱测量仪器在该波长处的辐射响应。分光器件扫描输出单色光，同时定标仪器记录

谱线数据。定标过程中通常采用高斯函数作为谱线响应的拟合函数，横坐标为分光器件输出的单色光波长，纵坐标为红外光谱测量仪器的响应量化值。

对红外光谱测试仪器来说，主要关心的参数是仪器的光谱分辨能力 R(定义为通道光谱响应函数半峰值宽度 $\Delta\lambda$ 和中心波长 λ 之比)。R 值太大，会造成光谱通道太宽且互相重叠，导致所获得的光谱数据分辨率不高；另外还导致可用于定量反演的通道数目太少，限制了反演精度的提高。对光谱仪光谱分辨率的获取，首先需要保证定标光源的高光谱分辨率及光谱的任意可调谐性，能够通过光谱定标实验拟合出各通道的光谱响应函数，保证光谱定标参数的可靠、有效性。针对单色仪的单色光特点，在光谱仪的某一光谱通道条件下，单色仪扫描输出一定范围的单色光，记录光谱仪响应，拟合得到该通道下的光谱响应函数：

$$\mathrm{DN}(\lambda) = a \times \mathrm{e}^{-\frac{(\lambda - \lambda_0)^2}{2\sigma^2}} \tag{5.30}$$

式中，a 是通道响应最大值，λ_0 对应该通道的中心波长，σ 对应拟合函数的标准偏差，直接影响光谱仪的分辨率，这三个参数都是通过拟合获取的。而 $\mathrm{DN}(\lambda)$ 与 λ 分别对应光谱仪的响应灰度值与单色仪波长，为实验测量获取。图 5.9 为拟合函数形式。

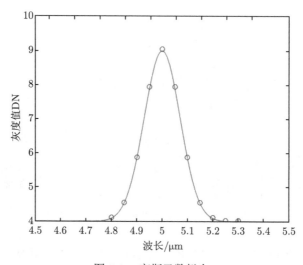

图 5.9　高斯函数拟合

得到光谱仪各个通道的光谱响应函数后，根据函数中的参数计算该通道下的响应半高宽 (full width at half maxima，FWHM)，作为光谱仪光谱分辨率的参数。FWHM 参数计算公式如下：

$$\mathrm{FWHM}(\lambda) = 2\sqrt{2 \times \ln 2} \times \sigma \tag{5.31}$$

以波数为单位时，计算测量的光谱分辨率为

$$\delta\nu = \frac{\mathrm{FWHM}(\lambda)}{\lambda^2} \tag{5.32}$$

2. 辐射测量仪器的相对光谱响应定标

光谱响应是指探测器受不同波长的光照射时，红外辐射测量仪器的响应度随波长变化的情况。通常情况下，光谱响应标定是标定测量仪器的相对光谱响应度，它是利用在红外波段具有稳定光谱响应特性的热释电探测器作为定标系统，对待测的测量仪器进行定标。利用热释电探测器作为定标系统的优势是可以减小由分光器件光谱分光效率引入的不确定度，提高定标精度。装置原理如图 5.10 所示。

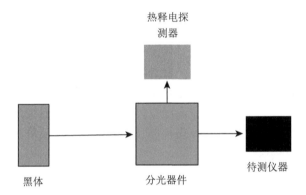

图 5.10　光谱响应定标装置原理图

首先，黑体的辐射经单色仪，照射在热释电探测器上，开启单色仪让单色波连续有序地照射到热释电探测器的入射光瞳上。当温度为 T、波长为 λ 的单色光照射到探测器上时，输出灰度值 DN_1 与黑体辐射源的光谱辐射亮度 L 的关系表示为

$$\mathrm{DN}_1(\lambda) = \mathrm{DN}_{01} + L(\lambda, T) \times R_1(\lambda, T) \tag{5.33}$$

式中，R_1 为热释电探测器的光谱响应度，DN_{01} 为热释电探测器的暗底噪声，即无黑体辐射状态下热释电探测器自身的输出灰度值。

在辐射源光谱能量输出不变的情况下，不改变单色仪的配置，更换热释电探测器为待测相对光谱响应度的红外辐射测量仪器。重新测试，输出灰度值 DN_2 与黑体辐射源的光谱辐射亮度 L 的关系表示为

$$\mathrm{DN}_2(\lambda) = \mathrm{DN}_{02} + L(\lambda, T) \times R_2(\lambda, T) \tag{5.34}$$

式中，R_2 为红外辐射测量装置的光谱响应度，DN_{02} 为红外辐射测量装置的暗底噪声。通过式 (5.33) 和式 (5.34) 可以得到，红外辐射测量仪器的光谱响应度 R_2 为

$$R_2(\lambda, T) = \frac{DN_2(\lambda, T) - DN_{02}}{DN_1(\lambda, T) - DN_{01}} \times R_1(\lambda, T) \qquad (5.35)$$

实际上，这种定标方式得到的是红外辐射测量仪器的相对光谱响应度。

5.3.4 环境温度与杂散辐射影响补偿

前面所述的定标方法均适用于实验室或内场等环境条件相对稳定的条件下，当用于外场测试时，红外定量测量仪器的响应特性与外场环境紧密耦合，当外场试验环境条件与实验室定标环境不一致时，红外探测器的响应特性和光学系统性能会发生明显变化。尤其是对远距离低信噪比目标进行测量时，随着测量设备的光学系统设计更大、更复杂，产生的影响也越大。因此，实验室定标结果无法直接用于处理外场测试结果。红外测量仪器要完成对目标辐射特性的测量，需要进行精确的红外辐射定标，杂散辐射是红外辐射定标数据中的一个分量。但红外测量系统的使用环境复杂多变，即便是在试验前后进行定标，其光学系统内部工作温度也会有变化。而光学系统工作温度直接影响红外测量系统的杂散辐射，进而对辐射测量数据产生影响，为进一步提高目标辐射特性定量处理精度，需要对红外测量仪器的杂散辐射进行校正。

以红外成像测量仪器的定标为例，为了消除环境温度变化对定标结果的影响，在实验室定标中，需要将待定标红外热像仪置于定标模拟装置中，模拟不同环境温度条件开展定标试验，分别测量不同环境温度下红外热像仪对黑体辐射源定标测量的平均灰度值，与对应的黑体辐射亮度值进行线性拟合，获得热像仪测量灰度值与辐射亮度值之间的线性响应关系，通过线性拟合获取定标曲线结果。

在实验室模拟不同环境条件的辐射定标和红外光学设备杂散辐射定量分析结果的基础上，建立设备随环境温度变化的定标系数矩阵。外场测量时使用外场标校手段进行不少于 3 个温度点位的标校复核，将外场标校数据与红外测量仪器的定标系数矩阵做比对，差分计算相应的定标系数用于定量分析处理。此方法既能解决环境条件对定标精度影响的问题，保证定量测量精度，又能有效地减少外场标校的工作量，具有良好的实用效果。

某中波红外成像测量仪器模拟工作环境温度变化的定标结果如图 5.11 所示。

根据定量成像原理，不同环境温度对应的定标曲线应为一系列平行直线，不同环境温度对应的曲线截距不同，将曲线截距与环境温度进行曲线拟合，如图 5.12 所示。由此可根据实验室内的不同环境温度的定标结果，推算测量仪器在外场测

量过程中，实际所处不同环境温度时对应的定标参数，从而完成测量数据的定量化处理。

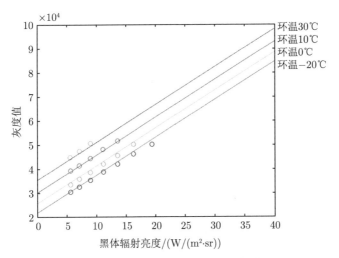

图 5.11　不同环境温度对应的定标曲线

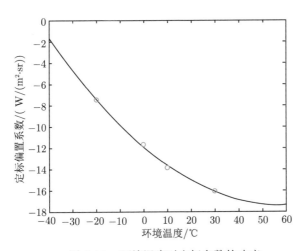

图 5.12　环境温度对定标参数的响应

以上针对红外热像仪的实验室定标给出了初步的环境试验方法，针对光谱仪、高光谱的定标，还应考虑环境变化对设备光谱特性的影响。且不同的分光方式需要应对不同的环境修正方法与不确定度分析方法，需要根据仪器性能开展进一步的研究。

5.4 红外辐射测量技术

在仪器高精度定标基础上，红外辐射测量仪器可以开展实际测量应用。根据测量目标不同，测量可以分为地面目标测量、海面目标测量、空中目标测量和空间目标测量；根据测量平台不同，测量可以分为固定式地基测量、车载测量、舰载测量、机载测量以及星载测量等。每种测量有自身特点，下面按测量目标情况进行红外辐射测量技术应用的介绍；同时，不同测量在测量关系式和测量流程方面具有一定互通性。

5.4.1 空天目标红外辐射测量技术

1. 测量技术概述

对空天目标的红外辐射测量，其难点在于对远距离点目标弱信号的测量，通常采用地基大口径光学系统进行空天目标红外辐射测量。

2. 测量方法

1) 空天目标成像辐射测量方法

地基测量获取的空天目标红外辐射来源于目标自身辐射、目标对环境辐射的散射、大气程辐射三部分，其中环境辐射包括：太阳辐射、大气及地物、云等产生的辐射，其测量示意图如图 5.13 所示。

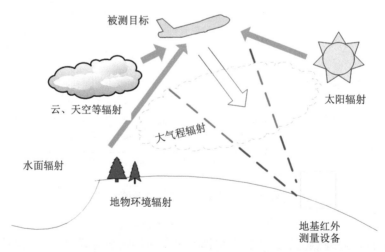

图 5.13 空天目标地基红外辐射测量示意图

红外测试设备入瞳接收到的目标辐射通量计算方法如下：

$$\Phi_d = L_t \frac{A_o}{R^2} A_s \tau_{\text{sys}} \tau_a \tag{5.36}$$

式中，Φ_d 为探测器接收到的辐射通量，W；L_t 为目标的辐射亮度，W/(m²·sr)；A_o 为光学系统通光口径的面积，m²；R 为目标距离，m；A_s 为目标投影面积，m²；τ_{sys} 为光学系统透射率；τ_a 为大气透射率。

热像仪对点目标进行成像探测时，由于光学系统的衍射效应，会在红外焦平面阵列上形成一个弥散斑。而在忽略光学系统的衰减的假设下，点目标成像形成的弥散斑，其各像元辐射通量的和即为点目标在光学系统入瞳处产生的辐射通量。假定弥散斑所占像元数为 N，弥散斑中每个像元测量的辐射亮度为 L_i，则有

$$L \times A \times \tau = \sum_{i=1}^{N} L_i \times (\alpha \times r)^2 \tag{5.37}$$

式中，L 为点目标的真实辐亮度，W/(m²·sr)；A 为目标的投影面积，m²；α 为热像仪单像元对应的视场角 (这里认为水平和垂直方向角分辨率相同)，即其角分辨率，rad；r 为目标与测量系统间的距离，m；τ 为目标至测试系统的大气透射率。这里忽略了大气程辐射的影响。

在实际测试中，热像仪直接测量获取的输入为图像中的灰度值 DN_i，经过辐射定标，获取不同像元对应的定标参数 Offset_i、Gain_i。测量系统第 i 个像元灰度值与亮度值之间的关系可表示为

$$L = \text{Gain}_i \times \text{DN} + \text{Offset}_i \tag{5.38}$$

由此第 i 个像元对应的目标辐射亮度 L_i 为

$$L_i = \text{Gain}_i \times \text{DN}_i + \text{Offset}_i - (\text{Gain}_i \times \text{DN}_{i,\text{bg}} + \text{Offset}_i)$$
$$= \text{Gain}_i \times (\text{DN}_i - \text{DN}_{i,\text{bg}}) \tag{5.39}$$

式中，DN_i 为第 i 个像元对应测试目标的灰度值，$\text{DN}_{i,\text{bg}}$ 为第 i 个像元测量背景的灰度值。

因此，计算目标的辐射亮度为

$$L = \frac{\sum_{i=1}^{N} \text{Gain}_i \times (\text{DN}_i - \text{DN}_{i,\text{bg}}) \times (\alpha \times r)^2}{A \times \tau} \tag{5.40}$$

在大多条件下，目标面积未知，无法计算目标的辐射亮度，只能获得目标辐射强度，即

$$I = \frac{\sum_{i=1}^{N} \mathrm{Gain}_i \times (\mathrm{DN}_i - \mathrm{DN}_{i,\mathrm{bg}}) \times (\alpha \times r)^2}{\tau} \tag{5.41}$$

面对点目标弱信号, 就需要采取大口径光学系统进行红外辐射测量。较大的口径可以接收更多的辐射能量, 但是大口径系统在辐射定标方面与常规红外测量设备相比, 存在以下三个技术难点。

(1) 大口径光学系统杂散辐射复杂, 对精确定标带来很大困难。

大口径光学测量系统定标时, 杂散辐射对目标特性测量有较大影响。杂散辐射抑制不好, 会使得传感器整体噪声水平上升, 像面非均匀性上升等, 严重时目标信号会湮没在杂散辐射噪声中, 使系统失去定量测量能力。由于光学系统非常复杂, 其内部辐射噪声源与系统结构、系统涂层和内部材质相关, 也与系统所处工作环境相关, 因此需要从理论分析、抑制手段、补偿方法等多方面对大口径光学系统杂散辐射抑制进行研究, 保障系统定量测量能力。

(2) 空天目标特性动态范围变化通常很大, 给大动态范围辐射定标技术带来挑战。

在高速目标飞行全过程, 目标表观辐射温度变化范围可覆盖 $-60 \sim +1000^\circ\mathrm{C}$ (甚至更宽), 因此需要对测量系统进行较大动态范围的定标。一般而言, 传感器线性响应是在中温一定区间范围内, 而在此区间之外属于非线性响应区, 为了满足目标飞行全过程的定量测量, 需利用非线性响应区满足低温和高温的目标特性测量, 因此大动态范围辐射定标要覆盖低温区、中温线性区和高温区; 由于大部分面源黑体的动态范围均在低温区和中温区, 因此需要建立系统定标技术体系, 充分利用大面源黑体、小面源黑体和腔黑体, 以覆盖低温、中温和高温的定标需求; 此外定标系数与环境温度相关, 建立定标技术体系还需要考虑环境影响与监控方法。

(3) 大口径光学系统标校结果受使用环境影响很大, 给外场定量测量带来挑战。

外场测试时, 红外定量测量系统的响应特性与外场环境紧密耦合, 当外场试验环境条件与实验室定标环境不一致时, 光学系统的响应特性会发生明显变化。尤其是对远距离低信噪比目标进行测量时, 影响程度可达 50% 以上。因此实验室定标结果无法直接用于处理外场测试结果。在现场复核时, 需要利用外场条件设计各种等效黑体和标准辐射源, 通过不同定标方法对系统响应特性随环境温度的变化情况进行测量和修正, 以提高定量测量精度。

因此在红外测量系统的常见定标方法以外, 还需要设计专门的大口径红外定量测量系统定标技术, 见图 5.14。首先在实验室实现大动态范围高精度辐射定标, 然后针对红外测量系统定量响应存在的 "温漂" 问题, 进行杂散辐射抑制及修正方法研究, 并构建大口径红外测量系统外场定标辐射复核验证手段和方法。

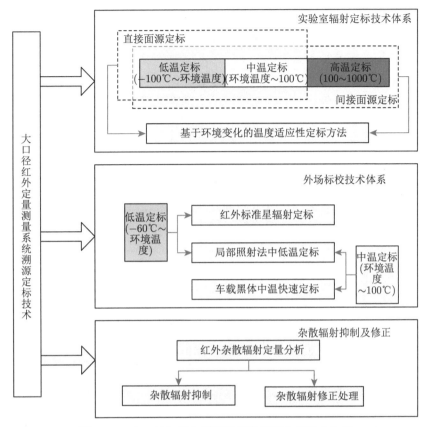

图 5.14　大口径红外定量测量系统溯源定标技术体系

鉴于大口径测量系统外场测试的困难，在开展系统辐射定标时，相较于传统热像仪的辐射定标，需要在实验室、外场定标中采取适用的技术手段，既便于工程实现，又可以保证定标准确性，提高系统定量测量精度。

红外测量设备常见的定标方法有直接面源法、间接面源法、局部照射法和红外标准星校法等。几种定标方法比较，如表 5.1 所示。

表 5.1　定标方法比较表

	定标方法			
	直接面源法	间接面源法	局部照射法	红外标准星校法
定标方式	全焦平面	全焦平面	全焦平面	特征点
黑体规模	大面源	小面源/腔式	小面源/腔式	无
平行光管规模	无	大口径	小口径	无
误差	低	低	中	中
适用定标范围	低、中温段	低、中、高温段	低、中温段	低温段
是否适用于外场	适用	不适用	适用	适用

这四种定标方法各有优缺点，其中直接面源法和间接面源法具有定标精度高、定标温度范围宽的优点，而局部照射法和红外标准星校法具有操作简便、机动性好、适合外场使用等特点。

实验室辐射定标技术采用直接面源定标、间接面源定标相结合的方式，以满足红外测量设备覆盖低、中、高温度段的大动态温度范围的测量需求，为修正环境温漂对定标的影响，进一步开展工作环境变化的温度适应性定标方法研究，提高红外测量设备定标精度，经数据分析处理和外场试验验证，目前实验室辐射定标技术可实现在环境温度 $-25 \sim +40℃$ 对大口径红外测量设备在大动态范围 $(-100 \sim +1000℃)$ 进行辐射标校，辐射标校精度优于 5%。

直接面源定标法采用高精度大面源黑体直接覆盖红外测量设备入瞳处，且定标辐射源充满入瞳孔径及探测器视场。采用大面源黑体辐射源直接覆盖红外测量设备入瞳的定标方法，能够满足端对端、全孔径、全视场的条件，可大大降低环境背景辐射的影响。该方法适合中、长波红外设备动态范围低、中温段的高精度辐射定标，可同时完成对焦平面所有像元的定标，不用考虑大气衰减和背景辐射的影响，具有较高的定标精度。但大面元黑体的温控范围、温场均匀性、控温精度和发射率的稳定性是保证定标方案实施的关键，目前实验室用的大面源黑体的温度控制范围一般为 $-100 \sim +100℃$。定标中将光学设备聚焦至无限远，黑体的口径应略大于测量系统镜头视场，以确保焦平面探测器完全被黑体经光学系统成的像均匀辐照部分所覆盖。

间接面源定标法采用由小面源或腔式黑体和大口径平行光管共同组成的标准辐射源设备作为扩展标准辐射源，红外测量设备聚焦至无限远，将平行光管对准主设备，确保焦平面完全被像的均匀辐照部分所覆盖，把作为标准辐射源的小面源或腔式黑体放置在大口径平行光管的焦面上，经平行光管准直、扩束后可为设备定标提供具有一定发散角的辐射源，保证辐射源均匀充满红外测量设备的视场。间接面源法与直接面源法一样，可同时对焦平面所有像元进行定标，且基本忽略大气衰减和背景辐射的影响，具有较高水平的定标精度；间接面源法所需黑体源有效辐射面积相对较小。标准辐射源设备的发散角应大于红外测量设备的孔径角，以保证辐射源均匀充满红外测量设备的视场，并减少了散射到红外测量设备内的大气背景辐射。

而相较于实验室可采取固定黑体、平行光管等设备实现定标的同时，外场复核定标在实现定标试验技术的同时，还应考虑外场开展定标系统应具有的操作简便、机动性好、适合外场使用等条件。在此提出以下几种外场复核定标手段供读者参考。

A. 车载大面源黑体外场中温段快速标校复核

车载大面源黑体外场中温段标校方法采用的是直接面源定标法，对红外成像测量设备进行覆盖式定标。车载黑体具有加热功能，可覆盖大部分外场条件下传感器中温线性响应区域系统标校，即 T(环境温度)$+5 \sim +100℃$，在外场试验前后使用车载黑体对红外成像测量设备进行不同温度点的标校复核。

B. 大口径红外测量设备局部照射法辐射标校

局部照射法也是较为精确的外场低、中温段定标方法，采用小面源黑体或腔式黑体配合小口径平行光管、带有精确测温的光阑盘和背景参考板共同产生一个标准的辐射源进行定标。黑体辐射通过光阑进入小型平行光管产生平行光入射到待定标设备中，同时带有精确测温的背景参考板产生的辐射也入射到待定标设备中，这两部分辐射相加就是待定标设备实际接收到的辐射量。此方法使用小面源黑体结合小口径平行光管实现对大口径红外测量设备的外场定标校核，可在操作简便的情况下完成较为精确的外场低、中温段定标，有效控制环境条件变化对定标的影响。局部照射法标校设备与红外测量设备对接关系见图 5.15，局部照射法定标原理见图 5.16。

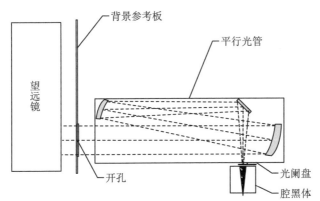

图 5.15 局部照射法标校设备与红外测量设备对接关系图

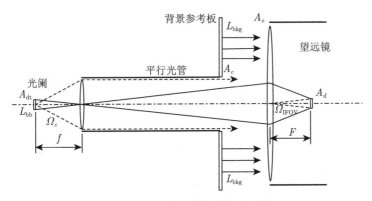

图 5.16 局部照射法定标原理图

红外焦平面阵列测量设备入瞳处的等效辐射照度表达式为

$$E(T) = \Omega_{\text{IFOV}} L(T)$$

$$= \Omega_{\text{IFOV}} \tau_i \cdot \frac{A_c}{A_o} \cdot L_{\text{bb}}(T_{\text{bb}}) + \Omega_{\text{IFOV}} \frac{A_o - A_c}{A_o} \cdot L_{\text{bkg}}(T_{\text{bkg}}) \tag{5.42}$$

式中，Ω_{IFOV} 为瞬时视场立体角，τ_i 为平行光管透过率，A_c 为平行光管出射面积，A_o 为成像测量设备通光孔径的面积，$L_{\text{bb}}(T_{\text{bb}})$ 为定标黑体在测量设备波段范围的积分辐亮度，$L_{\text{bkg}}(T_{\text{bkg}})$ 为背景参考板在测量设备波段范围的积分辐亮度。

C. 红外标准恒星现场辐射标校

对于外场低温标校，通常还采用红外标准恒星现场辐射标校方法。红外标准恒星的辐射特性相对稳定，以此作为标准源，建立标准星与红外测量设备输出的对应关系，求解定标系数，其方法无须增加额外的定标设备，简便易实现，适用于中、长波红外测量辐射标校。具体方法为根据红外测量设备波段，以红外标准星表数据为数据源，建立满足标校指标要求的红外标准星库，根据红外测量设备站址坐标、视场、视轴指向等参数，查询可观测标准星，并与红外测量设备输出信号建立定标方程。图 5.17 为红外星校方案框图。

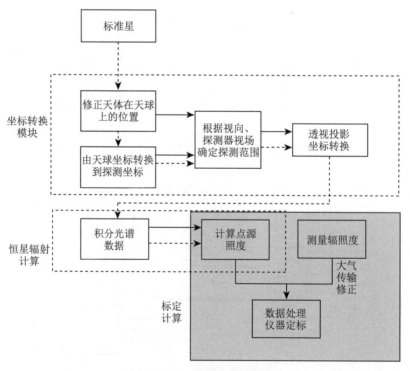

图 5.17　红外星校方案框图

2) 空天动态目标光谱辐射测量方法

目前对动态目标光谱特性测量的手段还不成熟，主要体现在两方面：一是光谱研究主要针对静态目标或者准静态/稳态特性，缺乏对动态目标的测量手段；二是对目标的光谱研究都是基于近距离测量，缺乏对远距离小目标的测量手段。

傅里叶红外光谱仪是进行红外光谱测量的重要仪器之一，但由于不成像，无法完成背景剔除、亮度平均、辐射强度计算等数据处理。为此在动态目标光谱测量的同时，需选用视场匹配的红外热像仪作为场景测量设备，辅助提高光谱仪测量获取数据的可处理能力。

以空中动目标光谱测试为例，光谱仪和热像仪同轴视场装配于伺服转台上。调节光谱仪视场，保证其视场能够全部覆盖测试目标整体。热像仪总视场应大于光谱仪视场，以便通过分析热像仪图像对光谱仪数据进行处理。动态目标光谱测试示意图见图 5.18。

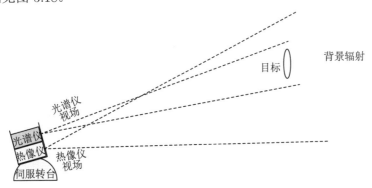

图 5.18　动态目标光谱测试示意图

测试前记录光谱仪与热像仪到目标的直线距离，记为 r。调节光谱仪、热像仪选取合适视场角，记光谱仪的视场角为 α(圆形视场)，记热像仪的瞬时视场，即空间分辨率为 β(假定水平和垂直方向相同)。确保光谱仪视场能够覆盖目标轮廓，在有目标和纯背景两种条件下分别测量完成实验。

在目标飞行期间，伺服转台跟踪目标行动轨迹，记录光谱仪与热像仪数据，读取光谱仪测量的视场内平均响应数字值，以及热像仪测量的红外图像。完成目标测试后，转台按测试路径再重新扫描背景，光谱仪测量背景光谱辐射亮度。

首先，读取光谱仪测量的背景平均响应数字值，记为 $DN_{bg}(\lambda)$。记目标到测试系统间大气的光谱透射率为 $\tau(\lambda)$，目标到测试系统间的大气程辐射贡献为 $L_p(\lambda)$，背景辐射为 $L_{bg}(\lambda)$，则有

$$DN_{bg}(\lambda) \times Gain(\lambda) + Offset(\lambda) = L_{bg}(\lambda) \tag{5.43}$$

其中，$Gain(\lambda)$、$Offset(\lambda)$ 为光谱仪的光谱辐射标定参数，读取光谱仪测量的背

景-目标混合响应数字值，记为 $\mathrm{DN}_m(\lambda)$。记目标的辐射强度为 $I_t(\lambda)$，则有

$$(\mathrm{DN}_m(\lambda) \times \mathrm{Gain}(\lambda) + \mathrm{Offset}(\lambda)) \times S_0$$
$$= \tau(\lambda) \times I_t(\lambda) + (S_0 - S_t) \times L_{\mathrm{bg}}(\lambda) + L_p(\lambda) \times S_t \tag{5.44}$$

其中，S_t 为目标的投影面积、S_0 为光谱仪在距离 r 目标处的视场面积，计算方法为

$$S_0 = \pi(r \times \alpha/2)^2 \tag{5.45}$$

由此计算目标的辐射强度为

$$I_t(\lambda) = \frac{S_0 \times [\mathrm{DN}_m(\lambda) - \mathrm{DN}_{\mathrm{bg}}(\lambda)] \times \mathrm{Gain}(\lambda)}{\tau(\lambda)} - (L_p(\lambda) - L_{\mathrm{bg}}(\lambda)) \times S_t \tag{5.46}$$

当目标在热像仪视场中以面目标形态清晰成像时，可将热像仪测量的辐射面积近似等效为目标的投影面积。通过读取热像仪对运动目标成像的红外图像，在图像中框选目标的成像区域，统计目标在热像仪图像中成像的像元数记为 N。计算目标的投影面积为

$$S_t = N \times (\beta \times r)^2 \tag{5.47}$$

基于动态目标光谱测量高帧频、高分辨率的需求，高光谱、热像仪、多光谱等红外测量设备都不是合适的测量设备，光谱仪是理想的测量设备。但是基于以上测量系统的测试方法中，我们仍会发现很多问题，比如：光谱仪视场的选取。光谱仪一般可根据测试需求，调节视场光阑挡位以改变光谱仪视场。我们在静态测试中，当然希望目标轮廓在光谱仪视场内能够尽量占据更大的面积，尽量减少背景对测试产生的影响。然而，在动态测试过程中，为了保证目标的跟踪效果，需要为目标运动与光谱仪视场的相对运动留有余量，就需要尽量扩大光谱仪的视场。视场选取的矛盾性需要根据测试获取数据的侧重点来进行选择，即明确是保证测试的信噪比还是保证目标全过程稳定跟踪与数据获取。此外，对于非合作目标测量，尺寸未定、距离未知条件下，测量数据有效性更是难以保证。

3. 测量不确定度分析

1) 空天目标成像测量的不确定度分析

影响空天目标红外成像测量的不确定主要因素可归为以下几类：

(1) 环境因素：主要包括大气透射率和程辐射计算不确定度；

(2) 目标因素：被测目标的运动姿态、目标距离和目标视向角等测量误差引入的不确定度等；

(3) 设备因素：主要包括设备响应非线性不确定度；

(4) 定标因素：定标黑体温度精度、温度稳定性、定标曲线拟合精度等不确定度因素；

(5) 数据处理因素：包括在数据处理过程中目标区域像元面积选取、目标辐射分布不均匀等因素引入的不确定度等。

2) 空天目标光谱测量的不确定度分析

影响空天目标红外光谱测量的不确定度包含两个部分，一是光谱仪定标过程引入的不确定度，二是测量过程中，由于环境变化、其他参数测量、数据处理等过程中引入的不确定度。光谱仪在使用前会在实验室利用高精度黑体辐射源开展光谱辐射定标，定标精度会直接影响光谱仪后续的测量精度。在测量以及后续数据处理过程中也会引入不确定度，比如分析红外光谱测量结果的不确定度，评价定量测量系统的测量精度。实验室定标及测量过程中各不确定度的来源主要包括以下几种。

(1) 实验室定标引入。光谱仪实验室定标过程中，会因为定标设备精度、定标过程、定标数据处理方法等原因引入不确定度。其来源主要包括：黑体辐射源温度准确度、稳定性、发射率准确度，定标数据处理过程中光谱仪辐射度响应线性拟合过程中引入，黑体到光谱仪辐射传输过程中引入的不确定度，定标系统杂散光引入，定标环境引入。

(2) 光谱位置偏移引入的不确定度。光谱仪的辐射定标需要对工作波段内的各个波段开展光谱辐射定标，因此由于光谱仪自身影响以及光谱定标造成的光谱位置偏移会直接引起辐亮度定标的误差，定标误差大小根据单色仪提供的光谱定标结果进行计算。

(3) 几何参数测量引入的不确定度。在数据处理过程中，需要用到光谱仪与目标的距离、光谱仪视场角、热像仪角分辨率等参数，这些几何参数有些是需要现场测量的，有些是仪器自身的参数，这些参数的自身误差，引入不确定度。

(4) 光谱数据背景剔除引入的不确定度。数据处理中较为重要的步骤是在光谱仪测量的目标-背景混合光谱中提取背景光谱进行背景的光谱剔除，此过程需要热像仪测量图像作为辅助，在热像仪图像中框选目标几何区域，估算目标在光谱仪视场中所占比例。估算面积的误差会对测量结果造成较大误差，进而引起测量不确定度。

5.4.2 地海目标红外辐射测量技术

1. 测量技术概述

地海目标所处的环境较为复杂，地面有草地、树林、岩石、水体以及非目标建筑物等背景辐射干扰，水面有海浪、岛屿、岸基以及水体反射太阳光等背景辐射干扰。复杂环境与伪装防护使在测量地海目标时，通常希望同时获得目标的图像特征与光谱特征，以便于目标检测识别及后续数据处理。

2. 测量方法

1) 机载红外成像测量方法 [4]

本书重点介绍基于空中平台 (固定翼或旋转翼飞机) 搭载红外成像辐射测量系统对地/海面目标进行机载测量，测量方法示意图如图 5.19 所示。通过测量直接得到红外图像，包含目标和背景的表观辐射温度分布，可以转换为表观辐射亮度分布；通过目标与环境参数的获取，计算出真实辐射亮度分布。

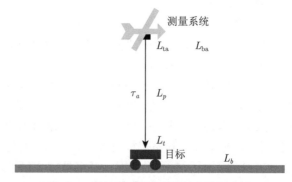

图 5.19   地面目标机载测量方法示意图

测量系统中应包括红外成像测量设备、目标参数测量设备和环境参数测量设备。其中，红外成像测量设备分为扫描成像型和凝视焦平面型。在测量过程中，对于扫描成像型测量设备，对目标的空间分辨率应大于飞机的飞行速度与扫描速度的比值；对于凝视焦平面型测量设备，对目标的空间分辨率应大于飞机的飞行速度与探测器积分时间的乘积。测量设备的视场应略大于目标尺寸与测量距离的比值，这里需要考虑飞机航线与目标之间存在一定偏差。为保证测量数据的完备，测量设备的温度测量量程应覆盖被测对象的表观辐射温度分布区间。

目标参数测量设备需要对目标位置、距离、状态进行测量。

环境参数测量设备需要对太阳辐照、天空辐照、气象参数、大气轮廓等进行测量。太阳情况包括太阳位置、太阳直射辐照度、太阳总辐射照度。天空情况包括天气阴晴、天空背景辐照、云的类型、云量和云高等。气象参数包括温度、湿度、压力、风速、风向和能见度等，需要测量场区从地面到机载测量高度的大气廓线，具体包括大气的温度、湿度和压力等的垂直分布。可以利用干温度计、湿温度计、气压表和风速计等测量地面气象参数；利用探空气球测量从地面到机载高度的大气廓线；利用能见度仪或人眼观测能见度；直表、总表和红外辐照仪测量太阳和天空的辐照度。

当飞机飞至地/海面目标上空时，对目标红外辐射特性进行测量。目标的红外辐射亮度经过大气传输后，会发生衰减；由机载测量系统测得的红外辐射亮度为表观红外辐射亮度。这两者的关系为

$$L_t = (L_{ta} - L_p)/\tau_a \tag{5.48}$$

式中，L_t 为目标的红外辐射亮度，$\mathrm{W/(m^2 \cdot sr)}$；$L_{ta}$ 为机载系统测量的目标的表观

红外辐射亮度，$W/(m^2 \cdot sr)$；L_p 为目标 (和背景) 到机载测量系统之间的大气程辐射，$W/(m^2 \cdot sr)$；τ_a 为目标 (和背景) 到机载测量系统之间的大气的红外透射率。

同样地，背景的红外辐射亮度与系统测得的表观红外辐射亮度的关系为

$$L_b = (L_{ba} - L_p)/\tau_a \qquad (5.49)$$

式中，L_b 为背景的红外辐射亮度，$W/(m^2 \cdot sr)$；L_{ba} 为机载系统测量的背景的表观红外辐射亮度，$W/(m^2 \cdot sr)$。

测量时还会关注目标与背景的红外辐射亮度对比度和辐射温差。在已知辐射亮度的情况下，利用黑体辐射公式，可以计算得到表观辐射温度，因此对比度 C 和辐射温差 ΔT 可以表示为

$$C = \frac{L_t - L_b}{L_b} \qquad (5.50)$$

$$\Delta T = T_t - T_b$$

式中，T_t 为目标辐射温度，K 或 ℃；T_b 为背景辐射温度，K 或 ℃。

2) 机载高光谱成像测量方法

高光谱成像测量作为一种成像光谱技术，能在获得目标图像特征的同时，得到具有高光谱分辨率的目标光谱特征，是进行地/海目标红外辐射测量的重要途径。目前，国内外主流的机载高光谱测量系统主要分为推扫型和凝视型。图 5.20 为机载推扫型红外高光谱和凝视型傅里叶红外高光谱测量原理示意图。

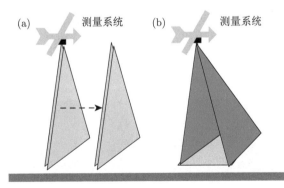

图 5.20 机载推扫型红外高光谱 (a) 和凝视型傅里叶红外高光谱 (b) 测量原理示意图

测量系统主要由高光谱成像仪、全球定位系统 (global positioning system，GPS)、惯导 (inertial measuremer unit，IMU)、稳定平台、控制采集模块等设备组成。

推扫型红外高光谱在固定翼飞机和旋转翼飞机上应用时的方法相对一致，均使用成熟通用的稳定平台；而凝视型红外高光谱在旋转翼飞机上应用时，可直接

利用成熟通用的稳定平台，在固定翼飞机上应用时，则需要对稳定平台进行改造，以实现飞机前向运动补偿以及克服飞机姿态的影响。

与机载红外成像测量相同，机载红外高光谱成像测量时也需要对环境参数进行测量，这里不再进行赘述。

在高光谱成像测量中，受设备系统自身因素和外界环境因素影响，获取的原始图像数据会存在一定的噪声并产生一些失真与畸变，需要对数据进行预处理。具体处理过程如图 5.21 所示，主要包括去除数据坏点、辐射定标和图像拼接等操作。

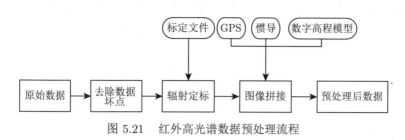

图 5.21　红外高光谱数据预处理流程

A. 去除数据坏点

红外高光谱成像仪传感器系统在记录数据的过程中，由于制造时传感器本身特性的原因，会导致某些波段的某些点数据固定缺失。这样就会在每幅图像中的固定位置产生坏像元暗点。为了保证后期处理数据的精确度，必须对这些数据坏点进行去除。

经过统计，计算出每个坏点空间位置以及波段数，得到传感器的坏点文件，以此作为坏点校正的依据。坏点去除采用邻域插值法，利用相邻像元值对坏点进行补偿，如图 5.22 所示。图 5.22(a) 为去除坏点前的数据，图 5.22(b) 为去除坏点后的数据。

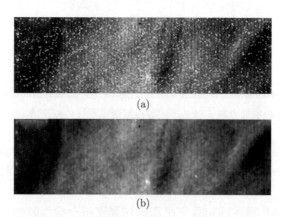

图 5.22　数据坏点去除前 (a) 去除后 (b)

B. 辐射定标

辐射定标参考 5.3.2 节,基于红外高光谱仪输出量与辐射亮度的方程式,由此确定定标系数。进而将高光谱成像测量得到的测量值转换为光谱辐射亮度值。在每次开始采集数据之前,都先采集黑体数据,并进行存储。在一次飞行任务完成后,需要利用辐射定标数据文件,对数据完成辐射定标。

C. 图像拼接

当研究区超出单幅遥感图像所覆盖的范围时,需要将多幅图像拼接起来,形成一幅或一系列覆盖全区的较大图像,这个过程就是图像镶嵌。在进行图像镶嵌时,首先要指定一幅参照图像,作为镶嵌过程中对比度匹配以及镶嵌后输出图像的地理投影、像元大小、数据类型的基准;在重复覆盖区,各图像之间应有较高的配准精度,必要时要在图像之间利用控制点进行配准。为了便于图像镶嵌,一般均要保证相邻图幅间有一定的重复覆盖区。拼接图像示意图见图 5.23。

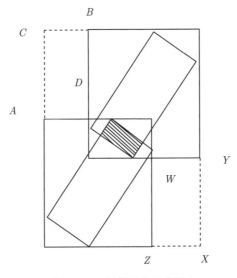

图 5.23　拼接图像示意图

在图像拼接之前,原始遥感图像通常包含严重的几何变形。系统性几何变形是有规律和可以预测的,因此可以应用模拟遥感平台及探测设备内部变形的数学公式或模型来预测。非系统性几何变形是不规律的,它可以是遥感平台的高度、经纬度、速度和姿态等的不稳定,地球曲率及空气折射的变化等,一般很难预测。所以,首先完成图像几何校正工作。

在图像拼接中采用正射校正算法,先对图像进行几何校正,赋予每幅图像正确的经纬度和高程数据 (digital elevation model, DEM) 信息,然后利用嵌于

ENVI(The Environment for Visualizing Images) 软件中的拼接程序分别完成各区域的图像拼接工作。

5.4.3 材料光学参数实验室测量技术

1. 测量技术概述

材料光学特性参数的实验室测量是目标红外辐射特性研究的重要手段，可为理论分析和材料性能评估等提供重要的数据和依据。同外场测量相比，实验室测量具有设备成熟稳定、环境条件容易控制、便于重复测量及测量费用低等特点，可获取更高精度的测量数据。

实验室材料光学参数测量主要包括两个方面[5,6]：紫外-近红外光谱反射率 (0.25~2μm) 测量和红外光谱发射率 (2~14μm) 测量。首先，由于在太阳照射下，紫外-近红外光谱反射特性是决定目标光学特性的重要因素，因而掌握材料在紫外-近红外的反射率和目标几何参数可计算出目标的太阳光散射特性；其次，针对隐身/伪装目标，由材料的光谱反射率可计算其色度系统三刺激值和匀色空间坐标值等，进而计算出与背景色的色差、可见光亮度对比度、近红外亮度对比度等参数，是评估目标隐身/伪装效能的重要参考。红外发射率是决定目标自身辐射和散射环境辐射的重要物理参数，测量材料光谱发射率对目标红外特性理论研究和真实温度反演等具有重要价值。

2. 测量方法

材料的紫外-近红外光谱反射率主要指半球漫反射率，通常采用比对法进行测量。测量被测物体在标准光源照射下在半球空间的辐射通量 $\mathrm{d}\Phi_r$ 和标准漫反射板在半球空间的辐射通量 $\mathrm{d}\Phi_0$，通过比较得到材料的半球光谱反射率 R。

直接测试量为在标准光源照射下被测物体在半球空间的辐射通量 $\mathrm{d}\Phi_r$ 和标准漫反射板在半球空间的辐射通量 $\mathrm{d}\Phi_0$，被测参量为半球光谱反射率 $R(\lambda)$，关系式表达如下：

$$R(\lambda) = \frac{\mathrm{d}\Phi_r(\lambda)}{\mathrm{d}\Phi_0(\lambda)} R_0(\lambda) \tag{5.51}$$

式中，$\mathrm{d}\Phi_r(\lambda)$ 为被测物体在半球方向的辐射通量，W；$\mathrm{d}\Phi_0(\lambda)$ 为标准漫反射体在半球方向的辐射通量，W；λ 为光学波长，nm；$R(\lambda)$ 为被测物体的反射率；$R_0(\lambda)$ 为标准漫反射板的半球光谱反射率。

材料紫外-近红外光谱反射率测量系统通常以紫外/可见/近红外分光光度计为基础构成，主要包括双光束分光光度计主机、积分球、定标板、数据采集与控制系统，如图 5.24 所示。

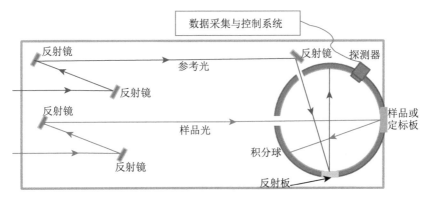

图 5.24 光谱反射率测量系统原理图

光谱发射率测量方法根据不同的思路大致可以分为两类: 定义法和反射法。定义法就是从发射率的定义出发, 直接测量相同温度下的目标和黑体光谱辐射, 通过比较得到光谱发射率; 反射法是根据基尔霍夫定律由光谱反射率来导出光谱发射率。其中定义法是直接测量目标自身辐射, 更接近目标真实情况, 因而此处针对定义法进行测量原理和方法的介绍。

定义法直接测量相同温度下的目标和黑体光谱辐射比值。该比值越大, 表明该材料的辐射与黑体辐射越接近。温度 T 时, 实际物体的光谱发射率 $\varepsilon_\lambda(T)$ 表示为

$$\varepsilon_\lambda(T) = \frac{M_\lambda(T)}{M_{b\lambda}(T)} \varepsilon_{b\lambda}(T) \tag{5.52}$$

式中, $M_\lambda(T)$ 为温度为 T 时, 实际物体的光谱辐射出射度; $M_{b\lambda}(T)$ 为温度为 T 时, 黑体的光谱辐射出射度; 绝对理想黑体往往不存在, 这里的 $\varepsilon_{b\lambda}(T)$ 表示温度为 T 时参考黑体的光谱发射率。

对于朗伯体表面, 其辐射出射度值为辐亮度值的 π 倍, 即 $M_\lambda(T) = \pi L_\lambda(T)$; 因此上式也可用辐射亮度表示:

$$\varepsilon_\lambda(T) = \frac{L_\lambda(T)}{L_{b\lambda}(T)} \varepsilon_{b\lambda}(T) \tag{5.53}$$

式中, $L_\lambda(T)$ 为温度为 T 时, 实际物体的光谱辐射亮度; $L_{b\lambda}(T)$ 为温度为 T 时, 黑体的光谱辐射亮度。

采用定义法测量光谱发射率时, 需要考虑到实际环境中, 任何物体被探测到的能量均可表述为两部分, 一部分是物体的自身辐射, 另一部分是物体表面反射外部环境辐射。因此, 对于温度为 T、光谱发射率为 $\varepsilon_\lambda(T)$ 的不透明物体表面, 处

于温度为 T_e 的环境中时，其表面的等效黑体光谱辐射亮度为

$$L_\lambda(T) = \varepsilon_\lambda(T)L_\lambda^0(T) + \rho_\lambda(T)L_\lambda^e(T_e) \tag{5.54}$$

对于不透明物体，$\rho_\lambda(T) = 1 - \varepsilon_\lambda(T)$，因此，上式又可写成

$$L_\lambda(T) = \varepsilon_\lambda(T)L_\lambda^0(T) + (1 - \varepsilon_\lambda(T))L_\lambda^e(T_e) \tag{5.55}$$

式中，$\varepsilon_\lambda(T)$ 是温度为 T 时，实际物体表面的光谱发射率；$L_\lambda^0(T)$ 是温度为 T 时，黑体的光谱辐射亮度；$L_\lambda^e(T_e)$ 是温度为 T_e 的环境辐射在物体表面的光谱辐射亮度；$\rho_\lambda(T)$ 是温度为 T 时，实际物体的光谱反射率；$L_\lambda(T)$ 是温度为 T 时，实际物体表面的光谱辐射亮度。

　　为了测量实际物体温度为 T 时的表面光谱发射率，建立一个测量装置，使实际物体 (被测样品)、高发射率参考辐射体 (参考黑体)、低发射率朗伯参考辐射体 (低发射率参考体) 具有相同的温度 T，并且处于温度为 T_e 的环境中，如图 5.25 所示。

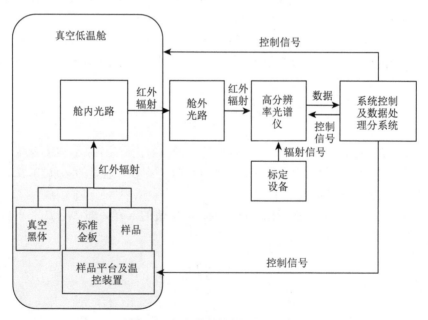

图 5.25　光谱发射率测量示意图

此时参考黑体表面光谱辐射发射率为 $\varepsilon_{b\lambda}(T)$，光谱辐射亮度为

$$L_{b\lambda}(T) = \varepsilon_{b\lambda}(T)L_\lambda^0(T) + (1 - \varepsilon_{b\lambda}(T))L_\lambda^e(T_e) \tag{5.56}$$

低发射率参考体表面光谱辐射发射率为 $\varepsilon_{r\lambda}(T)$，光谱辐射亮度为

$$L_{r\lambda}(T) = \varepsilon_{r\lambda}(T)L_\lambda^0(T) + (1 - \varepsilon_{r\lambda}(T))L_\lambda^e(T_e) \tag{5.57}$$

式中，$\varepsilon_{r\lambda}(T)$ 为温度为 T 时，低发射率参考体的光谱发射率；$L_\lambda^0(T)$ 为温度为 T 时，黑体的光谱辐射亮度；$L_\lambda^e(T_e)$ 为温度为 T_e 时环境辐射对该物体表面产生的光谱辐射亮度；$L_{b\lambda}(T)$ 为温度为 T 时，参考黑体的光谱辐射亮度；$L_{r\lambda}(T)$ 为温度为 T 时，低发射率参考体的光谱辐射亮度。

被测物体表面的光谱发射率为

$$\varepsilon_\lambda(T) = \frac{L_\lambda(T) - L_{r\lambda}(T)}{L_{b\lambda}(T) - L_{r\lambda}(T)}(\varepsilon_{b\lambda}(T) - \varepsilon_{r\lambda}(T)) + \varepsilon_{r\lambda}(T) \tag{5.58}$$

式 (5.58) 即为定义法测光谱发射率的基本原理公式，常温和低温的光谱发射率测量，受环境辐射影响严重，实际应用时，需要将样品、参考黑体和低发射率参考体置于真空低温容器中，探测器通过分别采集样品、黑体和低发射率参考体的辐射亮度值，然后代入上述公式得到样品发射率，该方法测量得到的是法向 (方向) 发射率。

3. 测量不确定度分析

光谱反射率测量系统通常采用货架成熟设备，在进行不确定度分析时通常作为一个整体来考虑。因此，此种情况的不确定度主要包括 A 类和 B 类不确定度。其中 A 类不确定度为测试随机不确定度，体现了重复测量值的随机变化，可通过多次测量同一样本统计分析的方法得到；B 类不确定度为系统不确定度，包括分光光度计主机的不确定度和定标板的不确定度，可通过溯源至仪器厂家或上级计量单位进行校准得到。

A 类不确定度 u_A 可由几次测量求平均值，然后根据贝塞尔函数计算得到不确定 u_A 的值。

B 类不确定度 u_B 由上级计量单位或仪器厂家给出，最终合成不确定度表示为

$$u_c = \sqrt{u_A^2 + u_B^2} \tag{5.59}$$

扩展不确定度 $U_c = ku_c$，置信因子 $k = 2$。

针对光谱发射率测量系统进行不确定分析，可以知道决定光谱发射率测量不确定度的参量包括以下因素：

(1) 标准黑体的光谱发射率不确定度；

(2) 标准金板的光谱发射率不确定度；

(3) 光谱仪测量不确定度;

(4) 黑体、样品控温精度;

(5) 转台角度控制不确定度。

依据测试方法及测量系统构成，进行测量不确定度的合成与评定。

$$u_c^2(\varepsilon_\lambda) = \left[\frac{\partial f}{\partial L_\lambda}u(L_\lambda) + \frac{\partial f}{\partial L_r}u(L_\lambda) + \frac{\partial f}{\partial L_b}u(L_b)\right]^2 + \left[\frac{\partial f}{\partial \varepsilon_b}u(\varepsilon_b)\right]^2 + \left[\frac{\partial f}{\partial \varepsilon_r}u(\varepsilon_r)\right]^2$$

$$= \left[\frac{\partial f}{\partial L_\lambda}u(L_\lambda)\right]^2 + \left[\frac{\partial f}{\partial L_r}u(\varepsilon_r)\right]^2 + \left[\frac{\partial f}{\partial L_b}u(L_b)\right]^2$$

$$+ 2\frac{\partial f}{\partial L_\lambda}\frac{\partial f}{\partial L_r}r(L_\lambda, L_r)u(L_\lambda)u(L_r) + 2\frac{\partial f}{\partial L_r}\frac{\partial f}{\partial L_b}r(L_r, L_b)u(L_r)u(L_b)$$

$$+ 2\frac{\partial f}{\partial L_\lambda}\frac{\partial f}{\partial L_b}r(L_\lambda, L_b)u(L_\lambda)u(L_b) + \left[\frac{\partial f}{\partial \varepsilon_b}u(\varepsilon_b)\right]^2 + \left[\frac{\partial f}{\partial \varepsilon_r}u(\varepsilon_r)\right]^2 \quad (5.60)$$

式中，$L_\lambda(T)$、$L_b(T)$、$L_r(T)$ 均由光谱仪对处于同一温度环境中的样品进行测量，如果测量装置存在系统误差，则对三个量的影响是相同的。因此，$L_\lambda(T)$、$L_b(T)$、$L_r(T)$ 三个量是正强相关的，相关系数 $r(L_\lambda, L_r)$、$r(L_\lambda, L_b)$、$r(L_r, L_b)$ 均为 $+1$。

扩展不确定度 $U = ku_c(\varepsilon_\lambda)$，置信因子 $k = 2$，即实验室光谱发射率测量系统扩展不确定为 $U = 2u_c(\varepsilon_\lambda)$。

参 考 文 献

[1] 张建奇. 红外物理 [M]. 2 版. 西安: 西安电子科技大学出版社, 2013: 82-83.

[2] 陈晓盼, 孙辉, 李军伟, 等. 国外目标与环境光学特性测试技术 [M]. 北京: 国防工业出版社, 2018: 43-51.

[3] 姚连兴, 仇维礼, 王福恒, 等. 目标和环境的光学特性 [M]. 北京: 中国宇航出版社, 1995: 144-158.

[4] GJB 6635—2008. 目标与背景红外辐射特性机载下视测试方法 [S]. 总装备部军标出版发行部, 2008.

[5] GJB 5023.1A—2012. 材料和涂层反射率和发射率测试方法第 1 部分: 反射率 [S]. 总装备部军标出版发行部, 2012.

[6] GJB 5023.2—2003. 材料和涂层反射率和发射率测试方法第 2 部分: 反射率 [S]. 总装备部军标出版发行部, 2003.

第 6 章　红外特性与传感器探测感知

　　红外特性与传感器探测感知相互影响。目标与环境的红外辐射和传输特性是传感器探测感知设计的重要依据之一，红外传感器的光学信息传输效应 (调制传递函数或点扩散函数) 对目标特性测量精度与识别效果也产生影响。本章基于红外传感器探测及信息处理基本原理，阐述了红外特性与传感器探测感知的相互关系。为了将这种相互关系简洁明晰地表述出来，本章对传感器系统内部的光学信息传递链路进行等效简化，在此基础上分析了红外特性对传感器核心光学参数设计的约束，着重建立了点源目标红外探测谱段优选方法，给出了红外辐射测量误差对目标识别影响的解析表达。更为精确的量化分析，需要对实际传感器光学系统、探测器、处理电路等各组成部分进行精细的建模，有兴趣的读者可进一步参考其他相关文献。

6.1　概　　述

　　目标与环境的红外辐射与传输特性是传感器核心参数 (工作波段、灵敏度、分辨率等) 的重要设计依据。例如，基于目标典型状态辐射特性、运动特性、几何特性以及其所处环境的辐射传输特性，设计红外传感器的灵敏度、空间分辨率和帧频等参数；基于目标及其所处环境的典型状态光谱特性分布，设计红外传感器的最优探测谱段和光谱分辨率等。

　　目标红外特性测量精度受到传感器光学信息传输效应的影响。红外传感器点扩散效应使目标的纹理特征产生模糊，信息衰减和离散效应制约了目标红外特性复原精度，这些因素都会对目标识别产生较大影响。

　　由此，红外传感器的探测感知模型被国外广泛研究，一方面用于指导传感器总体指标设计，另一方面也支撑目标特性测量和目标识别技术研究。红外传感器探测感知模型自 20 世纪 70 年代起就开始不断地发展，美国陆军夜视实验室（NVESD）于 1975 年建立了一种红外成像传感器仿真模型，以传感器噪声等效温差、调制传递函数最小可分辨温差等参数为主要输入；1999 年形成了新一代红外成像传感器仿真模型 NVTherm，在对离散采样系统的成像过程进行描述时采用平均传递函数，三维噪声模型也被引入噪声等效温差的测量中。现阶段，红外光谱传感器仿真模型也处于发展中。

　　本章首先阐述红外特性对传感器探测感知相关参数的设计影响，包括灵敏度、探测谱段、光谱分辨率等；而后作为逆问题，对红外传感器光学信息传输效应的等效模型进行描述，阐述其对目标特性测量精度和识别结果的影响。本章内容逻辑关系如图 6.1 所示。

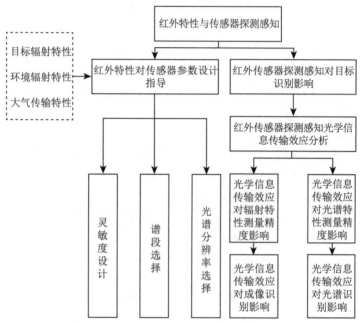

图 6.1　红外特性与传感器探测感知关系

6.2　红外特性对传感器参数设计指导

6.2.1　灵敏度

1. 点源目标

在远距离点目标探测中，目标像往往不能充满系统单个像敏元，需要对 NETD 进行修正。

设 α，β 为传感器瞬时视场。目标对传感器的张角为 α' 和 β'，且 $\alpha' < \alpha$，$\beta' < \beta$，即目标未充满瞬时视场的情况，对 NETD 的修正为[1]

$$\text{NETD}_p = \frac{\alpha\beta}{\alpha'\beta'}\text{NETD} \tag{6.1}$$

由于 $\alpha\beta > \alpha'\beta'$，故 $\text{NETD}_p > \text{NETD}$，即点目标探测时的噪声等效温差比成像探测时大，且是 α' 和 β'（即目标大小和距离）的函数。

设目标为矩形，面积 $S = A \cdot B$，A 和 B 分别表示矩形的长和宽，目标与背景之间经过衰减的视在温差为 ΔT_0，系统至目标的距离为 R，则

$$\alpha'\beta' = \frac{A}{R}\frac{B}{R} = \frac{S}{R^2} \tag{6.2}$$

化简得

$$\text{NETD}_p = \frac{R^2 \alpha \beta}{S} \text{NETD} \tag{6.3}$$

对于点目标探测，要求满足

$$\Delta T_0 \geqslant \text{NETD}_p \tag{6.4}$$

由于系统的 NETD 只是探测能力的一种标志，并不是说目标与背景的辐射温差大于等于系统 NETD 就一定能被探测，还需要满足对应探测概率的阈值信噪比要求。

2. 面源目标

红外传感器对扩展源 (面源) 目标作用距离预测的基本思想是，利用目标等效条带图案，即利用一组经过衰减后视在温差为 ΔT_0 的条带图案代替目标，该组条带总宽度为目标短边长度（对于长方形目标）。通过红外传感器能够发现、定位、识别和确认目标的基本要求是：对于空间频率为 f 的目标，其与背景的实际温差在经过大气传输到达红外传感器时，仍大于或等于该红外传感器对应该频率的 MRTD (f)(最小可分辨温差)，同时，目标对红外探测器的张角应大于或等于观察任务等级所要求的最小视角，即

$$\begin{cases} \dfrac{1}{2f} \leqslant \dfrac{\theta}{N_e} = \dfrac{h}{N_e R} \\ \Delta T_0 \geqslant \text{MRTD}(f, T_b) \end{cases} \tag{6.5}$$

式中，f 为目标的空间特征频率；h 为目标高度；N_e 为按约翰逊准则发现、定位、识别和确认目标所需的等效条带数；T_b 为背景温度。

最大距离 $R_{\max}$ 即为该红外传感器在相应观察条件 (任务等级)N_e 下对面源目标的作用距离。

6.2.2 探测谱段

目标与背景的光谱辐射与传输特性对于红外传感器谱段设计非常重要。探测扩展源目标时，目标与背景的表观光谱辐亮度对比度及其变化规律是谱段设计的重要依据。扩展源目标探测谱段设计方法在红外遥感领域已经有深入研究，有兴趣的读者可参见相关资料。对于点目标红外探测，由于受背景辐射影响大，谱段设计难度更大。此处主要阐述点目标红外探测谱段设计理论。

针对点目标探测，根据信号检测理论，可以建立假设检验模型[2]：

$$\begin{cases} H_1 : X = I_T \tau - L_B A_T + L_B S + I_N \\ H_0 : X = L_B S + I_N \end{cases} \tag{6.6}$$

式中，H_1 是真实目标存在的情况；H_0 是真实目标不存在的情况；X 是目标所在探测器像元所感知到的辐射强度能量；I_T 是目标辐射强度；τ 是大气透射率；L_B 是背景辐射亮度；A_T 是目标投影面积或截面积；I_N 是探测器噪声等效辐射强度；S 是探测器空间分辨率。

假设由于背景辐射起伏造成的背景杂波和探测器噪声均服从正态分布，且相互独立，则在 H_1 和 H_0 两种情况下的 X 概率密度函数分别为

$$p(X|H_1) = \frac{1}{\sqrt{2\pi(\sigma_C^2 + \sigma_N^2)}} e^{\frac{(X - I_T\tau + L_B A_T - L_B S)^2}{2(\sigma_C^2 + \sigma_N^2)}} \tag{6.7}$$

$$p(X|H_0) = \frac{1}{\sqrt{2\pi(\sigma_C^2 + \sigma_N^2)}} e^{-\frac{(X - L_B S)^2}{2(\sigma_C^2 + \sigma_N^2)}} \tag{6.8}$$

式中，σ_C 是背景杂波的等效辐射强度，是由 $L_B S$ 的起伏得到的，其中 L_B 是其起伏的主要原因，服从正态分布；σ_N 是探测器噪声等效辐射强度，表示受探测器噪声影响所引起的成像结果等效辐射强度增量，它和探测距离等外部因素无关，只与相机内部环境和电路等有关。

$$L_B \sim N(\mu_{L_B}, \sigma_{L_B}^2) \tag{6.9}$$

式中，μ_{L_B} 是期望；σ_{L_B} 是标准差，也就是背景杂波辐射亮度。

根据正态分布系数关系，σ_C 可以表示为

$$\sigma_C = \sigma_{L_B} S \tag{6.10}$$

$p(X|H_1)$ 和 $p(X|H_0)$ 分别表示真实目标存在和不存在时 X 的概率密度函数。

由于探测系统存在探测阈值 T_0，则探测概率和虚警率分别对应于 $p(X|H_1)$ 和 $p(X|H_0)$ 对 $X > T_0$ 部分的积分：

$$P_D = \int_{T_0}^{\infty} p(X|H_1)\mathrm{d}X = 1 - Q\left(\frac{I_T\tau - L_B A_T + L_B S - T_0}{\sigma_I}\right) \tag{6.11}$$

$$P_F = \int_{T_0}^{\infty} p(X|H_0)\mathrm{d}X = Q\left(\frac{T_0 - L_B S}{\sigma_I}\right) \tag{6.12}$$

$$\sigma_I = \sqrt{\sigma_C^2 + \sigma_N^2} \tag{6.13}$$

其中，$Q(x)$ 是标准正态分布的右尾函数。

探测概率和虚警率的示意如图 6.2 所示，探测阈值的选取同时影响着虚警率和探测概率，降低阈值可以提高探测概率，但也会使虚警率随之增大，增大阈值会使虚警率和探测概率同时减小。为了选择合适的探测阈值，可以设定恒虚警条件。

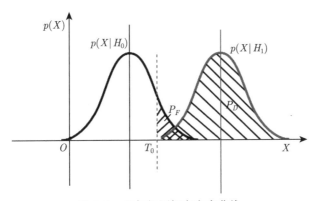

图 6.2 目标探测概率密度曲线

在恒虚警条件下，设虚警率 $P_F = \alpha$，则

$$\frac{T_0 - L_B S}{\sigma_I} = Q^{-1}(\alpha) \tag{6.14}$$

探测概率可以表示为

$$P_D = 1 - Q\left(\frac{I_T\tau - L_B A_T - \sigma_I Q^{-1}(\alpha)}{\sigma_I}\right) = 1 - Q\left(\frac{I_T\tau - L_B A_T}{\sigma_I} - Q^{-1}(\alpha)\right) \tag{6.15}$$

将所有变量因素代入，探测概率的表达公式为

$$P_D = 1 - Q\left\{\frac{I_T\tau - L_B A_T}{\sqrt{\sigma_{L_B}^2(l \cdot \mathrm{IFOV})^4 + \mathrm{NESR}^2 A_T^2}} - Q^{-1}(\alpha)\right\} \tag{6.16}$$

式中，NESR 为噪声等效辐射亮度；l 为探测距离；IFOV 为瞬时视场角。目标和背景的辐射强度都是其光谱辐射强度积分得到的

$$I_T\tau = \int_{\lambda - \frac{B}{2}}^{\lambda + \frac{B}{2}} I_T(\lambda)\tau_\lambda(\lambda)\mathrm{d}\lambda \tag{6.17}$$

$$L_B = \int_{\lambda - \frac{B}{2}}^{\lambda + \frac{B}{2}} L_B(\lambda)\mathrm{d}\lambda \tag{6.18}$$

若对目标探测的探测概率有一定要求，即要求探测概率 $P_D > \eta$，那么探测概率公式可以变形为

$$1 - Q\left(\frac{I_T\tau - L_B A_T}{\sigma_I} - Q^{-1}(\alpha)\right) > \eta \tag{6.19}$$

$$\frac{I_T\tau - L_B A_T}{\sigma_I} > Q^{-1}(1 - \eta) + Q^{-1}(\alpha) \tag{6.20}$$

将 $\sigma_I = \sqrt{\sigma_C^2 + \sigma_N^2}$ 代入式 (6.20) 得到

$$\frac{I_T\tau - L_B A_T}{\sqrt{\sigma_C^2 + \sigma_N^2}} > Q^{-1}(1-\eta) + Q^{-1}(\alpha) \tag{6.21}$$

此时公式左边的部分即为目标探测的信噪比，其噪声项包含了背景杂波和传感器噪声，称为综合信噪比

$$\mathrm{SNR} = \frac{I_T\tau - L_B A_T}{\sqrt{\sigma_C^2 + \sigma_N^2}} \tag{6.22}$$

那么探测概率就和综合信噪比产生了联系，即

$$P_D = 1 - Q(\mathrm{SNR} - Q^{-1}(\alpha)) \tag{6.23}$$

在不同信噪比条件下，探测概率和虚警率的关系如图 6.3 所示。

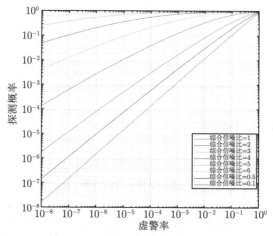

图 6.3   探测概率和虚警率的关系

不同虚警率条件下，探测概率和综合信噪比关系如 6.4 所示。

得到了探测概率的表达式就可以设定谱段的中心波长和谱段宽度，从而得到指定目标、背景在该谱段的探测概率，再对探测概率进行约束，就可以得到符合要求、性能较好的优选谱段。

根据公式 (6.16)，目标探测概率主要受到目标和背景辐射特性、大气透射率、背景杂波特性、探测距离、瞬时视场角、探测器噪声和探测阈值等因素影响，分别对其进行阐述。

(1) 目标辐射强度。

目标辐射强度决定了目标到达像平面前的辐射能量，传感器相机获得的目标辐射能量越强，目标越容易被探测。

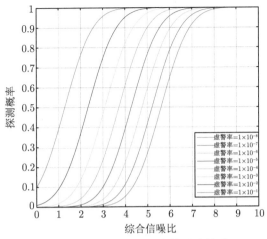

图 6.4 探测概率和综合信噪比关系

(2) 目标截面积。

虽然在公式中目标截面积为负项，但目标截面积大小同时影响了目标辐射强度的强弱，因此目标截面积越大，目标的辐射强度也越大，从而探测概率越高。

(3) 背景辐射亮度。

背景辐射亮度越大，探测的综合信噪比越小，目标越不容易被发现。此外，背景辐射亮度还影响着背景杂波亮度的大小，因为杂波是背景的起伏，两者一般情况下成正相关的关系。

(4) 大气透射率。

大气透射率影响着目标辐射是否能被探测器接收到，它同时影响着探测器接收到的目标和背景的辐射能量，因此不能一概而论地认为透射率高或低哪个更有利于探测要根据实际探测场景作分析。

(5) 背景杂波亮度。

背景杂波受地表类型和背景辐射亮度的大小影响，背景杂波起伏越大，目标越容易湮没在起伏的背景中，因此也越难被发现。

(6) 谱段宽度。

谱段宽度影响滤波后进入相机的实际辐射量，谱段宽度太窄，能在极限位置得到极高的信噪比，但受到噪声影响较大；谱段宽度太宽，受到杂波影响较大，因此选择合适的谱段宽度更有利于目标探测。

(7) 空间分辨率。

瞬时视场角和探测距离共同决定了相机的空间分辨率。在探测距离不变的前提下，瞬时视场角越小，空间分辨率越小，分辨能力越强，目标和背景也越容易得到区分，目标的探测概率也就越高。

(8) 传感器噪声。

传感器噪声大小及其分布特性直接影响系统的探测概率，噪声增强，系统探测概率必然会降低。随着噪声的降低，系统的探测概率会提高，但当其降低到一定程度后，干扰项主要由背景杂波决定，此时继续降低传感器噪声对系统探测概率的影响不大。

(9) 探测器光谱响应特性。

探测器光谱响应特性表征了光电探测器对不同波长入射辐射的响应。在探测谱段选择上还需要考虑探测器光谱响应特性。

需要注意的是，背景杂波并非稳态。图 6.5 是某个红外相机对某一地区某一时段的探测场景，选取图中沙漠背景进行处理，如图 6.5 方框范围内所示。

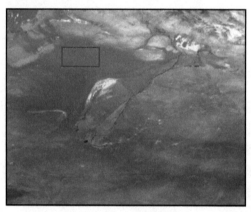

图 6.5　沙漠背景

选取了从上午 10 点到晚上 8 点的数据，分别对背景辐射和杂波进行统计，结果如表 6.1 示。

表 6.1　沙漠背景不同时段辐射亮度

当地时/h	10	11	12	13	14	15
背景辐亮度 /(W/(sr·m²))	0.0088	0.0089	0.0186	0.0176	0.0166	0.0143
杂波辐亮度 /(W/(sr·m²))	7.415×10^{-4}	7.554×10^{-4}	8.930×10^{-4}	8.054×10^{-4}	7.708×10^{-4}	7.649×10^{-4}
杂波水平 (杂波幅亮度/背景辐亮度)/%	8.43	8.49	4.80	4.58	4.64	5.35
当地时/h	16	17	18	19	20	
背景辐亮度 /(W/(sr·m²))	0.0116	0.0078	0.0037	0.0014	0.0021	
杂波辐亮度 /(W/(sr·m²))	8.041×10^{-4}	7.709×10^{-4}	4.597×10^{-4}	4.68×10^{-5}	4.35×10^{-5}	
杂波水平 (杂波幅亮度/背景辐亮度)/%	6.93	9.88	12.42	3.34	2.07	

从表 6.1 以看出：对于该地区，杂波水平在 5%到 10%之间波动，杂波水平在 18 点时达到峰值。

对于天基探测典型地面目标和空中目标的场景，给出其探测概率随光谱变化的趋势，如图 6.6 所示。图 6.6(a) 和 (b) 分别为不同杂波水平下，夜晚探测地面无动力目标和白天观测飞机目标的探测概率曲线。从图中可以看出，通常窗口波段更适合对地面目标进行探测，而吸收波段更适合对空中目标进行探测。同时可以看到杂波对探测会产生一定的影响，随着杂波水平的升高，探测概率会相应的下降。

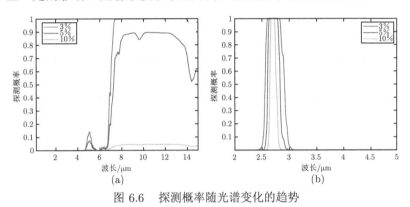

图 6.6 探测概率随光谱变化的趋势

6.2.3 光谱分辨率

目标经介质传输后形成的辐射光谱是光谱传感器谱段分辨率设计的重要输入。一般而言，为了能够更好地提取目标特征光谱，服务于目标光谱探测与识别，光谱传感器谱段分辨率设计最优的是能够提取目标特征光谱，且抑制背景杂波光谱影响。气体具有选择性光谱，为了能够更好说明目标与背景光谱特性对传感器光谱设计的重要性，此处以气体特征光谱探测为例。

为分析气体等选择性光谱特征对传感器光谱分辨率设计的影响，建立分析模型如下。高温气体目标光谱辐射经低温气体介质吸收后，形成的选择性光谱由光谱传感器测量，光谱传感器的分辨率设计刚好可以提取目标特征光谱，如图 6.7 所示。

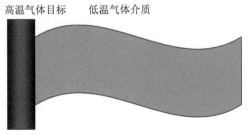

图 6.7 高温气体辐射经过低温气体传输示意图

　　模拟条件：高温气体目标为厚 1m、温度 1500K、组分纯 CO_2、总压 1atm；低温气体介质厚 100m、温度 273K、组分 330ppmv CO_2、总压 1atm。

　　由图 6.8 可见，在 4.17~4.21μm 范围存在规律性的特征光谱（光谱宽度小于 10nm），为获取这些精细特征谱线，设计传感器光谱分辨率应优于 10nm；4.45~4.5μm 范围内也存在规律性的精细特征光谱，可以设计小于 30nm 光谱分辨率的传感器，获取这些精细特征光谱。

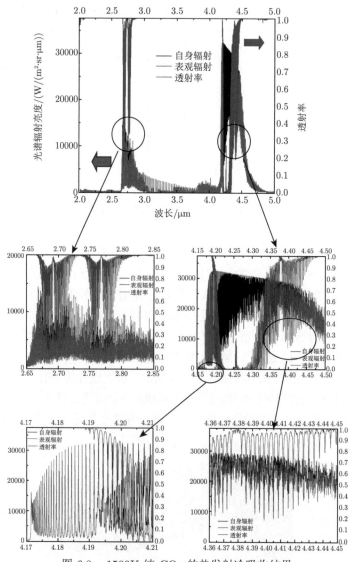

图 6.8　1500K 纯 CO_2 的热发射冷吸收结果

6.3 红外传感器探测感知对目标识别影响

6.3.1 红外传感器光学信息传输效应

红外传感器光学信息传输效应主要包括点扩散效应、离散效应和噪声效应。此处对各种光学信息传输效应进行简要描述。

1. 点扩散效应

点扩散效应一般用调制传递函数（MTF）模型来描述[3]。调制传递函数是描述红外传感器对场景空间频率响应的模型。系统的 MTF 可以用下式表达：

$$\text{MTF} = \text{MTF}_{\text{optic}}\text{MTF}_{\text{det ector}}\text{MTF}_{\text{circuit}}\text{MTF}_{\Delta v}\text{MTF}_{\text{motion}} \tag{6.24}$$

其中，$\text{MTF}_{\text{optic}}$ 是光学系统的传递函数；$\text{MTF}_{\text{det ector}}$ 是探测系统的传递函数；$\text{MTF}_{\text{circuit}}$ 是处理电路的传递函数；$\text{MTF}_{\Delta v}$ 是像移的传递函数；$\text{MTF}_{\text{motion}}$ 是运动模糊的传递函数。

光学系统的传递函数需考虑衍射、像差等效应；探测系统的传递函数需考虑采样等效应；后处理电路的传递函数需考虑读出电路的典型效应；扫描传感器的像移传递函数需考虑速度失配带来的影响；运动模糊的传递函数需考虑相机运动的影响。

2. 离散效应

离散效应是由于传感器阵列对连续空间进行离散采样引起的能量传递效应，其计算模型如下[4]。

$$S_{\text{SYS}} = \text{sample}\left(G\frac{\pi A_d T_{\text{int}}}{4F^2}T_{\text{SYS}}\left(\overline{\lambda}\right) R\left(\overline{\lambda}\right) L\left(T\right) \otimes \text{FFT}^{-1} \right.$$
$$\left. \left(\text{MTF}_{\text{optic}}\text{MTF}_{\text{motion}}\text{MTF}_{\text{det ector}}\right) \right) \tag{6.25}$$

其中，G 是系统增益；F 是系统的 F 数；T_{SYS} 是系统的透射率；R 是光学信号响应系数；sample 是系统采样算子，T_{int} 为积分时间，A_d 为敏感像元面积。

sample 算子是采样积分算子，其在梳状函数的基础上进行改进。对于敏感像元，仅对落在光敏面上的能量进行累积，而对于落在像元间隙的能量则不作计算。

3. 噪声效应

基于光子噪声理论模型、电子噪声和非均匀噪声统计模型对噪声效应进行等效模拟。对于目标与背景的辐射噪声和光学系统热辐射噪声，一般通过计算到达成像焦平面的光子数计算系统噪声等效光子数密度（NEI），进而推出噪声等效功率密度（NEFD）。下面对这种方法进行阐述。

光学系统结构简化为如图 6.9 所示。由图可见，探测器接收到的光子辐射噪声主要有：目标和背景光子辐射噪声，光学镜头组件光子辐射噪声、冷屏光子辐射噪声、光阑光子辐射噪声。其中光阑光子辐射噪声一般忽略不计。图中，Ω_{sys} 和 Ω_{cs} 分别为光学系统和冷屏所张孔径，一般情况下二者是相等的。

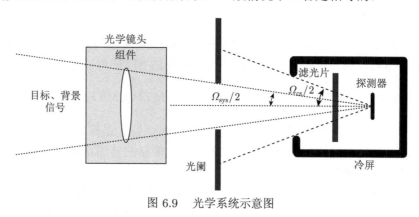

图 6.9   光学系统示意图

噪声可由下式进行计算

$$\mathrm{NEI} = \sqrt{\mathrm{NEI}_{ph}^2 + \mathrm{NEI}_{det}^2 + \mathrm{NEI}_{sys}^2} \tag{6.26}$$

其中，NEI_{ph} 是系统光子噪声；NEI_{det} 是系统探测器噪声；NEI_{sys} 是系统其他噪声。

6.3.2   光学信息传输效应对目标特性测量精度影响

1. 光学信息传输效应对辐射特性测量精度影响

红外点源目标特性的测量精度通常会受到传感器光学信息传输效应和大气传输等的影响，此处主要介绍噪声和离散效应对特性测量精度的影响。

1）噪声影响

设传感器对目标辐射的响应信号为 $S'(s,t)$，经计算获取到的目标辐射强度为 I'，

$$S'(s,t) = c \sum_{(u_1,v_1)}^{(u_2,v_2)} \mathrm{PSF}(u-s, v-t) S(s,t) + \sum_{(u_1,v_1)}^{(u_2,v_2)} n(0, \sigma) \tag{6.27}$$

其中，PSF 为点扩散函数，u、v、s 和 t 为目标像素坐标，$S(s,t)$ 为未经过点扩散效应的目标理论响应值，c 为压元系数，n 为传感器噪声，σ 为噪声标准差。

$$I' = \frac{\left(\dfrac{S'(s,t)}{K} - L_b\right) R^2 \alpha\beta}{\tau} \tag{6.28}$$

其中，K 为传感器光电响应函数，可通过定标获得，R 为目标与传感器距离，L_b 为大气背景辐射亮度，τ 为大气透射率，α 和 β 为传感器瞬时视场角。

式 (6.27) 和式 (6.28) 定性说明了两点：

(1) 在确定目标计算域的情况下，目标响应测量值 S' 与目标信号响应真实值 S 之间趋近于倍数关系，这个倍数关系与计算域所截断的点扩散函数、离散效应相关。

(2) 当图像信噪比较高时，由阈值所决定的计算域大，截断的点扩散函数之和趋近 1，此时反演目标信号精度高。

2) 离散效应影响

远距离点目标探测时，当目标像点刚好全部落在敏感像元上时，目标信号最强；当目标像点落在像元之间位置时，像点只有部分能量被响应，目标信号变弱，这就是探测器离散效应对目标特性测量精度的影响。即如果红外探测器填充率不是 100%，则目标入射辐射有一定的概率照射到光敏面之间造成能量损失。

计算得到不同填充率下目标的辐射强度特性测量误差，如图 6.10 所示 [5]。

从图 6.10 中可以看出，不同填充率下目标辐射特性测量精度随信噪比变化是有一定上限的。离散效应影响使得目标辐射特性测量精度以一定比例下降。

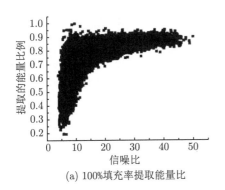
(a) 100%填充率提取能量比

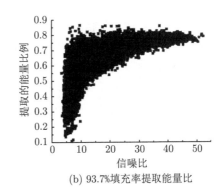
(b) 93.7%填充率提取能量比

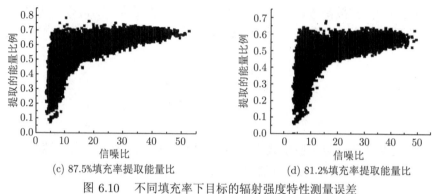

图 6.10   不同填充率下目标的辐射强度特性测量误差

2. 光学信息传输效应对光谱特性测量精度影响

目标高光谱辐射数据获取过程中通常会受到多种因素的影响，主要包括：大气辐射与传输效应、邻近辐射效应、混合像元效应、传感器的点扩散效应等。已有学者研究了点扩散效应、混合像元效应等对高光谱测量精度的影响，有兴趣的读者可进一步参考其他相关文献。

6.3.3   光学信息传输效应对目标识别影响

传感器光学信息传输效应造成目标特性测量结果同自身存在偏差，这种偏差必然产生目标特征提取偏差，进而影响目标识别。这里采用特征相似性来表述测量特征与特征模板之间的相似程度，并以此为基础阐述传感器光学信息传输效应对目标识别的影响。

从理论上讲，目标识别涉及诸多环节：① 目标识别的方法；② 识别特征构造；③ 特性与特征的关系；④ 目标特征的不确定度等。针对不同的目标，上述几个方面均无确定统一的描述方式，为了简化问题的复杂度，这里不考虑具体的识别方法、识别特征、特性与特征的关系，仅从目标特征相似性的角度来阐述特征不确定度对目标识别的影响。

记 A 代表受到光学信息传输效应影响的特征测量值，r_1 代表 A 的半径，即特征测量值的分布半径；B 为特征模版，r_2 为其分布半径。特征测量值和特征模板（可为辐射特征，也可为光谱特征等）相似性记为 a，反过来讲，即差异度为 $d = 1 - a$。假定特征测量值和特征模版的分布均服从二维均匀分布。A 和 B 的交迭区面积与 A 面积之比代表正确识别率，如图 6.11 所示。

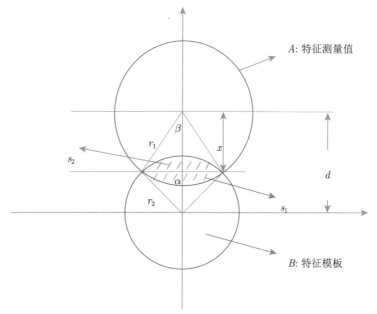

图 6.11 特征测量值与特征模版分布示意图

从图 6.11 中容易看出：

$$r_1^2 - x^2 = r_2^2 - (d-x)^2 \tag{6.29}$$

$$x = \frac{r_1^2 - r_2^2 + d^2}{2d} \tag{6.30}$$

设 $\beta = \arccos \dfrac{x}{r_1}$，$\alpha = \arccos \dfrac{d-x}{r_2}$，则

$$s_1 = r_1^2 \beta - x\sqrt{r_1^2 - x^2} \tag{6.31}$$

$$s_2 = r_2^2 \alpha - (d-x)\sqrt{r_1^2 - x^2} \tag{6.32}$$

交迭区面积为

$$
\begin{aligned}
s &= s_1 + s_2 = r_1^2 \beta - x\sqrt{r_1^2 - x^2} + r_2^2 \alpha - (d-x)\sqrt{r_1^2 - x^2} \\
&= r_1^2 \beta + r_2^2 \alpha - d\sqrt{r_1^2 - x^2}
\end{aligned} \tag{6.33}
$$

正确识别概率为

$$\frac{s}{s_A} = \frac{r_1^2\beta + r_2^2\alpha - d\sqrt{r_1^2 - x^2}}{\pi r_1^2} \tag{6.34}$$

在特征模版半径 r_2 等于 20% 不变的情况下，特征测量值半径 r_1 分别取 10%、20% 和 30% 时，正确识别率随特征测量值与特征模板的相似性变化如图 6.12 所示。

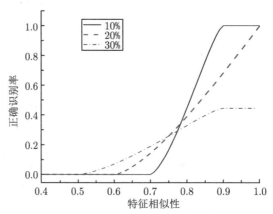

图 6.12　正确识别率随特征相似性的变化关系

从图 6.12 可以看出，正确识别率随特征相似性的增加而上升。当 r_1 取 10%，特征相似性达到 0.9 时，特征测量值的分布均在特征模板分布内，因此正确识别率达到 100%；当 r_1 取 20%，特征测量值和特征模版分布半径相同，特征相似性为 1 时，特征测量值和特征模板完全重合，即正确识别率为 100%；当 r_1 取 30%，正确识别率上升趋势变缓，在特征相似性大于 0.9 时，特征测量值分布完全包络特征模板分布，导致测量值无法完全与模板匹配，正确识别率最高为 44%。因此，光学信息传输效应导致的特征相似性降低和特征分布增大都会降低识别正确率。

参 考 文 献

[1] 白廷柱. 光电成像原理与技术 [M]. 北京: 北京理工大学出版社, 2006.

[2] 张佑垫. 点目标光学探测谱段选择方法研究 [D]. 中国航天科工集团第二研究院, 2021.

[3] 陈世平. 监视与侦察成像系统: 模型与性能预测 [M]. 北京: 中国科学技术出版社, 2007.

[4] Holst G C, Lombeim T S. COMS/CCD Sensors and Camera Systems[M]. Winter Park: JCD Publishing, 2007.

[5] 刘铮. 微弱目标红外辐射特征环境影响与识别应用技术研究 [M]. 北京: 中国科学院大学, 2018.

第 7 章　红外成像探测中的特征提取与识别

红外图像反映了目标的辐射特性分布。受目标的大小、传感器的分辨率以及目标与传感器之间的距离等因素影响，红外成像传感器焦平面上获取的图像可能是点源目标，也可能是面源目标或成像目标。红外目标识别技术在工业、公共安全和国防等多个领域都有着重要的应用。本章主要介绍几种常用的红外点源目标和面源目标的特征提取与识别方法。

7.1　红外目标特点

一切物体只要其温度高于绝对零度 (约为 -273.15℃)，就会不断地向外发射电磁辐射，不同温度的物体辐射能量也不尽相同。因此，使用相应的设备检测场景中各物体的辐射能量，就可以获取与场景温度分布相对应的热图像。热图像表征了场景中目标与背景各个部分温度和辐射发射率的差异，这种热图像即为红外图像 [1]。

红外成像的特点决定了红外成像技术比普通的可见光成像技术具有更广泛的应用场景。由于具有良好的 "穿透" 能力，红外辐射可以穿过烟雾，探测到可见光波段无法探测的目标。早期，由于红外设备造价昂贵，红外技术虽然具有明显的性能优势，但其应用仅局限于军事领域。随着科学技术的进步，红外设备的性价比不断提高，目前红外技术已经广泛应用于视频监控、医疗诊断、设备故障检测、产品检验、森林防火等领域。

一般来说，红外图像与可见光图像相比有如下的缺陷：

(1) 红外图像的空间分辨率较低。主要原因在于红外探测器阵列数目与探测器的尺寸有限，尤其在远距离成像条件下，目标在成像平面上通常表现为弱点状，即弱小点源目标。

(2) 红外图像往往呈现出一定的非均匀性。这主要是由探测器阵列的红外响应度的不一致导致的；另外，目标的红外辐射不仅与其表面温度有关，而且还受到其材质、结构和内部热源等因素的影响。

(3) 红外图像的对比度低。在很多场景中，目标与背景的温度差异较小，加上大气传输、红外传感器光学信息传递效应的影响，造成红外图像的对比度下降。

(4) 红外图像中的信噪比低。受热噪声、散粒噪声、光子电子涨落噪声等影响，红外图像的信噪比会有所下降。

(5) 红外图像的目标的边缘模糊。受红外传感器光学信息传递效应和大气扰动等影响，红外目标与背景的边界处通常比较模糊。

7.2   红外点源目标特征提取

辐射特征是红外目标识别的重要依据，提取物理意义明确、鉴别性高、稳定性强的辐射特征是提高目标识别正确率的重要保证。

7.2.1   辐射特征

红外点源目标没有明显的几何外形，红外辐射特征反映了目标辐射强度及其相关变化，是红外目标识别最重要的依据，主要包括辐射强度及其统计特征、辐射强度时 (频) 域变换特征等。

1. 辐射强度及其统计特征

理论上，目标在像平面点 (s, t) 处产生的信号响应为 $x(s, t)$，则

$$x(s, t) = K \left(\frac{I\tau}{R^2 \mathrm{IFOV}^2} + L_b \right) \tag{7.1}$$

其中，K 为传感器响应函数，可通过定标获得；I 为目标辐射强度；R 为目标与传感器距离；IFOV 为传感器瞬时视场；L_b 为大气背景辐射亮度；τ 为大气透射率。

实际上，目标在像平面上会形成弥散斑。弥散斑在像平面 (u, v) 处的响应为

$$V_{\mathrm{diff}}(u, v) = c \sum \sum \mathrm{PSF}(u - s, v - t) x(s, t) + b(u, v) \tag{7.2}$$

其中，PSF 为系统点扩散函数；$b(u, v)$ 为背景信号，一般呈高斯分布；c 为压元系数。

目标分割后，目标计算域为像平面点 (u_1, v_1) 到点 (u_2, v_2) 区域，在该区域内弥散斑在像平面处的响应为

$$\sum_{(u_1, v_1)}^{(u_2, v_2)} V_{\mathrm{diff}}(u, v) = \sum_{(u_1, v_1)}^{(u_2, v_2)} c \sum \sum \mathrm{PSF}(u - s, v - t) x(s, t) + \sum_{(u_1, v_1)}^{(u_2, v_2)} b(u, v) \tag{7.3}$$

$$b(u, v) = \varepsilon_0 + n(0, \sigma) \tag{7.4}$$

其中，ε_0 为背景均值；$n(0, \sigma)$ 表示均值为 0，方差为 σ 的高斯噪声。

由式 (7.3)、(7.4) 得反演目标的响应值 $x'(s, t)$ 和辐射强度 I' 分别为

$$x'(s, t) = \sum_{(u_1, v_1)}^{(u_2, v_2)} V_{\mathrm{diff}}(u, v) - \sum_{(u_1, v_1)}^{(u_2, v_2)} b$$

$$= c \sum_{(u_1,v_1)}^{(u_2,v_2)} \text{PSF}(u-s, v-t)x(s,t) + \sum_{(u_1,v_1)}^{(u_2,v_2)} n(0,\sigma) \tag{7.5}$$

$$I' = \frac{(x'(s,t)/K - L_b)R^2\text{IFOV}^2}{\tau} \tag{7.6}$$

通过对辐射强度 I' 进行滤波处理，即可得到目标的红外辐射强度特征。同时，利用目标红外辐射强度特征，可以进一步得到表 7.1 所示的目标红外辐射强度统计特征。

表 7.1 目标红外辐射强度统计特征

名称	定义
辐射强度方差	某段时间序列的方差与这段时间序列均值的比值
辐射强度变化量积累	指当前辐射强度值与之前序列中最大值相差的绝对值
辐射强度的局部极值	在辐射强度变化周期内，判断是否存在一个局部极大值和局部最小值，而且局部极大值与局部极小值出现的时间间隔相差至少 1s，如果在短时间序列上存在上述情况，则认为存在局部极大、极小值
辐射强度上升概率	以当前时间点的序列均值与之前时间点序列均值进行比较，如果前者大于后者，则当前时间点辐射强度上升情况的计数加 1，否则不计数，当前时间点上的计数值除以从所设置的起始观测点到当前点的所有时间点，记为辐射强度上升概率
辐射强度下降概率	以当前时间点的序列均值与之前时间点序列均值进行比较，如果前者小于后者，则当前时间点辐射强度下降情况的计数加 1，否则不计数，当前时间点上的计数值除以从所设置的起始观测点到当前点的所有时间点，记为辐射强度下降概率
辐射强度过零率	在辐射强度变化周期内，设置一个阈值，小于阈值的强度记为 -1，大于等于阈值的强度记为 1，从 -1 到 1 或从 1 到 -1 的转换次数，其中值我们可以设为短期时间序列中辐射强度的均值。在辐射强度变化周期内，判断过零率是否达到一定数值，达到一定数值则认为过零率判断结果为 1

2. 辐射强度时 (频) 域变换特征

不同目标在质量以及姿态控制方式等方面的差异使得其在红外辐射强度时间序列的变化规律呈现出不同特点，因此，辐射强度时 (频) 域特征是判断真假目标的有效特征量之一。对于自旋稳定的目标而言，理论上来说其红外辐射强度是不具备周期性变化的，但受到传感器测量误差、信噪比低、对应视线角范围内目标特性的姿态敏感性强等多种因素的影响，可能会出现辐射强度伪周期现象。对于假目标而言，其通常处于随机翻滚状态，辐射强度起伏大、变化周期明显。

目前对于微动时 (频) 域特征提取方法较多，如频谱分析、自相关函数、平均幅度差函数、循环自相关函数和循环平均幅度差函数法 (简称循环自相关法) 等 [2]。

1) 频谱分析法

对红外辐射强度时域信号进行傅里叶变换，得到信号的频谱，通过峰值提取得到信号周期，这是最简便的时 (频) 域特征提取方式，但由于多种运动合成的影响, 红外点源目标呈现明显的非平稳特性, 该方法常会出现误判, 要达到较高的精度需要长时间的观测, 且抗噪性差, 因此在实际周期估计中, 此种方法并不常用。

2) 自相关函数法

设红外辐射强度时域信号序列 $x(n)$ 由周期信号 $s(n)$ 和 $w(n)$ 组成, 即

$$x(n) = s(n) + w(n) \tag{7.7}$$

则信号的自相关函数定义为

$$\phi(k) = \frac{1}{N} \sum_{n=1}^{N-k} x(n)x(n+k) = \phi_{ss}(k) + 2\phi_{sw}(k) + \phi_{ww}(k) \tag{7.8}$$

式中, $\phi_{ss}(k)$ 为 $s(n)$ 的自相关函数, $\phi_{ww}(k)$ 为噪声的自相关函数, $\phi_{sw}(k)$ 为 $s(n)$ 与 $w(n)$ 的相关函数。若 $s(n)$ 与 $w(n)$ 不相关, 则有 $\phi_{sw}(k) = 0$; 若 $w(n)$ 互不相关, 则有

$$\phi_{ss}(k) = \begin{cases} \phi_{ss}(k) + \phi_{ww}(k) & (k = 0) \\ \phi_{ss}(k) & (k \neq 0) \end{cases} \tag{7.9}$$

当 $k = k_0$ 时自相关函数取得最大值, 则信号的周期估计为 $T = k_0/f_s$, f_s 为样本的采样频率。自相关函数法的优点是具有一定的抗噪性能, 运算也较简单。但这种方法的缺点也很明显, 使用该方法常会导致半倍和双倍的提取误差。若将信号的自相关函数进行傅里叶变换, 同样可得到目标的时 (频) 域特征, 且比直接利用自相关函数法更加准确, 对于成倍的周期误差有所抑制。

3) 平均幅度差函数法

平均幅度差函数法由 Ross 等 [3] 于 1974 年提出, 其定义为

$$D_1(k) = \frac{1}{N} \sum_n |x(n+k) - x(n)| \tag{7.10}$$

式中, $x(n)$ 为样本序列, 实际观测中只能获得一段数据, 这相当于采用加窗处理, 上式变为

$$D_2(k) = \frac{1}{N} \sum_{n=1}^{N-k} |x_w(n+k) - x_w(n)|, \quad k = 1, 2, \cdots, N-1 \tag{7.11}$$

式中, $x_w(n) = x(n)w(n)$, $w(n)$ 为窗函数。

由定义可知, 若 $k = k_0$ 时 D_2 取得最小值, 则采样序列的周期初步估计为 $T = k_0/f_s$。

该方法大体思路与自相关函数相同, 自相关函数是求相关函数的最大值, 平均幅度差函数法是求差函数的最小值, 都是通过不同函数的近似度来求取时 (频) 域特征, 都会产生多个峰谷点导致误判, 且同样避免不了成倍的周期误差。

4) 循环自相关函数和循环平均幅度差函数法 (循环自相关法)

基于循环自相关的目标微动时 (频) 域特征提取方法, 采用类似谱估计中的自回归滑动模型方法将辐射强度特性序列进行周期 "延拓", 这样可以有效解决随 k 值增大的求和项减少问题, 即有

$$\phi_C(k) = \sum_{n=1}^{N} x(n)x(\mathrm{mod}(n+k), N), \quad k = 1, 2, \cdots, N \tag{7.12}$$

及

$$D_C(k) = \sum_{n=1}^{N} |x(\mathrm{mod}(n+k, N)) - x(n)|, \quad k = 1, 2, \cdots, N \tag{7.13}$$

式中省略了均值系数 $1/N$, 因为它不影响函数特性, 式中 $\mathrm{mod}(n+k, N)$ 表示对 $n+k$ 进行模为 N 的取余操作。

将自相关函数法和平均幅度差函数法这两种循环的方法的倒数相乘, 加重循环自相关函数处的峰值, 使得虚假峰谷点得到有效的抑制, 主峰得到了加强, 以最大峰值点所在的时间作为估计周期, 这种方法在一定程度上能够提高时 (频) 域特征提取的精度。

7.2.2 温度特征

目前, 国内外相关研究普遍认为温度特征具有与探测距离弱相关、反映目标物理本质属性等特点, 是红外传感器可以远距离获取的重要识别特征。但是由于受到红外点源目标灰度响应起伏大、环境噪声干扰大以及发射率信息不完备等因素影响, 温度特征提取精度很难定量估计, 制约了红外传感器对红外点源目标的识别能力。对此, 国内外学者进行了大量目标温度特征提取技术研究 [4-8], 但目前相关研究主要集中在利用双 (多) 谱对高信噪比 [4]、静态目标温度测量上 [6], 利用双色 (多谱) 红外传感器, 对弱小动态目标进行温度特征提取以及置信度估计, 尚未系统地开展研究。

1. 双波段温度特征提取

由红外辐射定律可知, 黑体辐射出射度的幅度和峰值辐射波长随黑体温度的不同而不同。

因此, 在两个不同波段内, 红外探测器所测得的辐射强度的大小及其比值亦不相同 [9], 当红外辐射的两个波段具体确定后, 该比值与温度相互对应, 满足一

定的关系, 如图 7.1 所示。因此, 通过计算两个不同波段的辐射强度比值 (一般也称为双色比), 就可以推算出目标的温度。

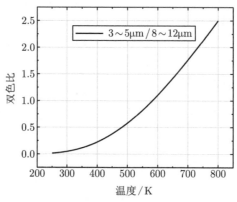

图 7.1　温度-双色比关系

换言之, 双波段测温法主要是通过测量目标在两个不同波段内的辐射强度 [10], 利用双色比建立目标在两个波段内辐射强度比值与目标温度的函数关系, 实现目标温度特征提取。

目标在 λ_1 波段测量的辐射强度为 $I_1\tau_1$, 在 λ_2 波段测量的辐射强度为 $I_2\tau_2$, 则由式 (7.6) 可知两个波段提取的辐射强度 I_1' 和 I_2' 分别为

$$I_1' = u_1 I_1 \tau_1 + S_1 \tag{7.14}$$

$$I_2' = u_2 I_2 \tau_2 + S_2 \tag{7.15}$$

其中, u_1 为 λ_1 波段的衰减系数; u_2 为 λ_2 波段的衰减系数; τ_1 为 λ_1 波段的大气透射率; τ_2 为 λ_2 波段的大气透射率; S_1 为 λ_1 波段的随机误差 (呈高斯分布, 标准差为 σ_1); S_2 为 λ_2 波段的随机误差 (呈高斯分布, 标准差为 σ_2)。

根据双波段温度特征提取基本原理可知, 温度特征与 I_1'、I_2' 的比值满足函数关系:

$$\frac{I_1'}{I_2'} = \frac{u_1 I_1 \tau_1 + S_1}{u_2 I_2 \tau_2 + S_2} \tag{7.16}$$

上式可以变换为

$$\frac{I_1' u_2 I_2 \tau_2}{I_2' u_1 I_1 \tau_1} = \frac{1 + S_1/(u_1 I_1 \tau_1)}{1 + S_2/(u_2 I_2 \tau_2)} \tag{7.17}$$

设

$$M = \frac{I_1' u_2 I_2 \tau_2}{I_2' u_1 I_1 \tau_1} = \frac{I_1'/(u_1 I_1 \tau_1)}{I_2'/(u_2 I_2 \tau_2)} \tag{7.18}$$

其中，M 反映了传感器处理后与处理前的两个波段辐射强度的比值关系。

设

$$\sigma_1' = \frac{\sigma_1}{u_1 I_1 \tau_1} \tag{7.19}$$

$$\sigma_2' = \frac{\sigma_2}{u_2 I_2 \tau_2} \tag{7.20}$$

σ_1' 与 σ_2' 分别为 λ_1 波段和 λ_2 波段反演辐射强度的相对随机误差 (标准差)。式 (7.19)、(7.20) 实际上为两个高斯分布函数相除，则 M 的概率分布函数为

$$P(M < \text{th}) = A \int_{-\sqrt{2}\sigma_1'}^{\infty} \mathrm{e}^{-t^2} \operatorname{erfc}\left(\frac{1 - \text{th} + \sqrt{2}\sigma_1' t}{\sqrt{2}\sigma_2' \text{th}}\right) \mathrm{d}t \tag{7.21}$$

式中，th 为 M 概率分布的计算门限。

若 M 在 th_1 和 th_2 的分布概率为 P，即

$$p\left(M | \text{th}_1 < M = \frac{I_1' u_2 I_2 \tau_2}{I_2' u_1 I_1 \tau_1} < \text{th}_2\right) = P \tag{7.22}$$

则温度特征 T 在区间 $[T_1, T_2]$ 的分布概率也为 P，即 $[T_1, T_2]$ 是 T 的置信度为 P 的置信区间，其中：

$$T_1 = f\left(\frac{\text{th}_1 I_2' u_1 \tau_1}{I_1' u_2 \tau_2}\right) \tag{7.23}$$

$$T_2 = f\left(\frac{\text{th}_2 I_2' u_1 \tau_1}{I_1' u_2 \tau_2}\right) \tag{7.24}$$

式 (7.23)、(7.24) 也表明，随着图像信噪比的降低，反演误差不断升高，使得相同置信度的置信区间不断扩大，从而降低温度的提取精度。

2. 多波段温度特征提取

由普朗克辐射定律可知，目标的辐射强度与其温度、表面发射率等相关。

设目标在 $\lambda_k \sim \lambda_k + \Delta\lambda_k$ 波段的本体红外辐射亮度为 L_k，即

$$L_k = \Delta\lambda \frac{c_1}{\pi \lambda_k^5} \frac{1}{\mathrm{e}^{(c_2/(\lambda_k T))} - 1} \tag{7.25}$$

对红外弱小目标，每一谱段的探测方程表示为

$$\varepsilon_k L_k(T)\tau_k + L_{bk}(\text{IFOV}^2 R^2 - A_s) + n_k = \tilde{L}_k \text{IFOV}^2 R^2 \tag{7.26}$$

式中，ε_k 为目标在第 k 个谱段的发射率；L_k 为目标在第 k 个谱段黑体辐射亮度；L_{bk} 为背景在第 k 个谱段的辐射亮度；n_k 为第 k 个谱段的噪声；τ_k 为第 k 个谱段的大气透射率；$\tilde{L}_k$ 为第 k 个谱段的表观辐射亮度；IFOV 为瞬时视场；R 为目标与红外探测器的距离；A_s 为目标辐射截面。

对于多光谱探测器，其探测方程表示为

$$ETI + L_b(\text{IFOV}^2R^2 - A_s) + N = \tilde{L}\text{IFOV}^2R^2 \tag{7.27}$$

式中，E 为发射率光谱矩阵；I 为目标温度下的黑体辐射光谱矢量；T 为大气透射率光谱矩阵；L_b 为背景辐射亮度光谱矢量；N 为多光谱噪声矢量；$\tilde{L}$ 为探测器观测辐射亮度矢量。

通常来说，多谱探测器各谱段噪声可认为是高斯的，即噪声 N 的概率密度函数可以表示为

$$p(n) = \frac{1}{(2\pi)^{N/2}|C_n|^{1/2}}e^{\left(-\frac{1}{2}n^TC_n^{-1}n\right)} \tag{7.28}$$

式中，C_n 为噪声协方差矩阵，对于多光谱而言，在各谱段噪声一致情况下，该协方差矩阵转化为 $C_n = \sigma_2 I$。

基于式 (7.27)，利用观测辐射亮度矢量，迭代求解寻优，即可反演目标温度特征，涉及的未知数包括发射率光谱矩阵、目标辐射截面以及目标温度。常用的解法主要有迭代线性近似求解法、单纯形法、模拟退火法，神经网络法等 [11]。

7.2.3　等效辐射截面特征

目标等效辐射截面特征的物理含义是目标探测截面与发射系数之积。在提取目标辐射强度和温度的基础上，可以提取目标的红外等效辐射截面特征。

基于普朗克辐射定律计算当前温度下的黑体辐射亮度 L，再利用目标红外辐射强度 I 除以黑体辐射亮度 L，即可得到目标的红外等效辐射面特征 A，即

$$A = I/L \tag{7.29}$$

其中，$L = \int_{\lambda_1}^{\lambda_2}\frac{c_1}{\pi\lambda^5}\cdot\frac{1}{e^{c_2/(\lambda T)} - 1}\mathrm{d}\lambda$。$T$ 为目标温度特征，单位为 K；$c_1 = 3.7418\times10^{-8}\text{W}\cdot\mu\text{m}^4/\text{m}^2$ 为第一辐射常数；$c_2 = 14388\mu\text{m·K}$ 为第二辐射常数；L 为等效黑体辐射亮度，单位为 $\text{W}/(\text{m}^2\cdot\text{sr})$；$I$ 为目标红外辐射强度特征，单位为 W/sr。

这里需要说明的是，目标红外等效辐射截面特征与目标本体的辐射截面不同，它反映的是传感器信号处理端提取的目标截面特征。

7.3 红外面源目标特征提取

常见的红外面源特征包括目标形状和亮度特征。形状特征包括基本几何特征、傅里叶描述子、分形维数及轮廓等特征，而亮度特征包括统计点特征、统计特征和纹理特征等。

7.3.1 形状特征

目标的基本几何特征主要包括：长宽比[12]，紧致度和圆形度[13]等。

(1) 长宽比。

目标长宽比 L 定义为目标图像最小外接椭圆的长轴 α 和短轴 β 之比：

$$L = \alpha/\beta \tag{7.30}$$

$$\alpha = \left(\frac{2\left(\mu_{20} + \mu_{02} + \sqrt{(\mu_{20} - \mu_{02})^2 + 4\mu_{11}^2}\right)}{\mu_{00}} \right)^{\frac{1}{2}} \tag{7.31}$$

$$\beta = \left(\frac{2\left(\mu_{20} + \mu_{02} - \sqrt{(\mu_{20} - \mu_{02})^2 + 4\mu_{11}^2}\right)}{\mu_{00}} \right)^{\frac{1}{2}} \tag{7.32}$$

其中，μ_{pq} 代表 $p+q$ 阶中心矩。

(2) 紧致度和圆形度。

紧致度 C(compactness) 是测量目标外接圆的周长 P 与目标所占像素面积 A 的比率，即

$$C = 4\pi A/P^2 \tag{7.33}$$

圆形度 Cir(circularity) 是衡量一个二维物体形状接近圆的程度，取值范围为 $[0,1]$，其表达式为

$$\mathrm{Cir} = \mathrm{Area}(O_t)/\mathrm{Area}(\mathrm{Cir}(O_t)) \tag{7.34}$$

其中，O_t 为物体区域，$\mathrm{Area}(O_t)$ 为物体区域的面积，$\mathrm{Cir}(O_t)$ 为物体的最小外接圆，$\mathrm{Area}(\mathrm{Cir}(O_t))$ 即为物体的最小外接圆的面积。

傅里叶描述子是一种基于频域变换的描述物体形状的算法[14]。傅里叶描述子将物体轮廓视为一条由 N 个点构成的封闭曲线，沿边界曲线移动可得到边界点序列 (假设序列点为 $s(k)$, $s(k) = [x(k), y(k)]$, $k = 0, 1, 2, \cdots, N-1$)，变换坐标系，使 x 轴和 y 轴分别与实部 u 轴和虚部 v 轴重合，x-y 平面与 u-v 复平面重合，则边界点用复数表示为 $s(k) = x(k) + \mathrm{j}y(k), k = 0, 1, 2, \cdots, N-1$。对上述一

维函数用傅里叶级数展开表示为 $a(u) = \dfrac{1}{N} \sum\limits_{k=0}^{N-1} s(k) \mathrm{e}^{-\frac{\mathrm{j}2\pi k u}{N}}, u = 0, 1, 2, \cdots, N-1$，其中复系数 $a(u)$ 即为边界的傅里叶描述子，一般情况下可以取 $a(u)$ 的前 8 个系数作为物体边界的近似描述。

分形几何研究的对象是具有自相似性的一类极不规则的几何形体，分形维数可作为一种目标形状不规则或粗糙程度的度量方式。下面介绍基于测度关系求取分形维数的几种方法[15]。

(1) 覆盖法。

根据自相似理论，有 D 维测度量 X 满足 $L \propto S^{1/2} \propto V^{1/3} \propto X^{1/D}$，据此可以求得分形的维数 D。如图 7.2 所示，首先将原图像分成边长为 L 的小方块，其中灰色方块含有图像的内点。设灰色方块数为 S_N，与白方块相接的灰色方块数为 X_N，当小方块的边长 $L \to 0$ 时，$S_N \to S, X_N \to X$，通过测度关系 $S^{1/2} \propto X^{1/D}$，可得分形维数 D 为 $2 \ln X / \ln S$。

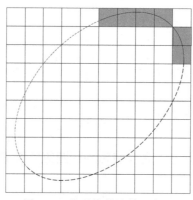

图 7.2　分形维数计算示意图

(2) 计盒法。

由 $D = \lim\limits_{\delta \to 0} \dfrac{\ln N_\delta(F)}{\ln(1/\delta)}$ 所决定的分形维数称为分形的盒子维数。计盒法是较为简单和易于理解的一种分形维数算法。首先把目标空间分割成边长为 L 的小立方体，然后计算覆盖某一空间所需的小立方体数目。以二维数字图像为例，(x, y) 坐标表示像素点的二维位置，z 坐标表示该网格点上的灰度值。$L_{\max} \times L_{\max}$ 为图像的尺寸，记 $L = r \times L_{\max}$，r 为缩放系数，根据分形的自相似理论有 $N_l = 1/r^D$，N_l 为三维图像所包含的缩放系数为 r 的盒子数，即可得 $N_l = (L_{\max}/L)^D$，即 $N_l \propto L^{-D}$，用双对数 $(-\ln L, \ln N_l)$ 进行点对拟合，可求出分形维数 D 的值。

计盒法中关键问题是正确计算所需盒子的数目 N_l。当尺度为 $L_n(n \geqslant 1, L_n \geqslant$

3) 计算所需盒子数时，将图像上第 (i,j) 个网格 (大小为 $L_n \times L_n$) 所包含的像素集记为 $\{(i \times L_n + k_j, j \times L_n + k_j)|0 \leqslant k_i \leqslant L_n, 0 \leqslant k_j \leqslant L_n\}$。设落于此网格中的像素的最大和最小灰度值分别为 l 和 k，则覆盖该网格中所有的像素所需的盒子数为

$$n_{L_n} = l - k + 1 \tag{7.35}$$

故覆盖整个曲面所需的盒子数为

$$N_{L_n} = \sum_{i,j} n_{L_n} \tag{7.36}$$

(3) 面积法。

面积法又称为双毯法，如图 7.3 所示。其原理如下：将二维图像视为三维曲面，在此曲面；上下不超过 ε 的点构成厚度为 2ε 的覆盖层 (上下曲面包夹)，这样曲面的面积为 $A(\varepsilon) = V(\varepsilon)/(2\varepsilon)$，式中 $V(\varepsilon)$ 为覆盖层的体积。由自相似理论，$A(\varepsilon) \propto \varepsilon^D$，通过拟合即可得到 D 的值。

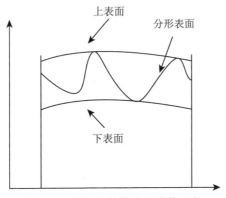

图 7.3　面积法计算分形维数示意

设覆盖层的上表面为 $U_\varepsilon(i,j)$，下表面为 $L_\varepsilon(i,j)$，当 $\varepsilon > 1$ 时，有

$$U_\varepsilon(i,j) = \max\{U_{\varepsilon-1}(i,j) + 1, \max_{d(i,j,m,n)\leqslant 1}(U_{\varepsilon-1}(m,n))\} \tag{7.37}$$

$$L_\varepsilon(i,j) = \min\{L_{\varepsilon-1}(i,j) - 1, \min_{d(i,j,m,n)\leqslant 1}(L_{\varepsilon-1}(m,n))\} \tag{7.38}$$

其中，$d(i,j,m,n)$ 表示点 (i,j) 与点 (m,n) 的距离，并设 $U_0(i,j)$、$L_0(i,j)$ 为对应点的灰度值，则上下覆盖层之间的体积为

$$V_\varepsilon = \sum_{i,j} (U_{\varepsilon-1}(i,j) - L_\varepsilon(i,j)) \tag{7.39}$$

$$A(\varepsilon) = V_\varepsilon/(2\varepsilon) \tag{7.40}$$

7.3.2　轮廓特征

常见的轮廓特征包括各种边缘特征以及 Scharr 轮廓特征等。

1. Canny 边缘特征

Canny 边缘检测算子由 John F. Canny 于 1986 年提出 [16]。该算子是一种同时具有滤波、增强和检测的优化算子。

由于 Canny 通常是对灰度图进行处理，因此如果输入的数据为彩色图像，则需对图像先进行灰度化。若彩色图像格式为 RGB，常用的灰度化方式如下：

$$\text{Gray} = 0.299R + 0.587G + 0.114B \tag{7.41}$$

采用如下的高斯滤波器对图像进行平滑以去除噪声

$$G(x,y) = \frac{1}{2\pi\sigma^2} e^{-\frac{x^2+y^2}{2\sigma^2}} \tag{7.42}$$

记 $f(x,y)$ 是原始图像，那么经过滤波后的图像 $h(x,y)$ 为

$$h(x,y) = G(x,y) * f(x,y) \tag{7.43}$$

其中，$*$ 为卷积符号。

得到去噪后的图像后，对之进行差分运算，即可得到边缘点。对这些边缘点采取非极大值抑制，从而获得最终的图像边缘。所谓非极大值抑制，即是找到像素点中的局部最大值，将其所对应的像素点的灰度值设为 0，从而剔除掉大部分不属于边缘的点。

双阈值法是一种常用的非极大值抑制方法。利用双阈值可对边缘进行更好的连接。设定两个阈值 th_1 和 th_2 满足 $\text{th}_1 = 0.4\text{th}_2$ 的关系。在进行图像处理时，若边缘像素点的值比高阈值大，则被判为强边缘点；若边缘像素点低于高阈值，高于低阈值，则被判为弱边缘点；若小于低阈值，则直接被去除。

2. Sobel 边缘特征

Sobel 边缘也是通过在 x 和 y 两个方向上分别求导得到。

在水平方向上，将原图 f 与大小为奇数的内核 G_x 进行卷积，当卷积核大小为 3 时，计算式为

$$G_x = \begin{bmatrix} -1 & 0 & +1 \\ -2 & 0 & +2 \\ -1 & 0 & +1 \end{bmatrix} * f \tag{7.44}$$

在垂直方向上：将原图 f 与大小为奇数的内核 G_y 进行卷积，当卷积核大小

为 3 时，计算式为

$$G_y = \begin{bmatrix} -1 & -2 & -1 \\ 0 & 0 & 0 \\ +1 & +2 & +1 \end{bmatrix} * f \tag{7.45}$$

对原图中的每个像素点，通过上述两式求得近似梯度：

$$G = \sqrt{G_x^2 + G_y^2} \tag{7.46}$$

3. Scharr 轮廓特征

Scharr 与 Sobel 的区别在于其内核设定为

$$G_x = \begin{bmatrix} -3 & 0 & +3 \\ -10 & 0 & +10 \\ -3 & 0 & +3 \end{bmatrix}, \quad G_y = \begin{bmatrix} -3 & -10 & -3 \\ 0 & 0 & 0 \\ +3 & +10 & +3 \end{bmatrix} \tag{7.47}$$

其他步骤与 Sobel 算子的操作流程一样。

7.3.3 辐射亮度特征

红外成像目标的亮度特征主要包括点特征、亮度统计特征、不变矩以及亮度纹理等特征，这些特征为红外目标的检测和识别提供了可用的依据。

1. 点特征

红外成像目标上不同部位的红外特性可能并不一致，很多情况下，目标体上的某些点会有明显的表现，如飞机的机翼、坦克的炮筒等，因此点特征是红外目标识别的一种关键特征。这里主要介绍包括 Moravec 角点、Harries 角点、尺度不变特征变换 (SIFT) 以及加速鲁棒特征 (SURF) 等常见的点特征。

1) Moravec 角点特征

Moravec 角点检测是一种基于强度方差的检测方法[17]。通过滑动二值矩形窗口寻找强度变化的局部最大值。该算子计算图像中某个像素点沿着水平、垂直、两个对角线共四个方向的强度方差，其中的最小值选为该像素点的角点响应值，再通过局部非极大值抑制来检测是否为角点。其提取过程如下。

(1) 设定窗口，遍历全图，在 $w \times w$ 窗口中计算四个方向相邻像素灰度差的平方和：

$$\begin{aligned} V_1 &= \sum_{i=k}^{k-1} (f_{r+i,c} - f_{r+i+1,c})^2, \quad V_2 = \sum_{i=k}^{k-1} (f_{r+i,c+i} - f_{r+i+1,c+i+1})^2 \\ V_3 &= \sum_{i=k}^{k-1} (f_{r,c+i} - f_{r,c+i+1})^2, \quad V_4 = \sum_{i=k}^{k-1} (f_{r+i,c-i} - f_{r+i+1,c-i-1})^2 \end{aligned} \tag{7.48}$$

其中, $k = w/2$, $f(i, j)$ 为图像中 (i, j) 处的值。取其中的最小者作为该窗口中心对应像素的兴趣值。

(2) 设定阈值, 将兴趣值大于该阈值的点作为候选点。阈值的选择应以候选点中包括所需要的主要特征点而又不含过多的非特征点为原则。

(3) 在一定大小的窗口内取兴趣值最大的像素点作为特征点。

尽管 Moravec 角点的响应具有各向异性且计算效率高, 但不具有旋转不变性, 且对噪声敏感, 易于在边缘上产生虚假角点。

2) Harris 角点

Harris 是一种重要的基于角点的特征描述子 [18], 其检测方法为:

(1) 计算图像 $f(x, y)$ 在 x 方向和 y 方向的梯度

$$f_x = \frac{\partial f}{\partial x} = f(x, y) * (-1, 0, 1) \tag{7.49}$$

$$f_y = \frac{\partial f}{\partial y} = f(x, y) * (-1, 0, 1)^{\mathrm{T}} \tag{7.50}$$

(2) 计算图像两个方向梯度的乘积 $(f_x)^2$, $(f_y)^2$, $f_x f_y$。

(3) 采用窗口高斯函数对 $(f_x)^2$, $(f_y)^2$, $f_x f_y$ 进行高斯加权, 生成矩阵 M。

(4) 计算每个像素的 Harris 响应值 R, 将小于阈值 T 的 R 置为零。

(5) 在一个固定窗口大小的邻域内进行非极大值抑制, 局部极大值点即为图像中的角点。

3) SIFT 特征

尺度不变特征变换 (scale-invariant feature transform, SIFT) 通过在不同的尺度空间中检测角点或特征点, 提取出其位置、尺度和旋转不变量, 并生成特征描述子。SIFT 特征因其良好的性能广泛应用于目标识别与跟踪、图像拼接、三维重建以及视觉导航等领域。SIFT 特征由 D. G. Lowe 在 1999 年提出 [19], 并在 2004 年进行了完善 [20], 该特征在图像存在视角变化、仿射变换、噪声时, 也可以实现两幅图像的匹配。SIFT 特征提取过程如下。

(1) 生成尺度空间。

利用尺度变换的唯一线性核高斯卷积核生成尺度空间:

$$L(x, y, \sigma) = G(x, y, \sigma) * I(x, y) \tag{7.51}$$

其中, $G(x, y, \sigma)$ 是尺度可变高斯函数:

$$G(x, y, \sigma) = \frac{1}{2\pi\sigma^2} \mathrm{e}^{-(x^2+y^2)/(2\sigma^2)} \tag{7.52}$$

其中，(x, y) 为空间坐标，σ 是尺度空间因子。

为了在上述的尺度空间中找到稳定的关键点，利用不同尺度下的高斯差分核与图像 $f(x, y)$ 卷积，生成高斯差分 (difference of Gaussian, DoG) 尺度空间：

$$
\begin{aligned}
D(x, y, \sigma) &= (G(x, y, k\sigma) - G(x, y, \sigma)) * f(x, y) \\
&= L(x, y, k\sigma) - L(x, y, \sigma)
\end{aligned}
\tag{7.53}
$$

(2) 构建图像金字塔。

将图像金字塔分成 O 组，每组 S 层，下一组图像通过上一组图像降采样获取，相邻尺度的图像相减可得到 DoG 算子。

(3) 检测尺度空间极值点。

在 DoG 尺度空间中，将每个采样点与其相邻点比较。

(4) 确定尺度空间相关参数。

尺度空间坐标 σ 的计算方法如下：

$$
\sigma(o, s) = \sigma_0 2^{o+s/S}, \quad o \in o_{\min} + [0, 1, \cdots, O-1], \quad s \in [0, 1, \cdots, S-1] \tag{7.54}
$$

其中，o 是 octave 坐标，s 是 sub-level 坐标，σ_0 是基准层尺度。

(5) 确定极值点精确位置。

拟合三维二次函数，可确定关键点的位置和尺度。同时，为了增强特征点的稳定性，需要去除低对比度关键点和不稳定的边缘响应点。

(6) 分配关键点方向。

为了使算子具有旋转不变性，需要指定关键点方向。选择关键点邻域像素梯度方向为关键点方向：

$$
\theta(x, y) = a\tan 2((L(x, y+1) - L(x, y-1))/(L(x+1, y) - L(x-1, y))) \tag{7.55}
$$

$$
m(x, y) = \sqrt{(L(x, y+1) - L(x, y-1))^2 + (L(x+1, y) - L(x-1, y))^2} \tag{7.56}
$$

其中，L 为关键点所在的尺度。

为了计算方便，一般是在以关键点为中心的邻域内采样，采用直方图来统计邻域像素梯度方向。梯度直方图范围在 $0° \sim 360°$。按照步长 $10°$ 取值，直方图峰值表示关键点邻域梯度主方向。在梯度方向直方图中，还存在关键点辅方向。辅方向为主峰值 80% 时的另一个峰值。因此，一个关键点可能会有多个方向。最终，可找到图像的具有位置、所在尺度和方向 SIFT 特征点。

(7) 生成特征点描述子。

将坐标轴旋转到关键点方向，以得到旋转不变性。以关键点为中心，取 8×8 窗口。然后，在每个 4×4 的小块上，计算 8 个方向的梯度方向直方图，然后对每个梯度方向累加，形成种子点，一个关键点由 2×2 个种子点组成，每个种子点用 8 个方向向量表示。为增强特征的稳健性，实际计算时，可用 4×4 个种子点来描述每个关键点，每个种子点有 8 个方向向量，最终每个关键点为一个具有 128 维的特征向量。此时的特征向量已经克服了尺度、旋转等影响。若将特征向量长度进行归一化，则还可抑制光照变化的影响。

4) SURF 特征

与 SIFT 特征类似，加速鲁棒特征 (speed up robust feature, SURF)[21] 也是一种常见的图像局部特征点的特征描述子。SIFT 的实时性较差，如果不借助于硬件加速和专用图形处理器的配合，很难达到实时的要求。SURF 借鉴了 SIFT 中近似简化 (DoG 近似替代 LoG(Laplacian of Gaussian)) 的思想，将 Hessian 矩阵的高斯二阶微分模板借助于积分图 [22] 进行了简化，模板对图像的滤波仅需要几次加减运算即可完成，并且与滤波模板的尺寸无关。SURF 相当于 SIFT 的加速改进版本，在特征点检测取得相似性能的条件下，SUFR 比 SIFT 在运算速度上要快数倍，综合性能更优。

SURF 与 SIFT 的不同之处如下。

(1) 尺度空间：SIFT 使用 DoG 金字塔与图像进行卷积操作，而且对图像做降采样处理；SURF 使用近似 Hessian 矩阵的行列式值 (determinent of hessian, DoH) 金字塔与图像做卷积，借助积分图，实际操作只涉及简单的加减运算，而且不改变图像大小。

(2) 特征点检测：SIFT 是先进行非极大值抑制，去除对比度低的点，再通过 Hessian 矩阵剔除边缘点；而 SURF 是计算 DoH，再进行非极大值抑制。

(3) 特征点主方向：SIFT 在方形邻域窗口内统计梯度方向直方图，并对梯度幅值加权，取最大峰对应的方向；SURF 是在圆形区域内，计算各个扇形范围内 x、y 方向的 Haar 小波响应值，确定响应累加和值最大的扇形方向。

(4) 特征描述子：SIFT 将关键点附近的邻域划分为 4×4 的区域，统计每个子区域的梯度方向直方图，连接成一个 $4 \times 4 \times 8 = 128$ 维的特征向量；SURF 将 20s×20s 的邻域划分为 4×4 个子块，计算每个子块的 Haar 小波响应，并统计 4 个特征量，得到 $4 \times 4 \times 4 = 64$ 维的特征向量。

5) Haar 特征

Haar 特征是一种用于目标检测或识别的图像特征描述子 [22]，因为与 Haar 小波转换极为相似而得名。Haar 特征通常和 AdaBoost[23] 分类器组合使用，由于 Haar 特征提取的实时性以及 AdaBoost 分类的准确性，使其成为目标检测识别领域较为经典的算法。

在计算 Haar 特征值时，用白色区域像素值的和减去黑色区域像素值的和，即将白色区域的权值设为正值，而黑色区域的权值设为负值，且权值与矩形区域的面积成反比, 抵消两种矩形区域面积不等造成的影响, 用于保证 Haar 特征值在像素值分布均匀区域的特征值趋近于 0。Haar 特征在一定程度上反映了图像像素值的局部变化。

Haar 矩形特征分为多类, 特征模板可用于图像中的任一位置, 而且大小也可任意变化, 因此 Haar 特征的取值受到特征模板的类别、位置及大小这三种因素的影响, 使得在一固定大小的图像窗口内, 可以提取出大量的 Haar 特征。如在一个 24×24 的检测窗口内, 矩形特征的数量可以达到 16 万个, 因此也需要积分图进行快速计算。

6) LoG 和 DoG 算子

LoG(Laplacian of Gaussian) 算子 [24] 和 DoG(difference of Gaussian) 算子 [25] 是图像处理中实现极值点检测的两种方法。利用高斯函数卷积操作进行尺度变换, 可以在不同的尺度空间检测到关键点, 实现尺度不变性的特征点检测。

A. LoG 算子

Laplace 算子通过求取图像二阶导数的零交叉点来进行边缘检测, 定义为

$$\nabla^2 f(x,y) = \frac{\partial^2 f}{\partial x^2} + \frac{\partial^2 f}{\partial y^2} \tag{7.57}$$

由于微分运算对噪声比较敏感, 故可先对图像进行高斯平滑滤波, 再使用 Laplace 算子进行边缘检测, 以降低噪声的影响, 由此便形成了用于极值点检测的 LoG 算子。常用的二维高斯函数如下:

$$G_\sigma(x,y) = \frac{1}{\sqrt{2\pi\sigma^2}} \exp\left(-\frac{x^2+y^2}{2\sigma^2}\right) \tag{7.58}$$

原图像与高斯核函数卷积后再做 Laplace 运算:

$$\Delta\left[G_\sigma(x,y) * f(x,y)\right] = \left[\Delta G_\sigma(x,y)\right] * f(x,y) \tag{7.59}$$

$$\text{LoG} = \Delta G_\sigma(x,y) = \frac{\partial^2 G_\sigma(x,y)}{\partial x^2} + \frac{\partial^2 G_\sigma(x,y)}{\partial y^2}$$

$$= \frac{x^2+y^2-2\sigma^2}{\sigma^4} e^{-(x^2+y^2)/(2\sigma^2)} \tag{7.60}$$

由于高斯函数圆对称, 因此 LoG 算子可以有效地实现极值点或局部极值区域的检测。

B. DoG 算子

DoG 算子是高斯函数的差分, 具体到图像中, 即是将图像在不同参数下的高斯滤波结果相减, 得到差分图。DoG 算子的表达如下所示:

$$\text{DoG} = G_{\sigma_1} - G_{\sigma_2} = \frac{1}{\sqrt{2\pi}}\left[\frac{1}{\sigma_1} e^{-(x^2+y^2)/(2\sigma_1^2)} - \frac{1}{\sigma_2} e^{-(x^2+y^2)/(2\sigma_2^2)}\right] \tag{7.61}$$

因为

$$\frac{\partial G}{\partial \sigma} = \sigma \nabla^2 G \tag{7.62}$$

$$\frac{\partial G}{\partial \sigma} \approx \frac{G(x, y, k\sigma) - G(x, y, \sigma)}{k\sigma - \sigma} \tag{7.63}$$

故有

$$G(x, y, k\sigma) - G(x, y, \sigma) \approx (k-1)\sigma^2 \nabla^2 G \tag{7.64}$$

其中，k 为常数，不影响极值点的检测，由于高斯差分的计算更加简单，因此可用 DoG 算子近似替代 LoG 算子。

　　7) ORB

　　ORB(Oriented FAST and Rotated BRIEF) 算法 [26] 是对 FAST 特征点检测 [27] 和 BRIEF(binary robust independent elementary features) 特征描述子 [28] 的一种结合，在原有的基础上进行了优化，使得 ORB 特征具备多种局部不变性，并为实时计算提供了可能。ORB 特征提取分为具有方向的 FAST(features from accelerated segment test) 兴趣点检测和具有旋转不变的 BRIEF 兴趣点描述子两个部分。

　　ORB 首先利用 FAST 算法检测特征点，然后计算每个特征点的 Harris 角点响应值，从中筛选出 N 个最大的特征点，Harris 角点的响应函数如下：

$$R = \det M - \alpha (\operatorname{trace} M)^2 \tag{7.65}$$

其中，M 是以某特征点为中心的邻域构成的矩阵。

　　FAST 检测特征点不具备尺度不变性，可以像 SIFT 特征一样，借助尺度空间理论构建图像高斯金字塔，然后在每一层金字塔图像上检测角点，以实现尺度不变性。对于旋转不变性，可采用图像矩 (几何矩) 在半径为 r 的邻域内求取质心的方法。将某特征点到质心的向量定义为该特征点的主方向。图像矩定义为

$$m_{pq} = \Sigma_{x,y} x^p y^q I(x, y), \quad x, y \in [-r, r] \tag{7.66}$$

$I(x, y)$ 表示像素值，0 阶矩 m_{00} 即图像邻域窗口内所有像素值的和，m_{10} 和 m_{01} 分别为相对 x 和相对 y 的一阶矩，因此图像局部邻域的中心矩或者质心可定义为

$$C = \left(\frac{m_{10}}{m_{00}}, \frac{m_{01}}{m_{00}} \right) \tag{7.67}$$

特征点与质心形成的向量与 x 轴的夹角定义为特征点的主方向：

$$\theta = \arctan (m_{01}, m_{10}) \tag{7.68}$$

ORB 采用 BRIEF 作为特征描述方法，BRIEF 虽然速度优势明显，但不具备尺度和旋转的不变性，且对噪声敏感。尺度不变性问题在利用 FAST 检测特征点时，可通过构建高斯金字塔得以解决。BRIEF 中采用 9×9 的高斯卷积核进行滤波降噪，可以在一定程度上缓解噪声敏感问题。ORB 中利用积分图像，在 31×31 的图像块中选取随机点对，并以选取的随机点对为中心，在 5×5 的窗口内计算像素平均值，比较随机点对的邻域像素均值，进行二进制编码，而不是仅仅由两个随机点对的像素值决定编码结果，这可以有效地解决噪声问题。

对于旋转不变性问题，可利用 FAST 特征点检测时求取的主方向，旋转特征点邻域，但旋转整个图像块再提取 BRIEF 特征描述子的计算代价较大，因此，ORB 采用了一种更高效的方式，在每个特征点邻域内，先选取 256 对随机点，将其进行旋转，然后做判决编码为二进制串。n 个点对构成矩阵 S：

$$S = \left[\begin{array}{cccc} x_1 & x_2 & \ldots & x_{2n} \\ y_1 & y_2 & \ldots & y_{2n} \end{array} \right] \tag{7.69}$$

旋转矩阵 R_θ 为

$$R_\theta = \left[\begin{array}{cc} \cos\theta & -\sin\theta \\ \sin\theta & \cos\theta \end{array} \right] \tag{7.70}$$

旋转后的坐标矩阵为

$$S_\theta = R_\theta S \tag{7.71}$$

2. 亮度统计特征

记量化后的红外图像亮度级为 B，$q(b)$ 为亮度值为 b 的概率密度函数，即 $q(b) = N^p(b)/M^p$，其中 $N^p(b)$ 为亮度值为 b 的像素个数，M^p 为图像像素的总数，则亮度统计特征包括：

$$\text{均值：} \mu_b = \sum b \cdot q(b) \tag{7.72}$$

$$\text{方差：} \sigma_b^2 = \sum (b - \mu_b)^2 \cdot q(b) \tag{7.73}$$

$$\text{能量：} E_b = -\sum [q(b)]^2 \tag{7.74}$$

$$\text{熵：} S_b = -\sum q(b) \cdot \log[q(b)] \tag{7.75}$$

　　除了上述的亮度统计特征，还可以计算图像的亮度直方图。但对于红外图像而言，如果图像亮度或者对比度变化时，会导致直方图产生平移及尺度变化，故可采用直方图不变矩。不变矩的含义是在直方图产生平移、比例变换时，其直方图不变矩仍保持不变。

　　定义直方图一维 k 阶矩：

$$m_k = \sum b^k \cdot h(b), \quad k = 1, 2, 3, \cdots \tag{7.76}$$

其中，h 为亮度直方图。直方图 k 阶中心矩计算公式：

$$\mu_k = \sum (b - \overline{x})^k \cdot h(b), \quad k = 1, 2, 3, \cdots \tag{7.77}$$

其中，$\overline{x} = m_1/m_0$。μ_k 满足平移不变性，将 μ_k 进行归一化处理使其满足比例不变性，定义归一化后的中心矩为

$$\eta_k = \frac{\mu_k}{\mu_0^\gamma}, \quad \gamma = k + 1 \tag{7.78}$$

利用归一化的中心矩可以构造出 4 个直方图不变矩：

$$\beta_1 = \frac{\eta_4}{\eta_2^2}, \quad \beta_2 = \frac{\eta_5}{\eta_2 \eta_3}, \quad \beta_3 = \frac{\eta_6}{\eta_2 \eta_4}, \quad \beta_4 = \frac{\eta_7}{\eta_3 \eta_4} \tag{7.79}$$

　　不变矩特征是一种在图像识别中普遍使用的特征。其特点是对旋转、比例、平移 (rotation, scale, shift, 合称 RSS) 变化具有不变性，同时不论目标是否封闭，都能很好的识别。除了上述基于直方图的不变矩外，目前常用的不变矩还包括：Hu 不变矩 [29]、仿射矩 [30]、小波矩 [31] 和 Zernike 矩 [32] 等。

　　1) Hu 不变矩

　　Hu 不变矩是描述目标的几何特性。假设红外亮度图像用 $f(x, y)$ 来表示，则其 $p + q$ 阶几何矩定义为

$$m_{pq} = \sum_{y=1}^{N} \sum_{x=1}^{M} x^p y^q f(x, y), \quad p, q = 0, 1, 2, \cdots \tag{7.80}$$

进一步，可以定义 $p + q$ 阶中心矩：

$$\mu_{pq} = \sum_{y=1}^{N} \sum_{x=1}^{M} (x - \overline{x})^p (y - \overline{y})^q f(x, y), \quad p, q = 0, 1, 2, \cdots \tag{7.81}$$

其中, N 和 M 分别为图像的高度和宽度。$(\overline{x}, \overline{y})$ 为图像 $f(x, y)$ 的亮度质心, $\overline{x} = m_{10}/m_{00}$, $\overline{y} = m_{01}/m_{00}$。定义规范化的中心矩为

$$\eta_{pq} = \frac{\mu_{pq}}{\mu_{00}^r}, \quad r = \frac{p+q+2}{2}, \quad p+q = 2, 3, \cdots \tag{7.82}$$

Hu 利用上述的二阶、三阶规范化中心距构造出 12 个不变矩, 前 7 个不变矩分别为

$$M_1 = \eta_{20} + \eta_{02}$$

$$M_2 = (\eta_{20} - \eta_{02})^2 + 4\eta_{11}^2$$

$$M_3 = (\eta_{30} - 3\eta_{12})^2 + (3\eta_{21} - \eta_{03})^2$$

$$M_4 = (\eta_{30} + \eta_{12})^2 + (\eta_{21} + \eta_{03})^2$$

$$M_5 = (\eta_{30} - 3\eta_{12})(\eta_{30} + \eta_{12})[(\eta_{30} + \eta_{12})^2 - 3(\eta_{30} + \eta_{21})^2]^2$$
$$\quad + (3\eta_{21} - \eta_{03})(\eta_{03} + \eta_{21})[3(\eta_{30} + \eta_{12})^2 - (\eta_{03} + \eta_{21})^2]$$

$$M_6 = (\eta_{20} - \eta_{02})[(\eta_{30} + \eta_{12})^2 - (\eta_{21} + \eta_{03})^2] + 4\eta_{11}(\eta_{30} + \eta_{12})(\eta_{03} + \eta_{21})$$

$$M_7 = (3\eta_{21} - \eta_{03})(\eta_{30} + \eta_{12})[(\eta_{30} + \eta_{12})^2 - 3(\eta_{03} + \eta_{21})^2]$$
$$\quad + (3\eta_{12} - \eta_{30})(\eta_{21} + \eta_{03})[3(\eta_{30} + \eta_{12})^2 - (\eta_{03} + \eta_{21})^2]$$
$$\tag{7.83}$$

Hu 不变矩具有如下特点：具有对二维旋转、比例和平移不变的特性, 但对于其他类型变换 (如仿射变换), Hu 不变矩不具有不变性; Hu 不变矩是目标区域的整体特征, 若目标的一部分被遮挡, 则计算出的不变矩与未遮挡情况下计算出的不变矩是不同的。

2) 仿射矩

仿射矩在仿射变换下保持不变, 仿射变换表示为

$$\begin{cases} u = a_0 + a_1 x + a_2 y \\ v = b_0 + b_1 x + b_2 y \end{cases} \tag{7.84}$$

可将其分解为 6 个单参数变换,

$$\text{①}\begin{cases} u = x + a \\ v = y \end{cases}, \quad \text{②}\begin{cases} u = x \\ v = y + \beta \end{cases}, \quad \text{③}\begin{cases} u = w \cdot x \\ v = w \cdot y \end{cases},$$

$$\text{④}\begin{cases} u = \delta \cdot x \\ v = y \end{cases}, \quad \text{⑤}\begin{cases} u = x + t \cdot y \\ v = y \end{cases}, \quad \text{⑥}\begin{cases} u = x \\ v = t \cdot x + y \end{cases} \tag{7.85}$$

如果在上述 6 种变换下矩的任何函数 F 保持不变, 则认为该函数 F 就在仿射变换下保持不变。由上述变换, 可推导出下面三个仿射不变矩 $F_1 \sim F_3$:

$$F_1 = (\mu_{20}\mu_{02} - \mu_{11}^2)/\mu_{00}^4 \tag{7.86}$$

$$F_2 = (\mu_{30}^2\mu_{03}^2 - 6\mu_{30}\mu_{21}\mu_{12}\mu_{03} + 4\mu_{30}\mu_{12}^3 + 4\mu_{21}^3\mu_{03} - 3\mu_{21}^2\mu_{12}^2)/\mu_{00}^{10} \tag{7.87}$$

$$F_3 = (\mu_{20}(\mu_{21}\mu_{03} - \mu_{12}^2) - \mu_{11}(\mu_{30}\mu_{03} - \mu_{21}\mu_{12}) + \mu_{02}(\mu_{30}\mu_{12} - \mu_{21}^2))/\mu_{00}^7 \tag{7.88}$$

3) 小波矩

小波矩是在标准矩基础上得到的。红外亮度图像 $f(x,y)$ 的 $p+q$ 阶几何矩定义为

$$M_{pq} = \iint x^p y^q f(x,y)\mathrm{d}x\mathrm{d}y \tag{7.89}$$

由 $x = r\cos(\theta)$, $y = r\sin(\theta)$ 将其转换到极坐标系下, 得到矩特征的表达式为

$$F_{pq} = \iint f(r,\theta)g_p(r)\mathrm{e}^{\mathrm{j}q\theta}r\mathrm{d}r\mathrm{d}\theta \tag{7.90}$$

其中, $g_p(r)$ 为变换核的径向分量, $\mathrm{e}^{\mathrm{j}q\theta}$ 是变换核的角度分量。

令 $S_q(r) = \int f(r,\theta)\mathrm{e}^{\mathrm{j}q\theta}\mathrm{d}\theta$, 则式 (7.90) 可写为

$$F_{pq} = \int S_q(r)g_p(r)r\mathrm{d}r \tag{7.91}$$

将 $g_p(r)$ 用小波函数集 $\Psi_{mn}(r)$ 代替, 则可得到小波矩

$$||F_{mnq}|| = ||\int S_q(r)\Psi_{mn}(r)r\mathrm{d}r|| \tag{7.92}$$

式中, m, n 分别为尺度和平移变量。可以证明亮度图像发生旋转后, 小波矩值 $||F_{mnq}||$ 保持不变。值得注意的是, 在提取小波矩特征前, 需要对亮度图像进行平移和比例归一化处理。

4) Zernike 矩

Zernike 矩是图像函数 $f(x,y)$ 在正交多项式 $V_{nm}(x,y)$ 上的投影。n 阶 m 重 Zernike 矩定义为

$$A_{mn} = \frac{n+1}{\pi}\sum_x\sum_y f(x,y)V_{nm}^*(\rho,\theta), \quad x^2 + y^2 \leqslant 1 \tag{7.93}$$

这里 $V_{nm}^*(\rho,\theta)$ 为 $V_{nm}(\rho,\theta)$ 的共轭函数, $V_{nm}(\rho,\theta)$ 为 Zernike 多项式。Zernike 矩是正交矩,借助于 Zernike 矩,能构造任意的高阶矩。另外,Zernike 矩仅具有旋转不变性且对噪声不敏感。在计算 Zernike 矩特征时,也需要对图像进行平移和比例归一化处理。

3. 亮度纹理特征

常用来描述纹理的特征有局部二值模式、方向梯度直方图以及 Laws 纹理能量度量等。

1) 局部二值模式

局部二值模式 (local binary pattern, LBP) 是由 T. Ojala, M. Pietinen, T. Menp 在 1994 年提出一种用来描述图像局部纹理特征的算子,具有旋转不变性和亮度不变性等优点[33]。

LBP 算子的定义如下:在 3×3 大小的窗口中,将窗口中心值设定为阈值,将其与周边的 8 个相邻像素亮度值一一进行比较,若邻近像素亮度值比中心像素亮度值大,则该位置取 1,反之取 0。由此可以获得一个 8 位的二进制数,这个值就是该窗口中心点的 LBP,表达了该窗口内的纹理信息。其表达式为

$$\text{LBP}(x_c, y_c) = \sum_{p=1}^{8} s(f(p) - f(c)) * 2^p \tag{7.94}$$

其中, p 为 3×3 区域中的第 p 个像素点 (除去中心像素点); $f(c)$ 是中心像素点的亮度值, $f(p)$ 是邻域中第 p 个像素点的亮度值。函数 $s(x)$ 的定义为

$$s(x) = \begin{cases} 1, & x \geqslant 0 \\ 0, & \text{其他} \end{cases} \tag{7.95}$$

2) 方向梯度直方图

方向梯度直方图 (HOG) 特征[34] 是另外一种常用来检测目标的特征描述子。它通过计算和统计图像局部区域的梯度方向直方图来构成特征,HOG 特征结合支持向量机 (support vector machine, SVM) 分类器已被广泛应用于图像识别中。

HOG 特征的核心思想是在一幅图像中,局部目标的表象和形状能够被梯度和边缘的方向密度很好地描述。通过将整幅图像分为多个小的连通区域 (cells),并计算每个 cell 的梯度或边缘方向直方图,这些直方图的组合可用于构成特征描述子。为了提高准确率,可以将局部直方图在图像更大范围内 (称为 block) 进行对比度归一化。归一化操作对光照变化和阴影具有更好的鲁棒性。

由于 HOG 在粗粒度的空域抽样、细粒度的方向抽样，并且进行了局部光学归一化，因此 HOG 特征对图像几何和光学的变化有较好的稳健性。

3) Laws 纹理能量度量

Laws 纹理能量度量 (Laws texture energy measures) 是一种简单而有效的一阶纹理分析方法 [35]。纹理属性通过估计纹理中的边缘、平均亮度、斑点、波纹以及波形来确定，计算方法由 3 个简单的向量决定：$L3 = (1, 2, 1)$ 表示平均灰度，$E3 = (-1, 0, 1)$ 对应一阶微分 (边缘)，$S3 = (-1, 2, -1)$ 计算二阶微分 (斑点)。将这些向量自身以及相互卷积后，得到 5 个新的向量：

$$L5 = (1, 4, 6, 4, 1) = L3L3$$
$$E5 = (-1, -2, 0, 2, 1) = L3E3$$
$$S5 = (-1, 0, 2, 0, -1) = L3S3 = E3E3 \tag{7.96}$$
$$W5 = (-1, 2, 0, -2, 1) = E3S3$$
$$R5 = (1, -4, 6, -4, 1) = S3S3$$

将这些向量自身以及相互卷积，产生 25 个 5×5 的 Laws 模板，通过把 Laws 模板和图像卷积计算能量统计量，即可得到用于纹理描述的一个特征值。Laws 认为，这 25 个模板中的 24 个零和模板最为有用。如 $L5S5$ 和 $S5L5$ 的模板为表 7.2 所示。总的卷积模板如表 7.3 所示。

表 7.2　$L5S5$ 与 $S5L5$ 的模板

$L5S5$					$S5L5$				
−1	−4	−6	−4	−1	−1	−2	0	2	−1
−2	−8	−12	−8	−2	−4	−8	0	8	−4
0	0	0	0	0	−6	12	0	12	−6
2	8	12	8	2	−4	−8	0	8	−4
−1	−4	−6	−4	−1	−1	−2	0	2	−1

表 7.3　总的卷积模板

−1	−3	−3	−1	−1
−3	−8	−6	0	−3
−3	−6	0	6	−3
−1	0	6	8	−1
−1	−3	−3	−1	−1

7.4 红外目标运动特征提取

运动目标的运动矢量可以通过光流法或者帧间匹配获得。光流法可以分为两类: 基于所有像素点的光流法 (整体光流) 和基于特征点的光流 (局部光流)。前者可获得整体目标上的光流分布, 但速度较慢; 后者获得某些特征点上的光流, 速度较快, 但依赖于特征点的提取。基于帧间匹配方法的运动矢量提取, 是通过帧间匹配, 获得多个同名点, 进而通过成对的同名点获得光流, 这种方法需要高精度的图像配准, 同时算法的快速性也是个问题。由于局部光流法仅仅是将光流的计算过程施加于特征点, 因此这里仅对光流法和帧间匹配方法进行介绍。

7.4.1 光流法

"光流" 一词由 Gibson 于 1950 年提出, 形象地说, 它是运动物体在成像平面上的 "瞬时速度"[36], 实际中使用较广泛的是 LK(Lucas-Kanade) 光流法 [37]。光流法主要利用视频图像运动物体轨迹连续性的特点, 计算每个像素点的运动矢量, 并且根据以往的运动信息估计未来的运动状态。图像中每个像素的运动矢量, 组成了整幅图像的光流场。光流法通过统计分析各个像素的历史运动状态信息, 结合背景与运动物体在运动矢量上的差异, 得到运动物体诸如速度、运动方向等状态信息。

记 t 时刻像素点 p 在图像中的位置为 $\boldsymbol{u} = [u_x, u_y]^{\mathrm{T}}$; $t+1$ 时刻在图像中的位置为 $\boldsymbol{v}$, 此过程中像素点 p 的位移记为 $\boldsymbol{d}$, 则 $\boldsymbol{v} = \boldsymbol{u} + \boldsymbol{d} = [u_x + d_x, u_y + d_y]^{\mathrm{T}}$。考虑到相邻帧之间像素点的灰度恒常性, 同一区域在相邻两帧间像素值的差异极小。

在点 p 的邻域内选取一个大小为 $(2w_x + 1) \times (2w_y + 1)$ 的窗口, t 时刻, 记该窗口中所有像素值的和为 S_t; 同样地, 在 $t+1$ 时刻, 记原窗口中所有像素点在移位 $\boldsymbol{d}$ 之后的像素值的和为 S_{t+1}, 该窗口内对应像素点的像素值差异平方和记为 $\varepsilon(\boldsymbol{d})$, 即

$$\varepsilon(\boldsymbol{d}) = \varepsilon(d_x, d_y) = \sum_{x=u_x-w_x}^{u_x+w_y} \sum_{y=u_y-w_y}^{u_y+w_y} \left(I_t(x, y) - I_{t+1}(x + d_x, y + d_y)\right)^2 \quad (7.97)$$

式 (7.97) 中, $I_t(x, y)$ 表示 t 时刻 (x, y) 处像素点的值, 通过求 $\varepsilon(\boldsymbol{d})$ 的最小值, 便可得到 $\boldsymbol{d}$, 如图 7.4 所示。

为了得到图像中的某像素点 p 在相邻两帧间的位移向量, 可采用基于金字塔的光流模型 [38] 来实现。首先, 得到这两幅图像的 L_m 层金字塔表示。I_t^L 与 I_{t+1}^L 分别表示当前帧与下一帧中的第 L 层图像, I_t^0 表示底层图像。在每一层图像中, 位移向量 $\boldsymbol{d}$ 由猜测光流以及剩余光流共同决定。设 $\boldsymbol{u}^L = [u_x^L, u_x^L]^{\mathrm{T}}$ 表示像素点 p

在第 L 层图像 I^L 中的位置，$\boldsymbol{u}$ 表示 p 在最底层图像 I_t^0 中的位置，则有

$$\boldsymbol{u}^L = \frac{\boldsymbol{u}}{2^L} \quad (0 \leqslant L \leqslant L_m) \tag{7.98}$$

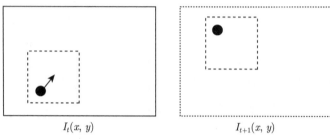

$$I_t(x, y) \qquad\qquad I_{t+1}(x, y)$$

图 7.4　位移示意图

设 $\boldsymbol{d}^L$ 表示剩余光流，$\boldsymbol{g}^L$ 表示上一层传递至此层的猜测偏移，则像素点 p 在第 L 层图像 I^L 的位移为 $\boldsymbol{g}^L + \boldsymbol{d}^L$，且有

$$\boldsymbol{g}^L = 2(\boldsymbol{g}^{L+1} + \boldsymbol{d}^{L+1}) \tag{7.99}$$

在最顶层处，将猜测光流初始化为 $\boldsymbol{0}$，即

$$\boldsymbol{g}^{L_m} = [0, 0]^{\mathrm{T}} \tag{7.100}$$

有了 $\boldsymbol{g}^L$ 之后，若已知剩余光流 $\boldsymbol{d}^L$，再从顶层逐层计算，便可得到底层的猜测光流 $\boldsymbol{g}^0$ 和剩余光流 $\boldsymbol{d}^0$，由此得到偏移：

$$\boldsymbol{d} = \boldsymbol{g}^0 + \boldsymbol{d}^0 \tag{7.101}$$

以一个二层的金字塔为例，其计算位移的模型如图 7.5 所示。

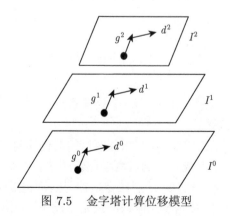

图 7.5　金字塔计算位移模型

对于第 L 层图像 I_t^L 中像素点 p, 为了得到它在图像 I_{t+1}^L 中的偏移, 令 $\boldsymbol{v} = \boldsymbol{d}^L = [v_x, v_y]^{\mathrm{T}}$, 引入式 (7.97) 所示的误差匹配函数, 并将其极小化, 便可求得 $\boldsymbol{v}$:

$$\varepsilon(\boldsymbol{v}) = \varepsilon(v_x, v_y) = \sum_{x=p_x-w_x}^{p_x+w_x} \sum_{y=p_y-w_y}^{p_y+w_y} (I_t^L(x,y) - I_{t+1}^L(x+v_x+g_x^L, y+v_y+g_y^L))^2 \tag{7.102}$$

式 (7.102) 中, p_x、p_y 表示像素点 p 在图像中的位置。当该函数取得最小值时有

$$\left.\frac{\partial \varepsilon(\boldsymbol{v})}{\partial \boldsymbol{v}}\right|_{v=v_{\mathrm{opt}}} = [0,0] \tag{7.103}$$

计算式 (7.103), 可得

$$\frac{\partial \varepsilon(\boldsymbol{v})}{\partial \boldsymbol{v}} = -2(I_t^L(x,y) - I_{t+1}^L(x+v_x+g_x^L, y+v_y+g_y^L)) \cdot \left[\frac{\partial I_{t+1}^L}{\partial x}, \frac{\partial I_{t+1}^L}{\partial y}\right] \tag{7.104}$$

将图像 $I_{t+1}^L(x+v_x, y+v_y)$ 在 $\boldsymbol{v} = [0,0]$ 处按照一阶泰勒公式展开, 则有

$$\frac{\partial \varepsilon(\boldsymbol{v})}{\partial \boldsymbol{v}} \approx -2\left(I_t^L(x,y) - I_{t+1}^L(x+g_x^L, y+g_y^L) - \left[\frac{\partial I_{t+1}^L}{\partial x}, \frac{\partial I_{t+1}^L}{\partial y}\right]\boldsymbol{v}\right) \cdot \left[\frac{\partial I_{t+1}^L}{\partial x}, \frac{\partial I_{t+1}^L}{\partial y}\right] \tag{7.105}$$

式中, $\left[\dfrac{\partial I_{t+1}^L}{\partial x}, \dfrac{\partial I_{t+1}^L}{\partial y}\right]$ 表示第 L 层图像 I_{t+1}^L 分别在 x 与 y 方向的求导, 引入图像块差:

$$\forall (x,y) \in [p_x-w_x, p_x+w_x] \times [p_y-w_y, p_y+w_y]$$

$$\delta I(x,y) = I_t^L(x,y) - I_{t+1}^L(x+g_x^L, y+g_y^L) \tag{7.106}$$

引入梯度 ∇, 令:

$$\nabla I = [I_x, I_y]^{\mathrm{T}} = \left[\frac{\partial I_{t+1}^L}{\partial x}, \frac{\partial I_{t+1}^L}{\partial y}\right]^{\mathrm{T}} \tag{7.107}$$

则可按式 (7.108) 计算 $f(t)$:

$$\forall (x,y) \in [p_x-w_x, p_x+w_x] \times [p_y-w_y, p_y+w_y]$$

$$I_x(x,y) = \frac{\partial I^L(x,y)}{\partial x} = \frac{I^L(x+1,y) - I^L(x-1,y)}{2}$$

$$I_y(x,y) = \frac{\partial I^L(x,y)}{\partial y} = \frac{I^L(x,y+1) - I^L(x,y-1)}{2} \tag{7.108}$$

联立式 (7.106) 和式 (7.107) 对式 (7.105) 进行化简, 得

$$\frac{1}{2}\frac{\partial \varepsilon(\boldsymbol{v})}{\partial \boldsymbol{v}} \approx \sum_{x=p_x-w_x}^{p_x+w_x} \sum_{y=p_y-w_y}^{p_y+w_y} (\nabla \boldsymbol{I}^{\mathrm{T}} \boldsymbol{v} - \delta I)\nabla \boldsymbol{I}^{\mathrm{T}} \tag{7.109}$$

将式 (7.109) 两边进行转置, 有

$$\frac{1}{2}\frac{\partial \varepsilon(\boldsymbol{v})}{\partial \boldsymbol{v}} \approx \sum_{x=p_x-w_x}^{p_x+w_x} \sum_{y=p_y-w_y}^{p_y+w_y} \left(\begin{bmatrix} I_x^2 & I_x I_y \\ I_x I_y & I_y^2 \end{bmatrix} \boldsymbol{v} - \begin{bmatrix} \delta I & I_x \\ \delta I & I_y \end{bmatrix} \right) \tag{7.110}$$

为方便表述, 引入符号 $\boldsymbol{A}$、$\boldsymbol{b}$, 记:

$$\boldsymbol{A} = \sum_{x=p_x-w_x}^{p_x+w_x} \sum_{y=p_y-w_y}^{p_y+w_y} \begin{bmatrix} I_x^2 & I_x I_y \\ I_x I_y & I_y^2 \end{bmatrix}$$

$$\boldsymbol{b} = \sum_{x=p_x-w_x}^{p_x+w_x} \sum_{y=p_y-w_y}^{p_y+w_y} \left(\begin{bmatrix} \delta I & I_x \\ \delta I & I_y \end{bmatrix} \right) \tag{7.111}$$

结合式 (7.111), 则式 (7.110) 变为

$$\frac{1}{2}\frac{\partial \varepsilon(\boldsymbol{v})}{\partial \boldsymbol{v}} \approx \boldsymbol{A}\boldsymbol{v} - \boldsymbol{b} \tag{7.112}$$

式 (7.112) 中, $\boldsymbol{v}$ 代表光流, 当 $\varepsilon(\boldsymbol{v})$ 取极小值时, 式 (7.112) 变成

$$\boldsymbol{A}\boldsymbol{v} - \boldsymbol{b} = 0 \tag{7.113}$$

由式 (7.113) 便可求得光流向量为

$$v_{\mathrm{opt}} = \boldsymbol{A}^{-1}\boldsymbol{b} \tag{7.114}$$

式中, $\boldsymbol{A}^{-1}$ 表示 $\boldsymbol{A}$ 的逆矩阵。

7.4.2　帧间匹配

帧间匹配, 即是找出位于相邻帧中的同一个物体。帧间匹配事实上是一种图像匹配, 图像匹配是计算机视觉中很多应用的基础, 常用于目标检测、跟踪、识别等, 是图像处理领域研究的重点问题之一。图像匹配的数学描述为寻找一种或多种空间变换, 使来自同一场景的多幅图像在空间上一致, 这些图像的获取可能来自不同的时间或者不同的设备抑或是不同的视角。图像匹配算法大致包含两大类, 一类是基于区域的匹配方法, 另一类则是基于特征的匹配方法。相比于前者, 后者具有计算量小、鲁棒性好、抗形变等优点, 由此成为人们热衷的研究对象。基于特征的图像匹配主要包括特征提取、描述和匹配三个环节。

1. 特征提取

用于图像匹配的特征理论上可以采用 7.3.3 节中介绍的各种局部特征，如 Moravec 角点、Harries 角点、SIFT 以及 SURF 特征等。对于红外图像而言，一般对应的是目标体上具有高温度或高发射率的点位。

2. 特征描述

为了保证特征向量具有旋转不变性，以特征点为中心将坐标轴沿着关键点的方向旋转，旋转角度为 θ，旋转公式为

$$\begin{pmatrix} x' \\ y' \end{pmatrix} = \begin{pmatrix} \cos\theta & -\sin\theta \\ \sin\theta & \cos\theta \end{pmatrix} \begin{pmatrix} x \\ y \end{pmatrix} \tag{7.115}$$

式中，x'，y' 分别为旋转后邻域内特征点的 x 和 y 坐标，θ 为特征点的主方向。再根据梯度方向直方图结合高斯权重生成特征点的描述子。

3. 特征匹配

对于图像 A 中的某个特征点，根据欧氏距离 (或其他相似性度量方法)，在图像 B 中找出与其最相似的前两个特征点，若最相似的与次相似的距离比值小于某个阈值，则与最相似的那个待匹配点进行匹配；否则，不进行匹配。

前文中介绍的 SIFT 特征点虽然具有良好的匹配性能，但是运算复杂，难以达到实时性的要求；此外，当图像纹理特征较弱时，SIFT 算法基本失效。后来，人们又陆续提出了几种 SIFT 的变种。Ke[39] 将其描述子部分用 PCA(principal components analysis) 代替直方图的方式，得到了 PCA-SIFT，它与标准的 SIFT 有相同的主方向和尺度。针对 SIFT 速度慢的问题，Bay[40] 等提出了加速版的 SIFT，即 SURF(speeded-up robust features)。它采用快速 Hessian 方法进行特征点检测，同时采用特征点周围的 Harr 小波响应对特征进行描述。为了解决 SIFT 算法不具备完全仿射性的问题，Morel[41] 等提出了 ASIFT(affine SIFT) 算法。此外，通过对特征描述子进行改进，Mikolajczy[42] 提出了 GLOH(gradient location orientation histogram) 算法，通过 PCA 降维，描述子的维度降到了 64，相比于 SIFT，该方法侧重于体现直方图的空间特性。

上述算法有着各自的优势，比如 SIFT 算法具有很好的尺度不变性和旋转不变性；作为 SIFT 的改进版，SURF 速度可提升三倍左右，相比于 SIFT，PCA-SIFT 在保留尺度和旋转不变性的同时降低了特征维度，由此减少了计算时间。对于基于视频的目标检测而言，匹配算法的实时性至关重要。此外，由于是帧间匹配，不存在明显的尺度变换和旋转变化，也就是说，没有必要采用类似 SIFT 这么复杂的算法。而 ORB 是一种简单快速的特征提取和描述算法，无论是在特征

提取还是特征描述阶段，实现起来都非常快速简单，且效果良好，特别适合于基于视频图像的帧间特征提取和匹配。据实验统计，一般情况下，ORB 算法的速度是 SIFT 算法的 100 倍左右，是 SURF 算法的 10 倍左右。

7.4.3　目标机动状态辐射特征提取

目标在飞行过程中，在目标进行特殊动作时会发生姿态调整，这种大角度的机动变化导致了目标光学特性的突变，使得目标红外辐射强度特性分布与正常飞行状态下差别较大，给目标识别带来困难，但是同时这种机动状态调整也是一些特定目标所特有的，对机动状态的准确判断可以辅助对该类目标进行识别。

由于目标机动过程中其辐射强度特性会发生较大改变，因此可通过判断辐射强度序列异常变化实现对目标机动状态的确定。下面将就两种典型的红外点源目标辐射特性异常识别方法展开介绍。

1. 基于小波奇异性的异常识别

信号的奇异性 [43,44] 通常是指信号在某一时刻内，其幅值发生突变引起信号的非连续或信号的一阶微分不连续。这种奇异性通常可通过小波分析进行判断。

设 $\varphi(t)$ 为一平方可积函数，即 $\varphi(t) \in L^2(R)$，若其傅里叶变换 $\varphi(w)$ 满足条件：

$$c_\varphi = \int_R \frac{|\varphi(w)|^2}{|w|} \mathrm{d}w < \infty \tag{7.116}$$

则称 $\varphi(t)$ 为一个小波母函数或基本小波，式 (7.116) 为小波函数的可容许条件。通过对上述基本小波进行伸缩和平移，得到函数

$$\varphi_{a,b}(t) = \frac{1}{\sqrt{a}} \varphi\left(\frac{t-b}{a}\right) \tag{7.117}$$

式中，a 为伸缩因子 (尺度因子)，且有 $a \in R$，$a \neq 0$；b 为平移因子，且有 $b \in R$。

若因子 a、b 为连续的，则称 $\phi_{a,b}(t)$ 为依赖于 a、b 的连续小波基函数。

将任意 $L^2(R)$ 空间中的函数 $f(x)$ 在小波基下展开，则 $f(x)$ 的连续小波变换定义为

$$W_f(a,b) \leqslant f(t), \quad \varphi_{a,b}(t) \geqslant \frac{1}{\sqrt{a}} \int_R f(t)\varphi^*\left(\frac{t-b}{a}\right) \mathrm{d}t \tag{7.118}$$

连续小波变换本身具有的平移不变性以及由于伸缩因子 a 连续变化引起的高冗余，使得连续小波变换对信号的奇异点敏感，非常适用于信号中异常变化识别。

假定实函数 $\theta(t)$ 为任一低通光滑函数, 且满足条件

$$\int_R \theta(t)\mathrm{d}t = 1 \tag{7.119}$$

$$\lim_{t \to \infty} \theta(t) = 0 \tag{7.120}$$

通常可取 $\theta(t)$ 为高斯函数, 即有

$$\theta(t) = \frac{1}{\sqrt{2\pi}\sigma}\mathrm{e}^{-\frac{t^2}{2\sigma^2}} \tag{7.121}$$

假定 $\theta(t)$ 二次可导, 令

$$\Psi^{(1)}(t) = \frac{\mathrm{d}\theta(t)}{\mathrm{d}t} \tag{7.122}$$

$$\Psi^{(2)}(t) = \frac{\mathrm{d}^2\theta(t)}{\mathrm{d}t^2} \tag{7.123}$$

在函数 $\theta(t)$ 中引入尺度因子 a, 表示如下:

$$\theta_a(t) = \frac{1}{a}\theta\left(\frac{t}{a}\right) \tag{7.124}$$

式中, $\theta_a(t)$ 表示 $\theta(t)$ 在尺度因子 a 下的伸缩。

对函数 $f(t)$ 作小波变换可得

$$W_a^{(1)}f(t) = f \times \Psi_a^{(1)}(t) = f \times \left(a\frac{\mathrm{d}\theta_a}{\mathrm{d}t}\right) = a\frac{\mathrm{d}}{\mathrm{d}t}(f \times \theta_a)(t) \tag{7.125}$$

$$W_a^{(2)}f(t) = f \times \Psi_a^{(2)}(t) = f \times \left(a^2\frac{\mathrm{d}^2\theta_a}{\mathrm{d}t^2}\right) = a^2\frac{\mathrm{d}^2}{\mathrm{d}t^2}(f \times \theta_a)(t) \tag{7.126}$$

由此可知, $f(t) \times \theta_a(t)$ 可看成在尺度 a 下, 低通光滑函数 $\theta(t)$ 对函数 $f(t)$ 平滑的结果, 而小波变换 $W_a^{(1)}f(t)$ 和 $W_a^{(2)}f(t)$ 可看成函数 $f(t)$ 在尺度 a 下由 $\theta(t)$ 平滑后的一阶、二阶导数表示。若分别对 $f(t)$ 作小波变换, $W_a^{(1)}f(t)$ 的局部极值点和 $W_a^{(2)}f(t)$ 的零点均与 $f(t) \times \theta_a(t)$ 的拐点相对应。

若点 (a_0, b_0) 满足

$$\frac{\partial W_f(a_0, b_0)}{\partial t}\big|_{t=t_0} = 0 \tag{7.127}$$

则称点 (a_0, b_0) 为局部极值点。如果 $\forall t \in (t_0, \delta)$, 使 $|W_f(a_0, b_0)| \leqslant |W_f(a_0, t_0)|$ 成立, 则称点 (a_0, b_0) 为模极大值点。

综上所述，检测小波变换系数模的局部极值点和过零点都可对信号奇异点进行分析。$f(t) \times \theta_a(t)$ 上的拐点有可能是一阶导数的极大值点，也可能是极小值点。只有函数 $f(t)$ 变化剧烈时的点才与 $W_a^{(1)}f(t)$ 上的局部极大值对应，而变化缓慢的点与局部极小值对应。而 $W_a^{(2)}f(t)$ 上的零点却不一定对应 $f(t)$ 上的突变点，同时过零点只给出拐点的位置信息而不能给出变化强弱信息。因此，相比较而言，我们通常用 $W_a^{(1)}f(t)$ 上的局部极大值来识别信号的奇异点信息。

2. 基于密度的局部异常识别

首先，我们可以视觉直观感受一下，如图 7.6 所示。对于 C_1、C_2 两个集合点而言，其整体间距、密度及分散情况均较为一致，可以认为是同一簇；而 o_1、o_2 两点则相对孤立，可以认为是异常点或离散点。

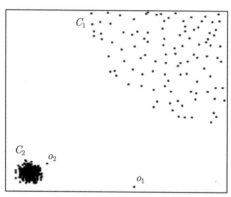

图 7.6　基于密度的局部异常检测示意图

基于密度的局部异常检测其基本原理就是通过比较集合中每个点和其 k-近邻点的密度来判断该点是否为异常点 [45]，如果点 p 的密度越低，越有可能被认定为异常点。其中的密度可通过点之间的距离来计算，点之间距离越远，密度越低，反之，则密度越高，这与一般的理解相符合。

另有一种称为 "局部" 异常因子 (local outlier factor，LOF) 的密度函数，其中的密度是通过点 p 的第 k-近邻来计算，而不是全局计算，因此得名 "局部" 异常因子。

给定一个正整数 k 和目标红外辐射特性数据点集合 D，记集合中 p 点和 q 点之间的距离为 $d(p,q)$，p 点 k-近邻距离记为 $k\text{-dist}(p)$。在集合 D 中 $k\text{-}\,\text{dist}(p)$ 满足以下两点：

(1) 至少有不包括 p 点在内的 k 个点 $q \in D\{x \neq p\}$，满足

$$d(p,q) \leqslant k\text{-}\,\text{dist}(p) \tag{7.128}$$

(2) 最多有不包括 p 点在内的 $k-1$ 个点 $q \in D\{x \neq p\}$，满足

$$d(p,q) < k\text{-}\operatorname{dist}(p) \tag{7.129}$$

同时在集合 D 中，定义 q 点到 p 点的 k-近邻可达距离为 $r\text{-}\operatorname{dist}_k(p,q)$，即有

$$r\text{-}\operatorname{dist}_k(p,q) = \max(d(p,q), k\text{-}\operatorname{dist}(p)) \tag{7.130}$$

于是，p 点的 k-近邻局部可达密度定义如式 (7.131) 所示，它反映了 p 点周围点分布密度，如果 $\operatorname{lrd}(p)$ 较大，则 p 点不太可能是局部异常点，如果 $\operatorname{lrd}(p)$ 较小，说明 p 点很有可能是局部异常点。

$$\operatorname{lrd}(p) = \frac{K(p)}{\displaystyle\sum_{q \in K(p)} r\text{-}\operatorname{dist}_k(p,q)} \tag{7.131}$$

式中，$K(p)$ 表示 p 的 k-邻域，是指在数据集 D 中与 p 点的距离不超过 $k\text{-}\operatorname{dist}(p)$ 所有点的集合，即

$$K(p) = \{q \in D\{x \neq p\} | d(p,q) \leqslant k\text{-}\operatorname{dist}(p)\} \tag{7.132}$$

则 p 点局部异常因子 $\operatorname{LOF}(p)$ 定义为

$$\operatorname{LOF}(p) = \frac{\dfrac{1}{k} \displaystyle\sum_{q \in K(p)} \operatorname{lrd}(p)}{\operatorname{lrd}(p)} \tag{7.133}$$

式中，$\operatorname{LOF}(p)$ 的值反映 p 点在其 k-邻域内所含点是否稀疏。

如果 $\operatorname{LOF}(p)$ 值较小，则表示 q 点在其 k-邻域内所含点较密集，该点是异常点的概率较小；如果 $\operatorname{LOF}(p)$ 值较大，则表示 p 点在其 k-邻域内所含点稀疏，该点是异常点的概率较大。

7.5 红外点源目标识别

在 7.2 节中我们介绍了红外点源目标特征提取方法，但这些特征信息与目标类型之间往往不具有直接的一一对应关系，如果直接根据目标点的这些特征信息对目标类型做出判断就会造成很大的误判。因此，在特征提取的基础上，本节将重点对目标识别方法展开介绍。

7.5.1 基于辐射特征的目标识别

针对定量红外传感器的辐射特征识别模型，在给定飞行高度和运动轨迹类型下，可利用辐射强度区间对部分真假目标进行时域融合识别，并计算输出真假目标基本概率赋值。

其中，由于辐射强度特征在提取过程中受图像信噪比、辐射传输、填充率、运动模糊等因素的影响，其特征分布较为复杂，因此在门限判决模型中，采用岭形分布模糊函数近似作为门限判决识别对待识别目标的基本概率赋值函数，函数定义如图 7.7 所示。

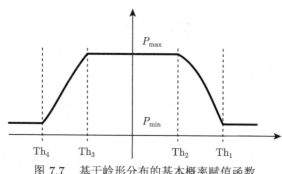

图 7.7　基于岭形分布的基本概率赋值函数

待识别目标为飞行器目标的基本概率赋值 m_0 和待识别目标为假目标的基本概率赋值 m_1 分别定义为

$$
m_0 = \begin{cases}
1 - P_{\max}, & f < \mathrm{Th}_4 \\[2mm]
(2P_{\max} - 1)\left[\dfrac{1}{2} + \dfrac{1}{2}\sin\left(\dfrac{\pi}{\mathrm{Th}_3 - \mathrm{Th}_4}\right)\left(f - \dfrac{\mathrm{Th}_3 + \mathrm{Th}_4}{2}\right)\right] + (1 - P_{\max}), & \\
& \mathrm{Th}_4 \leqslant f < \mathrm{Th}_3 \\[2mm]
P_{\max}, & \mathrm{Th}_3 \leqslant f < \mathrm{Th}_2 \\[2mm]
(2P_{\max} - 1)\left[\dfrac{1}{2} - \dfrac{1}{2}\sin\left(\dfrac{\pi}{\mathrm{Th}_1 - \mathrm{Th}_2}\right)\left(f - \dfrac{\mathrm{Th}_2 + \mathrm{Th}_1}{2}\right)\right] + (1 - P_{\max}), & \\
& \mathrm{Th}_2 \leqslant f < \mathrm{Th}_1 \\[2mm]
1 - P_{\max}, & \mathrm{Th}_1 \leqslant f
\end{cases}
$$

$$
\tag{7.134}
$$

$$
m_1 = 1 - m_0 \tag{7.135}
$$

式中，f 为目标红外识别特征；Th_1 为判决门限 1；Th_2 为判决门限 2；Th_3 为判决门限 3；Th_4 为判决门限 4。

在利用 DS(Dempster-Shafter) 证据时域融合时，待识别目标为真目标的基本概率赋值 m_0^{12} 为

$$m_0^{12} = \frac{\sum\limits_{A_i \cap B_j = C} m_{A_i}^{1\alpha} m_{B_j}^{2\alpha}}{1 - \sum\limits_{A_i \cap B_j = \Phi} m_{A_i}^{1\alpha} m_{B_j}^{2\alpha}} \qquad (7.136)$$

式中，C={真目标}；A_i 为识别途径 1 的第 i 个焦元 $(i = 1, 2, \cdots, I)$，对应一组目标集；B_j 为识别途径 2 的第 j 个焦元 $(j = 1, 2, \cdots, J)$，对应一组目标集；$m_{A_i}^1$ 为识别途径 1 第 i 个焦元 $(i = 1, 2, \cdots, I)$ 的基本概率赋值；$m_{B_j}^2$ 为识别途径 2 第 j 个焦元 $(j = 1, 2, \cdots, J)$ 的基本概率赋值；α_1 为识别途径 1 的证据折扣；α_2 为识别途径 2 的证据折扣。

待识别目标为假目标的基本概率赋值 m_1^{12} 为

$$m_1^{12} = \frac{\sum\limits_{A_i \cap B_j = C} m_{A_i}^{1\alpha} m_{B_j}^{2\alpha}}{1 - \sum\limits_{A_i \cap B_j = \Phi} m_{A_i}^{1\alpha} m_{B_j}^{2\alpha}} \qquad (7.137)$$

其中，C={假目标}。

7.5.2 基于多谱段多特征融合的目标识别

红外远距离点源目标识别过程中，由于识别场景复杂，识别特征微弱，仅依靠单一特征很难完成多目标识别。因此需要研究红外多特征时域融合方法，通过多特征融合实现红外点源目标识别，算法模型如图 7.8 所示。

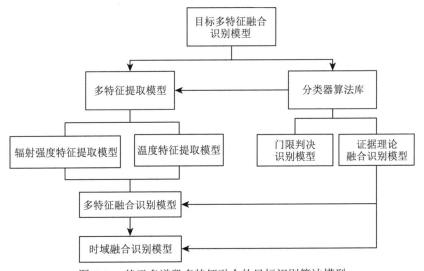

图 7.8　基于多谱段多特征融合的目标识别算法模型

基于多谱段多特征融合的目标识别模型按照红外探测器的性能分为辐射强度特征识别，辐射强度特征与温度特征融合识别两种方式：

(1) 当红外传感器能稳定测量单波段辐射强度时，对 k 时刻辐射强度识别结果 $m_0^2(k)$、$m_1^2(k)$，得到 k 时刻空域融合后待识别目标为真目标的基本概率赋值 $m_0(k)$、为假目标的基本概率赋值 $m_1(k)$；

(2) 当传感器能稳定测量辐射强度且具有双波段时，对 k 时刻辐射强度识别结果 $m_0^1(k)$ 和 $m_1^1(k)$，以及温度识别结果 $m_0^2(k)$ 和 $m_1^2(k)$，得到 k 时刻空域融合后待识别目标为真目标的基本概率赋值 $m_0(k)$、为假目标的基本概率赋值 $m_1(k)$。

7.6　红外面源目标识别

特征提取之后，设计合适的目标识别算法成为目标分类识别的关键。从分类器构造方式的角度，现有的目标识别算法大致有以下几种：统计模式识别、传统神经网络分类器、支持向量机、模糊模式识别、树分类器、结构模式识别以及当下研究火热的深度学习方法等。下面介绍图像分析中常用的模板匹配方法和支持向量机 (SVM)[46] 方法。

1. 模板匹配

模板匹配是从待识别图像中提取若干特征向量与模板对应的特征向量进行比较，计算图像与模板特征向量之间的相似性，用最大相似性判定所属类别。模板匹配通常需要事先建立好标准模板库。

Hausdorff 距离[47] 是描述两组点集之间相似程度的一种度量，它是集合和集合之间距离的一种定义形式。

假设有两组集合 $A = \{a_1, a_2, \cdots, a_p\}$，$B = \{b_1, b_2, \cdots, b_p\}$，则这两个点集之间的 Hausdorff 距离定义为

$$H(A, B) = \max(h(A, B), h(B, A)) \tag{7.138}$$

其中，$h(A, B) = \max\limits_{a \in A} \min\limits_{b \in B} ||a - b||$，$h(B, A) = \max\limits_{b \in B} \min\limits_{a \in A} ||b - a||$，$|| \cdot ||$ 是两个点之间的距离范数 (如 L_2 范数)。$h(A, B)$ 即是点集 A 中的每一个点到点集 B 中的最小距离集合中的最大值。

马氏距离是度量学习中一种常用的距离指标，同欧氏距离、曼哈顿距离、汉明距离等一样被用作评定数据之间的相似度指标。但马氏距离却可以应对高维线性分布的数据中各维度间非独立同分布的问题。马氏距离可以看作是欧氏距离的一种修正，修正了欧氏距离中各个维度尺度不一致且相关的问题。

数据点 x, y 之间的马氏距离定义为

$$D_{\mathrm{Mh}}(x,y) = \sqrt{(x-y)^{\mathrm{T}} \Sigma^{-1} (x-y)} \tag{7.139}$$

其中，Σ 是多维随机变量的协方差矩阵，如果协方差矩阵是单位向量，也就是各维度独立同分布，马氏距离就变成了欧氏距离。

欧氏距离可比做一个参照值，它表征的是当所有类别等概率出现的情况下，类别之间的距离；当类别先验概率并不相等时，马氏距离中引入协方差参数 (表征了点的稀密程度) 来平衡两个类别的概率。

闵可夫斯基距离 (明氏距离) 适用于多维连续空间中两个点位置的判断。明氏距离的定义为

$$D_{\mathrm{Mk}}(x,y) = \left(\sum_{i=1}^{n} |x_i - y_i|^p \right)^{1/p} \tag{7.140}$$

这里 $x = (x_1, x_2, \cdots, x_n)$ 和 $y = (y_1, y_2, \cdots, y_n)$ 为空间中的两个点。明氏距离是欧氏距离的推广，也是对多个距离度量公式的概括性表述。

相关系数是用以反映变量之间相关关系密切程度的统计指标。相关系数是按积差方法计算，同样以两变量与各自平均值的离差为基础，通过两个离差相乘来反映两变量之间相关程度；着重研究线性的单相关系数。

依据相关现象之间的不同特征，其统计指标的名称有所不同。如将反映两变量间线性相关关系的统计指标称为相关系数 (相关系数的平方称为判定系数)；将反映两变量间曲线相关关系的统计指标称为非线性相关系数、非线性判定系数；将反映多元线性相关关系的统计指标称为复相关系数、复判定系数等。相关系数的公式如下

$$\rho_{xy} = \frac{\mathrm{Cov}(X,Y)}{\sqrt{D(X)} \sqrt{D(Y)}} \tag{7.141}$$

其中，$\mathrm{Cov}(X,Y)$ 表示变量 X 和 Y 的协方差，$D(X)$ 和 $D(Y)$ 分别表示变量 X 和 Y 的方差。

2. 支持向量机

由于统计模式识别、神经网络等都是基于经验风险最小为原则进行分类的，所以分类规则的推广性不强。因此，Cortes 和 Vapnik 提出了基于结构风险最小化作为分类准则的支持向量机 (SVM)[46]。

SVM 是建立在统计学习理论的 VC 维 (Vapnik-Chervonenkis Dimension) 理论和结构风险最小原理基础上的，根据有限的样本信息在模型的复杂性 (即对特定训练样本的学习精度) 和学习能力 (即无错误地识别任意样本的能力) 之间寻求

最佳折中, 以期获得最好的泛化性能。SVM 可以在高维空间中构造出良好的分类界面, 为分类算法提供了统一的理论框架。

核函数的引入进一步提高了 SVM 的性能,核函数满足 $K(x, y) = (\phi(x), \phi(y))$, 用以代替在特征空间中内积 (x, y) 的计算。对于非线性分类, 一般是找一个非线性映射 ϕ 将输入数据映射到高维特征空间来增强其可分性, 此时在该特征空间中分类, 然后再映射回原空间, 就得到了原空间中的非线性分类。

对希尔伯特特征空间 H, 设 $K(x, y)$ 是定义在输入空间 R^n 上的二元函数, H 中的规范正交基为 $\phi_1(x), \phi_2(x), \cdots, \phi_n(x)$。若

$$K(x, y) = \sum_{k=1}^{\infty} a_k^2 (\phi_k(x), \phi_k(y)), \quad \{a_k\} \in l^2 \tag{7.142}$$

则 $\phi(x) = \sum_{k=1}^{\infty} a_k \phi_k(x)$ 即为所求的非线性嵌入映射。由于核函数 $K(x, y)$ 的定义域是原来的输入空间, 而不是高维的特征空间, 因此巧妙地避开了计算高维内积 $(\phi(x), \phi(y))$ 所付出的计算代价。实际中只需要选定一个 $K(x, y)$, 而不需要去重构嵌入映射 $\phi(x) = \sum_{k=1}^{\infty} a_k \phi_k(x)$。满足条件的核函数包括:

(1) 多项式核函数: $K(x, y) = (1 + x \cdot y)^d$;

(2) 径向基函数: $K(x, y) = \exp((x - y)^2 / \sigma^2)$。

SVM 的最终决策函数只由少数的支持向量所确定, 计算的复杂性取决于支持向量的数目, 而不是样本空间的维数, 这在某种意义上避免了 "维数灾难"。同时, 少数支持向量决定了最终结果, 该方法不但算法简单, 而且具有较好的 "鲁棒" 性。这种 "鲁棒" 性主要体现在:

(1) 增、删非支持向量样本对模型没有影响;

(2) 支持向量样本集具有一定的鲁棒性;

(3) SVM 方法对核的选取具有一定的不敏感性。

7.6.1 基于边缘与纹理特征联合的目标识别

从先验知识利用与否的角度, Sander 将图像目标识别技术分成两大类: 基于数据驱动的方法和基于模型驱动的方法 [48]。数据驱动的方法仅仅依靠像素关系和像素值, 模型驱动的方法则是利用到了先验知识。

基于数据驱动的红外目标识别大体又可以分成三种: 边缘提取算法、区域提取算法和区域与边界结合的算法。

一般算子检测的边缘由于受噪声等因素的影响常常呈现出不连续性 (对红外图像尤为如此), 不利于后续图像分析与处理, 因此需要对这些断裂边界进行边界

连接。局部边界连接是常用的一种方式,运用一个小窗口遍历整个图像,基于某些准则对边界之间的空隙进行填补。全局的边界连接主要有 Hough 变换[49],它可以在图像中连接一些比较规则的边界,如直线和圆等。

区域提取方法一般需要确定区域的同质性,主要包括两种技术:区域生长和区域合并/分裂技术。区域生长利用一系列的种子点通过合并邻居像素向外扩张[50]。邻居像素与种子点具有一定的相似性。随后人们从不同的角度提出相应的改进算法。例如 Mehnert 和 Jackway 提出了一种种子点选择独立的处理流程[51],Fan 提出了一种自动选取种子点的算法[52]。针对检测结果高度依赖于种子的选取问题,Jianping Fan 等提出了将颜色边缘提取和 SRG(seeded region growing)的结果相结合极大降低了初始种子点对检测结果的影响[53]。区域合并与分裂技术的思想是当一个区域的同质性较差时,则将该区域分裂,而当相邻的区域满足同质性要求时,则将两区域合并[54]。

Beucher 提出的分水岭算法是一种应用广泛的区域与边界结合的提取算法[55]。为了应对分水岭算法的过分割和速度慢等问题,人们也提出了各种各样的改进算法[56-58]。1988 年 Kass 等提出 Active Contour Model 来分割目标,这是一种动态参数模板方法[59],Kass 方法的初始曲线与真实目标之间没有必然的关系。Cootes 和 Taylor 提出了一种称为 Active Shape Model 或者是 Smart Snake 的模型[60],该模型的初始曲线根据目标形状确定。其后,Cootes 又提出一种 Active Appearance Models,既用到了目标的形状信息也利用了像素信息[61]。

随着图像处理技术的发展,红外图像的处理方法也不断增多,但目前还没有一种通用的算法能够处理好所有红外图像,大多数算法是针对红外图像某一方面的问题而设计的。考虑到红外成像目标的边缘特征描述了红外目标的几何形状,而纹理特征则描述了目标辐射亮温的分布情况,二者相联合可以实现红外目标的提取。

1. 基于加权 CV 模型的目标区域提取

CV(Chan-Vese) 模型[62] 是 Chan 和 Vese 提出的一种基于区域的活动轮廓模型,该模型建立在 MS(Mumford-Shah)[63] 模型基础上,CV 模型对 MS 模型进行了简化,它克服了 MS 计算量大且不易数值实现的缺点。

CV 模型利用目标边缘曲线的规律,在像素灰度变化小的区域 (即同质区域) 采用分片光滑函数表示,而在像素变化大的区域 (即边界区域) 用分段光滑曲线表示。因此,泛函能量由表征同质区域能量和目标边缘的能量两部分构成。MS 模型通过最小化泛函能量函数使函数的不连续点集 (演化曲线) 逼近目标的边缘,同时也将图像分成若干个同质区,从而实现对图像目标区域的提取。MS 能量泛函的定义如下:

$$F(I, K) = \int_{\Omega} (I - I_0)^2 \mathrm{d}x\mathrm{d}y + \alpha \int_{\Omega - K} |\nabla I|^2 \mathrm{d}x\mathrm{d}y + \beta \int_K \mathrm{d}\sigma \qquad (7.143)$$

其中，$\Omega \subset R^N (N = 2, 3)$ 为满足利普希茨 (Lipschitz) 边界条件的有界开集，I_0 表征初始图像，I 为分割后的目标区域，∇I 为 I 的梯度的近似表达，K 表示 Ω 上的边界点的集合，α, β 是两个非负参数。泛函中的三项分别对应于保真度约束、分割后目标区域 I 的光滑度约束和曲线 K 的长度约束。其中，保真度约束使得 I_0 与 I 的差异尽量小，光滑度约束确保 I 在 Ω/K 上充分光滑，边缘长度约束确保边缘不是整幅图像 (整幅图像区域均为边界区域) 即为 $K \neq \Omega$。

采用变分法对上述 MS 模型求解，也就是最小化能量函数 (7.143)。变分法可以将 MS 模型的图像分割问题转化为求解泛函极值的问题，因此可利用许多近代数学工具来对问题进行分析处理。

直接求解泛函 (7.143) 的极小值非常困难，如果在三项表达式中去掉任意一项，求解能量泛函的极小值则很容易。2000 年，Chan 和 Vese 对 MS 模型进行了简化，提出了 CV 模型 [62]。CV 模型省略泛函 (7.143) 中 u 的光滑度约束这一项，并将保真度约束项展开，得到如下的能量泛函：

$$F(C) = \mu L(C) + v S(C) + \lambda_1 \int_{\text{inside}(C)} |I_0 - c_1|^2 \mathrm{d}x\mathrm{d}y + \lambda_2 \int_{\text{outside}(C)} |I_0 - c_2|^2 \mathrm{d}x\mathrm{d}y$$
$$(7.144)$$

假设图像中目标区域和背景区域的亮度是常数，最小化能量函数 $F(C)$ 的目的就是寻求最优的曲线 C 使得分割图像 I 和原图像 I_0 的差异最小。

$$I = \begin{cases} \overline{I_0}(\text{inside}(C)) = c_1 \\ \overline{I_0}(\text{outside}(C)) = c_2 \end{cases} \qquad (7.145)$$

在式 (7.144) 中，$L(C)$ 表示曲线 C 的长度，$S(C)$ 表示曲线 C 围成的区域面积，$\mu, v, \lambda_1, \lambda_2$ 为各能量项的权重系数，式 (7.145) 中的 c_1, c_2 分别为曲线内外的图像亮度的均值。由于 CV 模型利用了图像的全局信息，故能够提取图像中梯度变化不是很明显的轮廓，即使图像边缘模糊也能获得较好的目标区域提取效果。

Chan 和 Vese 以欧拉-拉格朗日方法推导了求解式 (7.145)，并以水平集函数 ϕ 表达的偏微分方程如下：

$$\frac{\partial \phi}{\partial t} = \delta_\varepsilon(\phi) \left[\mu \nabla \cdot \frac{\nabla \phi}{|\nabla \phi|} - v - \lambda_1 [I(x, y) - c_1]^2 + \lambda_2 [I(x, y) - c_2]^2 \right] \qquad (7.146)$$

分析 CV 模型的能量函数可以发现，能量完全由图像的像素值确定，图像中的各个像素的归属基本上由像素值决定，具有相同值的像素归为同一类。如

图 7.9 所示，在目标与背景的亮度值不同的简单图像中，由于受到噪声等因素的影响出现如下的情形：A 属于目标区域，B 属于背景区域，A 与 B 的亮度相同。按照 CV 模型的能量函数进行演化，分割后结果中 A、B 两点被分割成了同一类，显然与真实情形不符。这是因为 CV 主要依靠图像的目标背景的同质性进行分割，模型中能量函数中最后两项影响像素的分割结果，而这两项能量只与像素值的大小有关。为了解决这个问题，在构造能量函数时应考虑像素之间的空间位置关系。

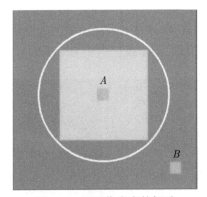

图 7.9　不同像素点的权重

图 7.9 中，A 在目标的内部，B 在背景之中，A、B 两点的强度值相同。现给定初始演化曲线，曲线内部包含了整个目标区域。在分割图像时，由于 A 与目标的强度均值差异较大，很容易将 A 点分割到背景中。因此需减小 A 在总能量中的影响，使 A 被分割到目标中。在 CV 模型中参数 λ_1,λ_2 分别为目标与背景能量的权值。对于目标中各个像素，权值相同，同样对背景中的各个像素，权值也相同。可以通过修改各个像素的 λ_1,λ_2 来调整各个像素在总能量的影响。

图 7.9 中，A 点距离初始演化曲线的距离较远，B 点距离初始演化曲线的距离较近，因此需要降低 A 点对总体能量的影响，也就是要降低其权值。因此，可以构造权值函数使其与到曲线的距离负相关。在数值实现 CV 模型会用水平集函数 $\phi(x)$，$\phi(x)$ 表征了像素点 x 距离曲线 C 之间的符号距离函数。因此可以构造权值函数 $W = 1/|\phi|$，但这一权值函数在 0 附近变化速率太快，而且值域范围太大无法归一化到区间 $(0,1)$，故可修改权值函数为 $W = 1/(1 + \phi^2)$。修改后的权值函数的值域范围为 $(0,1]$，$\phi = 0$ 时，也就是演化曲线上的点，对模型的总能量影响最大；$|\phi|$ 越大，权值越小，对模型总能量影响也越小；当 $|\phi| \to \infty$ 时，对总能量没有影响。

综上分析，在 CV 模型中添加权值函数得到加权 CV 模型的能量函数：

$$E(C) = \text{Length}(C) + \text{Area}(C) + W \left(\int_{\text{in}(C)} (I - c_1)^2 \mathrm{d}x\mathrm{d}y + \int_{\text{ext}(C)} (I - c_2)^2 \mathrm{d}x\mathrm{d}y \right) \tag{7.147}$$

则采用水平集方法和变分法得到加权 CV 模型的迭代公式为

$$\frac{\partial \phi}{\partial t} = \delta(\phi) \left[\mu \cdot K + v - W \left((I - c_1)^2 - (I - c_2)^2 \right) \right] \tag{7.148}$$

从式 (7.148) 可以看出: 各个像素的权值函数 W 随着曲线的演化而变化, 起到自动调节各个像素在总能量的权值, 有助于提高算法分割图像的精度。

图 7.10 给出了基于 CV 模型及其改进模型的分割结果。可以看出, 基于 CV 改进的模型较之于原始的 CV 模型能提供更为准确的目标提取结果。

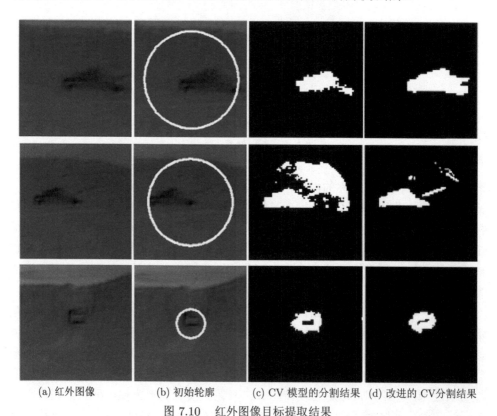

(a) 红外图像　　　　(b) 初始轮廓　　　(c) CV 模型的分割结果　(d) 改进的 CV 分割结果

图 7.10　红外图像目标提取结果

2. 基于最小边缘比的边缘提取

目标边缘是目标识别的重要信息之一, 但红外目标边缘通常模糊, 当用常见的边缘检测算子对纹理丰富或噪声较大的区域提取目标边界时, 会产生较多的虚假边界，同时提取的边界往往并不连续，要获得目标完整连续的边界，需要对这些断裂的边界进行连接处理。这里采用如图 7.11 所示的边界提取方法，首先对输入图像进行变窗口的中值滤波，然后使用 Canny 算子进行边缘提取，最后对提取的边缘采用基于最小边缘化的边缘连接得到完整的目标边缘。

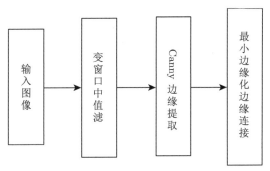

图 7.11　边界提取的流程图

Canny 算子处理弱边缘图像时效果较好，但由于 Canny 提取的边缘干扰较多，而且目标内部的变化区域也被看作边缘，所以需要预先对红外图像进行滤波处理。这里面先用变窗口的中值滤波抑制背景的变化，再使用 Canny 算子检测边缘。

假设点 A 为图像中目标最大概率点，对图像进行变窗口中值滤波时，B 点中值滤波器的窗口大小与 B 到 A 的距离相关。距离越大，该点属于目标的可能性越小，中值滤波的强度越大；距离越小，该点属于目标的可能性越大，滤波的强度越小。记 d 表示 A、B 两点之间的距离，h 表示对 B 滤波的方形窗的长度。设定 d 和 h 存在如下关系：

$$h = [h_{\min} + \Delta h(1 - \mathrm{e}^{-d/n})] \tag{7.149}$$

$h_{\min}$ 为中值滤波的最小窗口尺寸，$h_{\min} + \Delta h$ 为最大的滤波窗口尺寸，n 为控制窗口尺寸随距离变化快慢的参数，其选取与图像大小相关。

采用这种方法对图像滤波然后再用 Canny 算子提取边缘，能较好地抑制背景并保持真实边缘。前已述及，在很多情形下，边缘检测的结果是一些断裂的边界片段，这些边缘片段中，有些是真实目标的边缘，有些是确因背景和噪声等引起的虚假边缘。为了获得完整而真实的目标边缘，需要对这些边缘片段进行有选择的连接。根据形成边缘时连接片段的相对长度和曲率，可采用显著度来度量一个边缘片段成为一条最显著边缘的组成元素的可能性。显著度使用给定片段的局部信息，主要参照 Gestalt 规则：封闭度、亲近度和连续度 [64]。

(1) 真实片段比虚片段重要；

(2) 短片段比长片段重要;

(3) 平滑片段比非平滑片段重要。

一条封闭边缘通过真实片段和虚片段顺序连接得到, 在形成边缘时真实片段和虚片段只遍历一次。

令边缘 B 用 $v(t)$ 表示, $0 \leqslant t \leqslant 1$, 若 $v(0) = v(1)$, 则边缘 B 是封闭的。对于边缘的真实度和连续度, 可通过定义边缘的代价函数来表示:

$$\Gamma_{rc}(B) \approx \frac{W(B)}{L(B)} = \frac{\displaystyle\int_B [\sigma(t) + \lambda\kappa^2(t)]\mathrm{d}t}{\displaystyle\int_B \mathrm{d}t} \tag{7.150}$$

如果 $v(t)$ 在片段间缝隙中, $\sigma(t) = 1$, 否则 $\sigma(t) = 0$, 即真实片段 $\sigma(t) = 0$, 虚片段 $\sigma(t) = 1$。$\kappa(t)$ 表示边缘 B 在 $v(t)$ 处的曲率。将式 (7.150) 表示的边缘描述为一个由顶点集和边集组成的无向图 $G = (V, E)$, 其中, 顶点集合 V 由片段的端点组成, 边缘集合 E 由两两相连的端点组成。两个顶点之间构成两种边缘:

(1) 若 v_i 和 v_j 对应相同片段的两个端点, 则在它们之间构成一条实线边缘来建模该片段;

(2) 若 v_i 和 v_j 不对应相同片段的两个端点, 在这两个顶点对之间构成一条点线边缘来建模缝隙 (虚拟片段)。

这种方法形成的边缘图称为实-点图或 SD 图, 在 SD 图的一个简单环中, 若实边缘和虚边缘交替遍历, 称这样的环为交替环。

令 $B(e)$ 为边缘 e 的实片段和虚片段的函数, 则每条边缘 e 的长度 $l(e)$ 为 $B(e)$ 的长度, 权重为 $w(e) = W(B(e)) = \displaystyle\int_{B(e)} [\sigma(t) + \lambda\kappa^2(t)]\mathrm{d}t$, 是 $B(e)$ 的非归一化代价, 则具有最小代价函数的最显著封闭边缘即为具有最小边缘比率的交替环 C:

$$\Gamma_{rc}(C) = \frac{\displaystyle\sum_{e \in C} w(e)}{\displaystyle\sum_{e \in C} l(e)} \tag{7.151}$$

最小边缘比算法可以简单理解成根据边缘检测的结果, 提取一部分边缘, 用虚线将这部分边缘连接构成一个虚实交替的封闭曲线, 封闭曲线中虚线的总长最短同时封闭曲线的面积最大。

图 7.12 的实验结果验证了上述基于最小边缘比算法提取目标边缘的效果。

第一列为原始的红外图形, 第二列是采用变窗口中值滤波的 Canny 算子检测的结果, 最后一列是使用最小边缘比算法进行边缘连接的结果。边缘提取的最初结果大多破碎断裂，使用最小边缘比算法可获得接近于目标的真实轮廓。

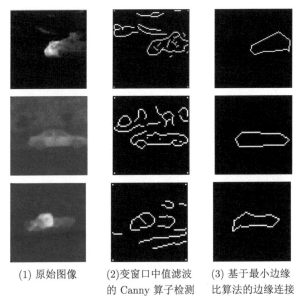

(1) 原始图像   (2)变窗口中值滤波   (3) 基于最小边缘
的 Canny 算子检测   比算法的边缘连接

图 7.12 基于最小边缘比算法的实验结果

3. 基于区域和边缘结合的红外目标识别

红外图像噪声较大，边缘信息较弱，同时目标特征也比较贫乏，因此实际情况中很难提取出完整正确的目标边缘或是区域。但由于这二者之间具有独立性和互补性，因此可将其联合进行目标的识别，图 7.13 示出了一种基于二者联合的红外目标识别的框架。

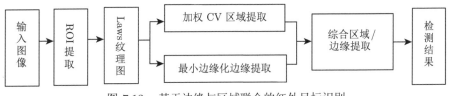

图 7.13 基于边缘与区域联合的红外目标识别

(1) 图像 ROI 提取。

红外图像背景复杂、信噪比低、弱边缘，目标占整个图像比例较小。对此，可首先检测出目标可能存在的区域，即兴趣区 (region of interest，ROI)，在兴趣区中进一步检测目标。

对图像 ROI 的提取，一般有两种方式：① 利用简单的图像分割技术提取 ROI；

② 从人的视觉特性出发，通过模拟人的视觉特点，寻找特定的敏感区域。第一类方法主要有基于边缘、基于区域生长以及基于二者融合的方法。M. Claudlo 根据人眼的视觉特性提出了包括局部最大值在内的六种 ROI 提取方法 [65]。其后又在2000 年提出了另外四种算法：小波变换法、DCT(discrete cosine transform) 变换法、高斯和 Laplace 变换法以及区域模板匹配法。基于视觉特性算法的原理就是模拟人眼的视觉特性寻找人眼最敏感的视觉停留点，再采用聚类和排序等算法确定 ROI[66]。

一般图像的 ROI 均为显著性区域，但对于红外图像，目标有时并不是最显著的。有的算法只能提取一个 ROI，而在红外图像中可能存在多个目标。为了克服这些缺陷，这里在提取 ROI 时采取中心环绕差分算法 [67]。

中心环绕差分算法主要是利用目标中的像素存在变化较大的点。图 7.14 示出了 ROI 选择流程图。

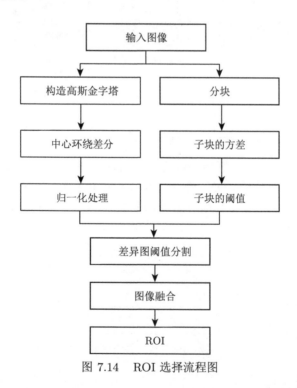

图 7.14　ROI 选择流程图

(2) 关于 Laws 纹理能量度量的介绍见 7.3.3 节，此处不再赘述。

(3) 利用加权 CV 模型得到真实目标的局部区域 A，采取最小边缘比算法得到目标的轮廓 B。显然 A 通常包含 B 的部分线段，则以 $A \cap B$ 为种子点对 $A \cup B$ 进行区域生长，得到最终的 ROI。

图 7.15 示出了使用中心环绕的提取图像 ROI 效果图。对提取的 ROI 区域进行目标分割，如图 7.16 所示，图中第一列为提取的 ROI 区域，第二列为加权的 CV 模型的分割结果，第三列为变窗口中值滤波后的边缘检测的结果，第四列为使用最小边缘比进行边缘连接的结果，最后一列为最终的实验结果。

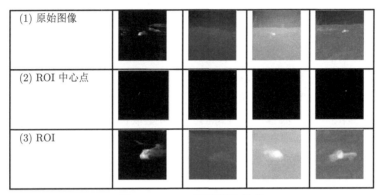

(1) 原始图像				
(2) ROI 中心点				
(3) ROI				

图 7.15　ROI 区域提取结果

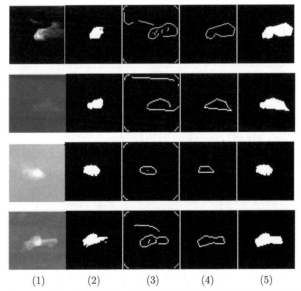

(1)　　　(2)　　　(3)　　　(4)　　　(5)

图 7.16　基于边缘与纹理结合的红外图像目标边缘提取结果

7.6.2　基于整体与部件联合提取的目标识别

由于获取的红外图像质量通常并不高，目标的边缘特征和纹理特征在图像中并不能好好的呈现，因此基于目标整体特征的识别有时并不能奏效。与此同时，目标的部件特征可能提供目标识别的另一线索，如飞机的机头和尾焰等往往表现为更强的红外辐射特性。这就启示我们可以利用目标的部件特征进行目标的识别。当然情况并不总是如此乐观，因为当图像信噪比以及分辨率较低且背景较为复杂时，目标部件分割的准确性大为降低，因此仅采取部件进行目标识别也不能保证达到预期目的。综合利用目标整体和部件的不完备特征进行目标的识别应是一个可行的途径。

1. 基于整体与部件特征联合的目标识别框架

前已言及，无论是单独使用目标整体特征还是部件特征，对于复杂场景的红外图像而言，都难以实现目标的准确识别。但是目标整体特征和目标部件均可以为目标识别提供一定的依据，因此综合二者可望取得较之单一整体或部件特征更高的目标识别精度。基于这种认识，本节介绍一种整体与部件特征联合的红外目标识别方法，基本框架如图 7.17 所示。

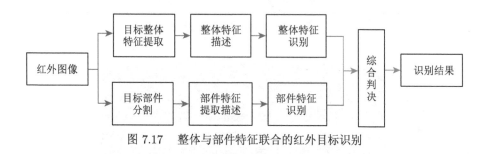

图 7.17　整体与部件特征联合的红外目标识别

按照图 7.17 所示，整个识别流程为：首先分别进行整体特征识别和部件特征识别，进而进行综合判决得到最终的识别结果。

2. 整体特征识别

在基于整体特征的目标识别部分，目标的整体特征可以考虑轮廓、边缘等信息，识别方法可采用基于相似度 (各种距离或相关系数等) 的各种方法。这里介绍一种基于对数极坐标的模板匹配识别方法。

模板匹配是应用极为频繁和有效的方法之一，但实际情形中，模板图和实时图之间存在取景角度、高度以及气候条件等差异，这必然会导致目标和模板图像之间存在旋转与尺度的变化，从而对匹配精度产生很大影响。针对这一问题，人们往往希望利用一些算法 (如不变矩) 对实时图进行特征提取，要求这些特征具有旋转及尺度不变性。然后利用这些特征与先验的目标特征进行比对，完成最终的目标识别。但目前现有的图像特征提取算法大多是针对具有规则形状的目标，而且精度不高，所以使用这种方法的目标识别结果并不理想。

在对视网膜视皮层的研究过程中，人们发现将笛卡尔坐标系中的尺度、旋转变换映射到对数极坐标系时，转变为目标区域的纵向和横向平移。对数极坐标这种特殊的"尺度、旋转不变性"特征，为解决上述问题提供了思路。

1) 极坐标变换的基本理论

对数极坐标变换是一种特殊的图像变换域算法，它提出了对数极坐标系的概念，并给出了由传统的笛卡尔坐标系转换到对数极坐标系的转换模型。图 7.18 给出了对数极坐标系与笛卡尔坐标系的对应关系图。

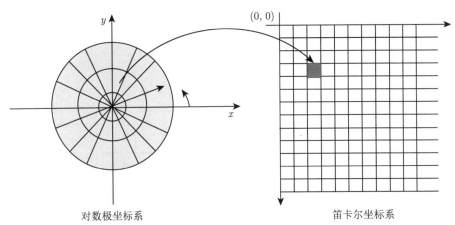

图 7.18　对数极坐标系与笛卡尔坐标系的对应关系图

对某一点 $P(x, y)$，在笛卡尔坐标系中表示为

$$z = x + \mathrm{i}y \tag{7.152}$$

在极坐标系中表示为

$$\rho = \sqrt{(a^2 + b^2)}, \quad \theta = \mathrm{arctg}(y/x) \tag{7.153}$$

在对数极坐标系中表示为

$$\varepsilon = \log \rho, \quad \omega = \theta \tag{7.154}$$

如果某目标图像以注视点为中心放大 k 倍，变换式对应如下：

$$\varepsilon_1 = \log(k * \rho) \tag{7.155}$$

即

$$\varepsilon_1 = \varepsilon + \log(k) \tag{7.156}$$

目标尺度变化相当于映射变换图向下移动 $\log(k)$ 个单位。

如果目标围绕注视点旋转 L 弧度，有

$$\omega_1 = \omega + L \tag{7.157}$$

这相当于映射变换图向右移动 L 个单位。式 (7.156) 和 (7.157) 分别称为距离不变性与角度不变性。

2) 基于对数极坐标变换的目标检测算法

首先计算出实时图进行对数极坐标变换后的图像，然后在大视场图中的每一个位置截取与目标同样大小的区域，并对该区域图像同样进行对数极坐标变换。对这两幅对数极坐标变换图像进行相似性度量，则可得到一个在该位置上的相似性度量值。相似性度量可采用互相关系数。

将模板图像在搜索图像中进行遍历，得到每一位置处的相似性度量值，选择相似性值较大处的位置作为最后的搜索定位结果。基于极坐标变换的匹配识别流程，如图 7.19 所示。

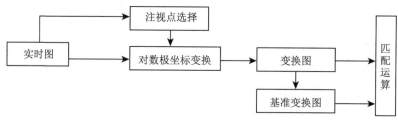

图 7.19   基于极坐标变换的匹配识别流程

3. 部件特征识别

对于部件识别，可利用学习的方法。提取不同情形下 (不同观测视角，不同目标姿态等) 的目标各种部件，对不同的部件类别训练 SVM 模型，完成部件训练。图 7.20 为基于 SVM 的目标部件训练流程图。

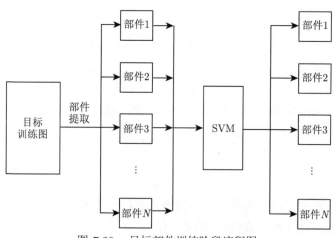

图 7.20   目标部件训练阶段流程图

4. 综合判决

获得部件识别结果和整体识别结果后，将二者综合起来联合判决，可以得到最终的识别结果，事实上这属于图像融合中的决策融合。这里介绍两种常见的综合判决方式：级联识别和 D-S 证据融合的判决识别。

1) 级联识别器

将整体识别和部件识别均视作弱识别器，将这两个弱识别器级联起来形成一个更强的识别器，这正是级联识别器的思想。Adaboost 算法是级联识别器中的代表性算法之一。

Adaboost[68] 算法在每一轮的学习过程中，找到一个最能区分当前样本的特征，并根据当前特征的识别能力，赋予相应的权重。最后，将不同阶段的特征组合起来构成一个强识别器。在对待测样本进行识别时，由各个特征加权得到最终的识别结果。运用这种思想，构造强分类器的过程实际上就是从大量特征中选择出有利于分类的特征并进行组合的过程。

Adaboost 的基本过程是在每一轮迭代挑选弱分类器的过程中，调整训练样本的权重，对出错的样本赋予更大的权重，而正确的样本权重不变，因此下一轮迭代中分类器将更加关注这些错误的样本。最后得到一个弱分类器的组合，根据各个弱分类器的分类能力，赋予相应的权重。

2) 基于 D-S 证据融合的判决识别

证据理论将来自两个或多个证据体的置信函数通过 Dempster 组合规则融合起来得到一个新的置信函数，以融合后的置信函数作为判决的依据 T，假定辨识框架 Θ 上性质不同的 2 个证据 B 和 C，其焦元分别为 B_i 和 C_i。基本概率指派函数分别为 m_1 和 m_2，则有如下 Dempster 组合规则：

$$m(A) = \begin{cases} 0, & A \neq \Phi \\ \sum_{B_i \cap C_j = A} m_1(B_i) m_2(C_j)/(1-K), & A = \Phi \end{cases} \tag{7.158}$$

$$K = \sum_{B_i \cap C_j = \Phi} m_1(B_i) m_2(C_j) < 1 \tag{7.159}$$

这里 K 为归一化因子，通过上述组合规则，两个证据的置信函数组合成了一个新的置信函数。对于多个证据的情形，可以采取上述基本方法，进行逐次或统一的证据组合。组合证据理论推广了概率论，它能处理不确定和缺失的信息，在数据融合中应用广泛。

采用 Dempster 组合规则融合多证后，依据如下规则进行判决输出。

首先，判定的目标类型应具有最大的基本概率指派值；

其次，判定的目标类型与其他目标类型的基本概率指派值之差要大于某个门限；

最后，不确定基本概率指派值，亦即分配给辨识框架的基本概率指派值必须小于某一阈值。

综合利用前述的整体与部件识别，图 7.21(a) 和 (b) 分别示出了基于 D-S 证据融合与基于 Adaboost 的两种红外目标识别结果。

(a) 基于 D-S 证据融合的红外目标识别　　　　　　　(b) 基于 Adaboost 的红外目标识别

图 7.21　基于整体与部件联合的红外目标识别示例

7.6.3　基于多纹理特征联合的目标识别

对于弱红外目标图像，目前通常的识别方法如：直方图阈值分割法、基于区域内梯度或灰度变化趋势来判断边缘分割目标的方法 [69]、检测前跟踪 (TBD) 法 [70]、形态学方法 [71]、双正交小波基提取法 [72] 及基于纹理频谱分析的方法 [73] 等。但是这些方法图像中存在大量干扰噪声和大面积干扰背景时就显得不太理想。特别是基于纹理的方法，红外成像与可见光成像器件不同，红外成像器件存在光敏元响应非均匀性，甚至个别光敏元是哑元，无论是背景还是目标，其纹理描述存在着相当难度。目标分割最常用的是基于灰度阈值的，红外图像反映的是目标与背景的热辐射特性，因而在灰度值上存在有差异，使阈值分割成为可能，该方法的一个前提是直方图中有比较明显的峰和谷存在，一方面如何选取阈值是阈值分割的难点所在；另一方面，对于背景与目标在灰度值上存在大量重叠时，分割结果将会存在大量的地物干扰，对于低对比度以及地物干扰严重，局部方差能反映图像的局部变化剧烈情况，本节介绍一种基于多纹理特征联合的红外目标识别方法。首先采用形态学高帽变换的方法对原图像进行增强后，再基于局部方差和二维最大熵两个纹理特征进行目标检测。

1. 形态学增强

数学形态学, 采用具有一定形态的结构元作为 "探针" 收集图像的信息来度量和提取图像中对应的形状。当探针在图像中不断移动时, 可以保持图像中目标的基本形状信息, 同时去掉图像中与目标无关的部分。目前形态学在图像处理领域已有不少成功运用, 如可实现图像增强、去噪、细化、骨架化、填充和分割等。膨胀和腐蚀是形态学中两种最基本的运算, 其他算子是这两种算子的组合。本节将用到形态学的 Tophat 算子 [74](俗称高帽变换, 也称波峰检测器) 就是建立在膨胀和腐蚀这两种基本运算的基础上的。

形态学用于灰度图像处理中用原图像与开运算后图像做差的 Tophat 变换, 可以提取图像中小于结构元素尺寸的峰值, 因此采用不同尺寸的结构元对图像进行 Tophat 变换, 则可提取图像中不同尺寸的结构特征, 有选择地放大这些特征, 便可实现局部对比度增强, 本节利用高帽变换的突出峰值和扁平结构元的处理对图像进行对比度增强处理。

定义: 设 $f(x,y)$ 为数字图像, 是定义在二维空间 Z^2 上的离散函数, 扁平对称结构元为 $g(x,y), i \times j \in (-v, \cdots, v)^2, v \in Z$, 那么 $f(x,y)$ 关于 $g(x,y)$ 的腐蚀和膨胀运算分别为

$$(f \ominus g)(x,y) = \min\{f(x-v, y-v), \cdots, f(x,y), \cdots, f(x+v, y+v)\} \quad (7.160)$$

$$(f \oplus g)(x,y) = \max\{f(x-v, y-v), \cdots, f(x,y), \cdots, f(x+v, y+v)\} \quad (7.161)$$

在形态学的灰度图像处理中, 腐蚀运算又称为极小值卷积, 膨胀运算又称为极大值卷积。灰度图像的开闭运算的表达式与二值图中的类似, 开运算表达式如下:

$$(f \circ g)(x,y) = [(f \ominus g) \oplus g](x,y) \quad (7.162)$$

高帽变换表达式如下:

$$\text{Tophat}(x,y) = f(x,y) - (f \circ g)(x,y) \quad (7.163)$$

2. 局部方差和二维最大熵的红外目标识别

基于阈值分割的最理想情况是图像的像素值直方图呈现双峰, 这种情况下, 将目标从背景中分离出来的最佳阈值就是直方图中双峰间的谷值, 然而在大多数情况下, 当图像变得复杂时, 图像的直方图往往是多峰或单峰, 因此寻找一个合适的阈值有很大的困难。另外, 基于阈值的分割不考虑像素点的位置信息, 分割结果具有空间不确定性, 为此人们提出了各种各样的阈值技术, Kapur 基于图像信号的随机性, 应用信息熵的概念提出了最大熵图像分割方法 [75], 后来 Abutaleb

提出了二维最大熵图像分割算法 [76]，用像素值与邻域平均值构成二维直方图搜索阈值。二维直方图的方法，不仅考虑图像的像素信息，还考虑了邻域空间的相关信息，可以较好地抑制噪声。但是对于低对比度的弱红外目标图像，特别是当大量的背景点与目标点具有相同的强度时，阈值分割就难以奏效了。在图像的一个邻域内，如果图像的边缘或细节比较丰富，则其均值与邻域内的像素值差异很大；而在图像平坦的区域内，像素值变化比较缓慢，区域内的均值接近于邻域内的像素值，因此局部方差不大。局部方差反映了图像细节的丰富程度，也反映了图像像素值的变化情况。

定义：对于图像 $f(x,y)$，设在一个 $(m+n+1) \times (m+n+1)$ 的邻域内，邻域内的像素均值 $\mu(i,j)$ 及其对应的局部方差 $\sigma^2(i,j)$ 分别定义为

$$\mu(i,j) = \frac{1}{(m+n+1)^2} \sum_{x=i-m}^{i+m} \sum_{y=j-n}^{j+n} f(x,y) \tag{7.164}$$

$$\sigma^2(i,j) = \frac{1}{(m+n+1)^2} \sum_{x=i-m}^{i+m} \sum_{y=j-n}^{j+n} [f(x,y) - \mu(x,y)]^2 \tag{7.165}$$

一般邻域比较小，如可设为 3×3。这样将图像分成一系列小区域，通过滑动邻域操作分别计算各个小块的方差，即可将原图像映射为局部方差图。这里在局部方差图的基础上引入二维直方图的概念，对局部方差图进二维最大熵分割。

先给出二维直方图的概念，设图像 $f(x,y)$ 有 L 级灰度 $G = \{0,1,2,\cdots,L-1\}$。点 (x,y) 的邻域平均为 $g(x,y)$：

$$g(x,y) = \frac{1}{N \times N} \sum_{i=-(N-1)/2}^{(N-1)/2} \sum_{j=-(N-1)/2}^{(N-1)/2} f(x+i,y+j) \tag{7.166}$$

这样原始图像中的每一个像素点 (x,y) 都对应于一对由像素值 $f(x,y)$ 和平均像素值 $g(x,y)$ 组成的数值对，利用 $f(x,y)$ 和 $g(x,y)$ 组成的二元组 (i,j) 来表示图像，即 i 为图像的像素值，j 为区域像素均值，那么若二元组 (i,j) 出现的频数为 $z(i,j)$，对于一幅 $M \times M$ 图像而言，相应的联合概率密度 $p(i,j)$ 为

$$p(i,j) = z(i,j)/(M \times M) \tag{7.167}$$

此时 $\{p(i,j)\,;i,j = 0,1,\cdots,L-1\}$ 即为图像关于像素值-区域像素均值的二维直方图，图 7.22 为图像二维直方图的 xOy 平面图。根据同态性，在目标和背景区域，像素值和其邻域平均像素值接近，因此目标和背景中的像素将出现在对

角线周围，沿对角线分布的 A 区和 B 区代表目标和背景；在目标和背景的分界邻域处，像素值和平均像素值相差较大，远离对角线的 C 区和 D 区代表可能的边界和噪声。

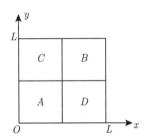

图 7.22　二维直方图的 xOy 平面图

在 A 区和 B 区用二维最大熵法确定阈值，门限矢量 (s,t) 将直方图分成目标和背景两个部分，二维最大熵法所选择的门限是使两个部分的后验熵均取最大值时对应的门限矢量 (s^*, t^*)。

将原图像转为局部方差图像后，因为分别包含在两类区域的局部方差点的分布是相互独立的，所以将这两类中的每个值对 (局部方差和平均局部方差) 的概率定义为

$$p_{ij}^A(s,t) = \frac{r_{ij}}{\sum\limits_{(l,k)\in A} r_{lk}} \tag{7.168}$$

$$p_{ij}^B(s,t) = \frac{r_{ij}}{\sum\limits_{(l,k)\in B} r_{lk}} \tag{7.169}$$

将上两式的右端分别简写为 p_A 和 p_B，则这两类的熵分别为

$$H_A = -\sum_{(i,j)\in A} p_A \log p_A \tag{7.170}$$

$$H_B = -\sum_{(i,j)\in B} p_B \log p_B \tag{7.171}$$

那么使得 $\min\limits_{\substack{i=0,\cdots,L \\ j=0,\cdots,L}} \{H_A, H_B\}$ 取得最大值 $H(s^*, t^*)$ 的门限即为所求：

$$H(s^*, t^*) = \max\left\{ \min_{\substack{i=0,\cdots,L \\ j=0,\cdots,L}} \{H_A, H_B\} \right\} \tag{7.172}$$

图 7.23 为原图和局部方差图的二维直方图，其中图 7.23(a) 为原图局部方差的二维直方图，图 7.23(b) 是其在 xOy 平面的显示，可以看出，数值对 (i, j) 分布在对角线附近，但是峰谷分布不明显，而图 7.23(c) 和 (d) 所表现出的则是像素值-区域均值对 (i, j) 的概率高峰，主要分布在 xOy 平面的对角线附近，总体上呈现上峰谷状态。这是由于在图像中，目标点和背景点所占的比例最大，并且在目标区域和背景区域像素强度比较均匀，所以在二维直方图中，大部分点都集中在对角线附近，在远离对角线附近，峰值急剧下降，这部分是图像中存在的边缘点、噪声点和杂散点。因此可以对局部方差图像进行分割，由于在求取局部方差图像时，对于平滑区域由于强度值接近，其局部方差较小，因此平滑区域对应部分会在局部方差图中形成空洞，所以还需要对得到分割后的图像进行膨胀重构的填充操作以获得较好的检测效果。

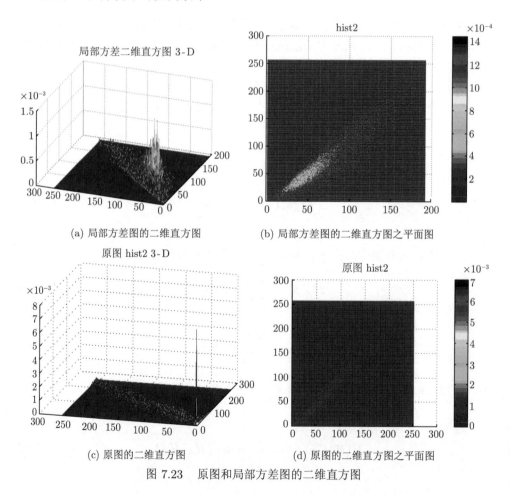

(a) 局部方差图的二维直方图　　　　　　(b) 局部方差图的二维直方图之平面图

(c) 原图的二维直方图　　　　　　　　(d) 原图的二维直方图之平面图

图 7.23　原图和局部方差图的二维直方图

3. 图像填充和区域分析

作为形态学中的一种常用操作,图像填充用来根据像素边界求取像素区域。填充操作首先要指定填充操作的连通性 (如四连通、八连通等),然后指定填充的起始点,为减少人为的交互因素及搜索空间,先搜索非零点并作记录,以记录中的第一个点作为起始点对记录中每个点对应的连通域进行填充。对二值图像填充,即是将相邻像素 (0 值像素) 设置为对象的边界像素 (数值为 1)。对灰度图像进行填充,即是将暗区域的灰度值设置为与其围绕区域的像素值相同的数值,删除没有连接到边界的局部极小值。

此时的填充是对整个图像进行的,下一步是对填充的结果跟踪其边界得到闭合曲线,而闭合曲线有可能是背景中,也有可能是目标,对此可基于先验知识 (如红外目标一般比较亮) 进行甄别。图 7.24 给出了目标识别框图。

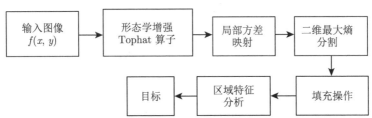

图 7.24   基于局部方差和二维最大熵的弱目标识别算法框图

图 7.25(a) 为一野外坦克的红外图像,可以看到,坦克与道路有相近的亮度,炮筒的亮度比较低,与周围背景相近,与坦克体的亮度差比较大。如果采用简单阈值分割方法,得到的将是占大多数像素的道路。

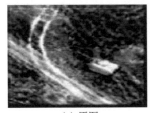 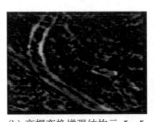 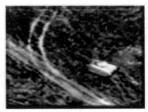

(a) 原图   (b) 高帽变换增强结构元 5×5 (c) 高帽变换增强结构元 15×15

图 7.25   形态学增强结果

这里介绍的目标识别算法先对图像进行基于高帽变换的局部对比度增强,由于目标较大,结构元可取为 15×15。采用高帽变换对图像进行局部对比度增强的效果如图 7.25(c) 所示。图 7.25(b) 是结构元大小为 5×5 时的高帽变换结果,可以看到,由于结构元尺寸太小,使得整个图像的对比度都降低了;

图 7.25(c) 是结构元大小为 15×15 时的高帽变换结果，可以看到道路的灰度级被降低了。

　　图 7.26 是基于局部方差目标识别方法的实验结果，其中图 7.26(a) 是对形态学的 Tophat 算子进行局部对比度增强后求得的局部方差图，图 7.26(b) 给出的是基于亮度阈值的分割结果，可以看到，基于亮度的分割结果中，被坦克碾过的道路被大部分地分割出来，这对后续目标提取造成相当大的干扰，事实上，无论采用哪种基于亮度的阈值分割都将会有道路干扰存在，这也正是采用基于局部方差进行阈值分割的原因所在。图 7.26(d) 是对图 7.26(a) 进行基于局部方差阈值分割的结果，图 7.26(e) 是对图 7.26(d) 进行填充的结果，可以看到目标和一部分道路成了实心体，图 7.26(f) 是对图 7.26(e) 的边缘检测，图 7.26(g) 是对图 7.26(f) 中完全闭合边界在原图中所对应的区域进行特征分析后，计算出最大均值作为目标分割出的结果。

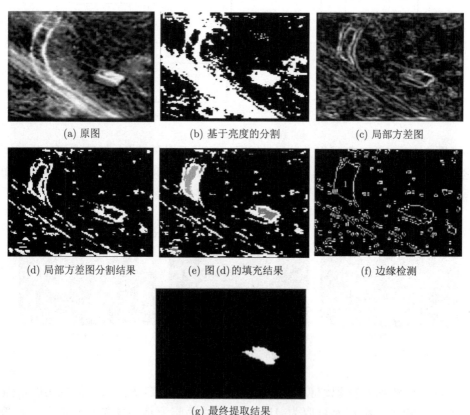

(a) 原图　　　　　　　　　(b) 基于亮度的分割　　　　　　　　(c) 局部方差图

(d) 局部方差图分割结果　　　(e) 图(d)的填充结果　　　　　　　(f) 边缘检测

(g) 最终提取结果

图 7.26　基于局部方差和二维最大熵的阈值分割

对图 7.26(f) 的四个完全闭合区域在原图中的对应位置，计算其各自的亮度均值，由于坦克在图像中的亮度高于背景，可据此来判断目标所在区域。

参 考 文 献

[1] 郑兆平, 曾汉生, 丁翠娇. 红外热成像测温技术及其应用 [J]. 红外技术, 2003, 25(1)：96-98.

[2] 冯德军. 弹道导弹中段目标 RCS 周期特性及其估计方法 [J]. 宇航学报, 2008, 29(1)：361-365.

[3] Ross M, Shaffer H. Average magnitude difference function pitch extractor[J]. IEEE Trans on ASSP, 1974, 22(5): 353-362.

[4] 孙晓刚, 原桂彬, 戴景民. 基于遗传神经网络的多光谱辐射测温法 [J]. 光谱学与光谱分析, 2007, 27(2)：213-216.

[5] 王文博, 王瑛瑞. 红外双波段点目标双色比分析与处理 [J]. 红外与激光工程, 2015, 44(8)：2347-2350.

[6] 方正, 欧阳琪楠, 曾富荣. 基于中波红外光谱遥测的温度估计算法 [J]. 光谱学与光谱分析, 2016, 36(4)：960-965.

[7] Anselmi-Tamburini U, Campari G, Spinolo G. A two color spatial-scanning pyrometer for the determination of temperature profiles in combustion synthesis reactions[J]. Review of Scientific Instruments, 1995, 66(10)：5006-5014.

[8] Yuan S Z, Sheng C, Feng Q Y. BP neural network application on surface temperature measurement system based on colorimetry[C]. 3rd International Symposium on Advanced Optical Manufacturing and Testing Technologies, 2007, 6723(26): 1-5.

[9] 石国安, 商文忠, 张晗. 生命探测中的红外技术 [J]. 红外, 2008, 29(11)：12-16.

[10] 邢继川. 利用双波段红外热成像仪技术进行温度测量 [C]. 全国光电技术学术交流会暨全国红外科学技术交流会, 2003.

[11] 孙晓刚, 李成伟, 戴景民. 多光谱辐射测温理论综述 [J]. 计量学报, 2002, 23(4)：248-251.

[12] 夏良正. 数字图像处理 [M]. 2 版. 南京：东南大学出版社, 2006.

[13] Nixon M, Aguado A. Feature extraction and image processing for computer vision[M]. 4th ed. Pittsburgh: Academic Press, 2020.

[14] Arbter K, Snyder W E, Burkhardt H, et al. Application of affine-invariant Fourier descriptors to recognition of 3-D objects[J]. IEEE Transactions on pattern analysis and machine intelligence, 1990, 12(7): 640-647.

[15] 田岩, 彭复员. 数字图像处理与分析 [M]. 武汉：华中科技大学出版社, 2009.

[16] Canny J. A computational approach to edge detection[J]. IEEE Transactions on Pattern Analysis and Machine Intelligence, 1986, PAMI-8(6): 679-698.

[17] Moravec H P. Obstacle avoidance and navigation in the real world by a seeing robot rover[D]. Palo Alto: Stanford University, 1980.

[18] Mikolajczyk K, Schmid C. Scale & affine invariant interest point detectors[J]. International Journal of Computer Vision, 2004, 60(1): 63-86.

[19] Lowe D G. Object recognition from local scale-invariant features[C]. Proc. of IEEE International Conference on Computer Vision, 1999.

[20] Lowe D G. Distinctive image features from scale-invariant keypoints[J]. International Journal of Computer Vision, 2004, 60(2): 91-110.

[21] Bay H, Tuytelaars T, Gool L V. SURF: speeded up robust features[J]. Springer-Verlag, 2006, 110(3): 404-417.

[22] Viola P A, Jones M J. Rapid object detection using a boosted cascade of simple features[C]. Computer Vision and Pattern Recognition, 2001. CVPR 2001. Proceedings of the 2001 IEEE Computer Society Conference on. IEEE, 2001.

[23] Freund Y, Schapire R E. A decision-theoretic generalization of on-line learning and an application to boosting[C]. Proceedings of the Second European Conference on Computational Learning Theory. Springer-Verlag, 1995.

[24] Marr D, Hildreth E. Theory of edge detection[J]. Proceedings of the Royal Society of London, 1980, 207(1167): 187-217.

[25] Dr James. Difference of gaussians[J]. Springer Berlin Heidelberg, 2013: 30.

[26] Rublee E, Rabaud V, Konolige K, et al. ORB: an efficient alternative to SIFT or SURF[C]. IEEE International Conference on Computer Vision, ICCV 2011, Barcelona, Spain, November 6-13, 2011. IEEE, 2011.

[27] Rosten E. Machine learning for high-speed corner detection[J]. Proc. european Conf. comp. vis, 2006.

[28] Calonder M, Lepetit V, Strecha C, et al. BRIEF: binary robust independent elementary features[J]. Springer Berlin Heidelberg, 2010, 6314: 778-792.

[29] Hu M K. Visual pattern recognition by moment invariants[J]. IRE transactions on information theory, 1962, 8(2): 179-187.

[30] Flusser J, Suk T. Pattern recognition by affine moment invariants[J]. Pattern Recognition, 1993, 26(1): 167-174.

[31] Shen D, Ip H H S. Discriminative wavelet shape descriptors for recognition of 2-D patterns[J]. Pattern Recognition, 1999, 32(2): 151-165.

[32] Khotanzad A, Hong Y H. Invariant image recognition by Zernike moments[J]. IEEE Transactions on pattern analysis and machine intelligence, 1990, 12(5): 489-497.

[33] Ojala T, Pietikinen M, Menp T. Gray scale and rotation invariant texture classification with local binary patterns[C]. European Conference on Computer Vision. Springer, Berlin, Heidelberg, 2000.

[34] Dalal N, Triggs B. Histograms of oriented gradients for human detection[C]. IEEE Computer Society Conference on Computer Vision & Pattern Recognition, 2005.

[35] 章毓晋. 图像分析 [M]. 2 版. 北京: 清华大学出版社, 2006.

[36] Han G, Li X F, Liu J X. A robust object detection algorithm based on background difference and LK optical flow[C]. 2014 11th International Conference on Fuzzy Systems and Knowledge Discovery (FSKD), 2014: 554-559.

[37] Lukas B D, Kanade T. An iterative image registration technique with an application to stereovision[C]. Proceedings of Imaging Understanding Workshop, 1981: 121-130.

[38] Bouguet J Y. Pyramidal implementation of the lucas kanade feature tracker description of the algorithm[J]. Intel Corporation Microprocessor Research Labs, 2000, 22(2): 363-381.

[39] Ke Y, Sukthankar R. PCA-SIFT A more distinctive representation for local image descriptors[J]. Computer Vision and Pattern Recognition, 2004: 506-513.

[40] Bay H, Tuytelaars T, Gool L V. SURF: speeded up robust features[J]. In International Journal of Computer Vision and Image Understanding(CVIU), 2008, 110(3): 346-359.

[41] Morel J M, Yu G S. A fully affine invariant image comparison method[C]. Proceedings of the IEEE Int'l Conf. Acoustics, Speech and Signal Processing, 2009: 1597-1600.

[42] Mikolajczyk K, Schmid C. A performance evaluation of local descriptors[J]. Pattern Analysis and Machine Intelligence, 2005, 27(10): 1615-1630.

[43] 张小坛, 徐人专, 齐泽锋. 基于小波变换奇异想信号检测的研究 [J]. 系统工程与电子技术, 2003, 25 (7)：814-816.

[44] Huang S J, Hsieh C T, Huang C L. Application of morlet wavelets to supervise power system disturbances[J]. IEEE Trans on Power Delivery, 1999, 14 (1)：237-241.

[45] 赵华, 秦克云. 基于邻域密度的异常检测方法 [J]. 计算机工程与应用, 2014, 50(17)：4-8.

[46] Cortes C, Vapnik V. Support-vector networks[J]. Machine Learning, 1995, 20(3): 273-297.

[47] Huttenlocher D P, Klanderman G A, Rucklidge W J. Comparing images using the Hausdorff distance[J]. IEEE Transactions on Pattern Analysis and Machine Intelligence, 1993, 15(9): 850-863.

[48] Landsmeer S. A study of data-driven and model-driven image segmentation techniques[J]. Research Assignment, Delft, University of Technology, Information and Communication Theory Group, 2006.

[49] Duda R O, Hart P E. Use of the Hough transformation to detect lines and curves in pictures[J]. Commun. ACM, 1972, 15, 1: 11-15.

[50] Ridler T W, Calvard S. Picture thresholding using an iterative selection method[J]. IEEE Trans. System, Man and Cybernetics, 1978, 8(8): 630-632

[51] Adams R, Bischof L. Seeded region growing[J]. IEEE Transactions on Pattern Analysis and Machine Intelligence, 1994, 16 (6): 641-647.

[52] Mehnert A, Jackway P. An improved seeded region growing algorithm[J]. Pattern Recognition Letters, 1997, 18 (10): 1065-1071

[53] Fan J, Yau D K Y, Elmagarmid A K, Aref W G. Automatic image segmentation by integrating color-edge extraction and seeded region growing[J]. IEEE Trans. Image Process, 2001, 10(10): 1454-1466.

[54] Caselles V, Catte F, Coll T, Dibos F. A geometric model for active contours[J]. Numerische Mathematik, 1993, 66: 1-31.

[55] Beucher S, Lantuéjoul C. Use of watersheds in contour detection[J]. Proc. Int. Workshop Image Processing, Real-Time Edge and Motion Detection/Estimation, Rennes, France, Sept., 1979, 17-21, 13(3): 291-303.

[56] Dobrin B P, Viero T, Gabbouj M. Fast watershed algorithms: analysis and extensions[C]. Nonlinear Image Processing V, 1994: 209-220.

[57] Monteiro F C. Watershed framework to region-based image segmentation[C]. Proc. SPIE 2180, 1994: 209.

[58] Couprie C. Power watershed: a unifying graph-based optimization framework[J]. IEEE Transactions on Pattern Analysis and Machine Intelligence, 2011, 33(7): 1384-1399.

[59] Kass M, Witkin A, Terzopoulos D. Snakes: active contour models[J]. International Journal of Computer Vision, 1988, 1(4): 321-332.

[60] Cootes T F, Taylor C J. Active shape models- smart snakes[C]. Proc. British Machine Vision Conference, 1992: 266.

[61] Cootes T F, Edwards G J, Taylor C J. Active appearance models[J]. IEEE Trans. Pattern Anal. Mach. Intell., 2001, 23(6): 681-685.

[62] Schmid C, Mohr R. Local grayvalue invariants for image retrieval [J]. IEEE Transactionson Pattern Analysis and Machine Intelligence, 1997, 19(5): 530-535.

[63] Moravec H P. Towards automatic visual obstacle avoidance [C]. Proc. of 5th Int. Joint-Conf. On Artificial Intelligence, 1977: 584-592.

[64] Sun G S. Target detection using local fuzzy thresholding and binary template matching in forward-looking infrared images[J]. Optical Engineering, 2007, (46): 3036402.

[65] Mumford D, Shah J. Optimal approximations by piecewise smooth[J]. Communications on Pure and Applied Mathematics, 1989: 577-685

[66] Chan T, Vese L. Active contours without edges[J]. IEEE Traps. Image, 2001, 10(2) : 266-277.

[67] Harris C G, Stephens M J. A combined corner and edge detector [C]. In 4th Alvey Vision Conference, Manchester, UK, 1988: 147-151.

[68] Freund Y, Schapire R E. Experiments with a new boosting algorithm[A]. Proceedings of the Thirteenth International Conference on Machine Learning, 1996: 148-156.

[69] 祁小平, 张启衡. 基于梯度变化分析的弱目标检测 [J]. 激光与红外, 2004, 34(11): 487-489.

[70] Tonssen S M. Performance of dynamic programming techniques for track-before-detect[J]. IEEE Trans. on AES, 1996, AES-32(4): 1441-1450.

[71] 杨述斌, 彭复员. 基于形态学强光束下的水下激光目标检测 [J]. 红外与激光工程, 2001, 30(10): 374-376.

[72] 李天钢, 王素品, 秦辰. 基于信息熵窗的小波低频子带弱目标图像的增强 [J]. 西安交通大学学报, 2006, 40(2): 187-190.

[73] 朱立, 盛文, 彭复员. 基于图像纹理频谱的弱目标自动检测 [J]. 红外与激光工程, 1999, 28(10): 43-47.

[74] Gonzalez R C. Woods Richard E. Digital Image Processing[M]. 2nd ed. 北京: 电子工业出版社, 2004.

[75] Kapur J N, Sahoo P K, Wong A K C. A new method for grey-level picture thresholding using the entropy of the histogram[J]. Comp. Graphics, Vision and Image Proc., 1985, 29: 273-285.

[76] Abutaleb A S. Automatic thresholding of gray-levelpictures using two-dimension entropy[J]. Comput. VisionGraphics and Image Process, 1989, 47: 22-32.

第 8 章　红外光谱探测中的特征提取与识别

红外高光谱图像由于具有丰富的光谱信息，可为目标识别提供光谱维的判据。针对红外高光谱特点，本章首先介绍了红外高光谱降维的代表性方法，进而介绍了常见的光谱域特征及其变换域特征，最后考虑到目标红外光谱的不确定性及其光谱关键特征点，介绍了几种红外目标识别方法。

8.1　红外高光谱特点

一般而言，红外高光谱具有以下特点。

(1) 光谱分辨率高。

现有红外高光谱设备的光谱分辨率可达到 10~100nm 级（视工作谱段），在红外光谱范围内，可以获取上百个波段，这种高光谱的分辨率提供了更为丰富的光谱信息，可为单波段红外无法区分的目标的识别提供崭新途径。

(2) 图谱合一。

高光谱获取的图像包含了丰富的空间、辐射和光谱三重信息，这些信息表现了目标影像、辐射以及光谱特征。影像、辐射与光谱这三个遥感中最重要的特征的结合就成了高光谱成像。

(3) 光谱连续成像。

高光谱成像仪的光谱波段多，一般是几十个或者上百个，而且这些光谱波段一般在成像范围内都是连续成像，因此，高光谱成像仪能够获得目标在一定范围内连续的、精细的光谱曲线。

虽然红外高光谱具有许多优点，但由于红外成像固有的原理，红外高光谱数据的处理面临以下困难：

(1) 红外信息受诸多因素的影响。

传感器接收到的红外信息，除目标自身红外辐射外，还包括许多其他来源的红外辐射，如背景自身红外辐射、目标对阳光的散射以及背景对阳光的散射等。

(2) 红外高光谱数据的预处理更为复杂。

傅里叶变换式红外高光谱成像仪是实现红外波段光谱成像探测的最主要途径之一，由于采集的是干涉数据，而非直接的光谱辐射测量值，因此，除了通用的噪声去除、条纹去除、坏线修复等预处理外，还须考虑干涉数据的去直流、切趾、相位校正和傅里叶逆变换等环节。

(3) 红外高光谱成像设备的定标受多种因素的影响。

高光谱数据定量化应用的前提是对设备进行准确的定标。定标主要包括辐射定标与光谱定标两部分。探测器系统的畸变、大气传输、环境温度等多种因素的影响，在一定程度上限制了定标的精度。

(4) 红外高光谱辐射的大气影响更为复杂。

红外大气效应除了大气吸收、散射外，还有大气自身的发射。尽管红外谱段波长较长，大气的散射作用远不如紫外和可见光谱段那么重要，但是，在红外谱段内大气分子与悬浮颗粒的吸收作用却很明显。在有限的大气窗口内，最主要的影响因素是大气的水汽和气溶胶，它们既吸收能量又自身发射红外辐射能。大气自身的红外辐射与地面物体的红外辐射相互叠加，导致大气影响更为复杂。

(5) 温度与发射率的分离。

高光谱成像设备所获得的物体辐射受两个因素影响，即物体的温度以及表示物体辐射能力的发射率。温度与发射率的分离是红外高光谱的难点。

(6) 混合像元问题。

红外高光谱图像的空间分辨率一般低于可见光/近红外高光谱图像，图像中像元很少是单一均匀的目标或地物背景，一般都是几种目标或地物背景的混合体，因此 "混合像元" 问题非常突出。

8.2 红外光谱选择的一般方法

红外高光谱图像为目标的识别提供了丰富的光谱信息，但是数据量大、冗余信息多、"维数灾难" 现象以及 "同物异谱" 和 "异物同谱" 等问题，极大地影响了目标识别效果。为此，波段选择一直是高光谱图像应用中的重要问题之一。

波段选择的准则是波段选择的核心，依据所采用的准则的不同，波段选择方法可分为四类 [1]：基于信息量、相似性、稀疏表示以及可分性的方法。

1) 基于信息量的方法

该类方法主要挑选信息量丰富的波段来构成新集合。熵常用于度量波段子集信息量的丰富程度 [2]，其值越大则说明所选波段信息量越丰富。为了选出信息量丰富的波段子集，Chavez 等提出了基于方差的最优指数因子的波段选择方法 [3]。为了得到独立性强且信息量丰富的波段子集，Sotoca 依据条件熵最大且联合熵最小的原则进行波段选择 [4]。最大方差主成分分析方法 (Maximum Variance Principal Component Analysis Fields，MVPCA) 是一种典型的将信息量作为优先级准则的波段选择方法，常被用作其他方法的对比方法 [5]。该方法首先通过主成分分解获得对应的特征值与特征向量，进而构造反映各波段能量大小的方差；然后以方差为标准，将各波段按从大到小排列并计算基于方差的波段能量比指标，去除波段能量比指标值较小者，生成候选波段子集；最后采用去相关来消除相似波段造成的冗余。

2) 基于相似性的方法

高光谱图像波段宽度较窄，因而邻近波段间存在极强的相似性。互信息是刻画随机变量间相关程度的常用指标，因而可被用作波段选择的准则。Kamandar通过计算候选波段与已选波段子集之间的归一化互信息，来判断该候选波段与已选波段的相关程度 [6]。Martinez 首先利用互信息或散度度量波段间的相似性，将光谱相近的波段分层聚类，使组内波段的差异性小，而组间的差异性大；然后从每组中选择与其他各波段差异最小的一个构成新集合 [7]。Martinez 还提出了一种以相似性作为优先级的方法，即基于分层聚类的非监督波段选择方法 (WaLuDi)。首先计算波段间的对称的 K-L 距离；其次以对称的 K-L 距离为相似性度量，通过分层聚类技术得到若干波段子集；最后从每个子集中仅选出一个与其他最接近的波段，从而得到低维的波段集合 [8]。

此外，Du 提出了一种不依赖于上述相似性准则的波段选择方法 [9]。该方法将线性预测中重构误差最小的波段，或将正交投影子空间中投影最大的波段，作为最佳波段。Chang 依据带约束的能量最小化方法的思想，将任意给定候选波段灰度向量作为目标向量，而将其他波段灰度向量作为未知向量，通过最小化未知向量与目标向量之间的相关关系，选择出最不相关的波段 [10]。

3) 基于稀疏表示的方法

稀疏表示源于数据压缩，其主要思想是利用尽可能少的数据来表示原始高维空间中所包含的信息。Jimenez 从理论上证明了高光谱数据的可压缩特性，为基于稀疏表示的降维提供了依据 [11]。基于稀疏表示的非监督波段选择方法 (Sparse Representation based Band Selection，SpaBS) 是一种典型的稀疏表示波段选择方法 [12]。其基本思想是将原始高光谱数据分解为过完备字典与系数矩阵的乘积，然后选择系数矩阵直方图中出现频率较高的重要波段。在光谱重构的过程中，重构矩阵的稀疏性差异反映了各波段的必要性，Guo 借此提出了基于波段必要性分析的波段选择方法 [13]。此外，Li 利用若干波段重构样本标签，最终选择了重构误差最小、波段数目最少的波段子集为波段选择的最终结果 [14]。

4) 基于可分性的方法

上述三类方法分别挑选信息量大、冗余信息少或表达能力强的波段，却均没有考虑各波段的可分性 (反映了对分类识别的贡献)。

为了保留利于分类识别的波段，需要依据反映类别可分性的指标。常见的可分性指标包括类内距离、类间距离、离散度以及分类精度等。Backer 直接选择类间可分性最大的波段子集 [15]。Yin 首先对波段聚类，将每个子类中熵最大的波段作为候选波段，进而从候选波段中挑选类间可分性大的波段 [16]。Du 不仅依据光谱可分性进行波段的选择，而且兼顾了像元的空间光滑性约束 [17]。此外，利用训练样本的总体精度指导最优波段的选择也是一类重要的监督方法，如 Pudil 采用前向搜索的策略，选择训练样本分类精度最高的波段子集 [18]。

基于可分性的准则能够评价波段的分类能力，相比基于信息量、相关性或稀疏表示的准则，它们具有直接服务于识别分类的特点。因此，面向分类识别的高光谱图像波段选择，基于可分性准则的方法得到了更多的重视。基于可分性准则的方法归结起来存在如下问题：①严重依赖所选择的训练样本，对样本的数量与质量敏感，训练样本数量不足或不具有代表性时，可分性准则的准确性下降，因而波段选择的可靠性亦受影响；②利用训练样本的分类精度来刻画波段的可分性时，由于对图像中各类比例的差异缺乏考虑，当样本的比例与原图中各类的比例不一致时，也会导致依样本所估计的分类精度不准确。

本节在分类识别精度预估的基础上，结合散度分析，介绍两种高光谱波段选择方法，即基于总体精度排序与 K-L 散度的波段选择以及总体精度与冗余度联合最优的波段选择。

8.2.1 基于总体精度排序与 K-L 散度的波段选择

高光谱波段选择中保留可分性强且冗余度低的波段子集是其基本要求，而选择合理的可分性与冗余度准则是解决问题的关键。

(1) 总体精度是常用的分类性能评价指标，它是地物类别可分性的综合反映。将预测的总体精度作为波段选择的准则，相当于把波段选择与地物分类直接关联起来，形成一个从波段选择到分类再到波段选择的闭环系统，有助于得到分类效果好的波段集合。

(2) 为了确定冗余波段，可利用对称的 K-L 散度 [19] 来度量波段间相似性。K-L 距离是常用来度量任意两分布之间相似程度的量。若散度值低，则表示它们间的相似性高；反之，则意味着它们之间的相似性低。目前 K-L 距离已广泛应用于波段选择。

因此，本节所介绍方法的基本思想是直接面向图像分类，将预测的总体精度作为波段选取的优先指标，同时令 K-L 距离作为波段相似性或冗余度的准则，依次利用两种指标进行波段集合的精简，力图使所选子集满足可分性强、冗余度低的双重要求。

1. 算法基本框架

为叙述方便计，首先给出以下记号。

$A = \{A_1, A_2, A_3, \cdots, A_Z\}$ 代表含有 C 类地物的高光谱图像，其中，$A_i (i = 1, 2, 3, \cdots, Z)$ 表示 A 的第 i 波段灰度图。$N_1, N_2, N_3, \cdots, N_C$ 分别表示图像中每

类地物所含的像元数量，N 是图像中的像元总数，则有 $\sum\limits_{i=1}^{C} N_i = N$。

首先依据预测的总体精度，去掉总体精度较低的波段，再利用基于 K-L 散度的波段去相关算法，对候选波段子集进一步精简，这样最终保留了总体精度高且冗余度低的波段，此即为基于总体精度排序与 K-L 散度分析的波段选择方法 (Overall Accuracy Prediction Equation, OCPE)，基本流程如图 8.1 所示。

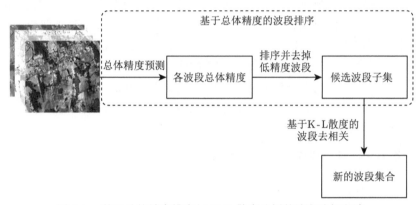

图 8.1   基于总体精度排序与 K-L 散度分析的波段选择方法

下面介绍总体精度的预测以及基于 K-L 散度的波段去相关的基本过程。

2. 总体精度预测

如果 x 服从高斯分布，可得总体精度预测模型的显式表达式 [20]：

$$U = \alpha_1 \Phi\left(\frac{h_1 - \mu_1}{\sigma_1}\right) + \sum_{c=2}^{C-1} \alpha_c \left[\Phi\left(\frac{h_c - \mu_c}{\sigma_c}\right) - \Phi\left(\frac{h_{c-1} - \mu_c}{\sigma_c}\right)\right]$$
$$+ \alpha_c \left[1 - \Phi\left(\frac{h_{C-1} - \mu_C}{\sigma_C}\right)\right] \tag{8.1}$$

其中，α_c、μ_c、σ_c 分别表示第 c 类的先验概率、期望与标准差，$\Phi(\cdot)$ 是标准正态分布的累积分布函数。最小欧氏距离分类准则下的决策面 $h_c = (\mu_c + \mu_{c+1})/2$。

但值得注意的是，式 (8.1) 中的决策面 h_c 并不局限于最小距离分类准则，它对最小错误率或最小风险等准则也同样适用。此外，总体精度 U 的显式预测模型也不局限于高斯分布的假设。式 (8.1) 提供的总体精度预测模型仅依赖于特征的分布参数，于是估计特征分布参数是实现总体精度预测的前提。

期望最大 (expectation maximization, EM) 方法是最常用的参数估计方法 [21]。该方法通过引入数据隐含的类别属性并依据 Jensen 不等式，将似然函数最大化转化为条件期望最大化问题，并通过迭代的方式获得参数估计值。例如，数据 $X = \{x_1, x_2, \cdots, x_n\}$ 关于参数 θ 的原始的似然函数为 $L(X|\theta)$：

$$L(X|\theta) = \log\left[f(X;\theta)\right] \tag{8.2}$$

其中，$f(X;\theta)$ 是数据的概率密度函数。引入数据隐含的类别属性 Y 后的 $L(X|\theta)$ 为

$$L(X|\theta) = \log\left[\sum_Z f(X;\theta, Y) \cdot P(Y;\theta)\right] \tag{8.3}$$

其中，$P(Y;\theta)$ 表示第 Y 类的先验概率。根据 Jensen 不等式 $\ln\left(\sum_i \lambda_i x_i\right) \geqslant \sum_i \lambda_i \ln(x_i)$，找出似然函数的下界，并去掉与参数 θ 无关的常数项，可获取关于隐含变量 Y 的条件期望 $Q(\theta|\theta^{(i)})$：

$$Q\left(\theta|\theta^{(i)}\right) = \sum_Y P\left(Y;X,\theta^{(i)}\right) \cdot \log\left[f(X;\theta, Y) \cdot P(Y;\theta)\right] \tag{8.4}$$

于是可将直接求 $L(X|\theta)$ 的最大值转化为求取其下界 $Q(\theta|\theta^{(i)})$ 的最大值。EM 方法的具体求解过程是初始化 $\theta^{(i)}$ 后，反复执行下面的 E 步与 M 步，直至相邻两次迭代所得的似然函数差小于给定阈值。

E 步：利用当前参数值 $\theta^{(i)}$，代入式 (8.4) 得到条件期望 $Q(\theta|\theta^{(i)})$；

M 步：通过极大化条件期望 $Q(\theta|\theta^{(i)})$ 来得到新的参数值 $\theta^{(i+1)}$，即求

$$\theta^{(i+1)} = \arg\max_\theta Q(\theta|\theta^{(i)}) \tag{8.5}$$

EM 算法对参数的初值十分敏感，并且可能收敛到参数空间的临界处。为了避免 EM 算法存在的问题，Figueiredo 等 [22] 提出了一种新的非监督参数估计方法。在该方法中，混合高斯模型的初始分支数目 g 高于实际的类别总数 C。它利用最小编码长度准则的思想，不断通过剪枝将先验概率接近 0 的分支去掉，不仅可避免算法收敛到参数空间的临界处，而且避免对初值敏感的问题。为此，这里采用有限混合模型学习的方法来估计各类的分布参数。

混合高斯模型的初始分支数目 $g = [\log\zeta/\log(1-\alpha_{\min})]$。其中，$\alpha_{\min} = \{\alpha_1, \alpha_2, \alpha_3, \cdots, \alpha_C\}$ 表示各类先验概率的下限，ζ 为初始化参数无效的最大可能性。根据先验概率依据服从狄利克雷分布的假设，其迭代更新公式为

$$\widehat{\alpha}_m(t+1) = \frac{\max\left\{0, \left(\sum_{i=1}^{n} Q\left(Y = m \mid x_i, Y^{(t)}\right) - \frac{N}{2}\right)\right\}}{\sum_{m=1}^{k} \max\left\{0, \left(\sum_{i=1}^{n} Q\left(Y = m \mid x_i, Y^{(t)}\right) - \frac{N}{2}\right)\right\}} \tag{8.6}$$

均值的更新公式为

$$\hat{\mu}_m(t+1) = \left(\sum_{i=1}^{n} Q\left(Y_i = m \mid x_i, Y_i^{(t)}\right)\right)^{-1} \sum_{i=1}^{n} \left(Y_i^{(t)} \sum_{i=1}^{n} Q\left(Y_i = m \mid x_i, Y_i^{(t)}\right)\right) \tag{8.7}$$

而协方差矩阵的更新公式为

$$\widehat{C}_m(t+1) = \left(\sum_{i=1}^{n} Q\left(Y_i = m \mid x_i, Y_i^{(t)}\right)\right)^{-1} \sum_{i=1}^{n} \left(Y_i^{(t)} - \hat{\mu}_m(t+1)\right)$$

$$\times \left(Y_i^{(t)} - \hat{\mu}_m(t+1)\right)^{\mathrm{T}} Q\left(Y_i = m \mid x_i, Y_i^{(t)}\right) \tag{8.8}$$

3. 基于 K-L 散度的波段去相关

在相似性强的两个波段中去掉其中一个, 如果对图像分类性能没有显著影响, 这种波段被称为冗余波段。高光谱图像因波段数目众多、宽度较窄, 必然存在冗余。于是基于总体精度进行波段的优先级排序, 得到候选波段子集 Ω_0 后, 仍要利用去相关方法对其进一步精简。

基于 K-L 距离的去相关方法的主要思想是从候选波段子集 Ω_0 中挑出优先级高的波段, 并计算其与已选波段子集中 Ω' 任意波段的对称 K-L 散度, 若该散度值大于某个阈值, 则将该波段加入 Ω', 否则, 从 Ω_0 中选择优先级更低的波段来计算散度。如此反复, 直到选到预定数量的波段为止。

下面给出 OCPE 方法及其另外三种典型的非监督波段选择方法 (基于分层聚类的非监督波段选择方法 (WaLuDi)[8]、最大方差主成分分析方法 (MVPCA)[23] 以及基于稀疏表示的非监督波段选择方法 (SpaBS)[12]) 的实验结果, 测试各方法所选波段的总体精度以及冗余度。

波段选择常用的两个数据集: ROSIS 的 Pavia 大学图像和 RetigaEx 的橘子图像。Pavia 大学数据是含有 9 类地物、103 个有效波段的高光谱图像, 其空间分辨率为 1.3m, 图像尺寸为 610×340。RetigaEx 橘子图像是高光谱图像用于腐烂水果检测的实例, 其光谱分辨率为 10nm, 含有 33 个光谱波段, 大小为 320×300。

在 k-近邻 (k-NN) 和随机森林 (RF) 方法中, 所采用的训练样本与测试样本分别如图 8.2 与图 8.3 所示。

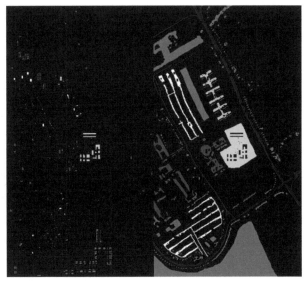

(a) 训练样本　　　　　　　(b) 测试样本

图 8.2　ROSIS 传感器的 Pavia 大学训练样本与测试样本

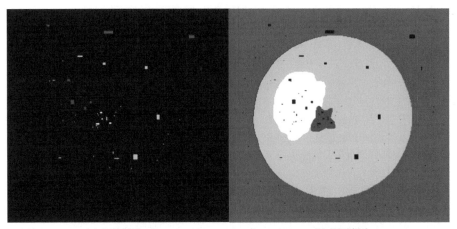

(a) 训练样本　　　　　　　　　　(b) 测试样本

图 8.3　RetigaEx 传感器橘子图像的训练样本与测试样本

为了评估波段选择方法的性能，分别采用 k-NN 和 RF 两种分类方法，对不同波段选择方法的结果进行分类，并将总体精度和 Kappa 系数作为衡量不同方法性能的主要指标。选用 k-NN 和 RF 方法作为分类基准方法的原因如下：

(1) k-NN 分类方法传承了最近邻方法简单、快速及易实现的特点。相比最近邻方法，k-NN 采用了投票策略，降低了对噪声的敏感性，提高了分类精度。k-NN

方法的这些优点使其不仅有利于遥感图像的快速浏览，而且能通过与复杂的分类方法的结合来提高分类性能。

(2) RF 分类方法 [24] 是由多个随机生成的树分类器组成的整合分类方法。其结果由每棵树的分类结果投票产生。RF 能有效地避免数据过拟合，具有可并行化、训练速度快且可处理高维数据的优点，因此它被广泛用于高光谱遥感图像分类。尤其在森林物种的分类方面，RF 分类方法可取得比 SVM 更优的分类性能 [25]。

通过 5 折交叉验证方法，确定上述两种数据集的最佳 k 分别为 7 和 9。另外，为了使 RF 方法的分类结果具有统计显著性，采用 1000 棵树进行结果的综合。

图 8.4 描述的是 WaLuDi、MVPCA、SpaBS 及 OCPE 所选择波段的分类精度随波段数目变化的曲线。其中，横坐标表示的所选择的波段数目，纵坐标表示基于 k-NN 分类所得的总体精度 (OA)。图 8.4(a) 与 (b) 分别对应 ROSIS 的 Pavia 大学数据集以及 RetigaEx 的橘子数据集的分类精度。

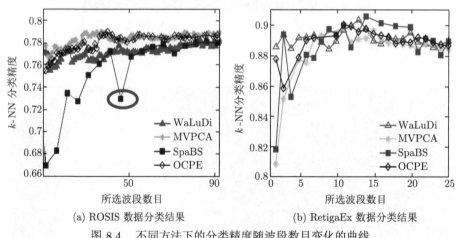

(a) ROSIS 数据分类结果　　　　　(b) RetigaEx 数据分类结果

图 8.4　不同方法下的分类精度随波段数目变化的曲线

由图 8.4(a) 可看出随着波段数目的增加，WaLuDi、MVPCA、SpaBS 及 OCPE 方法分类精度均呈现上升趋势，但 SpaBS 方法对 ROSIS 所选择波段的分类精度均逊于其他方法。并且波段数少于 50 时，随着波段数的减少，分类精度急剧下降。WaLuDi 是仅优于 SpaBS 的方法，MVPCA 与 OCPE 方法性能较优。在所选波段数目接近 50 时，SpaBS 的分类性能明显下降，其原因在于 SpaBS 未判断各波段的可分性，而将可分性差的含噪波段引入所致。

由图 8.4(b) 可看出尽管随着波段数目的增加，WaLuDi、MVPCA、SpaBS 及 OCPE 分类精度均呈现波动的上升趋势。其中 SpaBS 的分类精度曲线振荡最为剧烈。波段个数较少时，WaLuDi 的分类结果最稳定。对 RetigaEx 数据集，SpaBS 时性能不稳定，高精度与低精度并存。MVPCA 与 OCPE 在波段数目较多时，分类精度相差不大，但在波段数目较少时，OCPE 比 MVPCA 表现更优。

此外，采用 RF 分类方法进一步对 OCPE 方法的性能进行评估。图 8.5 绘出了在 ROSIS 与 RetigaEx 两个数据集上，四种波段选择方法的 RF 平均分类精度柱状图。

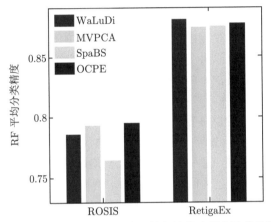

图 8.5　采用 RF 分类方法比较各波段选择方法的性能

图 8.5 表明针对 ROSIS 数据，OCPE 表现出最高的平均分类精度，MVPCA 仅次于 OCPE。在该数据集上，SpaBS 的分类精度仍最低。针对 RetigaEx 数据集的结果与 k-NN 的完全一致，即 WaLuDi 取得最高的分类精度，OCPE 次之，MVPCA 的结果最低。

8.2.2　总体精度与冗余度联合最优的波段选择

8.2.1 节中介绍的 OCPE 不仅算法复杂度低，而且综合考虑了可分性与冗余度。但该方法顺序执行总体精度排序与去相关，强化了可分性的作用，无法满足可分性最高且冗余度最低的要求。

本节介绍一种基于波段重要性权重的总体精度与冗余度联合最优的波段选择方法。在该方法的目标函数中，通过设置自适应的权衡参数，用于协调总体精度与冗余度，以提高算法的有效性。

1. 算法基本思想与总体框架

在强可分性与低冗余度两方面达到联合最优，是面向分类的最终目标。为此，需解决三个问题：一是刻画波段可分性的准则；二是刻画波段冗余度的准则；三是如何实现可分性高与冗余度低的联合最优。对于第一个问题，这里依然采取总体精度；对于第二个问题，这里采用皮尔逊相关系数来刻画波段间的冗余度。

对于多准则综合的波段选择，通常以一定的顺序，依次使用各个准则。即先以其中一个准则为依据进行波段初选；然后再采用其他准则对初选波段子集进一步精选。文献 [16] 首先对原始波段进行聚类，得到若干个波段簇，然后将每个波段簇中熵最大的波段作为候选波段，最后基于类间的可分性从候选波段子集中找出可分性最大的部分。

这种依次执行各准则的方法存在两个主要问题：第一，波段选择的最终结果与各准则的顺序有关，先使用的准则往往具有更高的优先级，在波段选择过程中发挥的作用更大；第二，这种方式难以满足各个准则的联合最优。由于各个准则所选择的波段对分类任务的影响并不一致，执行以某一准则为主要依据的波段选择过程，会忽略其他准则的作用。

因此，这里介绍一种总体精度与冗余度联合最优波段选择 (maximum accuracy and minimum redundancy, MAMR) 方法，以避免多准则执行顺序的问题。通过引入波段重要性权重，建立波段子集的平均总体精度与平均冗余度联合最优的目标函数，从而将波段选择问题，转化为求解波段重要性权重的组合优化问题，算法基本框架如图 8.6 所示。

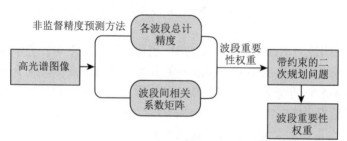

图 8.6　总体精度与冗余度联合最优波段选择方法的基本框架

2. 目标函数的构建

记 $A = \{A_1, A_2, A_3, \cdots, A_Z\}$ 是含有 C 类地物的高光谱图像，描述各波段可用性的总体精度为 $U = \{u_1, u_2, u_3, \cdots, u_Z\}$，其中，$u_i\,(i = 1, 2, 3, \cdots, Z)$ 表示第 i 波段的总体精度，它是介于 0 和 1 之间的值，即 $u_i \in [0, 1]$。由于不论是正的强相关还是负的强相关，都意味着冗余。因此，这里忽略相关系数矩阵 $S \in R^{Z \times Z}$ 的方向性，而仅考虑其值的大小，S 中每个元素都是 0 到 1 之间的数。例如，位于 S 第 j 行、第 k 列的元素，代表第 j 与第 k 波段间的皮尔逊相关系数的绝对值。设 $W = \{w_1, w_2, w_3, \cdots, w_Z\}$ 是表征各波段重要性的向量，也被称为波段重要性权重。其中，$w_i \in \{0, 1\}\,(i = 1, 2, 3, \cdots, Z)$ 代表第 i 波段的权重。若 $w_i = 1$，则说明第 i 波段重要性强，会被选中；而 $w_i = 0$ 意味着第 i 波段重要性弱，要被舍弃。

波段重要性权重 W 是 0 或 1 的二值变量。利用 W 对相应波段的总体精度或相关系数进行加权求和，得到的是所选波段子集的平均总体精度或平均相关性。若要选择波段数为 l 的子集且满足平均总体精度最大、平均相关性最小，可建立关于 W 的目标函数，使其含有 l 个非零项，如式 (8.9) 所示：

$$\min_{W} (1-\lambda)\frac{W^{\mathrm{T}}SW}{l(l-1)} - \lambda\frac{U^{\mathrm{T}}W}{l}$$

$$\text{s.t.} \quad \sum_{i=1}^{Z} w_i = l, \quad w_i \in \{0,1\} \quad (i=1,2,3,\cdots,Z) \tag{8.9}$$

上述目标函数中，l 是所选择波段的个数，第一项表示所选波段子集中，两两波段间相关系数的加权平均，第二项代表所选波段子集总体精度的加权平均。在第一项中，分母之所以为 $l(l-1)$ 是因为待选波段的个数是 l，于是 W 只能含有 l 个非零项，那么仅涉及 $\frac{l(l-1)}{2}$ 对波段间加权相关系数的计算，若不考虑常数 2，则分母为 $l(l-1)$。同理在第二项中，由于 W 只能含有 l 个非零项，于是其分母应为 l。此外，式 (8.9) 中，第一个约束项用来限制所选波段的个数为 l，第二个约束项用来控制波段重要性权重的所有可能取值。λ 为权衡参数，用于调节平均总体精度与平均相关性的比例。波段选择结果的好坏，与权衡参数有关。

权衡参数在优化问题中具有重要的意义，但由于设置比较困难，通常采用多次训练的方式获得经验值。式 (8.9) 中，权衡参数 λ 与所选波段数目 l 成正相关。随着 l 的增加，由于相关性强的波段被选中，导致平均相关系数随之提高。因此可以设定一种能够动态调整的权衡参数 λ，它能够随着所选波段数目 l 的变化，自动地进行调整。考虑到 e 指数函数是被普遍使用的非线性函数，这里引入 e 指数来构建自适应的 λ 函数，如式 (8.10) 所示：

$$\lambda = \frac{\tau}{1 + \mathrm{e}^{-\frac{l}{Z}}} \tag{8.10}$$

其中，τ 是常数，其大小影响 λ 的大小及 λ 随 l 变化的速度。

式 (8.9) 中，由于不论是描述波段间相关性大小的矩阵 S，还是总体精度 U，它们的元素都是 0 与 1 之间的值。若用 $w_i \in \{0,1\}\,(i=1,2,3,\cdots,Z)$ 对 S 或 U 加权求平均，所得的平均总体精度或平均相关系数仍应是 0 与 1 之间的数。因此，作为权衡平均总体精度与平均相关性的参数，λ 也应位于 0 与 1 之间，即 $\lambda \in (0,1]$。

由式 (8.9) 可以看出，总体精度与冗余度联合最优的波段选择问题，已被转化为带约束优化问题的求解。第二个约束项使得 W 只能取 0 或 1 的离散值，为了进一步简化问题, 可将波段重要性权重的约束条件放宽, 由 $w_i \in \{0, 1\}$ $(i = 1, 2, 3, \cdots, Z)$ 变为 $w_i \in [0, 1]$ $(i = 1, 2, 3, \cdots, Z)$。于是离散优化问题被简化为连续优化问题, 相应的波段选择目标函数变为如下形式:

$$\min_{W} (1 - \lambda) \frac{W^{\mathrm{T}} S W}{l(l-1)} - \lambda \frac{U^{\mathrm{T}} W}{l}$$

$$\mathrm{s.t.} \quad \sum_{i=1}^{Z} w_i = l, \quad w_i \in [0, 1] \quad (i = 1, 2, 3, \cdots, Z) \tag{8.11}$$

式 (8.11) 中, 波段权重 w_i 的值越大, 表明第 i 波段的重要性越强, 则该波段越应被选中。若所求的 W 中, 非零值的个数大于 l, 将 W 中的元素按从大到小的顺序排列, 选择较大的前 l 个元素对应的波段, 作为最佳的波段子集。

3. 总体精度与冗余度联合

目标函数的建立与优化问题的求解是 MAMR 的核心问题。式 (8.11) 给出了总体精度与冗余度联合最优的目标函数, 它的建立主要包括两部分: 总体精度的预测以及相关系数矩阵的计算。其中, 总体精度的预测采用前文所介绍的非监督总体精度预测方法。总体精度与冗余度联合最优的波段选择方法可以描述为:

(1) 利用非监督的总体精度预测方法, 预测各波段的总体精度 U;

(2) 计算各个波段间的相关系数矩阵 S;

(3) 二次规划问题的求解。

为了求解式 (8.11) 所定义的二次规划问题, 令

$$H = \frac{2(1 - \lambda)}{l(l-1)} S \tag{8.12}$$

$$f = -\frac{\lambda}{l} U \tag{8.13}$$

且使 $L_b = 0$, $H_b = 0$, $A = [1, 1, 1, \cdots, 1]^{\mathrm{T}} \in R^{1 \times Z}$, $b = l$, 则式 (8.11) 可变为如下带约束的二次规划问题:

$$\min_{W} \frac{1}{2} W^{\mathrm{T}} H W + f' W \quad \mathrm{s.t.} \quad AW \leqslant b, \quad L_b \leqslant W \leqslant H_b \tag{8.14}$$

式 (8.1) 是带约束的二次优化问题, 采用 MATLAB 中的 "quadprog" 函数, 可求解出波段重要性权重 W。

下面利用高光谱数据集, 从所选波段子集的分类性能以及冗余度两个角度, 对 MAMR 与其他几种典型的非监督波段选择方法进行测试, 所采取的实验数据与 8.2.1 节相同。

分别采用 k-NN 和 RF 方法对 WaLuDi、MVPCA、SpaBS、OCPE 及 MAMR 所选择的波段进行分类，所得分类精度随波段数目变化的曲线分别如图 8.7 与图 8.8 所示。图中横坐标为所选择的波段数目，纵坐标是分类的总体精度 (OA)。

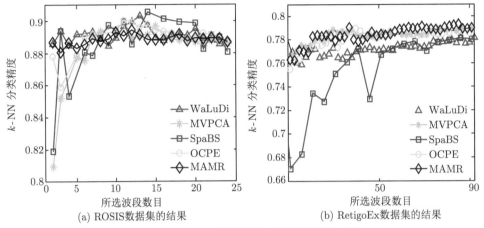

图 8.7　k-NN 分类精度随波段数目的变化曲线

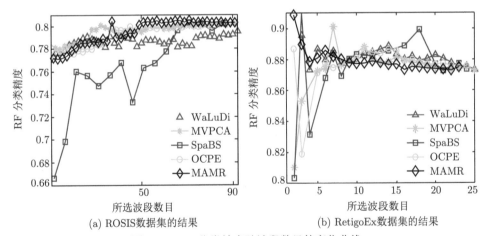

图 8.8　RF 分类精度随波段数目的变化曲线

由图 8.7(a) 与图 8.8(a) 可看出，在 ROSIS 数据集上，随着波段数目的增加，各方法的分类精度均呈上升趋势。但 SpaBS 方法仅将波段的表达能力作为准则，忽略了波段间的相关性。因此，SpaBS 方法所得分类精度逊于其他四种方法。WaLuDi 在所选波段数目较少时，表现出较好的性能，但当选择的波段数目多于 50 时，其分类精度明显低于 MVPCA、OCPE 和 MAMR。当所选波段数目较多时，MAMR 表现最好。

由图 8.7(b) 与图 8.8(b) 可看出，在 RetigaEx 数据集上，SpaBS 方法相较于其他几种方法，分类精度波动最大。在所选波段数目较少时，MVPCA、SpaBS 及 OCPE 的精度较低，但 MAMR 与 WaLuDi 均表现稳定。

表 8.1 定量地给出了各方法的 k-NN 平均分类精度。可以看出，在两个数据集上，MAMR 都取得了最高的平均分类精度。SpaBS 在该数据集上的分类精度远低于其他几种方法。各方法的 RF 平均分类精度如表 8.2 所示，可以看出，尽管 MAMR 在 RetigaEx 数据集的分类精度略低于 WaLuDi，位于第三的位置，但在 ROSIS 数据集上，MAMR 的平均分类精度仍然最高。

表 8.1　不同波段选择方法 k-NN 分类精度的比较

波段选择方法	ROSIS 数据	RetigaEx 数据
	总体精度	总体精度
WaLuDi	0.7723	0.8912
MVPCA	0.7818	0.8813
SpaBS	0.7330	0.8855
OCPE	0.7786	0.8894
MAMR	0.7823	0.8917

表 8.2　不同波段选择方法 RF 分类精度的比较

波段选择方法	ROSIS 数据	RetigaEx 数据
	总体精度	总体精度
WaLuDi	0.7866	0.8802
MVPCA	0.7934	0.8813
SpaBS	0.7643	0.8747
OCPE	0.7910	0.8766
MAMR	0.7952	0.8792

表 8.3 给出了各方法平均相关系数的平均值，可以看出，SpaBS 在 ROSIS 数据集的平均相关系数最高，比最低的 MAMR 高出接近 0.18。WaLuDi 的平均相关系数与 SpaBS 相比，仅低 0.013，而 OCPE 与 MVPCA 的平均相关系数十分接近，均为 0.59 左右。在 RetigaEx 数据集上，MAMR 的平均相关系数仍然最

表 8.3　不同波段选择方法所得平均相关系数

波段选择方法	ROSIS	RetigaEx
	平均相关系数	平均相关系数
WaLuDi	0.6664	0.7050
MVPCA	0.5988	*0.7803*
SpaBS	*0.6677*	0.7224
OCPE	0.5908	0.7507
MAMR	0.4882	0.6410

低，但最高的 MVPCA 比其高出约 0.14。SpaBS 由于忽略了波段间的相关性这一因素，从数据的分类精度与相关性两方面，都难以取得稳定、可靠的结果。面向分类的 OCPE 与 MAMR 由于将总体精度引入了波段选择过程，能够取得比较高的分类精度。其中，MAMR 不仅性能稳定，而且可同时取得较高的分类精度与最低的冗余度。

8.3 高光谱解混与定位

高光谱远距离探测很少能获取到单一的目标或背景辐射信息，通常包含多个目标（或目标不同部件）及其所处背景的辐射，对于复杂地物背景中的目标探测而言，每一像元获取的并不是单一地物的光谱，而是几种地物和目标光谱的综合反映。为了描述简便，本节以高光谱遥感为例，对地物高光谱解混与定位方法进行介绍。遥感图像空间分辨率越低，一个像元覆盖的面积越大，像元内包含数种地物的可能性越大，就越有可能形成混合像元。以下三种情况容易产生混合像元：一是地物本身的影响，如土壤及其湿度等因素产生混合像元；另一类由于空间分辨率限制引起混合像元；最后，背景中存在阴影等也会造成混合像元。

20 世纪七八十年代，混合像元问题引起研究者们的注意，20 世纪 90 年代以后相关研究逐渐增多，并最终成为遥感领域中一个重要的发展方向。目前关于混合像元分解模型，按参量之间的关系可以分为线性和非线性模型两类[26]。非线性模型有概率模型、几何光学模型、随机几何模型、模糊分析模型[27]等。

线性混合模型认为，混合像元的光谱是几个纯净端元光谱的组合。建立和求解非线性混合模型比线性混合模型困难，因此实际研究中，非线性混合模型研究较少，在忽略多次散射的情况下非线性混合模型可以近似认为是线性混合模型。

利用混合像元分解模型得到混合像元中各端元组分的丰度以后，再将原始混合像元划分为更小的单位——亚像元，利用亚像元空间分布的特点，将亚像元赋予不同的端元，最终即可得到混合像元中各端元组分的空间分布状况，以便更好地反映遥感图像的细节信息，从而提高高光谱图像分类精度。现有的混合像元解混方法，侧重于端元选取和丰度求取，而较少涉及混合像元内各个组分在该像元中所占位置的确定，即各个混合成分究竟该当如何布局。只有当能合理地确定各个混合成分的位置时，才能有助于提高分类和识别的精度，此即亚像元定位技术。目前亚像元定位技术已逐步引起研究人员的重视。

8.3.1 光谱线性混合模型

线性模型建立的基础是基于一个假设——光谱具有可加性，通过线性关系来表达像元内各种地物的比例以及光谱特征。线性混合模型比较简单，并且具有明确的物理意义, 因此实践中多采用线性混合模型。线性混合模型在各个领域有广泛应用: 火星与月球地表物质分析, 地质研究, 气象研究, 土地覆盖填图, 监测城市环境变化, 测量水体浑浊度, 土地退化填图, 雪盖填图植被覆盖等 [28]。

红外线性混合光谱模型假设每一光谱波段中单一像元的辐射率为各端元辐射率与它们各自比率的线性组合, 模型表达如下 (第 i 波段像元辐射率):

$$r_i = \sum_{j=1}^n f_j r_{ij} + e_i \tag{8.15}$$

其中, f_j 表示第 j 个端元的丰度值 (即所占百分比含量), r_{ij} 表示第 i 波段第 j 个端元的辐射率, e_i 为误差。在使误差 e_i 最小的情况下求取丰度 f_j, f_j 满足归一化和非负性约束条件, 即

$$\begin{cases} \sum_{j=1}^n f_j = 1 \\ f_j > 0, \quad j \in (1, n) \end{cases} \tag{8.16}$$

利用全约束最小二乘算法、部分约束最小二乘算法等可以解算出丰度 [29,30], 端元 r_{ij} 的确定是其关键。

获取端元是混合像元解混的第一步, 端元是图像中的纯净像元, 代表某类型地物, 是组成混合像元的基本单位。在线性光谱混合模型中, 端元是重要参数, 混合像元分解的结果直接受到端元数量及其类型的影响。

端元选取的目的是尽可能准确地找到纯净点, 从而提取其光谱信息, 对混合像元进行分解。目前的研究中端元提取途径一般有 [31]: ①根据野外波谱测量或从已有的地物波谱信息库中选择端元, 通过这种途径选择的端元称为 "参考端元"; ②直接从待分类的图像上选择端元, 然后不断对其修改、调整, 确定端元, 通过这种途径选择的端元称为 "图像端元"; ③图像端元和参考端元相结合进行端元选择。①实现比较困难, 一般采用②和③方法, 即根据图像获取端元。

端元在数学上有其明确的几何意义。整个遥感空间的数据可以视为一个数据集合, 在这个 N 维的几何体中, 各个顶点代表不同的端元, 而被几何体包围的每个点均是混合点, 每一个混合点可由相关的几何顶点组合而成。基于几何体顶点的分析法主要有 PPI(pixel purity index)[32] 和 N-FINDR(N-finder algorithm)[33], 它们的基本思想是利用散点图求解, 如图 8.9 所示。

PPI 算法的基础是高光谱图像的数据集合在高维空间形成一个凸集, 光谱端元应位于凸集的边缘, PPI 算法就是找到这些位于凸集边缘的纯净点。PPI 算法中, 每一个像元被视为一个 n (波段数) 维向量, 所有像元构成一个 n 维空间, 边界处的像元是较为纯净的像元, 这些像元构成空间的基, 基的线性组合表示边界

内的像元。利用 PPI 投影方法，寻找纯净像元，设 skewer 为随机产生的 n 维单位向量，对每一个像元，设定一个计数器 c，计数器 c 的初值为 0，做如下投影运算：

$$\mathrm{d}p = \sum_{i=1}^{n} \mathrm{pixel}[i] \cdot \mathrm{skewer}[i] \tag{8.17}$$

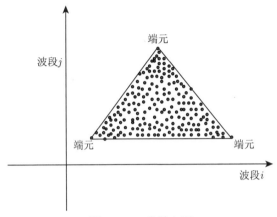

图 8.9　二维散点图

设定一个阈值 M，当 $|\mathrm{d}p| > M$ 时，计数器值加 1，否则不变。多次迭代后，每个像元都会有一个 c 值 (其大小表征像元的纯净度)，纯像元就从 c 值较大的像元中选取。PPI 方法并不是一种纯粹的端元提取方法，而是一种端元提取方法的指导，经 PPI 操作后，不能最终确定所有的端元向量，需要通过散点图确定最终的光谱端元。PPI 的操作过程示意如图 8.10 所示。

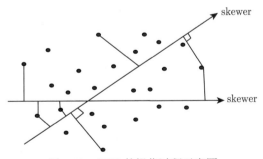

图 8.10　PPI 的操作过程示意图

N-FINDR 算法是一种自动端元选取方法，该算法假设高光谱图像数据中各地物类型都存在对应的光谱端元，而每个像素又都是由它们中的一个或是多个端元混合而成，这样，根据凸几何理论，全部像素在高光谱数据空间中形成一个凸几何体，每个光谱端元则对应凸多面体的一个顶点。

根据上述理论，高光谱数据在空间中形成一个凸几何体，将寻找光谱端元的问题，转换成寻找指定数目的像元，当这些像元作为顶点时的凸面体体积最大的函数求解问题，这就是 N-FINDR 算法基本思想。算法中涉及凸面体体积的计算式为

$$
\begin{cases}
V(E) = \dfrac{1}{(d+1)!}\operatorname{abs}(|E|) \\
E = \begin{bmatrix} 1 & 1 & \cdots & 1 \\ e_1 & e_2 & \cdots & e_{d+1} \end{bmatrix}
\end{cases}
\tag{8.18}
$$

其中，e_i 为第 i 个端元在所有波段的发射率组成的列向量，d 是波段数。这个算法的效率很大程度上依赖于初始向量的选择。

上述两种方法都是基于散点图的几何体端元选取方法，仅考虑了谱信息，没有利用图像的空间信息。

8.3.2 端元提取与丰度求取

1. 基于 AMEE 的高光谱端元提取

光谱端元选择的很多方法都仅考虑像元的光谱特性，没有考虑像元本身的空间位置关系。Antonio Plaza 提出了自动形态学光谱端元选择 (AMEE) 算法[34]，这种端元选取方法不仅考虑像元的光谱信息同时也考虑了像元的空间位置信息。AMEE 算法是基于数学形态学的，它把光谱特性和空间距离结合一起考虑来选择光谱端元，将建立在二值图像上的腐蚀和膨胀算子拓展到高光谱中，进而进行端元选择，这种方法在 AVIRIS 数据上取得了较为准确的结果。

AMEE 算法是在传统灰度图像膨胀与腐蚀运算基础上扩展而来的，但是和传统的膨胀和腐蚀运算又有区别。传统灰度图像上的膨胀和腐蚀运算分别定义为 $\vec{e}, \vec{d}$：

$$
\vec{e}(x,y) = (f \otimes K)(x,y) = \operatorname{Min}_{(s,t) \in K}\{\vec{f}(x+s, y+t) - k(s,t)\}
\tag{8.19}
$$

$$
\vec{d}(x,y) = (f \oplus K)(x,y) = \operatorname{Max}_{(s,t) \in K}\{\vec{f}(x-s, y-t) + k(s,t)\}
\tag{8.20}
$$

将灰度图像的膨胀和腐蚀运算拓展到高光谱图像中后，由于像元膨胀和腐蚀运算不再是简单灰度值相加减，因为高光谱影像中不再有灰度值这个概念，因此需要重新定义一种运算来代替原始的加减运算操作，因此在高光谱中的膨胀腐蚀运算定义为

$$
\vec{d}(x,y) = (\vec{f} \oplus K)(x,y) = \arg\_\operatorname{Max}_{(s,t) \in K}\{D(\vec{f}(x+s, y+t), K)\}
\tag{8.21}
$$

$$
\vec{e}(x,y) = (\vec{f} \otimes K)(x,y) = \arg\_\operatorname{Min}_{(s,t) \in K}\{D(\vec{f}(x+s, y+t), K)\}
\tag{8.22}
$$

$$D(\vec{f}(x,y),K) = \sum_s \sum_t \mathrm{dist}\{\vec{f}(x,y),\vec{f}(s,t)\}, \quad s,t \in K \qquad (8.23)$$

式 (8.21) 和 (8.22) 中的 K 是以 (x,y) 为中心的一个邻域，dist 为求光谱角距离。式 (8.21) 和 (8.22) 的解释为在结构元 K 范围内分别求取每一个像元和结构元内其他像元的光谱角距离和，最后取具有最大的光谱角距离和的像元作为膨胀结果 $\vec{d}(x,y)$，选取具有最小光谱角距离和的像元作为腐蚀结果 $\vec{e}(x,y)$。在这个过程中，膨胀结果既然是光谱角距离和最大的，那么如果它与其他的像元越不相近，就越可能是纯净的像元，而腐蚀结果是光谱角距离和最小的，那么如果它与其他的像元越相似，则它为混合度最高的像元的可能性就越高，也就是说膨胀结果选取出来的是纯净像元，而腐蚀结果选取出来的像元为混合最严重的像元，膨胀和腐蚀的示意图如图 8.11 所示。

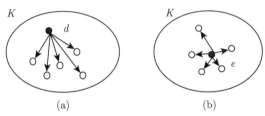

图 8.11　膨胀和腐蚀示意图

上述过程中选取出来的只是一个邻域内的较为纯净和混合最为严重的像元，为了能在整个影像中得出纯净像元，需要为每一个在局部邻域内的纯净像元定义一个纯净度指数 MEI。

$$\mathrm{MEI}(x,y) = \mathrm{MEI}(x,y) + \mathrm{dist}[\vec{d}(x,y),\vec{e}(x,y)] \qquad (8.24)$$

求取 MEI 值过程如图 8.12 所示。

每一个被选为邻域内纯净端元的像元都对应一个 MEI 值，MEI 值越高该位置处的像元作为纯净像元的可能性越大，得到这组 MEI 值之后选取具有较大 MEI 值的像元作为端元。

上述算法中用到的假设——光谱角距离和越大，越有可能是纯净端元，在混合像元中该端元的丰度值越大即所占比重越多，该假设是成立的，下面给出理论上的证明，针对一般的情形，假设混合像元由 m 个端元组成，每一个端元是一个 n 维向量，即

$$\begin{cases} y = \displaystyle\sum_{i=1}^{m} r_i \alpha_i \\ \alpha_i = (\alpha_{i1}, \alpha_{i2}, \cdots, \alpha_{in}), y = (y_1, y_2, \cdots, y_n), \quad y_i = r_1\alpha_{1i} + r_2\alpha_{2i} + \cdots + r_m\alpha_{mi} \end{cases}$$
$$(8.25)$$

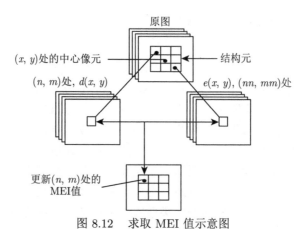

原图

(x, y)处的中心像元　　　　结构元

(n, m)处, $d(x, y)$　　　　$e(x, y)$, (nn, mm)处

更新(n, m)处的
MEI值

图 8.12　求取 MEI 值示意图

下面证明 $\text{dist}(\alpha_i, y)$ 与 r_i 的关系 (dist 表示光谱角距离):

$$\text{dist}(\alpha_i, y)$$

$$= \frac{(\alpha_i, y)}{|\alpha_i||y|} = \frac{(\alpha_{i1}, \alpha_{i2}, \cdots, \alpha_{in}) \cdot (y_1, y_2, \cdots, y_n)}{\sqrt{\alpha_{i1}^2 + \alpha_{i2}^2 + \cdots + \alpha_{in}^2}\sqrt{y_1^2 + y_2^2 + \cdots + y_n^2}}$$

$$= \frac{\begin{array}{c}(r_1\alpha_{i1}\alpha_{11} + \cdots + r_i\alpha_{i1}^2 + \cdots + r_m\alpha_{i1}\alpha_{m1}) + \cdots \\ + (r_1\alpha_{in}\alpha_{1n} + \cdots + r_i\alpha_{in}^2 + \cdots + r_m\alpha_{in}\alpha_{mn})\end{array}}{\begin{array}{c}\sqrt{\alpha_{i1}^2 + \alpha_{i2}^2 + \cdots + \alpha_{in}^2} \\ \times \sqrt{(r_1\alpha_{11} + r_2\alpha_{21} + \cdots + r_m\alpha_{m1})^2 + \cdots + (r_1\alpha_{1n} + r_2\alpha_{2n} + \cdots + r_m\alpha_{mn})^2}\end{array}}$$

$$= \frac{\begin{array}{c}r_1(\alpha_{i1}\alpha_{11} + \cdots + \alpha_{in}\alpha_{1n}) + \cdots + r_i(\alpha_{i1}^2 + \cdots + \alpha_{in}^2) \\ + r_m(\alpha_{i1}\alpha_{m1} + \cdots + \alpha_{in}\alpha_{mn})\end{array}}{\begin{array}{c}\sqrt{\alpha_{i1}^2 + \alpha_{i2}^2 + \cdots + \alpha_{in}^2} \\ \sqrt{(r_1\alpha_{11} + r_2\alpha_{21} + \cdots + r_m\alpha_{m1})^2 + \cdots + (r_1\alpha_{1n} + r_2\alpha_{2n} + \cdots + r_m\alpha_{mn})^2}\end{array}}$$

$$= \frac{\sqrt{\alpha_{i1}^2 + \alpha_{i2}^2 + \cdots + \alpha_{in}^2}}{\begin{array}{c}\sqrt{[(r_1/r_i)\alpha_{11} + (r_2/r_i)\alpha_{21} + \cdots + (r_m/r_i)\alpha_{m1}]^2 + \cdots} \\ \sqrt{+ [(r_1/r_i)\alpha_{1n} + (r_2/r_i)\alpha_{2n} + \cdots + (r_m/r_i)\alpha_{mn}]^2}\end{array}}$$

$$+ \frac{\displaystyle\sum_{\substack{j=1 \\ j \neq i}}^{m} r_j(\alpha_{i1}\alpha_{11} + \cdots + \alpha_{in}\alpha_{1n})}{\begin{array}{c}\sqrt{\alpha_{i1}^2 + \alpha_{i2}^2 + \cdots + \alpha_{in}^2} \\ \sqrt{(r_1\alpha_{11} + r_2\alpha_{21} + \cdots + r_m\alpha_{m1})^2 + \cdots + (r_1\alpha_{1n} + r_2\alpha_{2n} + \cdots + r_m\alpha_{mn})^2}\end{array}}$$

$$(8.26)$$

对于第二项展开各项后, 分别对每一项做如下处理:

$$\frac{r_j(\alpha_{i1}\alpha_{11} + \cdots + \alpha_{in}\alpha_{1n})}{\sqrt{\alpha_{i1}^2 + \alpha_{i2}^2 + \cdots + \alpha_{in}^2}}$$
$$\times \sqrt{(r_1\alpha_{11} + r_2\alpha_{21} + \cdots + r_m\alpha_{m1})^2 + \cdots + (r_1\alpha_{1n} + r_2\alpha_{2n} + \cdots + r_m\alpha_{mn})^2}$$

$$\leqslant \frac{r_j(\alpha_{i1}\alpha_{11} + \cdots + \alpha_{in}\alpha_{1n})}{\sqrt{(r_1\alpha_{11}\alpha_{i1} + \cdots + r_i\alpha_{i1}^2 + \cdots + r_m\alpha_{m1}\alpha_{i1})^2 + \cdots}} \quad (j \neq i)$$
$$\times \sqrt{+(r_1\alpha_{1n}\alpha_{in} + \cdots + r_i\alpha_{in}^2 + \cdots + r_m\alpha_{mn}\alpha_{in})^2}$$

$$\leqslant \frac{r_j(\alpha_{i1}\alpha_{11} + \cdots + \alpha_{in}\alpha_{1n})}{\sqrt{(r_j\alpha_{11}\alpha_{i1})^2 + \cdots + (r_j\alpha_{1n}\alpha_{in})^2}} \leqslant \frac{(\alpha_{i1}\alpha_{11} + \cdots + \alpha_{in}\alpha_{1n})}{\sqrt{(\alpha_{11}\alpha_{i1})^2 + \cdots + (\alpha_{1n}\alpha_{in})^2}} \quad (8.27)$$

上述推导中用到了 $r_1\alpha_{11}\alpha_{i1}$ 等项的乘积均为非负的性质进行了放缩处理, 推导出来的式中跟比率 r 无关, 所以 r 对 dist 只有第一项的影响。对于第一项而言, 当 r_i 增大时, 分母变小, 整个算子的值增大, 即验证了当组分比率越大时组分和混合像元的光谱角距离 (dist 距离) 越大, 混合像元更有可能是比率最大的端元, 而其他组分可以忽略。即利用求取邻域内光谱角距离和最大的像元向量为纯净度越高的向量这个假设是成立的。

综上所述, AMEE 算法的整体描述: 首先在最小的结构元 K 内, 结构元在整个影像中移动, 在每一个邻域内找出最纯的光谱端元和混合最严重的像元, 并给最纯光谱端元赋一个 MEI 值, 不断增大结构元 K 重复上述操作, 直到结构元大小达到 $I_{\max}$, 最终得到一组 MEI 值, 然后在这组 MEI 值中选取具有较大 MEI 值的像元作为纯净端元。AMEE 算法的流程如图 8.13 所示。

2. 基于最小二乘的丰度求取

在确定各个端元后, 根据线性混合模型式 (8.15), 接下来就是确定混合像元中各个组分所占的百分比, 利用最小二乘方法即可求解出 f_j, f_j 要满足条件: $\sum_{i=1}^{n} f_i = 1$, $f_i > 0$。

直接用最小二乘求取丰度时, 有些同类地物由于光谱值存在差异, 会被错判为混合像元, 因此需要加条件以达到较准确的解: 计算图像中每一个像元点与各个纯净端元的光谱角余弦值, 得到关系矩阵 A (余弦值越大越好), 然后分别计算其 8 邻域各个像元点与几类纯净端元之间的光谱角余弦和, 得到关系矩阵 B, 若满足: $A(k) > th_1$ 和 $B(k) > th_2$, 则认为目前的像元点与第 k 类端元是同一类地物, 这时可直接得到丰度值; 若不是纯净的地物, 则利用最小二乘求解丰度值。

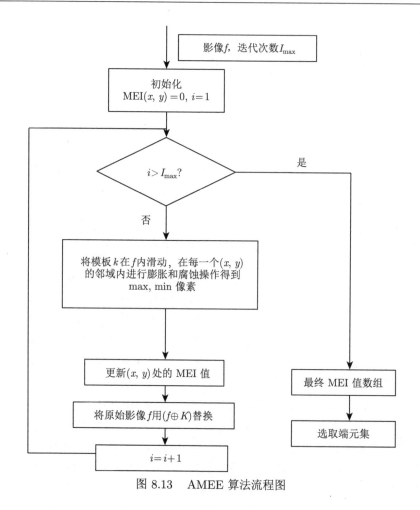

图 8.13　AMEE 算法流程图

参数 th_1 一般选取 0.99(光谱角余弦值为 0.99 时二者相似度很高，可认为属于同一类)，th_2 选取为窗口大小 th_1，此时结果更接近于真实情况。

8.3.3　高光谱亚像元定位

在获得混合像元各个端元组分的比率即丰度后，需要确定这几个端元在混合像元中如何分布，此即为亚像元定位，即在亚像元级别上为各个混合组分找到合适的空间位置。从现有研究来看，端元空间定位多是通过遥感像元的空间相关性，应用空间统计学理论构造目标函数求解来获得，现有的方法包括像元分割法、模糊算法、线性最优化方法、人工神经网络、遗传算法、小波变换和 MAP 正则化等多种方法[35]。

为了模拟生物学中的自复制行为，20 世纪 50 年代，冯·诺依曼 (von Neumann) 提出了元胞自动机 (cellular automata, CA) 系统，目前元胞自动机已经被广泛地应用到社会、经济、军事和科学研究的各个领域，并取得了巨大成功[36]。元胞自动机是 21 世纪科学研究中一个异常活跃的前沿领域，是复杂性科学的核心技术之一。元胞自动机是一种时间、空间、状态均离散，具有时空计算特征的网格动力学模型，是一个集数学、物理学、计算机科学、生物学和系统科学等多学科交叉的边缘领域，有着广泛的应用前景，如人类大脑的机理探索，航天军事作战等。但是元胞自动机作为一种全新的方法，目前的研究仍然不完整，无论是对元胞自动机本身的演化行为以及相关的研究，还是应用元胞自动机机理来研究其他学科，都已经成为研究的前沿与热点。

由具有离散、有限状态的元胞组成的元胞空间中，元胞空间、状态、邻域以及规则四个部分组成了元胞自动机模型，记元胞自动机模型为 $A = (L_d, S, N, f)$，A 表示元胞自动机模型，L_d 表示元胞空间，d 表征空间维数，S 为元胞的有限离散状态集，$S = (s_0, s_1, s_2, \cdots, s_{k-1})$ 表示 k 个状态，N 代表邻域向量，$N = (v_1, v_2, \cdots, v_m)$ 表示由 m 个不同的邻域组成的向量，f 表示从 S^m 到 S 映射的局部转换函数 (又叫规则)。

元胞自动机四个组成部分如下：

(1) 元胞空间：由元胞构成的 1、2 或是 N 维欧氏空间，元胞则处于元胞空间的格网点上。

(2) 状态：用 $\{0,1\}$ 的二进制形式，或 $\{s_1, s_2, s_3, \cdots, s_i, \cdots, s_k\}$ 整数离散形式代表元胞的状态。

(3) 邻居：在元胞进化之前，必须先明白哪些元胞属于邻居，因为在进化过程中，元胞以及邻居的状态会影响元胞进化结果。常用冯·诺依曼与摩尔两种类型来描述 2 维元胞自动机的邻居。

(4) 规则：是一个状态转移的动力学函数，利用元胞当前状态及其邻居状态，预测下一刻该元胞的状态。

依从元胞自动机本身的特点，以及亚像元定位问题的特性，可知元胞自动机模型适合于解决亚像元定位问题，为得到适合于亚像元定位的元胞自动机模型，可以通过对原始的元胞自动机模型进行相应的调整，下面将对该模型进行介绍。

设遥感影像中有 N_{LC} 种不同地物类型，而且每一类地物在混合像元中所占百分比是已知。将原来低分辨率像元裂变为 N^2 个亚像元，N_i^{SP} 表示 i 类地物在亚像元空间中所占亚像元数目。亚像元定位问题可表述如下：在满足 i 类地物亚像元个数 N_i^{SP} 前提下，寻求各类地物的空间相关性最大。

根据上述亚像元定位问题，元胞自动机实现方法如下所述，模型每次只处理原始遥感图像中一个像元。

(1) 元胞：在亚像元级别上，每一个亚像元称为一个元胞；

(2) 元胞空间: 亚像元空间即表示元胞空间;

(3) 状态: 每一个元胞状态对应于 N_{LC} 类不同地物类型中的一类;

(4) 边界条件: 以元胞空间邻域内其他低分辨率像元裂变后得到的亚像元作为边界;

(5) 邻居: 采用 Moore 型邻居。

摩尔型邻居 (Moore neighbor): 在元胞自动机中, 元胞本身状态和其邻居状态, 决定了下一时刻元胞的状态。因此首先必须先明确哪些元胞属于邻居, 这需要定义一定邻居规则。常用的二维元胞自动机邻居是 Moore 型, 如图 8.14 所示, 其中黑色表示中心元胞, 中心元胞的邻居用灰色表示。邻居半径 r 为 1, 在维数为 d 时, 邻居个数为 $(3^d - 1)$。其邻居定义如下:

$$N_{\mathrm{Mxre}} = \{v_i = (v_{ix}, v_{iy}) \mid |v_{ix} - v_{0x}| \leqslant 1, |v_{iy} - v_{0y}| \leqslant 1, (v_{ix}, v_{iy}) \in Z^2\} \quad (8.28)$$

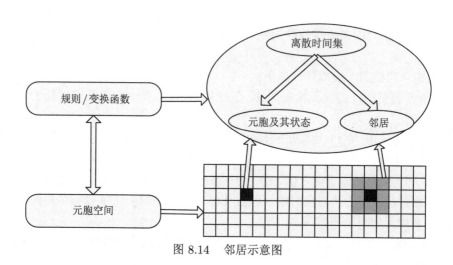

图 8.14　邻居示意图

(6) 进化方式如下。

(i) 初始化: 对元胞空间中的每一个元胞初始化一个状态 (即一个元胞对应一种地物), 初始化过程中, 元胞状态可以是 N_{LC} 种地物中的任一种, 但是要求同种元胞状态的个数必须符合亚像元数目 N_i^{SP} 要求;

(ii) 系统进化: 其中每一步进化由 k (k 的大小由地物种类和亚像元个数决定, 一般设为 $N_{LC} \times N^2$) 个子过程组成, 每个子过程通过计算 "交换效益" G 和 $G1$ 进行交换 ($G1$ 表示在交换两个元胞之后, 以该元胞为中心的 8 邻域的 G 之和; 交换两个元胞之后, 与元胞状态相同的邻居个数总和记为 A, 交换元胞之前与元胞状态相同的邻居个数总和记为 B, A 与 B 之差记为 G)。如果 $G > 0$ 且 $G1 > 0$, 即交换两个元胞可以提高空间相关性, 则交换两个元胞。

原元胞自动机模型中，交换条件只有 $G > 0$，并没有考虑交换过后元胞空间周围邻域的情况，导致交换后的结果不理想，这里加入另一个条件 $G1 > 0$ ($G1$ 表示在交换两个元胞之后，以该元胞为中心的 8 邻域的 G 之和)，充分考虑了元胞的空间信息，将使结果有很大的改善。

实验数据是含有 224 个波段的 AVIRIS 数据 (分别如图 8.15(a1) 和 (a2) 所示)。实验数据大小为 $191 \times 128 \times 128$，即有 191 个波段，波长范围为 $401.29 \sim 2473.2$nm，每个波段图像大小为 128×128，数据 1 中场景主要包含湖水 A，草地 C，灌丛 B，道路 D；数据 2 中场景主要包含为湖水 A，道路 B，灌丛 C 和草地 D。

从图 8.15 中可以看出，解混后的图较直接插值图边界部分清晰些，从分类结果图上也可以看出，解混后的图分类结果更精细。

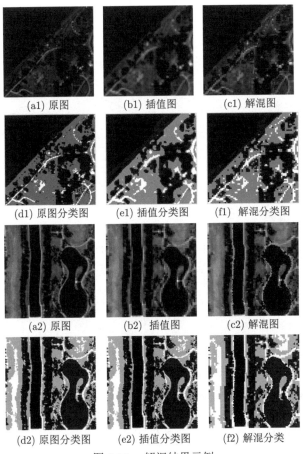

(a1) 原图	(b1) 插值图	(c1) 解混图
(d1) 原图分类图	(e1) 插值分类图	(f1) 解混分类图
(a2) 原图	(b2) 插值图	(c2) 解混图
(d2) 原图分类图	(e2) 插值分类图	(f2) 解混分类

图 8.15　解混结果示例

8.4   光谱域特征提取

红外目标光谱域上的特征包含有光谱斜率和坡向、光谱二值编码、光谱导数、光谱积分、光谱重排、光谱包络线等多种特征 [37]，以下分述之。

8.4.1   光谱斜率和坡向

在某一个波长区间内，如果光谱曲线可以非常近似地模拟出一条直线段，这条直线的斜率被定义为光谱斜率。如果光谱斜率为正，则该段光谱曲线被定义为正向坡；如果光谱斜率为负，则该段光谱曲线被定义为负向坡；如果光谱斜率为零，则该段光谱曲线被定义为平向坡 (如图 8.16 所示)。可以用光谱坡向指数 (spectralslopeindex, SSI) 来表示光谱曲线的坡向，当光谱曲线为正坡向时, SSI=1；当光谱曲线为负坡向时, SSI=−1；当光谱曲线为平向坡时, SSI=0。

在光谱区间 $[\lambda_1, \lambda_2]$，模拟出的直线段方程为

$$R = aX + b, \quad X \in [\lambda_1, \lambda_2] \tag{8.29}$$

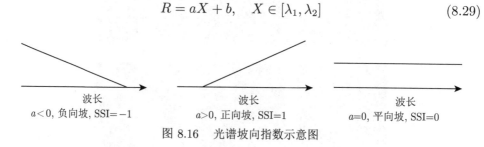

图 8.16   光谱坡向指数示意图

8.4.2   光谱二值编码

为了在光谱库中对特定目标进行快速查找和匹配，可对光谱进行二值编码，使得光谱可用简单的 0~1 序列来表述，最简单的方法是

$$\begin{cases} h(n) = 0, & x(n) \leqslant T \\ h(n) = 1, & x(n) > T \end{cases}, \quad n = 1, 2, \cdots, N \tag{8.30}$$

其中, $x(n)$ 表示像元第 n 通道的亮度值；$h(n)$ 为像元第 n 通道的编码；T 为门限值，一般选为光谱的平均亮度。这样每个像元灰度值变为 1bit (比特)，像元光谱变为一个与波段数长度相同的编码序列。

然而有时这种编码不能提供合理的光谱可分性，也不能保证测量光谱与数据库里的光谱相匹配，所以需要更复杂的编码方式。

(1) 分段编码。

对编码方式的一个简单变形是将光谱通道分成几段进行二值编码，这种方法

要求每段的边界在所有像元的矢量都相同。为使编码更有效，段的选择可以根据光谱特征进行，例如在找到所有的吸收区域以后，边界可以根据吸收区域来选择。

(2) 多门限编码。

采用多个门限进行编码可以加强编码光谱的描述性能。如采用两个门限 T_a、T_b 可以将灰度划分为三个域：

$$h(n) = \begin{cases} 00, & x(n) \leqslant T_a \\ 01, & T_a < x(n) \leqslant T_b, \quad n = 1, 2, \cdots, N \\ 11, & x(n) > T_b \end{cases} \tag{8.31}$$

像元每个通道值编码为两位二进制数，像元的编码长度为通道数的两倍。事实上，两位码可以表达 4 个灰度范围，所以采用三个门限进行编码更加有效。

(3) 仅在一定波段进行编码。

这种方法仅在最能区分不同地物覆盖类型的光谱区编码。如果不同的波段的光谱行为是由不同的物理特征所主宰，可以仅选择这些波段进行编码，这样既能达到良好的分类目的又能提高编码和匹配识别效率。

(4) 波段组合二值编码。

设有 n 个波段，二值编码规则为如果 $x(n) \leqslant x(n+1)$，则 $h(n) = 0$；如果 $x(n) > x(n+1)$，则 $h(n) = 1$。

(5) 波段组合差值编码。

设有 n 个波段，二值编码规则为如果 $x(n) - x(n+1) < T$，则 $h(n) = 0$；如果 $x(n) - x(n+1) = T$，则 $h(n) = 1$。

(6) 波段组合比值编码。

设有 n 个波段，二值编码规则为如果 $x(n)/x(n+1) < T$，则 $h(n) = 0$；如果 $x(n)/x(n+1) = T$，则 $h(n) = 1$。

8.4.3 光谱导数

光谱导数可以增强光谱曲线在坡度上的细微变化。光谱导数波形分析能消除部分大气效应。成像光谱图像所获得能量 L 与地物反射率 ρ 之间关系为 $L = T \cdot E \cdot \rho + L_p$，其中，$T$ 为大气透射率、E 为太阳辐照度、L_p 为程辐射。

一阶导数：

$$\mathrm{d}L/\mathrm{d}\lambda = T \cdot E \cdot \mathrm{d}\rho/\mathrm{d}\lambda + \rho \cdot T \cdot \mathrm{d}E/\mathrm{d}\lambda + E \cdot \rho \cdot \mathrm{d}T/\mathrm{d}\lambda + \mathrm{d}L_p/\mathrm{d}\lambda \tag{8.32}$$

二阶导数：

$$\mathrm{d}^2L/\mathrm{d}\lambda^2 = T \cdot E \cdot \mathrm{d}^2\rho/\mathrm{d}\lambda^2 + \rho \cdot T \cdot \mathrm{d}^2E/\mathrm{d}\lambda^2 + E \cdot \rho \cdot \mathrm{d}^2L_p/\mathrm{d}\lambda^2$$

$$+ 2\rho^* \mathrm{d}T\mathrm{d}E/(\mathrm{d}\lambda)^2 + 2E \cdot \mathrm{d}T\mathrm{d}\rho/(\mathrm{d}\lambda)^2 + 2T \cdot \mathrm{d}\rho\mathrm{d}E/(\mathrm{d}\lambda)^2 \tag{8.33}$$

如果地物光谱形态急骤变化, $\mathrm{d}L/\mathrm{d}\lambda$ 与 $\mathrm{d}^2L/\mathrm{d}\lambda^2$ 将会远远大于式 (8.32) 和式 (8.33) 中右边其他各项, 此时有

$$\mathrm{d}L/\mathrm{d}\lambda = T \cdot E \cdot \mathrm{d}\rho/\mathrm{d}\lambda + \Delta\sigma_1 \tag{8.34}$$

$$\mathrm{d}^2L/\mathrm{d}\lambda^2 = T \cdot E \cdot \mathrm{d}^2\rho/\mathrm{d}\lambda^2 + \Delta\sigma_2 \tag{8.35}$$

$\Delta\sigma_1$ 和 $\Delta\sigma_2$ 主要包含程辐射 L_p、大气透射率 T 和太阳辐照度 E 随波长的变化波形信息, 利用 5S 模型模拟研究表明, 除了大气气体吸收波段外, 这些参数随波长近似为线性函数, 故而 $\Delta\sigma_1 \to 0, \Delta\sigma_2 \to 0$。

8.4.4　光谱积分

光谱积分就是求光谱曲线在某一波长范围内的下覆面积, 如图 8.17 所示, 计算式为

$$\varphi = \int_{\lambda_1}^{\lambda_2} f(\lambda)\,\mathrm{d}\lambda \tag{8.36}$$

式中, $f(\lambda)$ 为光谱曲线; λ_1, λ_2 分别为积分的起止波段。

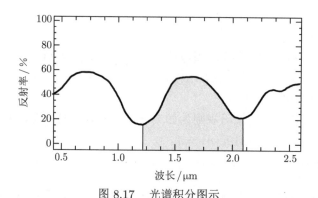

图 8.17　光谱积分图示

8.4.5　光谱重排

不同地物的光谱信息是不相同的, 很多时候直接利用原始光谱信息进行特征提取也是可以的。但在更多的情况下, 当不同地物之间的光谱在形状、发射率、变化趋势等指标大致相同的时候, 从原始光谱上很难发现需要提取的地物的具有显著特征的信息。也就是说, 这时地物之间的不相关性均匀地分布在各个波段。针对这种情况, 可引入一种光谱重排的方法, 该方法打破光谱按波长排列的次序, 根据光谱发射率的大小重新排列各个波段。实验研究表明：任何两种不同地物的光谱

通过光谱重排之后，总有显著的特征出现 (而不是仅仅表现为幅度上的差别)，并且不同地物的特征出现在不同的位置。

通过光谱排序，基谱的光谱曲线将变为单调上升的重排曲线，而其他的光谱曲线在按相应的顺序重排后一般都会有特征出现，而且选取不同的光谱曲线作为基谱，相应的特征位置也会发生变化。

8.4.6 光谱包络线

像元光谱与标准光谱较为相似的情况下，直接提取光谱特征无法表征二者的相似程度，此时，对光谱做进一步处理，有助于提取像元光谱与标准光谱间的差异特征，以突出光谱间的差异性。

提取光谱的包络线，可有效突出光谱的吸收和发射特征，有利于和非同类光谱曲线进行特征数值的比较。直观上看，包络线相当于光谱曲线的外壳，实际的光谱曲线由离散的样点组成，计算得到的包络点也是一系列离散点，可用连续的折线段将这些离散点连起来，近似形成光谱曲线的包络线。

8.4.7 光谱不确定性分析

遥感物理基础表明，地物的成分、结构决定了地物的电磁波谱曲线分布，然而即使是同一类地物，其个体之间依然存在着某些差异。世界上没有完全相同的两个东西，即同类地物之间可能十分相似，但是不可能一模一样。由于各自的组成结构、物质成分总会存在着微小的差异，依据电磁波理论，它们的光谱也必然会存在着一定差异，这就是通常所说的"同物异谱"现象。

光谱不确定性主要是由以下几个方面的因素引起的[38]。

(1) 根据电磁波理论，同类地物中的电磁波谱集并不是一条重合的谱线，而是一条具有一定宽度的谱带。两种地物的电磁波谱集可能出现重叠现象。

(2) 同类对象由于它们所处的地理位置、环境、生长阶段、温度、湿度等因素的影响，可能致使个体的组成成分存在差异，从而导致光谱特性也发生变化。

(3) 由于传感器、转换方式、噪声等各种因素的影响，人工获取的高光谱遥感数据和真实客观世界之间不可能是完全一致的，充其量是一种充分的接近。

(4) 在传感器采集数据过程中，由于分辨率的限制，单像素对应的采样区域可能不只有一种地物的光谱信息，而是可能有多种地物的光谱信息。这就是所谓的混合像元现象。

(5) 在遥感数据的处理、获取、传输、变换过程中产生的人为附加的不确定性。

信息论的概念最初是由通信领域提出的。它是信息处理系统和研究信息传输中一般规律的学科。随着人们研究的深入，信息论已经被广泛地应用到生理学、生物学、社会学、经济学等众多领域。

在信息论理论中，信源的平均不确定性程度用熵来表示。香农 (E. Shannon) 首先提出了"信息量"的概念，并指出信息量大小与信源的不确定性程度有关 [39]。他将统计力学和信息熵结合起来，把信道定理看成热力学的第二定律在通信领域的特殊运用，并指出信息量大小与不确定度成反比，不确定度越小，信息量就越大。熵是一个内涵丰富的概念，它是对不平衡、不确定、无序状态、不均匀等程度的度量，因此可用信息熵的思想度量光谱的不确定性。

设 $S = (U, A)$ 是一个信息系统，A 是属性集合，U 是论域的集合，令 P 是 U 的一个划分 $P \subseteq A$，令 $U/\text{IND}(P) = \{X_1, X_2, \cdots, X_K\}$，假设 U 中的元素随机分布在 P 的类中，$P(X_i) = \dfrac{|X_i|}{U}$，则 P 的信息熵定义为 [40]

$$H(P) = -\sum_{i=1}^{n} P(X_i) \log(P(X_i)) = -\sum_{i=1}^{K} \frac{|X_i|}{U} \log \frac{|X_i|}{U} \tag{8.37}$$

在地物分类和识别过程中，由于存在光谱不确定性，两类地物之间可能存在"同物异谱"和"同谱异物"现象，从而导致分类和检测结果精度较低。因此，需要定义一个指标来表征两类地物之间的混合程度，若某波段该指标值较大，则说明在该波段这两类地物混合程度高，不确定性较大，分类可信度较低，我们把这个指标称做两类地物之间的光谱不确定度。

8.5　变换域特征提取

目标光谱域特征直接反映了目标光谱的特性，很多情况下，将光谱数据变换到另一个空间，有助于提取更有鉴别性的特征，常见的变换域特征包括以下几种：小波变换域特征，PCA 变换特征，基于稀疏表示的特征以及自编码特征等。

8.5.1　小波变换特征

小波变换已在 7.4.3 节第 1 小节中进行了简要的介绍。它是空间和频率的局部变换，能通过伸缩和平移等运算对函数或信号进行多尺度的细化分析，特别是它覆盖了整个频域，可以通过选取恰当的滤波器以减小或去除所提取特征间的相关性，解决了傅里叶变换不能解决的许多困难问题。

如果设定基函数为高斯二阶导函数，可近似地认为小波变换后的曲线为变换前曲线的二阶导数曲线，这样，变换后曲线的过零点对应着原曲线的拐点 [41]。

选用高斯二阶导函数作为小波基函数的优点在于，原信号经高斯函数卷积后，不易产生振铃效应，这样可避免振铃效应对拐点提取的影响，保证提取的拐点在反射带与吸收带之间。

如图 8.18 所示，图 8.18(a) 为某一类地物的光谱原始曲线，图 8.18(b) 为该光谱曲线的高斯平滑后的波形图 (变换尺度 J 为 4)，图 8.18(c) 为以高斯一阶导为基函数的小波变换结果，图 8.18(d) 为以高斯二阶导为基函数的小波变换结果。一阶导数的过零点位置对应曲线的极值点位置，二阶导数的过零点位置对应曲线的拐点位置。高斯函数具有平滑作用，尺度越大，信号平滑越大，细节就越少。可以发现，在尺度参数为 4 时，由于某些极值点被平滑效应抹除，曲线的极值点不能够被提取出来。这样一来，在抑制扰动的同时，曲线本身的某些重要信息也会丢失。然而，即使曲线已经很平滑，只要反射带和吸收带的大体形状仍然存在，拐点就能够比较好地被提取出来，这样就可以比较方便地抑制扰动。

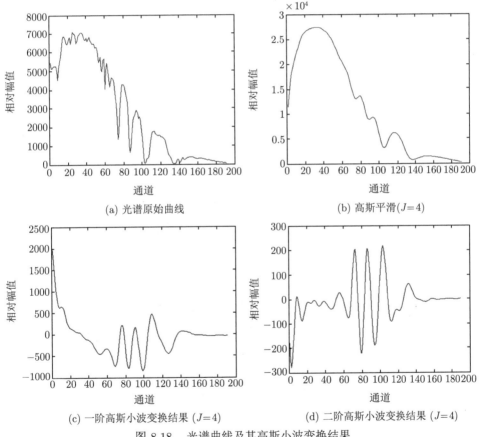

(a) 光谱原始曲线 (b) 高斯平滑($J=4$)

(c) 一阶高斯小波变换结果 ($J=4$) (d) 二阶高斯小波变换结果 ($J=4$)

图 8.18 光谱曲线及其高斯小波变换结果

8.5.2 PCA 变换特征

主元分析/主成分分析 (principal component analysis，PCA) 是一种重要的数据分析技术。顾名思义，主元分析可以有效地找出数据中最 “主要” 的元素和结构, 去除噪声和冗余, 将原有的复杂数据降维, 揭示隐藏在复杂数据背后的简单结构。该变换简单易行, 应用极其广泛。

从严格的数学定义上来说, PCA 回答的问题是如何寻找到另一组正交基, 它们是标准正交基的线性组合, 而且能够最好地表示数据集。

PCA 方法要求线性的假设, 该假设使问题得到了很大程度的简化: ① 数据被限制在一个向量空间中, 能被一组基表示; ② 隐含地假设了数据之间的线性关系。线性 PCA 可以理解为一堆 D 维的列矢量 X, 经过一个线性变换 $Y = AX$, 变成 d 维的矢量 Y, $d \ll D$, 但是 Y 可以保留 X 分布上的主要信息。

PCA 的实现首先是求 X 分布的协方差矩阵 COV, 解本征值问题: $\mathrm{COV} * V = \lambda * V$, 得到本征值并将其从大到小排序为 $\lambda_1, \lambda_2, \cdots, \lambda_D$, 对应的本征矢量为 $V_1, V_2, \cdots, V_D$。选择前 d 个主要分量构造成变换矩阵 $\mathrm{FV} = [V_1, V_2, \cdots, V_d]$, 则

$$Y = \mathrm{FV}^{\mathrm{T}} * X \tag{8.38}$$

反变换为

$$X = \mathrm{FV} * Y \tag{8.39}$$

经过反变换后的 X 有信息丢失。这些丢失的信息正是数据中的冗余信息, 从而达到了对原始数据进行简化的目的。

8.5.3　稀疏表示特征

信号的稀疏表示即信号可由预先定义的一组信号线性组合表示 [42], 通常这一组预先定义的一组信号组合的矩阵称为稀疏变换矩阵。设信号向量 $x \in R^N$, 通过稀疏变换矩阵 $D = [d_1, d_2, \cdots, d_L] \in R^{N \times L} \, (N \ll L)$ 可得

$$x = Da \tag{8.40}$$

其中, $a = [a_1, a_2, \cdots, a_L]^{\mathrm{T}} \in R^L$ 仅有少量非零信号 (假设有 s 个), 其余全为零, 称 a 为稀疏表示系数, 这种信号表示的方法称为信号的稀疏表示, 如图 8.19 所示。

信号进行稀疏表示涉及两方面的关键问题: 其一, 如何求解出信号在给定稀疏变换矩阵下的稀疏表示系数; 其二, 如何获得式 (8.40) 所示的稀疏变换矩阵, 使得信号在该变换矩阵下的表示是稀疏的。

求解信号的稀疏表示问题可以描述为

$$\min \|a\|_0, \quad \mathrm{s.t.} \quad x = Da \tag{8.41}$$

其中, a 为稀疏表示系数; D 称为稀疏变换矩阵, 又称过完备字典, d 为字典的一列, 也称为字典的原子; 记 $\|\cdot\|_0$ 表示向量非零元素的个数, 即 l_0 范数。

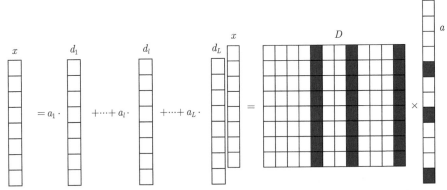

图 8.19 多维信号 x 的稀疏表示示意图 (a 中深色表示非零元素，其他均为零)

一般在实际处理过程中由于噪声等不可忽视的因素，信号重构也会存在误差，因此对式 (8.41) 进一步约束，假设限定误差必须在 ε 内，则稀疏表示问题可进一步表示为

$$\min \|a\|_0, \quad \text{s.t.} \quad \|x - Da\|_2 < \varepsilon \tag{8.42}$$

求解式 (8.42) 主要有两个方法，一是贪婪追踪算法，其中比较经典的是正交匹配追踪 [43](orthogonal matching pursuit，OMP)，该算法迭代地选择过完备字典中的原子并更新残差信号。每次迭代时，在过完备字典选择与当前残差信号最相关的原子，并将该原子加入重建原子集合，使用该重建原子集合计算稀疏表示系数，直到达到指定迭代次数停止。OMP 算法在迭代过程中，通过将重建原子集合进行正交化处理，加快收敛速度并保证计算精度，运算速度较快。另一种解决方法称为松弛优化算法，其主要思想是将求解 l_0 范数 NP 完全问题转变为 l_1 范数或其他易于操控的稀疏测度准则，其典型算法是最小角回归法 [44]，该类算法总体上精度高于贪婪追踪算法，但常常计算复杂度较高。

过完备字典的构造是稀疏表示的另一个重要问题。过完备字典需考虑如何使用训练集在满足稀疏表示唯一性条件约束下，寻找一组最优基，使得训练集中的所有训练样本都能获得最稀疏和精确的表示。

因此，对于所有的训练集，需要求解

$$\arg \min_{D,a} \sum_i \|x_i - Da_i\|_2^2 + \lambda \|a_i\|_0 \tag{8.43}$$

其中，x_i 表示每一个训练样本，a_i 表示训练样本 x_i 在字典 D 下的稀疏表示系数，λ 是正则化参数，式 (8.43) 的求解目前已经有很多的解决办法，下面介绍经典高效的 K-SVD(K-sigular value decomposition) 字典学习算法 [45]。因为一次性找到全局最优的字典是 NP 问题，只能逐步迭代逼近最优解，在每次迭代过程中都会用过奇异值分解来逐列更新字典中的原子和相应的稀疏表示系数，直到更新完所有的原子。该方法的具体思想可描述如下。

令 $D \in R^{n*k}$，$y \in R^n$，$x \in R^k$ 分别表示字典、训练信号和训练信号的稀疏表示系数向量，$Y = \{y_i\}_{i=1}^N$ 为训练信号的集合，$X = \{x_i\}_{i=1}^N$ 为 Y 的稀疏表示的集合。

K-SVD 训练算法的目标方程可表示为

$$\min_{D,X} \left\{ ||Y - DX||_F^2 \right\} \quad \text{s.t.} \quad \forall i, \quad ||x_i||_0 \leqslant T_0 \tag{8.44}$$

其中，T_0 为稀疏度，即稀疏表示系数的非零个数。首先使用稀疏表示算法得到训练信号 Y 在初始随机字典 D 上的稀疏表示系数矩阵 X，然后再迭代逐列更新字典 D 和逐行更新系数矩阵 X。假设要更新第 k 个原子 d_k，记系数矩阵 X 中 d_k 对应的第 k 行为 x_T^k，误差值 E 表示为

$$E = ||Y - DX||_F^2 = \left\| Y - \sum_{j=1}^k d_j x_T^j \right\|_F^2 = \left\| \left(Y - \sum_{j \neq k} d_j x_T^j \right) - d_k x_T^k \right\|_F^2$$

$$= ||E_k - d_k x_T^k||_F^2 \tag{8.45}$$

矩阵 E_k 代表的是去掉原子 d_k 后在训练信号中造成的误差，相当于剥离该原子的贡献后稀疏表达产生的空洞，使用 SVD 方法找到一个新基来更好地填补这个空洞，当误差值稳定时字典收敛。然而具体处理时如果直接使用 SVD 算法更新 d_k 和 x_T^k，会导致更新后的 x_T^k 不稀疏，换言之，更新前后 x_T^k 系数非零位置和值不相同，为解决此问题，可以采用仅保留 x_T^k 中的非零值的方法，仅更新 x_T^k 的非零值和对应位置的 d_k。K-SVD 字典学习算法总可以保证误差单调下降或者不变，但需要合理设置稀疏度和字典大小。

8.5.4   自编码特征

自编码器模型最早由 Rumelhart 等提出 [46]，它由编码器模型和解码器模型组成 (如图 8.20 所示)。自编码器模型的主要用途是通过对信号的编解码重建处理，获得信号的有效特征，其基本流程是首先编码器 f 通过一种特征编码模型将高维输入 x 转换成为一个低维表征 z，再由解码器 g 对低维表征 z 进行解码处理，获得对 x 的重建结果 $\hat{x}$，通过编解码迭代训练最小化一个损失函数，从而使重建误差最小以获得最优的特征编码模型。自编码模型可以采用无监督学习方式进行训练，获得的自编码器模型通常能从无标签的数据中提取出有用的特征。

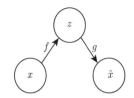

图 8.20　自编码器模型结构示意图

　　自编码器是一种最基本的自编码模型，自编码器可以抽象为两部分：一个由函数 $h = f(x)$ 表示的编码器和一个生成重构的解码器 $\hat{x} = g(h)$。自编码器采用典型的两层前馈神经网络来实现，网络由多个简单神经元连接起来，一个神经元的输出可以作为另一个的输入。网络的参数可以通过反向传播算法进行调整。通过在训练中加入约束条件，自编码器模型能够学习到输入数据的哪些部分需要被优先复制，从而学习到数据的有用特征。

　　隐藏层 h 主要对输入信息 x 进行编码处理，表示为

$$h = \sigma(Wx + b) \tag{8.46}$$

其中，W 是权重矩阵，b 是偏移量。$\sigma(\cdot)$ 是非线性激活函数，如 Relu 函数等。

　　隐藏层的输出通过逆变换操作后转换到输出层中，即

$$\hat{x} = \sigma(\widetilde{W}h + c) \tag{8.47}$$

其中，$\widetilde{W}$ 是与 W 绑定的权重矩阵，c 是偏移量。

　　自编码器模型的训练采用最小化损失函数约束，可表示为

$$\mathcal{J}(W, b, c) = \mathcal{L}(x, \hat{x}) + \lambda g(W) \tag{8.48}$$

其中，等式右侧第一项为重建误差，第二项为权重衰减。

　　早期的自编码器模型只能处理一维信号，不能直接应用于处理图像中的 2D 结构信息。为了解决这一问题，文献 [47] 提出了一种面向图像与视频处理的卷积自编码器 (convolutional auto-encoder，CAE)。

　　卷积自编码器在模型参数中引入了一些冗余，迫使所学到的表征是全局的，即展开到了整个视觉场。由于权重和偏移量被输入的所有位置所共享，空间局部性得以保留。

　　对于给定的单通道图像 x，第 k 个特征图的隐藏表征定义为

$$h^k = \sigma(x * W^k + b) \tag{8.49}$$

　　考虑到偏移量 b 被广播到整个特征图，每个像素都对应一个偏移量会引入太多自由度，卷积自编码器采取了同一个特征图上的所有像素共享同一个偏移量的方式。

和通用的卷积神经网络一样，卷积自编码器在卷积层后也引入了最大池化层 (MaxPooling)[48]，用于引入表征的稀疏性，通过最大池化处理可以消除不重叠子区域中的非最大值，获得泛化能力更强的特征。

经过卷积处理后的特征再采用如下表达式获得信号的重建结果：

$$\hat{x} = \sigma \left(\sum_k h^k * \widetilde{W}^k + c \right) \tag{8.50}$$

其中，$\widetilde{W}$ 是 W 的转置。

在重建阶段，稀疏的隐藏编码减少了解码每个像素所需的滤波器的平均数量，使得滤波器更具有一般性。于是不再需要隐藏层上的 L_1 或 L_2 规范化，其损失函数为

$$\mathcal{J}(W, b, c) = \mathcal{L}(x, \hat{x}) = \sum_i \|x_i - \hat{x}_i\|_2^2 \tag{8.51}$$

8.6　基于光谱特征的红外目标识别

基于光谱的目标识别是一种基于目标物性的分类和识别方法，主要是利用反映目标物理光学性质的光谱曲线来识别。这种方法的特点是利用目标光谱库中已知的光谱数据，采用匹配的算法来识别图像中的目标。这种匹配可以是在全波长范围内的比较，也可以利用感兴趣波段的光谱，基于部分波长范围的光谱或光谱组合参量进行匹配。

光谱匹配技术是成像光谱目标识别的关键技术之一，光谱匹配主要有以下三种运作模式：

(1) 光谱查找：从图像的目标光谱出发，将像元光谱数据与光谱数据库中的标准参考光谱曲线进行比较搜索，并将像元归于与其最相似的标准参考光谱所对应的目标类型。

(2) 光谱匹配：利用光谱数据库，将具有某种特征的目标标准参考光谱曲线当作模板，与图像像元进行比较，找出光谱最相似的像元并赋予该类标记。

(3) 光谱聚类：根据像元之间的光谱曲线本身的相似度，将最相似的像元归并为一类。

在这三种运作模式中，都需要解决一个共同的关键问题，即光谱间的相似性度量。

8.6.1　光谱相似性度量

地物光谱的相似性度量可以在原始光谱曲线上进行，也可以将光谱曲线进行变换，在变换后的空间进行。前者常用的方法有二值编码匹配、光谱角度匹配[49]、

相关系数匹配和光谱间最小距离匹配等,后者包括主成分分析法和小波变换法等。由于二值编码、相关系数、各种距离、主成分分析以及小波变换均已在前文的相关章节中进行了介绍,因此本节仅介绍光谱角度匹配。

光谱角度匹配 (spectral angle match, SAM) 通过计算一个测量光谱 (像元光谱) 与一个参考光谱之间的角度来确定两者之间的相似性。参考光谱可以是实验室或野外测定光谱,或是从图像上提取的像元光谱。光谱角度匹配被用于处理光谱维数等于波段数的光谱空间中的向量。

如果将测量光谱与参考光谱看成光谱空间中的两个光谱点,则各个光谱点可以理解为该空间的一个向量。SAM 通过计算这两个向量之间的角度来表示测量光谱与参考光谱的相似性,假设测量光谱为 $T = \{t_1, t_2, \cdots, t_n\}$,参考光谱为 $R = \{r_1, r_2, \cdots, r_n\}$,则光谱角计算公式为

$$\theta(T, R) = \arccos\left[\sum_{i=1}^{n} t_i r_i \middle/ \left[\left(\sum_{i=1}^{n} t_i^2\right)^{1/2} \left(\sum_{i=1}^{n} r_i^2\right)^{1/2}\right]\right] \tag{8.52}$$

其中,n 等于波段数,θ 为广义夹角余弦,值域为 $[0, \pi/2]$,θ 值越小,T 和 R 的相似性越大,当 θ 为 0 时,表示两个光谱完全相同,当 $\theta = \pi/2$ 时,表示两个光谱完全不同。

由 SAM 计算出的光谱角对测量光谱和参考光谱向量的乘性干扰具有不变性,假定光谱受乘性干扰后,测量光谱向量变为 aT,参考光谱向量变为 aR,a 和 b 为实数,则乘性干扰后的光谱角计算如下:

$$\theta(aT, bR) = \arccos\left[\sum_{i=1}^{n} at_i \cdot br_i \middle/ \left[\left(\sum_{i=1}^{n} (at_i)^2\right)^{1/2} \left(\sum_{i=1}^{n} (br_i)^2\right)^{1/2}\right]\right] = \theta(T, R) \tag{8.53}$$

乘性干扰不变性体现了两个向量之间的角度不受向量本身长度的影响,这个不变性在高光谱匹配和识别中很有用处,首先高光谱遥感中大气补偿算法的有限性带来了乘性干扰,其次地形表面的坡度对照度有影响,也会引起乘性干扰,这些乘性干扰会引起光谱幅值的变化,而 SAM 对谱线进行匹配时,并不受向量长度的影响,因此,SAM 能够有效减弱大气补偿和地物坡度对谱线相似性测度的影响。

当将 SAM 用于高光谱识别时,其表达式为

$$C(T) = \arg\min_{1 \leqslant i \leqslant k} (\theta(T, R_i)) \tag{8.54}$$

式中,θ 表示光谱角,分类时首先计算待定目标光谱向量 T 与所有参考光谱向量

$R_i(i = 1, \cdots, k)$ 之间的夹角，然后找出与之有最小夹角的参考光谱 R_i，并将待定目标光谱与该参考光谱归为同一类。

8.6.2　基于光谱不确定性分析的目标识别

由于不同时间、地点、物质结构等因素的影响，相同类别的地物其光谱辐射特性并不是完全不变的，即存在不确定性。地物光谱不确定性的存在，会使基于光谱维的目标检测算法产生较大的误差。为此可引入光谱维的不确定度来改善目标光谱识别的精度。

为了求得两类目标之间的不确定度，就必须知道两类目标每个波段的分布情况。因此首先这里需要利用样本进行训练，获得每个波段两类目标光谱的最佳分割线，从而可以利用其统计两类目标在每个波段的混合程度。

1. 光谱不确定度的定义

信息熵表征了信源整体的统计特征，是总体的平均不确定性的度量。确定的信息源 P 对应唯一的信息熵。一般有 $H(P) > 0$，信息熵越小，意味着混乱程度越小，特别有当且仅当 X 中实例的决策属性值都相同时，$H(P) = 0$。因此，可利用最小熵的思想来刻画光谱的不确定性。

当两种目标混合后，基于最小熵的原则，求取单波段的最佳分割点的具体方法如下。

对于一个包含两类目标的混合样本集来说，建立一个决策表 (X, A, F, d)，其中 X 表示两类地物目标的样本集；A 表示某一波段 l 的光谱幅值集合，F 表征 X 和 A 之间的对应关系，$j = \{1, 2\}$ 表示不同目标的类别编号。样本集中的光谱值经过排序后为 $v_0^l < v_1^l < \cdots < v_m^l$，候选断点可取其等间隔点：

$$c_i^l = \frac{v_{i-1}^l + v_i^l}{2} \quad (i = 1, 2, \cdots, m) \tag{8.55}$$

光谱值小于断点 c_i^l 的样本个数记为 $b_j\left(c_i^l\right)$，大于断点 c_i^l 的样本个数记为 $t_j\left(c_i^l\right)$，令：

$$b\left(c_i^l\right) = \sum_{j=1}^{2} b_j\left(c_i^l\right) \tag{8.56}$$

$$t\left(c_i^l\right) = \sum_{j=1}^{2} t_j\left(c_i^l\right) \tag{8.57}$$

因此断点 c_i^l 可以将样本集 U 分成两个子集 X_b 和 X_t，且有

$$H(X_b) = -\sum_{j=1}^{2} p_j \log_2\left(p_j\right), \quad p_j = \frac{b_j\left(c_i^l\right)}{b\left(c_i^l\right)} \tag{8.58}$$

$$H\left(X_t\right) = -\sum_{j=1}^{2} q_j \log_2\left(q_j\right), \quad q_j = \frac{t_j\left(c_i^l\right)}{t\left(c_i^l\right)} \tag{8.59}$$

定义断点 c_i^l 针对样本集 U 的信息熵为

$$H^X\left(c_i^l\right) = \frac{|X_b|}{|X|} H\left(X_b\right) + \frac{|X_t|}{|X|} H\left(X_t\right) \tag{8.60}$$

最佳断点 c^l 即为使得 $H^X\left(c_i^l\right)$ 取值最小的点。

求得单波段的最佳分割点后，可按如下方式定义不确定度指标。

在某一波段 l，以该分割点位置进行划分，设 A 类目标样本总数为 M，B 类目标样本总数为 N。统计在分割点之上的 A 类样本个数为 m，B 类样本个数为 n。则该波段可分性 w_l (当然也表征了两类的混合程度) 为

$$w_l = \begin{cases} \dfrac{m}{M} + \dfrac{N-n}{N}, & m \geqslant M - m \\ \dfrac{M-m}{M} + \dfrac{n}{N}, & m < M - m \end{cases} \tag{8.61}$$

对所有波段进行遍历，即可以获得所有波段对应的可分性矢量，此即全波段两类目标之间不确定性度量。

2. 基于光谱不确定性的目标识别算法

传统的基于欧氏距离的识别算法假设了两类目标的光谱分布范围的大小基本相同。但实际情况下，不同地物目标的光谱分布范围的大小往往并不相同。这里利用 8.6.2 节第 1 小节中求得的最小熵划分位置 c^l 作为新的划分线点进行目标识别，过程如下：

(1) 利用样本集进行训练，按照 8.6.1 节所述方法，求得最佳断点 c_i^l。

(2) 利用每个波段的分割点按照式 (8.61) 求得该波段的可分性 w_l。

(3) 利用每个波段的分割线求得该波段的类半径比 R_l。

设某一波段 l 处，A 样本的平均光谱强度为 q_A，B 样本的平均光谱强度为 q_B。断点处光谱强度为 q_C，则两类目标的类半径比为

$$R_l = \frac{d_1}{d_2} = \frac{|q_A - q_C|}{|q_B - q_C|} \tag{8.62}$$

(4) 对全波段重复上述步骤，求得 w 和 R。

(5) 利用求得的参数修正算法。

原欧氏距离中：

$$d_{\mathrm{A}} = (p - u_x) \cdot (p - u_x)' \tag{8.63}$$

$$d_{\mathrm{B}} = (p - u_y) \cdot (p - u_y)' \tag{8.64}$$

将其修正为

$$d'_{\mathrm{A}} = w \cdot (p - u_x) \cdot (p - u_x)' \tag{8.65}$$

$$d'_{\mathrm{B}} = w \cdot R \cdot (p - u_y) \cdot (p - u_y)' \tag{8.66}$$

最后比较新的 d'_{A} 和 d'_{B} 的大小，将待测光谱划分到距离小的类别中。

上述方法只是针对两类目标进行比较，当高光谱影像中有多类目标时，可将一个三类问题变成两个二分类问题，继而采取上文提出的基于最小熵分割线方法即可。假设目标区域已知三种目标 A、B 和 C，需要检测 B 类目标，具有 A、B、C 三类目标的训练样本。计算 A、B、C 三类训练样本参考光谱两两之间的欧氏距离，选取其中两两之间欧氏距离最小的两类进行混合，将它们看成是一类新的类型 D 类，这样原始高光谱数据中，只包含两类目标。

为了测试算法的性能，使用漏检率 P_{D} 和虚警率 P_{FA} 作为评价指标，其定义分别如下：

漏检率 = 被误分割为背景的目标像元 / 实际目标像元总数

虚警率 = 被误分割为目标的背景像元 / 实际背景像元总数

选取美国华盛顿地区卫星高光谱遥感图像进行实验，共有 191 个波段，其某一波段影像以及地物参考图如图 8.21 所示。

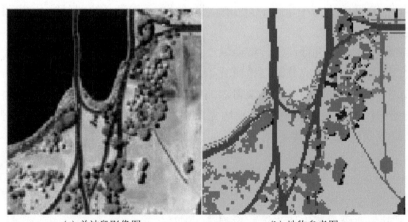

(a) 单波段影像图　　　　　　　　　(b) 地物参考图

图 8.21　测试数据图例

这里仅考虑对两类地物 (树木和草地) 的识别, 对应的结果如图 8.22 所示。

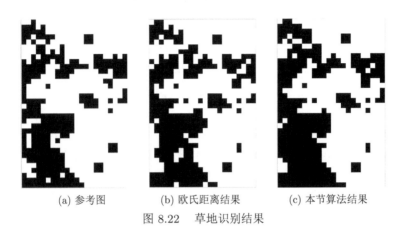

(a) 参考图   (b) 欧氏距离结果   (c) 本节算法结果

图 8.22 草地识别结果

上述结果的定量评价指标如表 8.4 所示, 从中可以看出, 通过此处的算法进行目标检测时, 由于利用了样本进行训练, 其识别的虚警率大幅降低。

表 8.4 草地识别结果

草地识别	实际目标	271	实际背景	477	
	正确识别的像素数	误检为目标的像素数	像素数漏检率/%	虚警率/%	决策/%
欧氏距离	430	26	9.3	9.9	20.2
本节方法	426	3	10.1	1.1	11.2

8.6.3 基于拐点光谱分段的地物识别

1. 多尺度分析

尺度是一个许多学科常用的概念, 不同的学科对尺度的定义不同, 其定义取决于尺度使用的环境和条件。广义上, 尺度是指客体在其 "容器" 中规模相对大小的描述, 包括组织尺度、功能尺度和时空尺度等。组织尺度和功能尺度是生态学组织层次在自然等级系统中所处的位置和所发挥的功能。狭义上的尺度仅指时空尺度, 可以理解为考察事物 (或现象) 特征与变化的时间和空间范围。在图像处理领域, 尺度为狭义上的时空尺度。

当观察实体的尺度变化时, 现象的模式与过程也随之变化, 这种变化可以用人眼的视觉感受来解释: 人在不同的距离下观测同一目标获得的感受是不一样的, 近距离观察目标时, 能够看到目标的许多细节, 而远距离观察目标时, 只能分辨出目标粗的线条和大致轮廓, 并且随着距离增大, 所能分辨的基本尺寸也增大, 观测到的细节也越少, 所获得的目标信息越抽象和概括。这种现象表明, 人眼在一定时间内观察目标时，观察的广度和粒度在一定程度上成反比，这就是尺度效应。高光谱的一个重要应用就是对谱线及其特征进行识别，但事实上，只有在特定的尺度下，光谱的某些特征才会出现。因此，尺度分析和尺度选择非常重要。

由于单一尺度一般不能全面反映实体、过程、模式的特征，所以很自然地引入了多尺度分析的方法。图像作为物质世界在平面上的投影，图像中的细节信息与客观世界中的物体一样，只有在有限尺度范围内才能作为有意义的实体存在。在图像中引入尺度空间理论，主要思想是通过对原始图像进行尺度变换和图像分解，获得图像在多尺度下的尺度空间表示序列，从而可以从原始图像出发导出一系列越来越平滑、越来越简化的图像，图像细节特征逐渐消失，边界和端点逐渐被模糊。在尺度变换和分解过程中，称在粗尺度上存在的信号为平滑信号，而在细尺度上存在、粗尺度上消失的信号为细节信号，通过图像的尺度变换，可以由细到粗地对图像进行特征提取。

尺度的选择有两方面的含义：一是尺度参数的类型，二是尺度的大小或参数的范围。由于在尺度空间下，对目标观察的广度和粒度在一定程度上成反比，因此必须选择合适的尺度来分析图像。在图像分析过程中，尺度并非越小越好，也就是说图像越细致并不能保证在图像处理中越有利。在图像处理中，不同的应用可能需要利用目标不同的特征，而目标不同的特征可能分布在不同的尺度空间，以不同的形式存在。目标的某些特征可能在某些尺度空间下表现得特别显著，而在另外一些尺度空间下，这些特征可能被图像的其他凸显特征所湮没。因此尺度的选择需要结合具体的应用，根据具体目标的特征分布特点，选择能使所需特征显著或稳定的尺度进行分析和处理。

红外高光谱成像技术能够将由物质成分决定的地物光谱与反映地物存在格局的空间影像有机地结合起来，所获取的数据包含丰富的空间、辐射和光谱三重信息，这种信息非常有利于人们借助遥感图像进行地物识别和目标探测。然而，目标的光谱辐射特性通常分散于整个成像光谱区域中，在提取目标的光谱辐射特性时，应采用多尺度分析方法提取目标的光谱辐射特性。

针对高光谱图像的特点，本节介绍一种基于多尺度小波变换拐点提取的光谱分段匹配方法，该方法以高斯二阶导函数为小波基，通过多尺度变换分析提取谱线的最佳拐点，并基于最佳拐点实现谱线的分段匹配和识别。

2. 谱线分段方法

现有的光谱相似性度量方法都是对谱线间全局性差异的一种度量，这种度量方式削弱了谱线的局部性的差异。在高光谱图像中，不同的地物其特性可能相近，通常表现为在某些波段上谱线非常相似，甚至相同，但在另外一些波段存在明显差异。

针对全局性相似度量方式削弱了谱线间局部性差异的问题，可以考虑按照一定的规律对光谱曲线进行分段，把不同地物光谱差异较大的波段和光谱差异较小的波段分到不同的段落中，这样就可以突出光谱差异较大的波段。在分段之后，对于两条光谱曲线，可以分别计算每一段波段范围内 (区间) 的相似度，再将这些相似度加起来作为这两条曲线整体的相似度。在这个计算过程当中，光谱差异较小的段落，对整体相似度的影响也比较小，而光谱差异较大的区间则对整体相似度造成了主要的影响。以光谱角度为例，在光谱差异较小的区间，两条曲线的光谱角度接近于 0，因而它们对整体的相似度的影响也相当微小。相反，在光谱差异较大的区间，由于排除了差异较小的波段的影响，两条曲线的光谱角度反而会大大增加，这将对整体相似度起到决定性的作用。这种方法对于增强不同目标的类间距离有着显著的作用。同类地物的光谱曲线虽然会有差别，但是总体来说仍然十分相似，分段之后，每个区间的光谱角都会非常小，因此它们之间的整体角度也不会有大幅度的增加。而不同地物的光谱曲线即使在某些波段相似，也总会在一些波段有明显的不同，而这些光谱曲线不同的波段将会极大地影响它们之间的整体光谱角度，大大增强它们之间的差异。

为了正确地分开光谱差异较大和较小的波段，必须采用恰当的方法进行分段。对于曲线而言，有两类重要的特征点：极值点和拐点。这两种特征点都可以用于分段，这里选取拐点作为谱线分段的依据，主要基于以下考虑。

首先，极值点为曲线的屋脊型边缘特征，拐点为曲线的阶梯型边缘特征。在尺度空间中，因果性是尺度空间的一个最重要的性质，因此对于不同的尺度空间应该采用不同类型的特征点。高斯尺度空间中因果性是根据阶梯型边缘特征点来定义的；而数学形态学多尺度空间的因果性是通过屋脊型边缘特征点定义的。在所有尺度空间中，高斯尺度空间是目前最完善的尺度空间之一，高斯核是实现尺度变换的唯一的线性核[50]。

其次，考虑到不同的地物具有不同的特性，这种特性在光谱曲线上表现为一些特定的波峰和波谷的形态。极值点代表的光谱曲线上某一频点处发射率，容易受到地形、大气等各种因素的影响而改变，如果采用极值点进行光谱分段，可能会使波峰和波谷置于区间的边缘处，而利用拐点分段则能将波峰和波谷置于区间的中间。

拐点提取的方法很多，这里介绍基于二阶高斯导函数的多尺度小波变换作为拐点提取的方法，主要是基于高斯小波的噪声抑制和多尺度分析能力的考虑。

在地物光谱的测量过程中，由于各种因素的影响，获得的光谱信息通常包含噪声，将光谱特性曲线与高斯函数进行卷积运算，则可起到平滑和去噪作用。随着小波尺度的增大，曲线越平滑，拐点的提取对噪声越不敏感，由噪声引入而产生的干扰拐点将被抑制，但同时却会增大拐点的位置偏差。因此，尺度的大小对拐点的提取有直接影响，从而影响谱线特征的匹配效果[51]。

　　研究表明，在一定的尺度范围内，光谱拐点的个数可维持不变，但拐点所在的波段位置有所偏移。在高斯小波变换中，尺度越大，曲线越平滑，就越能够抵抗原曲线中的扰动，但能提取到的拐点个数就越少；反之，尺度越小，变换后的曲线越接近原曲线，拐点所处的波段位置越准确，但是提取的拐点中由扰动造成的干扰拐点也越多。因此拐点提取时应该尽可能提高位置的准确性，减少干扰拐点。对于地物光谱来说，光谱曲线中的波峰和波谷不容易受到尺度的影响，当尺度在一定范围内变化时，这些波峰和波谷不会被平滑掉。根据这一特性，可以考察维持拐点个数相对稳定的尺度范围。对于提取到的光谱曲线的拐点来说，维持它们个数不变的尺度范围越大，则这些拐点之间的波峰和波谷就越稳定。如果能找到维持拐点个数不变的最大的尺度范围，那么这个尺度范围就是最佳尺度范围，所对应的拐点数目就是最佳拐点个数。另外，由于尺度越小，该尺度下提取的拐点位置就越准确，因此可选择最佳尺度范围内最小的尺度为最佳拐点提取尺度，该尺度下提取的拐点位置就是最佳拐点位置。

　　然而在实际情况中，随着尺度的不断增大，曲线将会越来越平滑，直至所有拐点全部消失，此时目标的光谱特性完全无法体现。同样，在拐点个数只有一个的时候，目标光谱特性也无法体现，因为任一个波峰或波谷都会位于两个拐点中间。因此，最佳尺度只在维持拐点个数大于 1 的尺度范围内寻找。

　　3. 基于拐点分段的谱线匹配

　　基于光谱的目标识别可以看作一个根据某种度量准则对谱线进行匹配分类的过程，通过比较未知谱线与类参考谱线的距离，找出与未知谱线具有最小距离的参考谱线，继而判定未知谱线与该参考谱线属于同一类。

　　通过最佳尺度拐点提取算法可以提取光谱曲线的最佳拐点，利用这些拐点对谱线进行分段，并采取分段匹配的方法对谱线进行识别。然而，光谱分段时会存在分段不一致的问题：由于不同目标的谱线分段情况不可能完全相同，分段个数以及分段位置彼此可能存在较大差异，这给谱线分段匹配带来困难。

　　通过实验发现：同类目标谱线在相同尺度下的拐点数量和位置非常相近，这样当对两条谱线进行分段匹配时，应该具有很高的相似性。因此，如果知道其中任一条谱线的最佳拐点，可以直接用这些拐点对另一条谱线进行分割，这样可以保证两条谱线具有相同的分段。如果两条谱线不属于同类目标，它们的拐点分布应该不同，这样以其中一条谱线的最佳拐点为基准进行分段，将不能保证另一条谱线波峰和波谷处于分段的中心部位，它们很可能处于分段边缘，这样在分段匹配时会加大谱线之间的距离，更有利于识别。

　　基于上述分析，可以采用同一基准分段法来解决分段不一致问题，即以某谱线的最佳拐点为基准，对所有参与分段匹配的谱线采取相同的分段方式，这样保证进行匹配的两个谱线具有相同的分段数量和分段位置。一般来说可以采取两种基准进行分段：① 以待识别谱线的分段为基准；② 以参考谱线的分段为基准。

以待识别谱线最佳分段为基准，首先对待识别谱线进行多尺度小波变换，获得该谱线的最佳分段，然后以该分段信息对所有参考谱线进行分段，并用分段匹配方法对待识别谱线进行识别。该算法匹配过程简单，判决结果唯一，缺点是需要对待识别的每条谱线进行最佳拐点提取，会增加计算量。

以参考谱线最佳分段为基准，首先对某一参考谱线进行多尺度小波变换，获得该谱线的最佳分段，然后以该分段信息对未知谱线和其他类参考谱线进行相同的分段，并用分段匹配方法进行谱线识别。该算法由于可以事先提取参考谱线的最佳拐点，并保存在参考谱线库中，进行分段时只需要再从库中提取相应参考谱线的分段信息，对待识别谱线进行分段就可以了，因此，该方法计算量相对较小。然而这种算法存在判决结果冲突问题：每采用一条参考谱线，就需要进行一次分段匹配，当采用多条不同的参考谱线进行光谱识别时，就需要进行多次分段匹配，多次匹配结果不一致时就会出现判决冲突现象。为了避免陷入判决冲突，这里采用以待识别谱线为基准的分段谱线匹配算法。

图 8.23 是一景华盛顿 DC 广场的机载高光谱遥感数据，包含有 210 个波段，

(a) 全色图

(b) 伪彩色图

(c) 分类参考图

图 8.23　华盛顿 DC 广场

波长覆盖范围为 0.4~2.5μm, 由于我们考察的是红外波段, 因此对这些数据删除了可见光部分, 另外由于 0.9μm 和 1.4μm 波段受大气影响严重, 这两个波段也被舍弃。图 8.23(a) 为 Google Earth 上的遥感图像, 图 8.23(b) 为该地区的高光谱遥感数据的伪彩色图, 图 8.23(c) 为高光谱遥感图像中各类对象的参考图。

实验过程中, 由于没有相应类的标准参考谱线, 因此可采用类均值方法来获得近似的类参考谱线:

$$a\left(i\right) = \frac{1}{n}\sum_{j=1}^{n} f_j\left(i\right) \tag{8.67}$$

其中, n 为样本数, $f_j\left(i\right)$ 为所选样本点的谱线, 采用这种方法, 可以获得每个类的参考谱线。

为了对基于拐点分段的谱线识别算法的有效性进行分析, 从高光谱图像中抽取了包含土壤、道路、房屋、水体和植被等地物作为目标的样本数据, 并分别采用分段和不分段的光谱角匹配方法进行了对比试验, 实验结果如表 8.5 和表 8.6 所示。实验结果表明, 基于拐点分段的方法能够有效改善光谱匹配效果, 目标识别正确率得到明显提高。

表 8.5　基于拐点分段的光谱角识别算法

	土壤	道路	房屋	水体	植被	阴影	样本实际分类结果
土壤	607	176	88	0	718	6	1595
道路	1	3200	229	148	35	402	4015
房屋	110	472	3441	26	151	112	4312
水体	0	0	0	3876	0	6	3882
植被	15	69	2	1	15239	248	15574
阴影	0	65	24	359	0	988	1436
各类样本总数	733	3982	3784	4410	16143	1762	——
生产精度 (PA)	0.828104	0.803616	0.909355	0.878912	0.944000	0.560726	——
总样本: 30814		总体精度 (OA): 0.887616		Kappa 系数: 0.834552			平均精度: 0.820786

表 8.6　直接光谱角识别算法

	土壤	道路	房屋	水体	植被	阴影	样本实际分类结果
土壤	616	44	84	0	888	3	1635
道路	0	2584	286	169	163	514	3716
房屋	107	1245	3374	4	184	62	4976
水体	0	0	25	4215	0	35	4275
植被	10	19	0	0	14908	112	15049
阴影	0	90	15	22	0	1036	1163
各类样本总数	733	3982	3784	4410	16143	1762	——
生产精度 (PA)	0.840382	0.64892	0.891649	0.955782	0.923496	0.587968	——
总样本: 30814		总体精度 (OA): 0.8675602		Kappa 系数: 0.806785			平均精度: 0.808033

8.6.4　基于光谱异常分析的红外小目标识别

在高光谱图像中占一个像素的目标称为点目标,占为数不多个像素的目标称为斑点目标,二者统称为小目标。无论是点目标还是斑点目标,均会由于空间分辨率或者目标本身尺寸较小的原因,导致目标与周围背景严重混合,目标信息不显著。故从目标的大小以及高光谱图像空间分辨率的角度考虑,可将高光谱小目标识别分为点异常检测和面 (斑点) 异常检测两类。

高光谱图像异常目标检测方法基本可以分为统计方式和几何方式两种 [52,53]。前者通过概率统计分布模型来描述背景光谱的变化,在多元正态分布的条件下,一阶和二阶统计模型是关注的重点,Reed 和 Yu 提出的 RXD (reed-xiaoli detection) 算法是这类算法的代表 [54]。该算法要求背景模型能较好地服从高斯分布 [55]。与其类似的算法还有 UTD (uniform target detector) 算法,这种算法把 RXD 算法中的量测信号替换为均匀向量 [56],并认为在目标信息未知的情况下,最好的方法就是不引入任何的信息给检测算子,故实际上就是假定目标在各个波段的光谱值与对目标判别的贡献是一致的。其他以 RXD 算法为基础的一系列的改进算法,包括 MRXD (modified RX detector) 算法、NRXD (nromalized RX detector) 算法,CRMRXD (correlation matrix based MRXD) 算法等 [57]。几何方式的方法认为光谱的变化主要是由一部分端元的谱线组合而成,这些端元包含了目标和背景,它们构成了图像数据的一组基,据此利用子空间投影匹配的方法进行检测,其中低概率检测 (low-probility detection,LPD) 算法是这类方法中的代表性算法 [58]。它将高维量测数据的前几个主成分作为背景特征进行正交子空间投影 [59]。这里仅给出 RXD、MRXD、NRXD、CRMRXD、UTD 和 LPD 异常检测算子。

$$\delta_{\mathrm{RXD}} = (r-\mu)^{\mathrm{T}}\,C^{-1}\,(r-\mu) \begin{cases} \geqslant \eta\ (\text{目标}) \\ < \eta\ (\text{背景}) \end{cases} \tag{8.68}$$

$$\delta_{\mathrm{MRXD}} = \frac{(r-\mu)^{\mathrm{T}}\,C^{-1}\,(r-\mu)}{||r-\mu||} \begin{cases} \geqslant \eta\ (\text{目标}) \\ < \eta\ (\text{背景}) \end{cases} \tag{8.69}$$

$$\delta_{\mathrm{NRXD}} = \frac{(r-\mu)^{\mathrm{T}}\,C^{-1}\,(r-\mu)}{||r-\mu||^2} \begin{cases} \geqslant \eta\ (\text{目标}) \\ < \eta\ (\text{背景}) \end{cases} \tag{8.70}$$

$$||r-\mu|| = (r-\mu)^{\mathrm{T}}\,(r-\mu)^{1/2} \tag{8.71}$$

$$\delta_{\mathrm{CRMXD}} = \left(\frac{r}{||r||}\right)^{\mathrm{T}} R^{-1} r \begin{cases} \geqslant \eta\ (\text{目标}) \\ < \eta\ (\text{背景}) \end{cases} \tag{8.72}$$

$$\delta_{\mathrm{UTD}} = (1-\mu)^{\mathrm{T}}\,C^{-1}\,(r-\mu) \begin{cases} \geqslant \eta\ (\text{目标}) \\ < \eta\ (\text{背景}) \end{cases} \tag{8.73}$$

$$\delta_{\mathrm{LPD}} = IP\mu \begin{cases} \geqslant \eta \ (\text{目标}) \\ < \eta \ (\text{背景}) \end{cases} \tag{8.74}$$

$$P = I - VV^{\#} \quad (\text{投影空间}) \tag{8.75}$$

$$V^{\#} = \left(V^{\mathrm{T}}V\right)^{-1} V^{\mathrm{T}} \tag{8.76}$$

其中，r 为检测点，μ 为样本均值，C 为协方差矩阵，I 为单位阵，R 为自相关矩阵，V 为 PCA 分析中最大的几个特征值对应的几个特征矢量所组成的特征空间，代表了背景地物的光谱特征。

常用的 RXD 及其各种改进算法和 UTD 这类高光谱异常检测算法通常建立在假设背景数据服从某种参数化统计模型基础之上 [60]，然而模型与实际测量参数之间的差异会对检测结果造成较大影响。而 LPD 这类算法因为没有明确物理含义，使得检测效果不稳定。

1. 基于空间特性分析的点目标识别

高光谱图像具有较强的空间相关性，而点目标的出现使得这种局部空间相关性遭到破坏，表现为异常点与邻域中各点的相关性较小。鉴于高光谱图像的这种特点，这里介绍一种基于最小二乘预测算法的点目标识别方法。

所谓基于最小二乘预测算法的点目标识别方法是指用待识别点周围的八邻域，通过最小二乘算法估计检测点的谱线。所谓点目标是指那些与其周围邻域各点谱线差异较大的点。假如该检测点是点目标，则由其 8 邻域估计出的谱线与该点的真实谱线差异较大；若该点是背景点，则估计谱线与真实谱线极为相似。因此通过估计谱线与真实谱线之间的相似度，可以判断出该点是否为异常点。

这里采用线性模型估计目标点谱线，线性模型表示为

$$\hat{r} = \sum_{i=1}^{8} \alpha_i r_i \sum_{i=1}^{8} \alpha_i = 1 \quad (0 \leqslant \alpha_i \leqslant 1) \tag{8.77}$$

其中，$\hat{r}$ 表示待识别点估计光谱，$r_i(i = 1, \cdots, 8)$ 表示待识别点的 8 邻域中各点的光谱，$\alpha_i(i = 1, \cdots, 8)$ 表示上述各点的丰度值。

通过最小二乘估计出待识别点的谱线后，采用相关系数表征相似度，由于该方法建立在最小二乘以及谱线相关性的基础上，故可以称为基于最小二乘与相关性 (least square and correlation coefficient, LSCC) 联合的待识别点目标检测。

图 8.24 为仿真数据，该数据在真实的高光谱数据中人工添加了十个异常目标并用方框标记，这些异常点分别位于图像中不同的背景 (草地、水泥、水体、沥青等) 之中。

各种算法的性能比较如表 8.7 所示。

识别算法在主频 2.70GHz、内存 1.99G 的双核计算机上运行。从图 8.22 可以看出：LSCC 和 RXD 识别正确率都达到了 100%，MRXD、NRXD、UTD 以及 LPD 效果较差。事实上，已有研究表明：UTD 算法需要对背景模型参数估计得较准确才能取得较好的实验结果[61]，但这种要求在实际应用中难以达到。LPD 算法由于缺乏明确的物理意义导致其实际表现最差。由于 RXD 算法及其改进算法等要求背景统计特性服从高斯分布，在较多情况下难以满足该条件，往往会造成虚警和漏警较多的现象。LSCC 算法并不是建立在统计模型的基础之上，故避免了其他诸多算法对使用条件的限制。同时 LSCC 算法的时间复杂度仅为 RXD 算法的 1/4，由于 RXD 识别算子需求解背景数据的协方差矩阵的逆矩阵[62]，并且高光谱数据量大，使得计算复杂度提高。

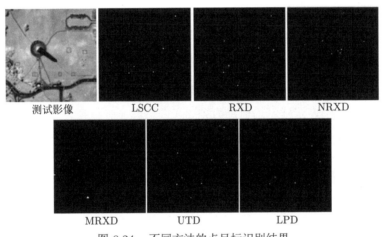

图 8.24 不同方法的点目标识别结果

表 8.7 点目标识别算法的性能比较

点目标识别算法	正确率/%	漏警率/%	耗费时间/s
LSCC	100	0%	175.0470
RXD	100	0	669.1400
NRXD	0	100	640.8750
MRXD	90	10	640.6870
UTD	80	20	582.1880
LPD	0	100	0.8440

2. 斑点目标识别

RXD 要求检测点的背景统计特性服从高斯分布，实际情况下这一要求难以满足，故由此产生了一系列的基于背景高斯化的改进算法，其中基于图像白化处理的 RXD 是这类算法中的代表[63]。简单的白化处理会导致原始图像信息发生不可逆的改变，基于此变换后的识别效果通常并不理想。为此，本节介绍一种提高高光谱图像高斯性的方法，即首先估计出背景的谱线，估计的光谱谱线与真实的光谱谱线的残差图更符合高斯分布，另外目标在图像中的含量较少，在估计目标区域时产生的误差较背景误差大，从而使目标区域的信息得到加强，背景信息得到抑制，提高了目标区域的检测率。

数学统计中常用峰度和偏度来度量样本数据的高斯性[64]，峰度表示概率密度分布曲线在平均值处的峰值高低[65]，定义为四阶中心矩与标准差四次方的比，其表达式为

$$K_y = \frac{E\left\{(y - E(y))^4\right\}}{\left\{E\left[(y - E(y))^2\right]\right\}^2} - 3 = \frac{V_4}{\sigma_4} - 3 \tag{8.78}$$

偏度表示概概率分布密度曲线相对于平均值不对称的程度[65]，刻画数据变量的对称性，与样本的三阶中心矩有关，其定义为

$$\text{SK} = \frac{n \sum (y^i - \mu)^3}{(n-1)(n-2)\sigma^3} \tag{8.79}$$

其中，μ 和 σ 分别表示样本均值和方差。

当样本数据为高斯分布时，其峰度等于 0，偏度等于 0。当样本数据服从亚高斯分布时，$K_y < 0$，即样本概率分布曲线较尖锐；当样本数据服从超高斯分布时，$K_y > 0$，即样本概率分布曲线较平坦。而偏度大于 0 或者小于 0 都表示样本概率分布曲线是非严格对称的。这里用峰度和偏度分别对高光谱数据及其残差图进行高斯性度量。

基于残差图的斑点目标识别算法流程如图 8.25 所示。

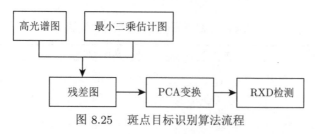

图 8.25　斑点目标识别算法流程

通过最小二乘算法对每一个像素点估计谱线后，便可得到一幅高光谱估计图，将该图与原图做差，即为残差图。为了使目标区域的信息更加集中和突出，使背景信息得到更大的抑制，我们对残差图进行 PCA 变换。变换后的数据维数与误差数据相同，但是能量更集中，这样使得目标的能量都集中在前面的少数几个成分中。经过 PCA 变换后的残差图中目标点的信息得到加强，高斯性也较原始高光谱数据有所增强，这样更有利于 RXD 目标检测。

对于斑点目标还需考虑到局部窗口的设计问题，由于斑点目标在图像中往往占据多个像素，如果沿用传统的单窗口来估计背景的参量，往往会将目标信息混入背景中去，从而影响了对背景各参量的正确估计，为此可采用一种双窗口的背景估计方法[66]。

可以根据先验知识将内部窗口确定为目标大小，外窗口大小的设置要考虑到内窗口的尺寸和局部的高斯性。由于内外窗口可以将目标和背景分离开，所以就避免了背景参数估计不准的问题。

目前虽然有很多针对 RXD 算法的改进算法，然而这些算法一直将改进的重点放在 RXD 算子本身，而对如何选取合适的分割阈值 η 并没有提出很好的解决办法。目前常采用的一种确定阈值的方法是 NP 准则，即在给定虚警率 P_f 的条件下，保证目标识别概率 P_d 最大。然而在实际情况下直接给出虚警率是很盲目的，强行划定阈值的做法，会漏掉很多可利用的信息，存在很大的漏警风险。为此可采用一种基于背景直方图峰值的阈值自动选取方法。一般认为图像背景具有良好的高斯性，斑点目标的出现破坏了这种高斯性，如果剔除斑点目标则图像的高斯性会大大提高，因此可以认为背景的高斯性的拐点是最佳分割阈值。

图 8.26(a0) 显示了一幅高光谱图像中的第 60 波段。实验截取了其中一个

(a0) 原始高光谱图像　　(a1) 本节算法　　(a2) 双窗口 RXD
(a) 实验数据 1

(b0) 原始高光谱图像　　(b1) 本节算法　　(b2) 双窗口 RXD
(b) 实验数据2

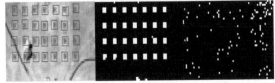

(c0) 原始高光谱图像　　(c1) 本节算法　　(c2) 双窗口 RXD
(c)实验数据3

图 8.26　斑点目标识别

96 × 100 大小的区域。图 8.26(b0) 显示了一幅 41 × 71 大小的高光谱图像的第 60 波段，图 8.26(c0) 显示了一幅 106 × 111 大小的高光谱图像的第 60 波段。其中数据 2 和数据 3 中的异常区域是人工添加的仿真数据。上述三个数据均仅包含红外波段的光谱 (即删除了可见光部分的波段)。

　　仿真数据提供了三种不同的实验背景，分别是水泥、水体和草地，实验结果如图 8.26 所示，本节介绍方法的识别正确率可达到 99.2 % 以上，表明了这一方法的普适性。

<h1 style="text-align:center">参 考 文 献</h1>

[1] Chang C. Hyperspectral Data Exploitation: Theory and Applications [M]. Hoboken: Wiley-Interscience, 2007.

[2] Wang H, Angelopoulou E. Sensor band selection for multispectral imaging via average normalized information [J]. Journal of Real-Time Image Processing, 2006, 1(2): 109-121.

[3] Chavez P S, Berlin G L, Sowers L B. Statistical-method for selecting Landsat Mss Ratios [J]. Journal of Applied Photographic Engineering, 1982, (1): 23-30.

[4] Sotoca J M, Pla F, Klaren A C. Unsupervised band selection for multispectral images using information theory [C]. Proceedings of the 17th International Conference on Pattern Recognition (ICPR'04), 2004: 510-513.

[5] Martínez-Usó A, Pla F, Sotoca J M, et al. Comparison of unsupervised band selection methods for hyperspectral imaging [J]. Springer Berlin Heidelberg, 2007, 4477: 30-38.

[6] Kamandar M, Ghassemian H. Maximum relevance, minimum redundancy band selection for hyperspectral images [C]. Proceeding of 19th Iranian Conference on Electrical Engineering, 2011: 1-5.

[7] Martinez-Uso A, Martinez-Uso A, Pla F, et al. Clustering-based multispectral band selection using mutual information [C]. Proceeding of 18th International Conference on Pattern Recognition (ICPR'06), 2006: 760-763.

[8] Martinez-Uso A, Martinez-Uso A, Pla F, et al. Clustering-based hyperspectral band selection using information measures [J]. IEEE Transactions on Geoscience and Remote Sensing, 2007, 45(12): 4158-4171.

[9] Qian D, He Y. Similarity-based unsupervised band selection for hyperspectral image analysis [J]. IEEE Geoscience and Remote Sensing Letters, 2008, 5(4): 564-568.

[10] Chang C I, Su W. Constrained band selection for hyperspectral imagery [J]. IEEE Transactions on Geoscience and Remote Sensing, 2006, 44(6): 1575-1585.

[11] Jimenez L O, Rivera-Medina J L, Rodriguez-Diaz E, et al. Integration of spatial and spectral information by means of unsupervised extraction and classification for homogenous objects applied to multispectral and hyperspectral data [J]. IEEE Transactions on Geoscience and Remote Sensing, 2005, 43(4): 844-851.

[12] Li S J, Qi H R. Sparse representation based band selection for hyperspectral images [C]. Proceeding of 18th International Conference on Image Processing (ICIP'2011), 2011:

2693-2696.

[13] Guo Z, Bai X, Zhang Z, et al. A hypergraph based semi-supervised band selection method for hyperspectral image classification [C]. Proceeding of 2013 International Conference on Image Processing (ICIP'2013), 2013: 3137-3141.

[14] Li H C, Wang Y, Duan J Y, et al. Group sparsity based semi-supervised band selection for hyperspectral images [C]. Proceeding of the 20th International Conference on Image Processing (ICIP'2013), 2013: 3225-3229.

[15] de Backer S, Kempeneers P, Debruyn W, et al. A band selection technique for spectral classification [J]. IEEE Geoscience and Remote Sensing Letters, 2005, 2(3): 319-323.

[16] Yin J, Jihao Y, Yisong W, et al. Optimal band selection for hyperspectral image classification based on inter-class separability [C]. Proceeding of 2010 Symposium on Photonics and Optoelectronics, 2010: 1-4.

[17] Du Z, Jeong Y, Jeong M K, et al. Multidimensional local spatial autocorrelation measure for integrating spatial and spectral information in hyperspectral image band selection [J]. Applied Intelligence, 2012, 36(3): 542-552.

[18] Pudil P, Novovicova J, Kittler J. Floating search methods in feature-selection [J]. Pattern Recognition Letters, 1994, 15(11): 1119-1125.

[19] Nielsen F. On the symmetrical Kullback-Leibler Jeffreys centroids [J]. IEEE Signal Processing Letters, 2013, 7(20): 657-660.

[20] 隋晨红. 基于分类精度预测的高光谱图像分类研究 [D]. 武汉: 华中科技大学, 2015.

[21] Dempster A P, Laird N M, Rubin D B. Maximum likelihood from incomplete data via the EM algorithm [J]. Journal of the Royal Statistical Society. Series B (Methodological), 1977, 39(1): 1-38.

[22] Figueiredo M A T, Figueiredo M A F, Jain A K. Unsupervised learning of finite mixture models [J]. IEEE Transactions on Pattern Analysis and Machine Intelligence, 2002, 24(3): 381-396.

[23] Chein I C, Qian D, Tzu-Lung S, et al. A joint band prioritization and band-decorrelation approach to band selection for hyperspectral image classification [J]. IEEE Transactions on Geoscience and Remote Sensing, 1999, 37(6): 2631-2641.

[24] Breiman L. Random forests [J]. Machine Learning, 2001, 45(1): 5-32.

[25] Xiao S, Laurie A C. Classification of Australian native forest species using hyperspectral remote sensing and machine-learning classification algorithms [J]. IEEE Journal of Selected Topics in Applied Earth Observations and Remote Sensing, 2014, 7(6): 2481-2489.

[26] 罗红霞. 地学知识辅助遥感进行山地丘陵区基于系统分类标准的土壤自动分类方法研究 [D]. 武汉: 武汉大学, 2005.

[27] 范昱昊. 基于 MODIS 遥感数据的混合像元分解技术与方法 [D]. 南京: 南京信息工程大学, 2007.

[28] 张洪恩. 青藏高原中分辨率亚像元雪填图算法研究 [D]. 北京: 中国科学院, 2004.

[29] Hu Y H, Lee H B, Scarpace F L. Optimal linear spectral unmixing [J]. IEEE Trasactions

on Geoscience and Remote Sensing, 1999, 37: 639-644.

[30] Heinz Daniel C, Chang C I. Fully constrained least squares linear spectral mixture analysis method for material quantification in hyperspectral imagery [J]. IEEE Trasactions on Geoscience and Remote Sensing, 2001, 39(3): 529-545.

[31] 李素, 李正文, 周建军, 等. 遥感影像混合像元分解中的端元选择方法综述 [J]. 地理与地理信息科学, 2007, 23(5): 35-42.

[32] Chang C I, Plaza A. A fast iterative algorithm for implementation of pixel purity index [J]. IEEE Trasactions on Geoscience and Remote Sensing, 2006, 3: 63-67.

[33] 李志勇. 高光谱图像异常检测方法研究 [D]. 长沙: 国防科学技术大学, 2004.

[34] Plaza A. Parallel implementation of endmember extraction algorithms from hyperspectral data [J]. IEEE Trasactions on Geoscience and Remote Sensing, 2006, 3(3): 334-338.

[35] 付必涛. 基于亚像元分解重构的 MODIS 水体提取模型及方法研究 [D]. 武汉: 华中科技大学, 2009.

[36] Wolfram S. Theory and Application of Cellular Automata[M]. Singapore: World Scientific, 1986.

[37] 童庆禧, 张兵, 郑兰芬. 高光谱遥感原理、技术与应用 [M]. 北京: 北京高等教育出版社, 2006.

[38] 赵学智, 陈文戈, 林颖, 等. 基于高斯函数的小波系及其快速算法 [J]. 华南理工大学学报(自然科学版), 2001, 29(1): 94-97.

[39] Greenrobrt O. Imaging spectroscopy and the airborne visible/infrared imaging spectrometer (AVIRIS) [J]. Remote Sens Environ, 1998, 65: 227-248.

[40] 吴昊, 郁文贤, 匡纲要. 一种基于混合概率 PCA 模型的高光谱图像非监督分类方法 [J]. 国防科技大学学报, 2005, 27(2): 61-64.

[41] Mallat S. Zero-crossings of a wavelet transform [J]. IEEE Transactions on Information Theory, 1991, 37(4): 1019-1033.

[42] 李民. 基于稀疏表示的超分辨率重建和图像修复研究 [D]. 成都: 电子科技大学, 2011.

[43] Pati Y, Rezaiifar R, Krishnaprasad P. Orthogonal matching pursuit: recursive function approximation with applications to wavelet decomposition [C]. Proceedings of the 27th Annual Asilomar Conference on Signals, Systems, 1993, 1: 40-44.

[44] Efron B, Hastie T, Johnstone I, et al. Least angle regression [J]. The Annals of statistics, 2004, 32(2): 407-499.

[45] Aharon M, Elad M, Bruckstein A. K-SVD: an algorithm for designing overcompletes dictionaries for sparse representation [J]. IEEE Transaction on Signal Processing, 2006, 54(11): 4311-4322.

[46] Yan S, Xiong Y, Lin D. Spatial temporal graph convolutional networks for skeleton-based action recognition [C]. Thirty-Second AAAI Conference on Artificial Intelligence, 2018.

[47] Rumelhart D E, Hinton G E, Williams R J. Learning representations by back-propagating errors [J]. Cognitive Modeling, 1988, 5(3): 1.

[48] Vincent P, Larochelle H, Lajoie I, et al. Stacked denoising autoencoders: learning useful

representations in a deep network with a local denoising criterion [J]. Journal of Machine Learning Research, 2010, 11: 3371-3408.

[49] Zhang W, Sriharan S. Using hyperspectral remote sensing for land cover classification [C]. Proceedings of the SPIE - The International Society for Optical Engineering, Honolulu, HI, United States, 2005: 261-270.

[50] Lindeberg T. Scale-space: a framework for handling image structures at multiple scales [C]. Egmond aan Zee, Netherlands, 1996: 27-38.

[51] 许毅平. 基于高光谱图像多特征分析的目标提取研究 [D]. 武汉: 华中科技大学, 2008.

[52] Chang C I, Chiang S S. Anomaly detection and classification for hyperspectral imagery [J]. IEEE Transactions on Geoscience and Remote Sensing, 2002, 40(6): 1314-1325.

[53] Manolakis D. Detection alrotithms for hyperspectral imaging applications: a signal prossing perspective[J]. IEEE, 2002, 1: 29-43.

[54] Reed I S, Yu X. Adaptive multiple-band CFAR detection of an optical pattern with unknown spectral distribution [J]. IEEE Transactions on Acoustics, Speech, and Signal Processing, 1990, 38(10): 1760-1770.

[55] Chang C I. Fishers linear spectral mixture analysis[J]. IEEE Transactions on Geoscience and Remote sensing, 2006, 44(8): 2292-2304.

[56] Gu Y F, Jia Y H, Zhang Y. Unsupervised hyperspectral target detection based on multiresolution image fusion[J]. Natural Science Foundation of China, Project No. 60272073. 2004, 2: 1076-1079.

[57] Gaucel J M, Guilaume M, Bourennane S. Whitening spacial correlation filtering for hyperspectral anomaly detection[C]. ICASSP, 2005.

[58] Gu Y F, Liu Y, Zhang Y. A selectiove KPCA algorithm based on high-order statistics for anomaly dtection in hyperspectral imagery[J]. IEEE geoscience and Remote Sensing Letters, 2008, 5(1): 43-47.

[59] Goldberg H, Kowon H, Nasrabadi N M. Kernel eigenspace separation transform for subspace anomaly detection in hyperspectral imagery[J]. IEEE geoscience and Remote Sensing Letters, 2007, 4(4): 581-585.

[60] Mei F, Zhao C H, Huo H J, Sun Y. An adaptive kernel method for anomaly detection in hyperspectral imagery[J]. IEEE Computer Society. DOI 10.1109/ⅡTA, 2008, 1: 874-878.

[61] Borghys D, Truyen E, Shimnoni M, Perneel C. Anomaly detection in complex environments: evalution of the inter-and tnera-method consistency[J]. IEEE, 978-1-4244-4687-2/09, 2009: 1-4.

[62] Banerjee A, Burlina P, Meth R. Fast hyperspectral anomaly detection via svdd[J]. IEEE, 1-4244-1437-7/07, 2007, 4: IV101-IV104.

[63] Penn B S. Using self-organizing maps for anomaly detection in hyperspectral imagery[J]. IEEE, 0-7803-7231-X/02/01, 2002, 3: 1335-1531.

[64] Ranney K I, Soumekh M. Hyperspectral anomaly detection within the signal subspace [J]. IEEE Geoscience and Remote Sensing Detters, 2006, 3: 312-316.

[65] Cohen Y, Rotman S R. Advanced methods for sub-pixel anomaly detection[J]. IEEE,

0-7803-8427-X/04/04, 2004: 432-435.

[66]　Ren H, Chang Y C. A parallel approach for initialization of high-order statistics anomaly detection in hyperspectral imagery[J]. IEEE, 978-1-4244-2808-3/08, 2009, 2: Ⅱ1017-Ⅱ1020.

第 9 章　智能红外目标识别

近年来，随着计算能力、算法、大数据等领域的不断突破[1]，以深度学习为代表的人工智能技术 (artificial intelligence, AI) 在图像与自然语言处理等领域取得了突破性的进展[1,2]，部分效果碾压传统方法，甚至在某些特定场景中，实现了超越人类的识别能力[3]。当下，人工智能正逐步深入至我们的日常生活与工作中，例如：刷脸支付[4]、写诗与音乐创作[5]、语音识别、辅助驾驶等[6]。

人工智能是一个综合性的研究领域，涉及逻辑、推理、概率、神经科学和感知等学科，以及各学科之间的相互交叉研究。至于什么是人工智能，暂无具体或确切的定义，不同的研究视角下，人工智能有不同的含义，为了便于描述统一，学术界对其定义为"人工智能是一种最新的科学与技术[7]"。

红外探测与识别是一种新型技术，早期以军事应用为主[8]。近年来，受益于半导体领域超高精密微纳米加工工艺的发展[9]，红外传感技术得到迅速发展，价格逐步降低，在安防、自动驾驶等领域得到了应用[10]。但受限于红外探测机理与自然图像的成像机制不同，复杂环境下的红外目标识别依然面对巨大挑战。

如何将这种最新科学技术与红外目标特性相结合，实现红外场景下目标智能识别，将是本章重点探讨的内容之一。希望我们在红外目标识别领域研究和实践过程中取得的初步成果，可为未来智能化红外目标识别领域的发展起抛砖引玉作用。以期待更多的研究者对其进行深入研究，共同推动智能红外目标识别应用的快速发展。

9.1　人工智能发展与识别基础

9.1.1　人工智能简史与应用

人工智能的研究由来已久，在当下深度学习理论、方法及应用研究的刺激和推动下，又掀起了新一轮的研究热潮。

自古以来，人类就渴望能像鸟一样在蓝天中翱翔，像鱼一样纵横江湖，像上帝一样能够从数据中预知未来。实际上，正是这些原始的思想冲动和日后不断的探索，产生的科学技术推动了整个人类文明的快速发展。在此过程中，从呈现出不确定性的观测数据中提取规则并发现规律则是大部分自然科学的本质。早在遥远的中世纪，人类就已经开始利用统计学对数据进行分析与利用。例如,雅阁比·科贝尔在其著的几何书中记载了统计学雏形，即如何通过对 16 名男子的平均脚长来估计该时代男子的平均脚长度 [11]。

在此项研究中，要求 16 位成年男子在离开教堂时站成一排并把脚贴在一起，再用他们脚的总长度除以 16 得到了一个估计：这个数字大约相当于今日的一英尺。显然，这个方法具有很大的缺陷，例如，不同脚形状之间的差异性，尤其是特异形状的脚；最长与最短脚的不计入，样本量过少等。但相对于当时的人类发展与认知水平，却具有相当的原创与前沿性，为统计学的发展启蒙了思想。

1950 年图灵在其著的《计算机器与智能》中首次抛出 “机器能思考吗？” 这样一个意义深远的问题 [12]。如 “图灵测试” (Turing test) 中所描述，如果一个人在使文本交互时不能区分他的对话对象到底是人类还是机器，那么即可认为这台机器是有智能的。让机器产生类人智能的思想正式被提出，阿兰·图灵也因此被誉为人工智能之父。时至今日，能否通过图灵测试依然是判断一个强人工智能模型的基本条件，通过这个测试需要具备：

(1) 自然语言处理能力，用于人和机器之间的沟通与相互理解；

(2) 知识表征，用于存储机器听到或者知道；

(3) 自动推理，使用机器中存储的知识或者信息回答问题并得到推理答案；

(4) 机器视觉，用于感知环境与目标；

(5) 机器人，用于目标的操作和移动等；

(6) 机器学习，用于机器适应新的环境，寻找有用模式，适应新的应用。

只有具备这些能力组合且能通过图灵测试的机器，才能称为真正的人工智能。图灵测试从提出至今已有 70 多年，科学技术日新月异，深度学习迅猛发展，但鲜有人工智能模型能通过图灵测试，这表明现有的人工智能模型充其量仅具有弱智能性，还远未达到强智能性。

真正让人工智能这个闪耀全球学术界、工业界的正式命名或者起源，现公认是 1956 年在美国汉诺斯镇的达特茅斯学院，由信息论创造者克劳德·香农、人工智能与认知专家马文·闵斯基、计算机科学家艾伦·纽厄尔和诺贝尔经济学奖得主赫伯特·西蒙等科学家聚集在一起讨论：用机器来模仿人类学习及其他方面智能的达特茅斯会议 [13]。其中议题涵盖：自动计算机、神经网络、计算机规模理论、自我改造、抽象、随机性与创造性和如何为计算机编程使用其他语言等。

这次会议持续讨论了两个多月，但各位专家之间在学术方面依然存在分歧，没有达成一个统一的共识，却为会议起了一个闪亮的名字：人工智能，这标志着人工智能的诞生。从此，国际学术界越来越多的研究者投入至人工智能的研究，学术界交流互动频繁，人工智能研究热潮兴起。比如 1966 年，麻省理工学院开发了世界上最早的聊天机器人 ELIZA[14]。

但随着人工智能研究领域中连接主义与符号主义两大学术流派的消沉以及计

算能力受限等问题，人工智能研究由启动期的高涨热潮，逐步陷于沉寂。国家与公众不再看好人工智能技术的发展，人工智能研究热情逐渐褪去，遭遇第一轮跨度达十年之久的"寒冬"。尽管在这个时期内，首次提出了孕育后来第二次人工智能浪潮的专家系统，并根据这个系统开发了大量的应用 (包括用于辅助医生进行诊断决策的 MYCIN 专家系统 [15])，但这个系统采用自上而下的思路，大量使用"如果-就"规则定义，将人类知识比较生硬地编码给人工智能系统。

直到 1975 年，半导体技术发展，第五代计算机体系架构得到应用，计算机硬件计算能力逐渐提升，计算成本逐步降低，神经网络反向传播 (backpropagation, BP) 算法被提出并研究 [16]，专家系统相关的研究与应用艰难前行，人工智能研究逐渐走出低谷。人工智能在算法上得到突破，包括启发式搜索、计算机视觉理论体系、大规模知识库构建与维护等，标志着在 20 世纪 80 年代第二次人工智能浪潮的再次兴起。这期间闵斯基提出了知识表征的框架理论，用于人工智能中的"知识表示"。这个理论在概念上相当复杂，它是针对人类在理解事物情景或者某一件事情的心理学模型 [17]。

20 世纪 90 年代，随着神经网络反向传播算法的实现 [18]，基于神经网络的人工智能技术得到广泛的认可，相关研究突飞猛进。而计算机硬件发展与互联网的出现，数据采集更加方便，产生了大量更容易让机器理解的数据，同时也催生了大量需要用更丰富、智能的方式对这些数据进行解译，挖掘数据背后的秘密，人工智能技术进入平稳发展期。这一阶段中产生了包括支持向量机、条件随机场、LDA 主题模型在内的大量优秀算法，并在 1997 年 5 月 11 日，国际商业机器公司 (IBM) 的机器人深蓝 (deep blue)[19] 最终以 3.5:2.5 战胜人类顶级国际象棋大师卡斯帕罗夫，获得 110 万美金，成为国际象棋赢家 [20]，重新点燃了公众对未来人工智能技术发展的信心，成为人工智能发展史上重要的里程碑事件之一。

神经网络技术虽然在反向传播等方法上取得了突破性进展，但直到 2006 年，学术界仍然不知道如何训练神经网络去超越传统方法。而在这一年，"深度学习" (deep learning, DL) 方法被提出 [21,22]，人工智能技术再一次取得关键性突破，引领计算机视觉、自然语言处理等许多重要领域的技术变革，人工智能技术进入了高速发展期 [23]。2016 年，AlphaGo[24] 首次实现了人工智能技术在围棋领域的重大突破，对人类顶级围棋选手 (李世石，韩国) 实现了 4:1 的重大胜利，体现了现有人工智能技术的巨大潜力 [25]。

这场比赛被看成世纪之战，主要有两个原因：

(1) 1997 年 IBM 深蓝首次战胜人类国际象棋大师之后，其人工智能技术采用针对国际象棋博弈而设计的基于规则方法，通过超级计算机强大的计算能力进行暴力破解，难以服众 [26]。因此，时代杂志在赛后提出了一项新的挑战，"让计算机与人类博弈围棋"，认为人工智能技术在围棋等复杂度非常高的领域，也许还需要再过 100 年，甚至更长时间才能击败人类。

(2) 以神经网络为代表的新一代人工智能技术 20 年后，首次向围棋宣战，具有里程碑重大意义。其所采用的技术与深蓝完全不同，具有智能的基本特征。AlphaGo 在万众瞩目下战胜人类顶级选手的背景下，这一事件掀起了现代人工智能的发展高潮。

随着移动互联网的崛起，物美价廉的传感器和低价存储器，使获取大量数据越来越容易，加上便宜的计算成本，高性能计算能力，尤其是图形处理器 (GPU) 的出现，人工智能应用场景日渐增多，原本不被认可的算法和模型变得触手可及，朝着超大规模人工智能识别模型发展。例如 GPT-3，一个包含 1750 亿参数的超大人工智能模型 [27]。能够适应大规模数据处理的人工智能技术，商业应用需求强劲，应用场景得到拓展，涵盖我们工作生活的各方面，人工智能技术快步进入真实应用时代。

尤其在 2020 年全球抗击 "新型冠状病毒肺炎" 疫情下，人工智能技术被赋予了更多的期待与重任，在药物研发、人群自动监控、测温等方面产生了积极的作用 [28,29]。

9.1.2　神经网络基础

神经网络源自于神经认知科学实验，用生物学中的神经元特性，通过模拟生物神经元构成神经网络的基础单元，并用计算机语言进行抽象，得到神经网络中最基本组成单元："感知器"[30]，如图 9.1 所示。

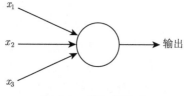

图 9.1　感知器组成

可以看出，一个感知器可以有多个输入，产生一个输出。图中的圆圈 ◯ 称为节点。为了有效计算输出，弗兰克·罗森布拉特引入权重，$w_1, w_2, \cdots$，用于表示输入对输出贡献的重要程度。感知器的输出需要通过一个阈值进行确定，当这个加权总和超过了某个阈值时，才会输出 1，否则输出为 0，这个过程称为 "神经元激活或者激活感知器"，更加精确的输出表示形式：

$$
输出 = \begin{cases} 0, & \sum_j w_j x_j \leqslant 阈值 \\ 1, & \sum_j w_j x_j > 阈值 \end{cases} \tag{9.1}
$$

这是感知器的基本数学模型，可以将感知器看成是依靠权重做决定的决策单元，也是感知器所需做的全部功能。

感知器是一个线性模型，表达能力有限，只能对线性函数进行拟合。因为线性模型中多层与一层没有显著区别，多层堆叠不会产生质的变化。

$$x^{\mathrm{T}} w_1 \cdots w_n = x^{\mathrm{T}} \prod_{k=1}^{n} w_k \tag{9.2}$$

但从生物神经信息传递机制中，神经元之间传递信息，会产生新的连接概率，超过阈值被激活但不一定传递，这相当于存在一个激活函数，选择性明确哪些信息需要传递，那些需要舍弃。常用的激活函数比较多，例如著名的逻辑激活函数：

$$\frac{1}{1 + \exp\left(-\sum_j w_j x_j - b\right)} \tag{9.3}$$

也称为 s 函数，因为它的图形呈现一个 s 形状，如图 9.2 所示。

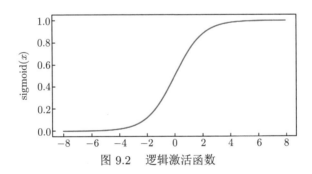

图 9.2　逻辑激活函数

其输出被约束在 $[0, 1]$ 之间，当 $z = wx + b$ 是一个很大的正数时，其经过逻辑激活函数输出近似为 1，反之当 $z = wx + b$ 是一个很大的负数时，那么其输出近似为 0。神经网络的激活函数很多，除此之外还有双极性 s 函数 Tanh，ReLU 修正线性单元等[31]。

激活函数和非线性层的加入，为构建更深、更复杂的神经网络模型奠定了基础。现代神经网络都由多层结构组成，其基本构成如图 9.3 所示。

最左边的三个输入神经元构成神经网络输入层，由输入神经元组成。最右边包含输出神经元的层称为输出层，而中间是由四个神经元组成的层，既不是输出也不是输入的层称为隐藏层。神经网络可以只有一个隐藏层，也可以堆叠很多的隐藏层实现一个深度神经网络。由多个隐藏层堆叠而成的多层神经网络，上一层的输出作为下一层的输入，这种结构一般称为前馈神经网络，也称为多层感知机。

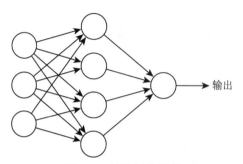

图 9.3　神经网络组成

多层感知机是通过全连接逐层信息传递机制，实现信息感知的目的，以最基本的三层感知机为例进行说明。假设输入的数据样本 $X \in R^{n \times d}$，其中 n 表示批量大小，输入个数为 d，那么隐藏层表述为 $H \in R^{n \times h}$。因为输出层与隐藏层是全连接层，隐藏层的权重参数和偏置参数分别为 $W_h \in R^{d \times h}$，$B_h \in R^{1 \times h}$，输出层的权重和偏置参数分别为 $W_o \in R^{h \times q}$，$B_o \in R^{1 \times q}$，在激活函数为 δ 的作用下，其输出 $O \in R^{n \times q}$ 可以计算为

$$H = \delta \left(X W_h + B_h \right) \tag{9.4}$$

$$O = \delta \left(H W_o + B_o \right) \tag{9.5}$$

在识别分类问题中，可以对输出 O 再做一次 softmax 运算，并使用 softmax 中的交叉熵函数作为神经网络的学习效果评估准则。softmax 函数与 sigmoid 函数类似，但增加了归一化因子，将各个类别视为互斥，输出总和为 1，表述如下：

$$\frac{\exp \left(w_j x_j - b \right)}{\exp \left(- \sum\limits_{j} w_j x_j - b \right)} \tag{9.6}$$

在神经网络反向传播 (BP) 算法提出之前，神经网络难以从数据中进行自动学习，即其网络参数权重是人为设定而不是由训练数据自动决定的。BP 算法的提出是神经网络学习的一个核心突破，这意味着更深层次、更复杂的深度神经网络的实现和训练成为可能。因为在实际的神经网络中，参数量成千上万，现代深层次的网络参数达到十亿以上量级，人工设置这些参数的值，无异于天方夜谭。

为了使 BP 神经网络能够从训练数据中学习出权重和偏置等参数，让网络对所有的输出都能够正确拟合出训练输入 x，需定义一个代价函数，用于量化学习的好坏程度。

$$L(w, b) = \frac{1}{2N} \sum_{x} \| y(x) - a \|^2 \tag{9.7}$$

w 表示 BP 神经网络中的权重集合，b 表示偏置集合，N 表示训练样本数量，a 表示与 x 训练数据组成的数据对，例如类别等。$y(x)$ 表示 BP 神经网络的输出，$\|\cdot\|$ 表示范数或者向量的模。式 (9.7) 所示的方程也称为二次代价函数或者均方误差。可以看出 $L(w,b)$ 的值是非负的，所以当所有的训练数据 x，网络输出结果 $y(x)$ 接近 a 时，该函数的值接近于 0，而当 $L(w,b)$ 的值很大的时候，说明网络输出的值与真实值的差异比较大。因此，学习的目标是希望通过 BP 算法找到一系列让 $L(w,b)$ 值尽可能小的网络权重和偏置，即将神经网络的学习过程转换成一个优化过程。将求解方程 (9.7) 的解析转换成迭代优化方法，即利用梯度下降算法寻找逼近真实权重 w 和 b，使得 (w,b) 具有最小值，分别对其求导 (前提条件 $L(w,b)$ 可微)

$$\frac{\partial L(w,b)}{\partial w} = 0 \tag{9.8}$$

$$\frac{\partial L(w,b)}{\partial b} = 0 \tag{9.9}$$

然后，再根据梯度下降方法，对参数进行更新，得到

$$w_{k+1} = w_k - \eta \frac{\partial L(w,b)}{\partial w} \tag{9.10}$$

$$b_{k+1} = b_k - \eta \frac{\partial L(w,b)}{\partial b} \tag{9.11}$$

其中，η 表示学习率。这种方法通过不断改变网络结构权重参数使 $L(w,b)$ 逐渐逼近最小值，实现学习的目的。但随着数据集增大，传统梯度下降方法需对每一个训练数据估计梯度，再求平均值，训练时间消耗变长，使得神经网络学习变得相当缓慢。

为了解决这个问题，一般采用随机梯度下降方法。其基本原理：通过随机选取少量训练样本，计算 $\nabla L_x(w,b)$，通过估计的方法得到 $\nabla L(w,b)$，加速学习过程，且对处于局部最小情形，有一定的概率逃离，训练模型更加稳定。

更加准确地说，随机梯度下降通过选取少量 m 个训练样本 $X_1, X_2, \cdots, X_m$，并称为小批量数据 (mini-batch)。假设 m 足够大，可以得到

$$\frac{\sum_{j=1}^{m} \nabla L_{X_j}}{m} \approx \frac{\sum_{x} \nabla L_x}{N} = \nabla L \tag{9.12}$$

式中，左边表示利用小批量数据训练，而右边则表示在整个训练数据上进行，根据大数定律，两者近似相等。因此，小批量数据训练等效式 (9.13)

$$\frac{\sum_{j=1}^{m} \nabla L_{X_j}}{m} \approx \nabla L \tag{9.13}$$

这就证实了通过随机选取小批量数据来估计整体梯度的可行性。因此，其更新可以更改为

$$w_{k+1} = w_k - \frac{\eta}{m} \sum_j \frac{\partial L_{X_j}}{\partial w_k} \tag{9.14}$$

$$w_{k+1} = w_k - \frac{\eta}{m} \sum_j \frac{\partial L_{X_j}}{\partial b_k} \tag{9.15}$$

随机从训练样本中挑取小批量数据进行训练，直至用完所有训练数据的训练结果，并满足收敛要求。

尽管全连接神经网络展现出了强大的性能，但其缺点也非常明显，例如：参数无法共享，模型参数大，不容易训练，难以处理高维数据 (图像等) 等。早期为了解决神经网络中局部极小值、梯度消失和爆炸等原因导致神经网络难以训练的难题，采用逐层训练再微调等方法 [32]。

深度卷积神经网络学习是近几年人工智能技术在计算机视觉领域取得突破的基石，而且它的影响力正在向自然语言处理、推荐系统等非视觉领域快速扩张。这种网络架构下，图像以一个张量的方式输入至神经网络，然后采用二维卷积核进行卷积操作。假如给定一个图像 $X \in R^{M \times N}$ 和卷积核 $W \in R^{m \times n}$，其中 m 和 n 远小于 M 和 N，则其两者的卷积过程可以表示为

$$y_{i,j} = \sum_{u=1}^{m} \sum_{v=1}^{n} w_{uv} \cdot x_{i-u+1,j-v+1} \tag{9.16}$$

可以看出，该操作虽然命名为卷积，但并不是信号处理中的卷积定义，而是更加直观的互相关运算。深度卷积操作不会对图像中的每一个像素都连接至隐藏层中的全部神经元，而是对图像的局部区域进行操作和连接，这个局部区域被称为感受野 [33]。

如果对隐藏神经元中的每一个连接到它的局部感受和偏置都使用一个同样大小的权重，称为权重共享。这意味着，对一个隐藏层的所有神经元检测，使用完全相同的特征，只是在输入图像中的不同位置而已。因此，可以将输入层到隐藏层的映射关系称为一个特征映射，其映射权重称为共享权重，其特征映射的偏置称为共享偏置，而共享权重和偏置经常被称为一个卷积核。

为了降低特征维度数量，通常在卷积层之后再进行一次池化操作，实现对特征层的局部区域下采样，降低参数的同时，还利于提高局部不变性。常用的池化操作分为最大池化 (max-pooling) 和平均池化 (mean-pooling) 等。

权值共享的局部连接方法，可以将模型参数显著降低几个数量级。例如，对一个 1000×1000 大小的图像，全连接神经网络的隐层参数约为一百万，那么参数将达到 10^{12} 量级的网络参数，如果采用局部连接，在 10×10 卷积大小下，参数量降低至 10^6，而采用局部连接、权值共享机制的卷积神经网络在 100 个 10×10 卷积核的卷积神经网络参数进一步降低至 10^4。

深度卷积神经网络与全连接神经网络除了连接方式和权重共享不一致以外，其他原理保持一致，包括反向传播等。

9.1.3 经典深度卷积网络架构

一个典型深度卷积神经网络由卷积层、池化层、全连接层或者全卷积层交叉堆叠而成，基本构架如图 9.4 所示 [34]。

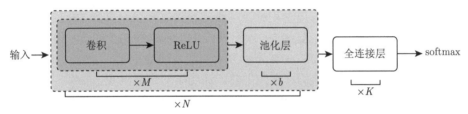

图 9.4 典型深度卷积神经网络组成构架

深度卷积神经网络在计算机视觉中的异军突起，离不开这些经典的深度卷积神经网络架构设计。在 ILSVRC 计算机视觉比赛中，随着深度卷积神经网络的快速发展，网络越来越深，Top-5 错误率由浅层网络中高达 28.2% 逐步降低，2012 年在 AlexNet 网络 [35] 中实现了将近十个点的大幅度降低，并在 2015 年由 ResNet 实现了 3.57% 的 Top-5 错误率，加速推动了深度学习的发展和繁荣。

深度卷积神经网络结构最早可追溯到 1998 年，为了解决当时的手写数字识别视觉任务，由 LeCun 提出的 LeNet-5 架构 [36]，如图 9.5 所示。

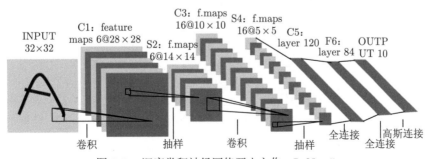

图 9.5 深度卷积神经网络开山之作：LeNet-5

LeNet-5 网络首次定义了当今广泛应用于深度卷积神经网络的基本组件: 卷积层、池化层、全连接层。与当前流行的卷积-激活-池化的神经网络架构方式不同,该网络采用卷积-池化-卷积-池化之后,再全连接层输出,不变的是卷积层后的池化层。

LeNet-5 不包括输入共 7 层,输入图像为 32×32,C1 卷积层由 6 个 5×5 的卷积核,输出 6 个 28×28 的特征图,S2 的池化层,与现有的最大池化或者均值池化操作不同,采用 2×2 邻域相加后再 $\mathrm{sigmoid}(wx + b)$ 操作。

该网络中的 C3 卷积层,包含 16 个 5×5 的卷积核,输出 16 个 10×10 的特征图。而 C3 的每一个特征图与 S2 中的 6 个或者某结果特征进行连接。

S4 池化层与 S2 采用类似的操作。C5 层采用 120 个 5×5 的卷积核,输出 120 个 1×1 的特征图后由径向函数组成的输出层,计算输入向量和参数向量之间的欧氏距离,实现对手写字母的识别。

虽然 LeNet-5 开启了深度卷积神经网络的架构时代,但直到 2012 年的 ImageNet 图像识别的竞赛中,AlexNet 网络架构将 top-5 的错误率首次降低了近十个百分点,以远超当年第二名 10.9 个百分点的绝对优势夺冠。这是一个具有历史意义的深度卷积神经网络结构。在此之前,深度学习已经沉寂了很久,大有重走人工智能寒冬的迹象。AlexNet 的横空出世,彻底扭转了这种颓势,全世界坚持人工智能技术发展的研究者受到极大鼓舞,深度卷积神经网络相关的研究如雨后春笋般出现。

AlexNet 采用了更深的网络以及通过数据扩增方法得到更大的训练数据集,而 Dropout 技术和 LRN 归一化层的提出,实现了对神经网络的剪枝,进一步提升了深度网络的可靠性,其网络结构如图 9.6 所示。

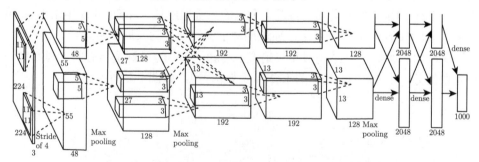

图 9.6   AlexNet 网络构架图

AlexNet 共由 5 层卷积核和 3 层全连接组成,输入是 256×256 大小的自然图像,由 softmax 层输出 1000 个分类。与 LeNet-5 相比,AlexNet 结构的层数更少,但增加了深度。

采用多 GPU 并行训练,网络结构在第一个卷积层之后有两个完全相同的分支用于加速训练。此外，ReLU 激活函数替代 sigmoid，不仅解决了梯度消失的问题，而且计算速度得到大幅度的提升，加快随机梯度下降算法的收敛速度。

AlexNet 之所以能够将深度学习重新拉回历史舞台，归根于多种方法的综合应用，包含：

(1) 大数据集训练，百万数量级别的 ImageNet 图像数据集；

(2) 非线性激活函数，ReLU 更稳，更快收敛速度；

(3) 防止过拟合组合，图像数据随机增广，Dropout；

(4) 良好的网络架构，更深的网络结构，多 GPU 分布式训练。

2014 年，牛津大学提出的 VGG 网络在当年 ImageNet 定位和分类竞赛中分别获得第一和第二名的优良成绩。其网络结构可以看成是一个加强版本的 AlexNet，层数高达十多层，在 ResNet 网络出现前，代表此阶段最先进的深度卷积神经网络框架。VGG 网络大量使用 1×1，3×3 等小尺寸卷积核，实现了比 AlexNet 更深的网络结构。现有研究表明，这种小尺寸卷积核，具有如下优点：

(1) 更强大的非线性表征能力；

(2) 更少的参数。

随着深度网络的层数逐渐增加，深度神经卷积网络存在梯度消失/爆炸，难以有效训练、网络能力退化等严重问题。2015 年，具有里程碑式创新的 ResNet 网络横空出世，使上述问题得到解决。

ResNet 在网络结构上做了革命性的创新，不再是简单的堆积层数，而是在网络中引入残差结构和恒等变换的方式，可实现上百层的深度网络，其基本结构如图 9.7 所示。

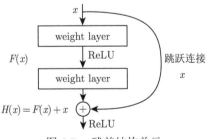

图 9.7 残差结构单元

残差结构的恒等变换使得 ResNet 具备浅层网络梯度信息的能力，而网络深度的提升，带来了更强的非线性表征能力，可以实现更加复杂的函数拟合能力，解决了超深网络的训练问题。ResNet 在 2015 年的 ILSVRC 和 COCO 数据集竞赛中横扫所有选手，获得冠军。后续为了实现更深层的网络，基本上都是对 ResNet 进行改进，使其网络性能满足需求，比如 DenseNet[37]。

9.2 基于大样本学习的红外目标识别方法

9.2.1 问题描述与挑战

当前基于深度卷积的神经网络在具有大数据集的计算机视觉应用领域大放异彩，但在红外应用领域取得与自然图像同样性能的报道较少，其挑战可能存在于：

(1) 红外与可见光的成像机制不同。热成像机制的红外图像在空间分辨率、纹理细节上弱于可见光图像。

(2) 随着移动互联网的发展，可见光图像的数据源获取非常容易，数据量大，而红外受制于传感器价格，数据采集成本高，难以形成大规模的红外图像数据集，用于研究和训练深度神经网络模型。

(3) 应用需求或者场景比较少，部分红外是远距离成像的点目标，可用信息非常有限，而现有深度学习方法对小目标的识别效果不是太好。

(4) 红外图像中的目标尺寸动态范围大，尤其在海上舰船探测场景中，船类目标尺寸差异性大。例如，同时存在油轮和救生艇等目标。

(5) 目标排列密集，多角度，尤其针对港口舰船停靠、民用机场飞机等探测场景。

(6) 目标红外辐射动态范围大，部分特殊场景中，存在目标与背景辐射特性反转的现象。

(7) 红外图像分辨率低，纹理信息少，几何信息弱 (模糊的轮廓)。

(8) 红外图像中目标稀疏，场景复杂。例如，有些场景中，有效目标只有一两个，目标尺寸不到图像背景尺寸的 5%。

9.2.2 目标特性数据智能生成

1. 智能数据生成概述

基于深度学习的智能识别模型，其识别准确度与训练样本数量、质量和多样性等因素高度相关，但大量数据清理、人工标注等，导致使用成本高居不下。因此面对一些数据获取成本较高的研究领域或者任务，更需一种快速、低成本的替代方案，为智能识别模型提供丰富的训练样本。因此，如何生成更丰富、低成本、满足应用要求的智能数据生成方法，成为当下人工智能研究领域的热门方向之一 [38]。

智能数据生成可简述为对于给定的样本，通过数据生成模型，学习到数据的联合分布 $P(X, Y)$，再求取对应的条件分布 $P(Y|X)$，然后调整 $P(X)$ 的分布得到任务所需的数据分布。

生成式模型主要分为两大类：基于统计原理的浅层学习模型与基于深度学习的深度生成模型。第一类生成模型主要包括以贝叶斯模型和隐马尔可夫模型 (HMM) 为代表的概率图模型。第二类生成模型则以生成式对抗网络与变分自编码器为代表的深度学习模型。

2. 基于概率图的数据生成

概率图是一种经典的智能学习方法，分为有向和无向图。贝叶斯数据生成方法是基于贝叶斯理论框架下的一种数据生成方法，是一种有向无环图。对于给定的数据集，利用特征条件独立的假设构建概率图，学习输入输出的联合概率分布。简言之，对于任意给定的输入 x，在贝叶斯理论框架下得到后验概率最大的数据作为模型输出。因此，改变模型的输入，即可生成与数据集分布近似相同的数据，其基本原理简述如下。

假设输入空间 $X \subseteq R^n$ 为 n 维向量的集合，输出空间为标注集合 $Y = \{c_1, c_2, \cdots, c_k\}$，输入为特征向量 $x \in X$，输出为类标签 $y \in Y$。X 为定义在输入空间 X 上的随机变量，Y 为定义在输出空间 Y 上的随机变量，$P(X, Y)$ 是 X 与 Y 的联合概率分布。

在贝叶斯理论框架下，模型只需学习训练样本数据集的先验概率分布

$$P(Y = c_k), \quad k = 1, 2, \cdots, K \tag{9.17}$$

及其条件概率分布

$$P\left(X = x \mid Y = c_k\right) = P\left(X^{(1)} = x^{(1)}, \cdots, X^{(n)} = x^{(n)} \mid Y = c_k\right), \quad k = 1, 2, \cdots, K \tag{9.18}$$

一般情况下，贝叶斯理论设置了条件概率分布相互独立假设，即

$$P\left(X = x \mid Y = c_k\right) = P\left(X^{(1)} = x^{(1)}, \cdots, X^{(n)} = x^{(n)} \mid Y = c_k\right)$$

$$= \prod_{j=1}^{n} P\left(X^{(J)} = x^{(j)} \mid Y = c_k\right) \tag{9.19}$$

使用朴素贝叶斯法进行分类时，通过学习到的模型计算后验概率分布 $P(Y = c_k | X = x)$，并将后验概率最大的类作为输入 x 的输出，计算方式为

$$P\left(Y = c_k \mid X = x\right) = \frac{P\left(X = x \mid Y = c_k\right) P\left(Y = c_k\right)}{\sum\limits_{k} P\left(X = x \mid Y = c_k\right) P\left(Y = c_k\right)} \tag{9.20}$$

代入上述条件概率独立假设

$$P(Y = c_k \mid X = x)$$

$$= \frac{P(Y = c_k) \prod\limits_{j} P\left(X^{(j)} = x^{(j)} \mid Y = c_k\right)}{\sum\limits_{k} P(Y = c_k) \prod\limits_{j} P\left(X^{(j)} = x^{(j)} \mid Y = c_k\right)}, \quad k = 1, 2, \cdots, K \qquad (9.21)$$

则基于贝叶斯的数据生成可表示为

$$\arg\max_{c_k} P(Y = c_k \mid X = x) = \frac{P(Y = c_k) \prod\limits_{j} P\left(X^{(j)} = x^{(j)} \mid Y = c_k\right)}{\sum\limits_{k} P(Y = c_k) \prod\limits_{j} P\left(X^{(j)} = x^{(j)} \mid Y = c_k\right)}$$

$$(9.22)$$

因此，通过贝叶斯理论框架构建的数据生成方法，具有能够融入先验知识的优势，可实现更好的数据生成。

与有向概率图的贝叶斯数据生成方法不同，隐马尔可夫模型 (HMM) 是一种无向概率图模型。主要用于描述隐藏马尔可夫链随机生成观测序列的过程，是一种经典的生成模型，其优良的数学特性，使其在语音识别、自然语言处理、模式识别等领域都有着广泛的应用，为深度学习崛起之前的代表性方法。

隐马尔可夫模型由初始概率分布、状态转移分布以及观测概率分布等参数确定，基本形式如下。

假设 Q 为所有可能状态的集合，V 为所有可能的观测的集合

$$Q = \{q_1, q_2, \cdots, q_N\}, \quad V = \{v_1, v_2, \cdots, v_M\} \qquad (9.23)$$

其中，N 为可能的状态数，M 为可能的观测数。

I 为长度为 T 的状态数，O 为对应的观测序列

$$I = (i_1, i_2, \cdots, i_T), \quad O = (o_1, o_2, \cdots, o_T) \qquad (9.24)$$

A 为状态转移概率矩阵：

$$A = (a_{ij})_{N \times N} \qquad (9.25)$$

其中，

$$a_{ij} = P(i_{t+1} = q_j \mid i_t = q_i), \quad i = 1, 2, \cdots, N; \quad j = 1, 2, \cdots, N \qquad (9.26)$$

代表 t 时刻状态 q_i 转移到 $t+1$ 时刻 q_j 的概率。

B 为观测概率矩阵：

$$B = (b_j(k))_{N \times M} \qquad (9.27)$$

其中

$$b_j(k) = P\left(o_t = v_k \mid i_t = q_j\right), \quad k = 1, 2, \cdots, M, \quad j = 1, 2, \cdots, N \tag{9.28}$$

代表 t 时刻状态 q_j 条件下生成观测 v_k 的概率。

π 为初始状态概率向量

$$\pi = (\pi_i) \tag{9.29}$$

其中

$$\pi_i = P(i_1 = q_i), \quad i = 1, 2, \cdots, N \tag{9.30}$$

是初始时刻 $t = 1$ 时，处于状态 q_i 的概率。

π 和 A 确定了隐藏的马尔可夫链，生成不可观测的状态序列。观测概率矩阵 B 确定了如何从状态生成观测和状态序列产生观测序列。事实上，隐马尔可夫模型约定了两个基本假设：

齐次马尔可夫性假设，即隐马尔可夫链在任意时刻 t 的状态只与前一时刻有关，而与其他时刻的状态与观测无关，也与时刻 t 无关。

观测独立性假设，即任意时刻观测值只依赖于该时刻的马尔可夫链状态，与其他观测及状态无关。

隐马尔可夫模型既可用于有监督的统计学习任务，也可用于智能数据的生成。往往假设给定的数据是来自于待求的隐马尔可夫模型，通过对模型优化，得到数据的近似分布。

3. 基于深度学习的生成方法

对于图像等数据生成任务而言，由于特征维度高，基于概率图模型的数据生成方法求解难度大甚至无法有效学习，而这正是深度学习所擅长的领域。近年来，高质量数据生成方法的研究热点逐步被生成对抗网络 (GAN)[39] 所取代。GAN 是 2014 年提出的一种无监督深度学习模型，由生成器 G 与判别器 D 两个神经网络组成，通过训练生成器 G 不断从低维数据中产生接近总体真实分布的数据，并送给判别器 D 判断该数据是来自真实分布还是生成器 G 产生的数据。

通俗而言，可以将生成对抗网络中的生成器 G 理解为样本伪造者，它试图学习并制造以假乱真的数据的能力，判别器 D 则可以理解为监管者，它试图学习出快速鉴别伪造样本的能力，揭露生成器 G 的伪造行为。基于这种博弈思想，经过一定时间的训练后，生成器 G 伪造样本的手法越来越高明，伪造样本的目标特性越来越接近真实样本，判别器 D 鉴别样本真伪的能力也越来越强。经过充分的训练后，两个模型达到纳什均衡，生成器 G 逐渐学习到样本总体分布，并能给出以假乱真的样本数据，而判别器 D 则很难将生成器 G 的伪造样本与真实样本进行有效区分。

假定生成器 G 的输入为低维分布 $p_z(z)$，且存在可微函数 $G(z;\theta_g)$ 能够将这一组低维随机噪声映射至高维样本空间，其中 θ_g 是通过网络训练得到的生成器 G 的参数。与生成器不同，判别器 $D(x;\theta_d)$ 则负责将样本空间映射到区间 $[0,1]$，其值的大小表征了生成数据样本 x 是否来在自真实样本或生成器 G 产生的样本。由于 GAN 理论框架中应用了对抗思想，其整体目标是在最小化生成器 G 的目标函数 $\min(\log(1-D(G(z))))$ 的同时，最大化判别器 D 的目标函数 $\max(\log D(x)+\log(1-D(G(z))))$，这个博弈对抗过程可表述为

$$\min\max V(D,G)=Ex\sim p_{\mathrm{data}(x)}[\log D(x)]+Ez\sim$$

$$p_{z(z)}[\log(1-D(G(z)))] \tag{9.31}$$

可以看出，生成器 G 与判别器 D 的优化目标不同，两者相互制约抗衡。因此，当模型训练达到收敛时，算法逼近最优解，其算法伪代码如下：

(1) **for** 迭代轮次小于定义的训练迭代次数 **do**；

(2) **for** 训练第 k 步 **do**；

(3) 从先验噪声分布 $p_g(z)$ 中抽取 m 个样本，$\{z^{(1)},\cdots,z^{(m)}\}$；

(4) 从数据真实分布 $p_{\mathrm{data}}(x)$ 中抽取 m 个样本，$\{x^{(1)},\cdots,x^{(m)}\}$；

(5) 依据下面的梯度表达式对判别器进行更新：

$$\nabla_{\theta_d}\frac{1}{m}\sum_{i=1}^{m}\left[\log D\left(x^{(i)}\right)+\log\left(1-D\left(G\left(z^{(i)}\right)\right)\right)\right] \tag{9.32}$$

(6) 从先验噪声分布 $p_g(z)$ 中抽取 m 个样本 $\{z^{(1)},\cdots,z^{(m)}\}$；

(7) 依据下面的梯度表达式对生成器进行更新：

$$\nabla_{\theta_d}\frac{1}{m}\sum_{i=1}^{m}\log\left(1-D\left(G\left(z^{(i)}\right)\right)\right) \tag{9.33}$$

即每一轮训练中，需要对判别器 D 进行多次训练，分别从生成器 G 的分布 $p_g(z)$ 中抽取 m 个样本 $\{z(1),\cdots,z(m)\}$，以及从样本真实分布 $p_{\mathrm{data}}(x)$ 中抽取等量的样本 $\{x(1),\cdots,x(m)\}$，并依据这些样本计算目标函数 $V(D,G)$ 的梯度，随后更新判别器 D 的参数。随后，从生成器 G 的分布 $p_g(z)$ 中抽取适量的样本 $\{z(1),\cdots,z(m)\}$ 并计算其对应的梯度

$$\nabla_{\theta_d}\frac{1}{m}\sum_{i=1}^{m}\log\left(1-D\left(G\left(z^{(i)}\right)\right)\right) \tag{9.34}$$

达到训练生成器 G 的目标，得到样本真实分布的一个良好近似，并根据此原理进行样本数据生成。

GAN 理论框架可产生良好的数据致使其研究与应用日益广泛。但由于对抗机制的存在，GAN 存在难以训练、模式坍塌等一系列问题。为此，另一种重要的深度学习生成模型变分自编码器 (VAE) 及其重要变种：重要性加权自编码器，梯形变分自编码器等方法，逐渐成为非监督学习复杂样本生成方法的研究热点之一 [40]。

变分自编码器的目的是对生成模型 $p_\theta(z|x)$ 做参数估计，利用对数最大似然法，其目标函数为

$$\log p_\theta\left(x^{(1)}, x^{(2)}, \cdots, x^{(N)}\right) = \sum_{i=1}^{N} \log p_\theta\left(x^{(i)}\right) \tag{9.35}$$

变分自编码器采用识别网络 $q_\phi(z|x^{(i)})$ 来逼近真实的后验分布 $p_\theta(z|x^{(i)})$，因此需要度量真实分布与近似分布之间的差异，即二者的 KL 散度

$$\begin{aligned} \mathrm{KL}\left(q_\phi\left(z \mid x^{(i)}\right) \| p_\theta\left(z \mid x^{(i)}\right)\right) &= E \log \frac{q_\phi\left(z \mid x^{(i)}\right)}{p_\theta\left(z \mid x^{(i)}\right)} \\ &= E_{q_\phi(z|x^{(i)})} \log \frac{q_\phi\left(z \mid x^{(i)}\right) p_\theta\left(x^{(i)}\right)}{p_\theta\left(z \mid x^{(i)}\right) p_\theta\left(x^{(i)}\right)} \\ &= E_{q_\phi(z|x^{(i)})} \log \frac{q_\phi\left(z \mid x^{(i)}\right)}{p_\theta\left(z; x^{(i)}\right)} + \log p_\theta\left(x^{(i)}\right) \end{aligned} \tag{9.36}$$

因而，

$$\log p_\theta\left(x^{(i)}\right) = \mathrm{KL}\left(q_\phi\left(z \mid x^{(i)}\right) \| p_\theta\left(z \mid x^{(i)}\right)\right) - E_{q_\theta(z|x^{(i)})} \log \frac{q_\phi\left(z \mid x^{(i)}\right)}{p_\theta\left(z; x^{(i)}\right)} \tag{9.37}$$

由于 KL 散度的非负性，当识别网络与真实分布接近时，二者的 KL 散度近似为 0，此时称 $-E_{q_\phi(z|x^{(i)})} \log \frac{q_\phi(z|x^{(i)})}{p_\theta(z|x^{(i)})}$ 为对数似然函数的变分下界。因此，将无法直接优化的 $\log p_\theta(x^{(i)})$ 转化为优化似然函数变分下界的问题。

为了便于计算，通常取 $q_\phi\left(z \mid x^{(i)}\right)$ 为高斯分布，即

$$Q(z \mid x) = N(z \mid \mu(X; \theta), \Sigma(X; \theta)) \tag{9.38}$$

这里 θ 为需要学习的参数，此时优化函数变为

$$\mathrm{KL}\left(q_\phi\left(z \mid x^{(i)}\right) \| p_\theta\left(z \mid x^{(i)}\right)\right)$$

$$= \mathrm{KL}(N(\mu(X), \Sigma(X)) \| N(0, I))$$

$$= \frac{1}{2}\left(\mathrm{tr}(\Sigma(X)) + \mu(X)^{\mathrm{T}}\mu(X) - k - \mathrm{logdet}\,(\Sigma(X))\right) \tag{9.39}$$

在实际应用中，可以采用多层感知机 (MLP) 来分别对 $q_\phi(z|x^{(i)})$ 和 $p_\theta(z|x^{(i)})$
进行逼近，并利用重参数化技巧来对整个网络进行优化。

将变分自编码器拟合分布的能力应用到智能数据生成方面，可以得到数据集
的近似分布，从而快速获取任意数量服从近似分布的样本。

4. 气体介质流场数据生成

以某气体介质流场数据生成任务为例，使用生成对抗网络进行智能数据生成
及其效果展示。

为了给 GAN 网络的生成器 G 提供训练数据，首先随机产生一个如图 9.8 所
示的低维随机噪声，再通过生成器 G 进行生成，鉴别器 D 进行数据鉴别等对抗
性训练。

图 9.8　低维随机噪声

随着训练轮次的提高，生成数据质量稳步提升，生成器输出的分布逐渐接近
气体介质流场的真实特性分布，过程如图 9.9 所示。

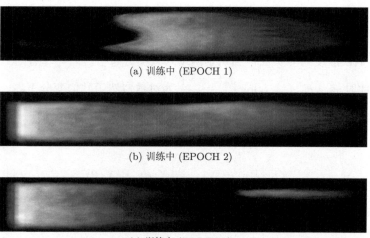

(a) 训练中 (EPOCH 1)

(b) 训练中 (EPOCH 2)

(c) 训练中 (EPOCH 3)

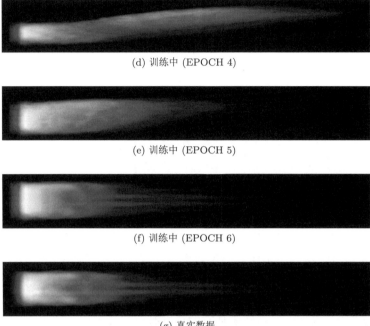

(d) 训练中 (EPOCH 4)

(e) 训练中 (EPOCH 5)

(f) 训练中 (EPOCH 6)

(g) 真实数据

图 9.9 训练过程

可以看出，进入训练的第六个轮次时，目视已难以分辨真实数据与生成数据，这意味着生成器的分布已经接近样本数据的分布，智能数据生成的目标已经基本达成。

5. 固体目标辐射特性数据生成

利用先验具有认知不确定性的固体目标物理特性数据，以及实时观测到的目标速度和高度要素，估计目标辐射特性。核心思想是希望通过深度学习网络模型，学习出目标物理特性与红外辐射特性之间的映射关系。具体而言，使用长短时记忆神经网络 (LSTM) 进行辐射特性数据生成。

将输入数据划分为训练集、验证集与测试集，记 X 为训练集的不确定性参数与高度、速度数据组成的样本，Y 为训练集的辐射特性参数样本。将 X 依照时间顺序等间隔地划分为 $X_{t_1:t_2}, X_{t_{1+1}:t_{2+1}}, \cdots, X_{t_{k-1}:t_k}$，并将其输入 LSTM 网络 F，数据输出为 $\hat{Y}$，时间总长度为 T。网络需要通过误差的反向传播进行优化，因此需要定义损失函数。对于辐射特性数据，要求其输出与真实数据的误差总和最小，因此采用均方误差损失：

$$\text{MSE}\left(Y, \hat{Y}\right) = \frac{1}{T}\left\| Y - \hat{Y} \right\|^2 \tag{9.40}$$

训练完成后，模型固定为 F_{opt}。此时，可将新数据输入至模型，进行辐射特性数据的生成：

$$Y_{\mathrm{new}} = F_{\mathrm{opt}}\left(X_{\mathrm{new}}\right) \tag{9.41}$$

其中，Y_{new} 为生成的辐射特性数据。

在实际应用中，很难利用大样本进行模型的构建。因此，采用基于贝叶斯的小样本模型更新策略：

$$P\left(\theta \,|\, X\right) = \frac{P\left(X \,|\, \theta\right) P\left(\theta\right)}{P\left(X\right)} \tag{9.42}$$

其中，θ 是模型参数，X 是观测样本。式 (9.42) 中，左侧为给定样本条件下模型参数的后验概率，$P\left(\theta\right)$ 成为模型参数的先验概率。由于先验概率的存在，我们可以根据已有的领域知识对模型参数的先验分布进行合理的初始化，当新样本加入之后，利用贝叶斯方法实现模型参数更新。同时，将已训练好的模型参数作为当前的先验分布加入模型，模型的更新可利用梯度下降法使得后验概率最大化来完成。

利用 LSTM 深度学习模型所具有的良好时序建模能力，算例中将 29 条辐射特性观测数据中的 18 条作为训练数据，6 条作为验证数据，5 条作为测试数据分别进行模型训练、验证与测试。以辐射特性仿真模型计算的辐射特性值作为真值，通过训练 LSTM 模型，使得 LSTM 模型的数据生成结果尽可能接近仿真模型的输出。因此，面对小样本目标时，只需将目标的物理与运动参数等输入至网络，即可生成辐射特性数据。定量结果统计如表 9.1 所示，其结果为 5 条测试数据生成结果的均值。

表 9.1　LSTM 的辐射特性预测结果统计表

	温度 (校正前)/K	温度 (校正后)/K	长波 (校正前)/(W/sr)	长波 (校正后)/(W/sr)
最大绝对误差	37.6	36.1	13.5	12.2
最大相对误差/%	10.8	9.9	34.1	33.6
平均绝对误差	12.5	11.4	4.4	4.1
平均相对误差/%	3.7	3.2	21.5	20.3

随机选择 1 条测试数据的预测结果做可视化展示，如图 9.10 和图 9.11 所示。整体来看，本算法对于该固体目标辐射特性的预测结果基本准确。特别需要强调的是，本算例中 LSTM 算法对辐射特性的预测时间是分钟级，与物理仿真引擎的计算耗时相比具有明显的效率优势。

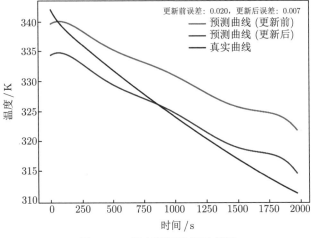

图 9.10 温度预测结果示意图

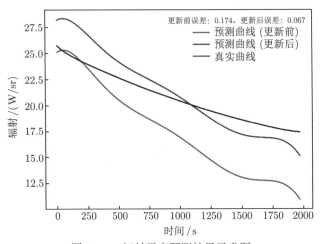

图 9.11 辐射强度预测结果示意图

9.2.3 基于双阶段的红外图像弱小目标识别

识别目标按照大小进行分类, 可以分为大、中、小三种类型。为了将目标从红外图像中找出来并进行识别, 输出目标位置 x, y 坐标和矩形框的宽高度。传统方法由于需要手动设置特征, 特征鲁棒性不够强等原因限制了其应用场景与发展空间, 导致其在复杂环境中难以落地应用。2012 年, 以基于区域的深度卷积神经网络 (region based convolutional neural networks, R-CNN) 为代表的目标识别方法被提出, 标志着目标识别领域积极拥抱前沿技术变革, 迈入深度学习时代 [41]。这一系列方法中, 目标定位和分类任务分阶段进行, 因此称为双阶段目标识别方法, 是代表当前最先进的目标识别方法之一。R-CNN 首先利用传统方法对图像进行像素级别聚类，获取若干提议区域，并标注它们的类别和边界框。然后使用深度卷积神经网络对每个提议区域进行特征提取，再对每个提议区域的特征使用分类器和回归器同时进行预测类别和边界框，得到目标的位置和识别名称。

但是，该方法实现的前提是通过传统聚类算法，对图像区域进行搜索，以期获得高质量的提议区域。由于这些区域的目标形状、大小各异，通常需要在多尺度下选取。这样便会导致一张图像上需选取成千上万个提议区域，巨大的计算量阻碍了其实际应用，但其核心思想却开创了利用深度学习进行目标识别的先河，为后续相关技术的发展指明了方向。

针对 R-CNN 选择性搜索耗时太高，导致目标识别速度慢的瓶颈等问题，Faster R-CNN 在 R-CNN 和 Fast R-CNN 的基础上提出用神经网络替代聚类算法的候选区域网络 (region proposal network, RPN)，实现了目标候选区域的快速获取，目标识别速度显著提高，基本原理如图 9.12 所示 [42]。

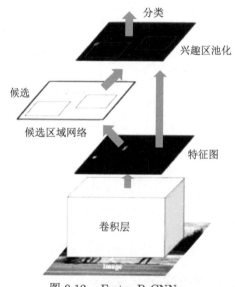

图 9.12　Faster R-CNN

Faster R-CNN 网络完成目标识别可分成下述几个阶段：

(1) 图像经过深度由深度卷积神经网络组成的骨干网络进行特征提取，得到目标特征图，这个骨干网络可由 VGG16 或者 ResNet 等网络组成；

(2) 将获得的特征图送入 RPN 网络进行目标区域候选，得到大量的目标候选区域，再对这些候选区域进行排序与筛选，去掉大量不满足要求的候选区域；

(3) 将满足要求的候选区域特征图进行提取；

(4) 为了满足后续分类器的尺寸输入要求，再对候选区域对应的特征进行 ROI

pooling 操作，实现不同尺寸的特征图转换至相同大小；

(5) 将经过 ROI 池化之后的特征送入多分类器进行分类和定位。

可以看出，Faster R-CNN 网络结构上由 RPN 和目标分类识别两个网络组成，共同协作，实现从图像中的目标定位与识别功能。

为了快速、准确找到目标提议区域，Faster R-CNN 首次引入区域候选提名 RPN 网络和锚框 (anchor box) 的概念。

锚框主要用于高质量的 RPN 网络训练，以提升区域选择的效率和准确率。因为在 Faster R-CNN 之前，采用像素级聚类的区域提名方法，产生了大量非必要的候选区域，不但耗时，准确率也欠佳。引入 RPN 之后，高质量的候选区域提名数量大大降低，由 2000 个降低至 300 个，且质量更高，基本原理如图 9.13 所示。

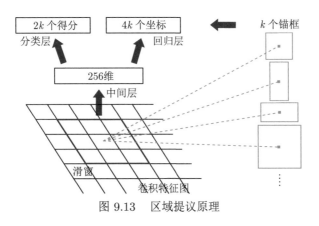

图 9.13　区域提议原理

为了同时满足图像中不同尺寸、不同宽高比的目标定位，锚框引入了多尺度思想，以每一个像素为中心生成许多大小和宽高比 (aspect ratio) 的边界框，每一个像素生成多个锚框。通常将长宽比率为 (0.5，1，2) 和三种不同锚框面积 (128，256，512) 进行组合，为每一个锚点生成 9 个锚框。

如果对原图中的每一个像素都生成多尺度锚框 (一般使用 9 个)，容易生成过多锚框，导致计算量剧增。例如输入图像的长宽均为 512 像素的图像，以每一个像素为中心，生成 9 个不同形状的锚框，则在这张图上产生上百万个锚框。为此，Faster R-CNN 通过送入 RPN 网络的特征图中每一个点对应原图像的坐标为中心生成多尺度锚框。假设待识别图像的宽、高分别为 h、w，经过深度卷积神经骨干网络的特征提取和下采样率为 s，送入 RPN 网络的特征图的长、宽分别为 h/s、w/s，每一个特征点生成 k 个锚框，则生成的锚框数为 $\dfrac{h}{s} \times \dfrac{w}{s} \times k$ 个。不同尺度组合生成的锚框可以对目标实现全面覆盖，但也产生了冗余框。因此，RPN 网络利用特征图在原图上生成多尺度锚框之后，还需与图像标注的目标框计算，得到

边界框交并比 (intersection over union, IOU)。

　　RPN 通过计算不同尺度锚框与真实目标位置的 IOU 值表征真实边界与锚框之间的相似度，交并比取值范围在 0 和 1 之间，其中 0 表示两个边界框无重合区域，1 表示两个框的位置完全重合。

　　RPN 的主要任务是提交少量、IOU 值高的区域提议。因此，完成 IOU 计算后，需要确认每一个锚框中是否包含有真实目标，对锚框进行进行标注，然后设定阈值筛选锚框。假设 RPN 产生的锚框分别为 $A_1, A_2, \cdots, A_{na}$，真实边界框为 $B_1, B_2, \cdots, B_{nb}$，且 $na \geqslant nb$，即锚框的数量高于真实边界框数量。定义矩阵 $X \in R^{na \times nb}$ 用于描述 IOU 的相似度，其中第 i 行第 j 列表示锚框 A_i 和真实边界框 B_i 的交并比。为了筛选锚框，需要进行如下操作。

　　(1) 在 IOU 相似度矩阵 X 中找到最大元素和下标，假设下标索引分别为 i_1, j_1；
　　(2) 为锚框 A_{i1} 分配真实边框 B_{j1}，因为两者在所有的 IOU 中的相似度最高；
　　(3) 将矩阵 X 中的 i_1 行和第 j_1 列上的所有元素丢弃；
　　(4) 利用步骤 (3) 得到的剩余矩阵 $\bar{X}$ 重复步骤 (2)；
　　(5) 重复步骤 (1)～(4)，直到所有的 nb 中的元素全部被丢弃。

　　这样就为 nb 个真实框分配了一个锚框。在剩下的 $na - nb$ 个没有匹配的锚框中，设定一个筛选阈值，只有当交并比大于该阈值时，才为 A_i 分配真是边界框 B_j。

　　完成锚框匹配之后，还需要对满足要求的锚框进行类别以及坐标偏移量进行标注。如果锚框 A 被分配真实边界框 B，则将锚框 A 的类别设置为真实框 B 的类别 (label =1)。根据 B 和 A 框的中心坐标的相对位置和两个框相对大小为锚框 A 的标注偏移量。假设锚框 A 及其被分配的真实边界框的中心坐标分别为 (x_a, y_a) 和 (x_b, y_b)，A 和 B 的宽、长分别为 (w_a, h_a) 和 (w_b, h_b)，则锚框 A 的偏移量标注为

$$\left(\frac{\dfrac{x_b - x_a}{w_a} - \mu_x}{\delta_x}, \frac{\dfrac{y_b - y_a}{h_a} - \mu_y}{\delta_y}, \frac{\log \dfrac{w_b}{w_a} - \mu_w}{\delta_w}, \frac{\log \dfrac{h_b}{h_a} - \mu_h}{\delta_h} \right) \tag{9.43}$$

一般设置 $\mu_x = \mu_y = \mu_w = \mu_h = 0$，$\delta_x = \delta_y = 0.1$，$\delta_w = \delta_h = 0.2$。

　　如果一个锚框没有被分配到真实边界框，则将该锚框的类别设置为背景 (label=0)，称为负锚框，而包含目标的锚框则为正类框。剩下没有成功匹配到真实边界框的锚框则既不是正样本也不是负样本 (label = −1)，最后使用非极大抑制方法进行丢弃，并用于 RPN 网络训练。

　　这些类别和坐标偏移标注用于训练 RPN 网络。在测试阶段，RPN 网络根据主干网络提取的特征预测相应的包含目标的框，再送入 ROI pooling 进行池化至

相同尺寸，最后使用全连接网络进行目标识别以及用非极大抑制方法去除冗余的目标框。

双阶段目标识别方法利用了 RPN 网络生成大量覆盖不同尺寸、比例的高质量候选区域，可显著提升小目标的检测概率，有利于红外小目标的发现与识别。因此，针对红外弱小目标的检测问题，可采用双阶段目标识别框架，对红外弱小目标尤其是点目标进行了检测与识别，整体设计框架如图 9.14 所示。

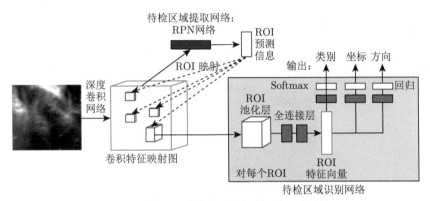

图 9.14 基于双阶段的弱小红外目标识别框架

使用 VGG 网络[43] 作为卷积特征映射关系提取，同时对 RPN 网络产生的候选区域的尺寸大小进行了重新调整，降低大于 30×30 的像素面积的候选区域的候选区域数量。网络的损失函数由识别分类和定位误差两项组成

$$L\left(c_i, r_i\right) = \frac{1}{N_{\text{cls}}} \sum_i L_{\text{cls}}\left(c_i, \hat{c}_i\right) + \lambda \frac{1}{N_{\text{reg}}} \sum_i \hat{c}_i L_{\text{reg}}\left(r_i, \hat{r}_i\right) \tag{9.44}$$

其中，i 表示 RPN 网络产生提取区域锚框的下标号，c_i 表示第 i 个锚框的中目标预测类别，$\hat{c}_i$ 表示目标的真实类别。$r_i, \hat{r}_i$ 分别表示网络预测目标位置与目标真实位置。

为了更好地训练网络，除了使用红外设备观测到的红外点状目标数据之外，还利用红外目标特性对不同环境和目标进行了仿真建模的数据训练。测试任务主要识别图像中有无目标，如果有则用方框标注出。与地物背景不同，云的干扰更加强烈，目标在云层中穿梭，目标检测难度比较大，第 1 帧没有找到目标，直到第 2 帧才识别出，并在第 3 帧确认目标，如图 9.15 所示。

可以看出，基于双阶段目标识别的方法在点红外目标场景下进行目标识别的潜力比较大。

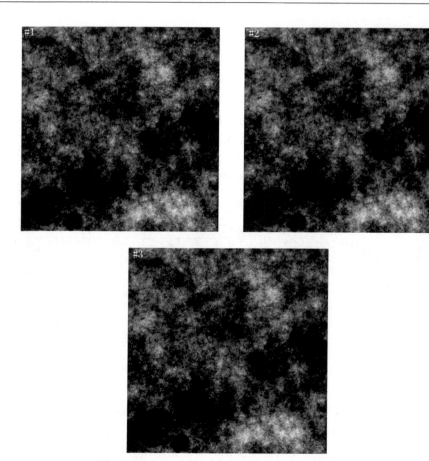

图 9.15　云层干扰下，红外点目标识别结果 [短波]

9.2.4　基于单阶段的红外图像成像目标识别

以 Faster R-CNN 为代表的双阶段目标识别方法，开创性地提出了 RPN 网络，大幅度提升了目标识别精度和定位效率，但输入图像需要经过 RPN 网络生成大量的候选区域，再经过全连接网络进行分类识别，交替训练过程比较复杂，大量参数需要计算，无法考虑全局信息，运算速度缓慢，难以直接在工业领域进行应用。

为了解决此问题，单阶段目标识别算法 (you only look once, YOLO)[44] 创造性地将候选区域和目标识别两个流程合并在一起，将目标图像按照一定大小的网格 (cell) 进行区域划分，物体的定位将由物体中心所在的网格负责，这包含两层意思：

(1) 在训练阶段中，如果目标中心落在这个网格，那么需要给这个网格标注出物体的类别和位置信息 (物体类别和区域坐标)，实现在训练阶段让网格学会预测目标大小和识别目标类型。

(2) 在测试阶段中,识别网络已经收敛且参数已经固定,目标信息未知,需要网络根据训练所学到的技能去预测图像中目标中心会落在哪一个网格并进行识别。

单阶段目标识别方法将输入图像被划分成 $S \times S$ 大小的网格,通过卷积神经网络对每一个网格输出 N 个目标可能存在的边界框 (即每个网格产生 N 个矩形框,最后选定置信度大的作为输出,即每一个网格只能预测一个物体),每一个边界框由目标中心位置相对于网格边界偏移量、目标大小和目标置信度组成的参数值 $(x, y, w, h, \mathrm{conf})$,conf 表示预测框与真实目标框的交并比 IOU 值。YOLO1 中在网络的输出端直接对目标的位置进行回归,网格点没有锚框机制相关设置,造成目标定位不够精准。为此,YOLO2 [45] 借鉴了双阶段识别方法中的锚框机制,但对锚框模板先验设置不再像 Faster R-CNN 那样需人工手动设定,而是在训练前对训练集合中的数据的目标标注信息进行聚类,自动确定锚框大小。实现不同类型数据训练集,模型自适应生成的锚框先验。

考虑到在训练中,如果直接对锚框坐标直接回归,容易造成回归网络不稳定等问题,采用回归网络直接预测网格中心点相对于网格单元左上角的相对坐标,而不用像 RPN 机制遍历所有的像素,如图 9.16 所示 [16]。

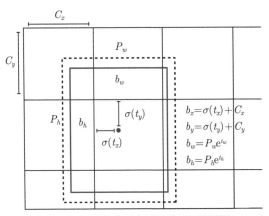

图 9.16 结合先验框的目标位置预测

图中黑色点虚线表示先验框,蓝色实线框表示网络预测出来的目标框。可以看出,将图像网格化之后,所有网格尺寸相等,高宽分别用 C_y, C_x 表示,目标中心点相对于网格左上角的偏移用 $\delta(t_y), \delta(t_x)$ 表示,范围在 0 到 1 之间,更容易让网络去预测,δ 表示激活函数,一般使用 sigmoid。P_w, P_h 分别表示先验框的宽度和高度。先验框仅与目标框的宽度和高度有关,与其中心位置无关。

为了支持多标签对象的识别 (例如,飞机可以有战斗机和飞行器两个标签),YOLO3[46] 版本中,采用逻辑回归对目标进行评分,并以分数为标准,选择一个合适的先验锚框,预测目标位置和识别置信度,而不会对所有的锚框都进行预测。

例如，在一个 $16 \times 16 \times 3 \times 85$ 的特征图中，第 (5，4，2) 维，即 $C_y = 5, C_x = 4$，第 2 维度对应的先验框尺寸分别为 (16，16)，(57，45)，(90，118)，那么取第二个作为先验框，即采用 $P_w = 90, P_h = 118$ 来计算目标预测框大小 b_w, b_h，然后再乘以该特征图的下采样倍数，得到目标检测框位置。

由于单阶段识别模型采用网格化的目标识别机制，面对一些大尺寸目标或者多个邻近目标场景，推理阶段可能会产生多个网格点对同一个目标进行重复预测，从而产生多余和重叠的矩形框。因此，需对网络预测的目标识别区域进行后处理，一般采用非极大值抑制方法，实现一个目标对应一个预测框的效果。预测框的输出置信度为网络识别物体最大类型置信度和网络预测目标框置信度的乘积，可表示为

$$P\left(\text{Class}_i \mid \text{Object}\right) \times P(\text{Object}) \times \text{IOU}_{\text{pred}}^{\text{true}} \tag{9.45}$$

因此，在训练阶段，需给每一个框打上置信度标签。如果一个目标中心落在网格之内，则 $P(\text{Object}) = 1$，此时只需计算预测目标框与真实标注框的交并比即可。如果网格中心不包含目标，则 $P(\text{Object}) = 0$，即置信度设置为 0。由于训练过程中，网络还没有收敛，每次产生的预测框不太一致，所以 $\text{IOU}_{\text{pred}}^{\text{true}}$ 值也不同，直到识别网络学会对不同的输入特征，准确预测出高 $\text{IOU}_{\text{pred}}^{\text{true}}$ 值的识别候选区域。因此，在推理阶段，识别模型无须计算预测框与真实目标框的 $\text{IOU}_{\text{pred}}^{\text{true}}$ 值。因为该阶段模型并不知道测试目标的真实值，而是直接由识别网络输出预测值。

为实现快速红外成像目标识别，降低目标识别模型训练和推理两个阶段对硬件的计算力要求。本节采用单阶段目标识别框架对港口和海上的舰船红外目标进行定位和识别，如图 9.17 所示。

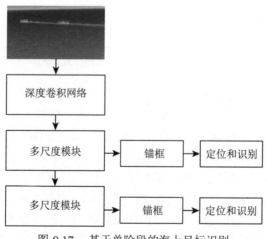

图 9.17　基于单阶段的海上目标识别

目标经过深度卷积神经网络后送入多尺度模块，不同尺度模块负责不同尺寸大小的目标定位和识别。其中，多尺度模块使用特征金字塔结构 (feature pyramid networks，FPN)，实现对不同尺度特征层的信息融合。对深度识别网络中语义信息少但定位准确的低层卷积网络，与语义信息丰富但定位精度差的高层卷积网络产生的特征进行聚合，再独立预测目标位置和类型，完成目标定位与类型识别。

训练损失函数比较复杂，由分类、目标定位、有目标、无目标四个损失函数组成。

$$
\begin{aligned}
L = &\ \lambda_{\text{coord}} \sum_{i=0}^{s \times s} \sum_{j=0}^{n} I_{ij}^{\text{obj}} \left\| \left(x_i^j, \hat{x}_i^j\right), \left(y_i^j, \hat{y}_i^j\right) \right\|^2 \\
&+ \lambda_{\text{coord}} \sum_{i=0}^{s \times s} \sum_{j=0}^{n} I_{ij}^{\text{obj}} \left\| \left(x_i^j, \hat{x}_i^j\right), \left(y_i^j, \hat{y}_i^j\right) \right\|^2 + \sum_{i=0}^{s \times s} \sum_{j=0}^{n} I_{ij}^{\text{obj}} \| C_i^j, \hat{C}_i^j) \|^2 \\
&+ \lambda_{\text{noobj}} \sum_{i=0}^{s \times s} \sum_{j=0}^{n} I_{ij}^{\text{noobj}} \| C_i^j, \hat{C}_i^j) \|^2 + \sum_{i=0}^{s \times s} I_{ij}^{\text{obj}} \sum_{c \in \text{class}} \| p_i^j(c), \hat{p}_i^j(c) \|^2 \quad (9.46)
\end{aligned}
$$

其中，$\| \cdot \|^2$ 表示采用范数 2 的度量标准，$s \times s$ 表示图像被分成的网格数量，标有 obj 和 noobj 的分别表示网格内有目标和无目标两种情况。上标符号表示由识别网络给出的预测值，无上标符号则表示由训练数据提供的标注值。c 表示待识别目标类别。在本节针对舰船识别场景中，如果识别模型能够准确感知测试红外图像中存在舰船目标，则用不同颜色的方框在原图中画出，作为识别结果可视化输出，不同颜色方框用于表示不同的舰船类型。

为了提升模型的识别泛化能力或者场景适应能力，降低训练过拟合风险，须提高训练用的样本数据量和多样性。因此，训练舰船识别模型之前，我们对舰船图像采用包括：数据生成、旋转、随机剪裁、对比度提升等一系列图像扩增与均衡，以满足深度识别模型对训练数据要求。训练完成后，我们利用谷歌地球自行收集与人工合成制作的部分港口舰船目标 (近红外) 进行识别，检验单阶段学习的目标识别效果。

首先对海面舰船目标进行识别，由于近红外成像机理，难以有效滤除海浪背景的干扰，识别难度适中，识别结果如图 9.18 所示。

可以看出，舰船目标附近出现了一个较大的亮点干扰，识别模型输出的定位精度降低，但海面背景单一，舰船目标识别结果准确。

为了节省空间，港口一般会将停靠的舰船集中排列在一起，这进一步增加了目标识别难度，如图 9.19 所示。

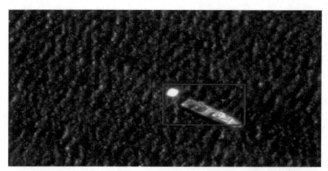

图 9.18　基于单阶段学习的海上近红外舰船目标识别

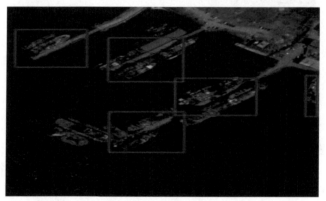

图 9.19　基于单阶段学习的密集排列舰船目标识别

可以看出，在这种红外图像质量较低、舰船集中排停靠港口的场景中，尽管目标识别模型能够定位并识别出大部分目标，但不能有效区分或者分离不同舰船个体，将多个排在一起舰船目标识别成一个目标。如果对成像进行增强处理，纹理更加丰富，但目标排列更密集的情况，模型能够识别和区分部分目标，但也会产生了数量比较多的虚警和漏识别。

综上可以看出，单阶段学习的红外目标识别方法，在较简单场景下的目标识别取得了良好的效果。但受红外图像特性的影响，在目标密集或者复杂环境下识别能力有所下降。而密集目标场景中的目标识别也是当前基于深度学习的目标识别方法的难题之一，需进行更深入的研究，包括更先进的网络结构、更有效的训练方法或者构建更大的数据集等手段。

9.3　基于小样本学习的红外目标识别方法

与可见光波段具有大量可用于深度神经识别网络数据相比，红外目标数据比较少，且覆盖场景有限，难以直接训练一个性能强大的识别模型。因此，在前几个章节的基础上，本小节重点对基于迁移学习的小样本红外目标识别方法进行探索，包括复杂环境下红外面目标识别方法和基于红外辐射特性迁移的点目标识别方法。

9.3.1 深度迁移学习

高度依赖于训练数据样本量是限制深度学习模型的主要瓶颈之一，现有深度学习研究表明深度学习模型规模与数据量的大小基本呈线性关系。除此之外，需要满足训练数据与测试数据出自于同一个分布，否则基于深度识别模型在实际使用中效果会大大降低，甚至完全失效。

迁移学习不是一个全新的领域，也不是针对深度学习而产生的，但其结合深度学习的深度迁移技术确是一个令人兴奋的新技术，是目前被认为未来人工智能发展的几个重要研究领域之一[47]。因为在传统学习任务中，针对一个任务需要准备好足够的训练数据，并独立训练机器学习模型，即从零知识开始学习。但如果两个任务之间存在很大的相似性，例如识别猫和豹两个任务中，由于猫是常见居家动物，易获取高质量数据，且可覆盖不同种类的猫。但对于豹这种现实生活中很难见到的，数据获取难度很大。如果重新训练一个新的豹识别模型，具有一定的挑战性或者数据量支撑不了深度模型训练。但猫和豹同属于猫科动物，纹理也有点类似，两个任务之间的特征存在一些重叠区域或者共享信息，那么可以充分利用这种共享信息实现知识迁移，这也是迁移学习的核心思想，主要用于解决：

(1) 利用大数据集训练基于小数据集的深度学习模型，尤其是任务域中数据获取的难度、标注标签难度大等相关问题。

(2) 大规模深度模型与训练能力矛盾的问题。众所周知，训练一个大规模的深度模型需要强大的计算能力，需要大量的高端显卡或者 TPU 计算单元进行长时间、分布式训练。例如，横扫围棋界 AlphaGo Zero 的训练周期达到 40 天，耗资高达 3500 万美元。

(3) 测试数据随着时间与训练数据分布偏离，需要重新调整模型，降低训练成本。

迁移学习定义为给定一个只有少量数据的目标域 $D_t = \{X, p(X)\}$ 的学习任务 $T_t = (y, f(x))$ 上，可以从包含有大量数据集的源域 $D_s = \{X, p(X)\}$ 任务 T_s 上获得有用的知识，来提高目标任务中 $f(x)$ 的预测能力，其中 $D_s \neq D_t$，且/或 $T_s \neq T_t$。一般情况下 D_s 的数据集规模远高于 D_t，即 $N_s \geqslant N_t$。对于深度迁移模型则表示预测函数 $f(x)$ 是一个由深度神经网络组成的非线性逼近函数。

可以看出，进行迁移学习首先需要明确迁移对象，从哪儿迁移，如何迁移，以及如何避免负迁移，即模型在源域上学习的知识或者信息，对迁移目标域上的学习产生负面作用，一般由两个原因引起：

(1) 两个迁移域之间没有重叠信息或者相似特性，两任务源头无迁移可能性，例如，将猫识别模型向太阳花识别的迁移任务；

(2) 迁移域之间存在信息重叠，但是对两者的信息理解不够充分，迁移学习方法上出了问题，没有正确找到可以迁移成分。

9.3.2 基于深度迁移的红外成像目标识别

为了解决云层、地物等复杂干扰场景且训练数据非常少下的红外成像目标识别问题，采用基于深度迁移学习的红外目标识别方法。受迁移学习思想的影响，结合深度神经网络，我们提出一种小样本学习模型，用于解决复杂场景下红外目标智能识别，取得了良好的效果，模型的数学表达如下

$$\arg\max_w \log p\left(\omega \mid D_t, \varpi\right) \tag{9.47}$$

其中，$D_t = \{(x_1, y_1), \cdots, (x_k, y_k)\}$ 表示当前任务中，我们需要训练识别模型的数据集合，x 表示样本，y 表示标注，k 表示训练样本数量，ϖ 表示从源域数据中网络学习到的知识表示，称为知识抽取器。源域数据集 $D_s = \{D_1, \cdots, D_n\}$，其中 $D_i = \{(x_1^i, y_1^i), \cdots, (x_m^i, y_m^i)\}$，表示多个源域中的 i 个源域对应的训练样本，且 $m \gg k$。因此，源域知识表示 ϖ 相当于从源域数据中学习一个参数的模型。

$$\arg\max_\varpi \log p\left(\varpi \mid D_s\right) \tag{9.48}$$

在源域模型中，需尽量利用源域数据量大的特点，训练一个对源域目标特性的知识表示 ϖ，然后将其作为我们所提出模型的迁移先验知识，降低模型学习的难度和训练数据量需求。上述两个方程也可以写成更加容易理解的形式

$$\arg\max_\omega \log p\left(\omega \mid D_t, D_s\right) = \arg\max_\omega \log \int_\omega p(w|D_t, \omega)p(\omega|D_s)\mathrm{d}\omega \tag{9.49}$$

可以看出，我们所提出的模型结合了源域的特征提取知识，理论上可以支持多个源域进行混合学习，训练流程如下：

(1) 收集与目标域相似的目标作为源域并进行标注；

(2) 构建深度识别模型，可以是本章前几节所介绍的单阶段或双阶段深度网络目标识别框架中的任何一种，具体需要根据场景进行设计；

(3) 首先利用源域数据 (源域不区分波段，数据以可见光为主) 对模型进行训练，训练好源域模型 ϖ；

(4) 将训练好的源域模型 ϖ 作为目标任务中网络的初始参数；

(5) 使用微调方法对目标域数据进行训练。

针对本节中复杂环境下，小样本红外目标识别问题，我们首先采用单阶段深度识别网络训练 ϖ，实现对源域中的飞机目标的识别 (可见光)，效果如图 9.20 所示。

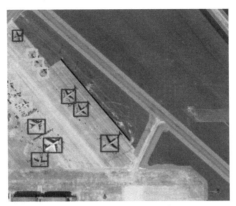

图 9.20 源域中飞机识别效果

可以看出，该场景中的飞机排列密集，尺寸变化比较大，经过充分训练好的模型可以实现对不同机型的识别，即便是尺寸非常小的飞机也实现了识别。对于更加复杂的场景的飞机识别效果，如图 9.21 所示。

图 9.21 复杂环境中源域目标识别结果

在地物环境更加复杂的场景中，源域识别模型依然表现良好，只出现了两处误识别，分别为左下角中和中间部分的类似飞机物体识别成了飞机。

可以看出，利用源域中大量可见光目标对识别模型进行良好训练，模型能够学会对飞机形状特征进行有效提取，用于飞机类型的识别。目标域中的红外成像飞机，即使飞机无纹理，但保留有飞机的基本形状特征，源域和目标域的特征空间存在一定的交集。因此，利用源域中大量样本进行学习，再对其识别模型进行微调迁移至本章节提出的深度迁移识别模型，可以实现对目标域的红外成像飞机进行识别。

9.3.3　基于辐射特性迁移的红外点目标识别

与红外成像面目标识别相比,远程红外探测应用以点目标识别为主。由于探测距离远、空间分辨率低,红外图像中无目标形状和辐射空间分布等相关信息,难以对单帧图像中的目标进行有效识别。通常,需对红外图像中的点状目标提取出所占像素的总辐射强度随时间变化特征,再转化为识别问题,实现基于总辐射变化特性的目标识别。但是受限于试验次数和红外传感器覆盖范围等条件的影响,能够用于训练识别模型的红外辐射强度序列数据不仅数量少,而且不同类别的样本数量不平衡,甚至会出现部分目标只有一条序列用于训练模型的情况。

为了解决这个问题,本节利用辐射特性迁移方法实现少量样本情况下的目标识别,并验证了这种特性迁移学习的可行性。目标识别所用数据分别来自:

(1) 文献 [48] 公开的 3 类目标辐射强度序列实测数据,共 7 个样本,如图 9.22 所示;

(2) 文献 [49] 公开的 1 类目标辐射强度序列仿真数据,共 3 个样本,如图 9.23 所示。

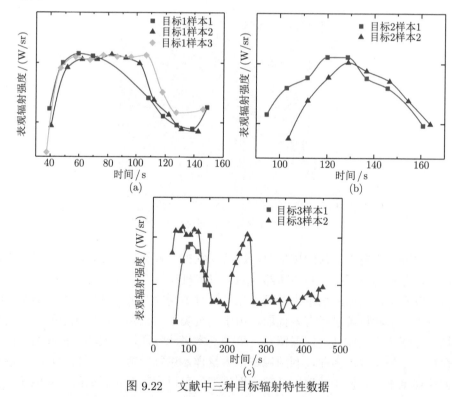

图 9.22　文献中三种目标辐射特性数据

图 9.22 和图 9.23 中的纵坐标轴辐射强度以对数坐标的形式给出。为了实现

上述数据中的目标识别, 采用基于孪生神经网络的迁移识别方法, 如图 9.24 所示。

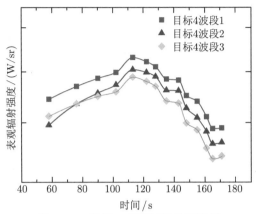

图 9.23　　目标 4 辐射特性仿真数据

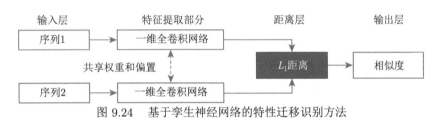

图 9.24　　基于孪生神经网络的特性迁移识别方法

可以看出, 孪生网络由两个权重共享、网络结构完全一致的一维全卷积神经网络组成, 通过网络实现对两个序列输出相似度进行度量, 实现识别的目的, 其输出端表示为

$$\text{Dist}_1(pq) = \sum_{n=1}^{N} |p_n - q_n| \tag{9.50}$$

度量采用标准的 L_1 距离 (Manhattan distance)。其中 p 和 q 分别为两个输入序列对应的特征, 维度为 $N = 128$。组成孪生网络的一维全卷积神经网络, 采用一维全卷积网络结构, 并使用经过预训练的权重, 网络结构如图 9.25 所示。

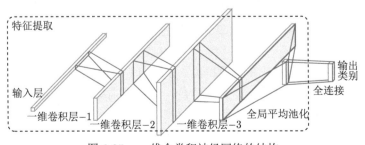

图 9.25　　一维全卷积神经网络的结构

可以看出，该网络由一个输入层，三个一维卷积层、一个全局池化层、一个全连接层和输出层构成。

输入层的尺寸为 (batch_size, sequence_length, feature_dim)。输入样本依次经过 3 个堆叠的一维卷积层，滤波器数量即输出空间的维度分别为 128、256、128，卷积核尺寸分别为 7、5、3，步长均为 1，在序列的时间维度上滑动执行卷积操作。每个卷积层后均跟随一个批归一化层和 ReLU 激活函数。经过 3 个卷积层后，输入样本被映射至高维度的隐空间中。为了能够适应不同长度的时间序列，对高维特征执行一个全局平均池化操作，沿时间维度对特征进行压缩，得到相同维度的特征，便于后续分类或相似度比较。最后的全连接层和 softmax 层是为了分类任务而设计的，只截取图中网络的特征提取部分，即输入层至全局平均池化层，作为孪生神经网络的主体结构。

孪生网络输出的距离经过一个 sigmoid 的全连接层，将其映射至 [0,1]，以概率值的形式表示两个输入序列的相似度：$p=0$ 表示两个输入序列完全不相似 (不同类别)，$p=1$ 表示非常相似 (相同类别)。

模型训练分为源域和目标域训练，源域训练数据采用加州大学河滨分校在 2002 年建立的 UCR 标准数据集 [50]。目标域训练则是基于上述数据进行训练，训练采用交叉熵损失函数。

孪生神经网络训练需要成对的输入序列和类别标签，为此构造了一个数据生成器，程序调用生成器把数据组成 Batch 后即可进行训练和预测。生成器每次被调用时，按照以下方式生成训练数据：从所有类别 $\{c_i\}_{i=1}^{M}$ 中随机选择一个类别 c，从其中选出 3 条序列 x_1、x_2 和 x_3，将 x_1 和 x_2 成对组成标签为 1(相同类别) 的训练数据；然后从除第 c 类以外的所有类别中随机选择一个类别，并从中随机选择一条序列 x_4，与 x_3 成对组成标签为 0 (不同类别) 的训练数据。这样可以保证训练过程中样本类别标签的平衡性。

第二阶段中，从红外辐射强度数据的所有类别 $\{c_i\}_{i=1}^{N}$ 中分别随机选择一条序列，两两成对组成标签为 0 (不同类别) 的训练数据，总数量为 C_2^N。在单样本学习的情况下，如果将相同类别的序列对加入训练集，则必须将上面选择的序列与自身成对组成标签为 1 (相同类别) 的训练数据。此时由于类别数本身小，标签为 0 和 1 的数量不平衡，因此这里只将不同类别的序列对加入训练集，提高网络辨别不同目标的能力。

在 UCR 集合中选择了 3 个数据集，分别为 Car、Trace 和 OliveOil，作为迁移学习的源域数据集。在第一个训练阶段，比较预训练权重对孪生神经网络在源域训练结果的影响。分别在随机初始化权重和使用预训练权重的情况下进行训练孪生神经网络，提高预测数据集中序列相似度的能力。

利用本节方法对源域数据进行 50 轮训练，不使用迁移权重与使用权重的准确率如图 9.26 所示。

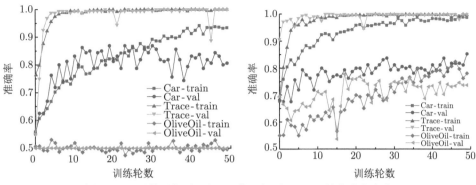

图 9.26 不使用权重 (左) 和使用权重 (右) 下的准确率变化

可以看出，预训练权重对不同数据集的训练效果不同。对于 Car 和 Trace 两个数据集的影响不大，其中 Trace 数据集的收敛效果较好，而在 Car 数据集上则出现了过拟合现象。因此，两种不同源域数据集识别模型，迁移至 OliveOil 数据集的训练效果产生了显著差异，在不加载预训练权重直接训练的情况下，孪生神经网络的损失无法下降，导致无法收敛。

在不使用迁移学习的情况下，对目标域数据的识别结果如表 9.2 所示。

表 9.2　无迁移学习目标识别结果

	目标 1 样本 1	目标 1 样本 2	目标 1 样本 3	目标 2 样本 1	目标 2 样本 2	目标 3 样本 1	目标 3 样本 2	目标 4 样本 1	目标 4 样本 2	目标 4 样本 3
目标 1 样本 1	0.48	0.46	0.43	—	0.39	—	—	—	0.29	0.31
目标 1 样本 2	0.46	0.48	0.45	0.41	0.39	0.43	0.07	0.25	0.3	0.32
目标 1 样本 3	0.43	0.45	0.48	0.39	0.36	0.39	0.07	0.28	0.33	0.35
目标 2 样本 1	—	0.41	0.39	0.48	0.46	—	—	—	0.26	0.28
目标 2 样本 2	0.39	0.39	0.36	0.46	0.48	0.43	0.05	0.21	0.25	0.27
目标 3 样本 1	—	0.43	0.39	—	0.43	0.48	—	—	0.25	0.28
目标 3 样本 2	—	0.07	0.07	—	0.05	0.06	0.48	—	0.06	0.06
目标 4 样本 1	—	0.25	0.28	—	0.21	—	—	0.48	0.43	0.4
目标 4 样本 2	0.29	0.3	0.33	0.26	0.25	0.25	0.06	0.43	0.48	0.46
目标 4 样本 3	0.31	0.32	0.35	0.28	0.27	0.28	0.06	0.4	0.46	0.48

利用训练好的源域孪生神经网络模型对目标域数据进行识别，结果如表 9.3 所示。

表 9.3　基于特性迁移的目标识别结果

	目标1样本1	目标1样本2	目标1样本3	目标2样本1	目标2样本2	目标3样本1	目标3样本2	目标4样本1	目标4样本2	目标4样本3
目标1样本1	0.85	0.82	0.65	—	0.11	—	—	—	0.03	0.05
目标1样本2	0.82	0.85	0.62	0.23	0.12	0.39	0.00	0.01	0.02	0.04
目标1样本3	0.65	0.62	0.85	0.09	0.04	0.16	0.00	0.02	0.08	0.15
目标2样本1	—	0.23	0.09	0.85	0.71	—	—	—	0.00	0.00
目标2样本2	0.11	0.12	0.04	0.71	0.85	0.51	0.00	0.00	0.00	0.00
目标3样本1	—	0.39	0.16	—	0.51	0.85	—	—	0.00	0.00
目标3样本2	—	0.00	0.00	—	0.00	—	0.85	—	0.00	0.00
目标4样本1	—	0.01	0.02	—	0.00	—	—	0.85	0.55	0.37
目标4样本2	0.03	0.02	0.08	0.00	0.00	0.00	0.00	0.55	0.85	0.73
目标4样本3	0.05	0.04	0.15	0.00	0.00	0.00	0.00	0.37	0.73	0.85

可以看出，基于迁移学习的孪生网络和少量样本数据对模型进行微调，可得到更好的序列相似度度量性能。

参 考 文 献

[1] Goodfellow I, Bengio Y, Courville A. Deep Learning[M]. London: The MIT Press, 2016.

[2] Al-Ayyoub M, Nuseir A, Alsmearat K, et al. Deep learning for Arabic NLP: a survey[J]. Journal of Computational Science, 2018, 26: 522-531.

[3] Pouyanfar S, Sadiq S, Yan Y, et al. A survey on deep learning: algorithms, techniques, and applications[J]. Acm. Computing Surveys, 2019, 51(5): 1-36.

[4] Sun Y, D Liang, Wang X, et al. DeepID3: face recognition with very deep neural networks[J]. arXiv Preprint arXiv: 1502.00873, 2015.

[5] Wang S, Zhou J. Polyphonic music generation method based on char RNN[J]. Computer Engineering, 2019.

[6] Bojarski M, Testa D D, Dworakowski D, et al. End to end learning for self-driving cars[J]. arXiv preprint arXiv: 1604.07316, 2016.

[7]   Norvig P, Russell S. Artificial intelligence: a modern approach (all inclusive), 3/E[J].
        Applied Mechanics & Materials, 1995, 263(5):2829-2833.

[8]   马晓平, 赵良玉. 红外导引头关键技术国内外研究现状综述 [J]. 航空兵器, 2018, (3):3-10.

[9]   Hegedus S. Thin film solar modules: the low cost, high throughput and versatile alterna-
        tive to Si wafers[J]. Progress in Photovoltaics Research & Applications, 2010, 14(5):393-
        411.

[10]   Miller J L, Fulop G F, et al. Infrared technology and applications to autonomous/self
        vehicles, a global session in infrared technology and application conference[C]. Infrared
        Technology and Applications XLV Conference in Baltimore, 2019.

[11]   Swetz F J, Katz V J. Mathematical Treasures - Jacob Kobel's Geometry[M]. Oppenheim

[12]   Turing A M, Haugeland J, Computing Machinery and Intelligence[M]. Cambridge: MIT
        Press, 1950.

[13]   Benirschke K. Comparative aspects of reproductive failure: an international conference
        at dartmouth medical school, hanover, N.H.—July 25–29, 1966[M]. Springer Science &
        Business Media, 2012, 1967.

[14]   Weizenbaum J. ELIZA—a computer program for the study of natural language com-
        munication between man and machine[J]. Communications of the ACM, 1966, 9(1):
        36-45.

[15]   Buchanan B G, Shortliffe E H. Rule-based expert systems: the MYCIN experiments of
        the Stanford heuristic programming project[J]. 1984.

[16]   Rumelhart D E, Hinton G E, Williams R J. Learning internal representations by error
        propagation[J]. California Univ San Diego La Jolla Inst for Cognitive Science, 1985.

[17]   Minsky M. A Framework for Representing Knowledge[M]. de. Gruyter, 2019.

[18]   Hornik K, Stinchcombe M B, White H. Multilayer feedforward networks are universal
        approximators[J]. Neural Networks, 1989, 2(5): 359-366.

[19]   Hsu H. Deep blue[J]. Artificial Intelligence, 2002, 134(1-2): 57-83.

[20]   https://www.ibm.com/ibm/history/ibm100/us/en/icons/deepblue/. [2021.12.13].

[21]   Hinton G E, Osindero S, Teh Y W. A fast learning algorithm for deep belief nets[J].
        Neural Computation, 2006, 18(7): 1527-1554.

[22]   Hinton G E, Salakhutdinov R R. Reducing the dimensionality of data with neural
        networks[J]. Science, 2006, 313(5786): 504-507.

[23]   Arute F, Arya K, Babbush R, et al. Quantum supremacy using a programmable su-
        perconducting processor[J]. Nature, 2019, 574(7779):505-510.

[24]   Silver D, Huang A, Maddison C J, et al. Mastering the game of Go with deep neural
        networks and tree search[J]. Nature, 2016, 529: 484-489.

[25]   https://www.wired.co.uk/article/alphago-deepmind-google-wins-lee-sedol. [2021.12.13].

[26]   Chouard T. The Go Files: AI computer wraps up 4-1 victory against human cham-
        pion[J]. Nature, 2016: 19575.

[27]   Brown T B, Mann B, Ryder N, et al. Language models are few-shot learners[J]. arXiv,
        2020.

[28] Tunyasuvunakool K, Adler J, Wu Z, et al. Highly accurate protein structure prediction for the human proteome[J]. Nature, 2021, 596(7873): 590-596.

[29] https://manometcurrent.com/global-ai-in-novel-coronavirus-pneumoniaai-in-novel-coronavirus-pneumoniaai-in-novel-coronavirus-pneumonia-2021-latest-advancements-and-business-outlook-sartorius-ag-abbexa-ltd-cepheid-inc/. [2021.12.13].

[30] Widrow B, Lehr M A. 30 years of adaptive neural networks: perceptron, Madaline, and backpropagation[J]. Proceedings of the IEEE, 2002, 78(9):1415-1442.

[31] MM Lau, Lim K H. Review of adaptive activation function in deep neural network[C]. 2018 IEEE-EMBS Conference on Biomedical Engineering and Science (IECBES), IEEE, 2018.

[32] Bishop C M. Neural Networks for Pattern Recognition[M]. Oxford: Clarendon Press, 1995.

[33] Lecun Y, Kavukcuoglu K, Farabet C. Convolutional networks and applications in vision[C]. Proceedings of 2010 IEEE International Symposium on Circuits and Systems, IEEE, 2010.

[34] Pathak A R, Pandey M, Rautaray S. Deep Learning Approaches for Detecting Objects from Images: A Review[M]. 2018.

[35] Alom M Z, Taha T M, Yakopcic C, et al. The history began from alexNet: a comprehensive survey on deep learning approaches[J]. 2018.

[36] Lecun Y. LeNet-5, convolutional neural networks[J].

[37] Iandola F, Moskewicz M, Karayev S, et al. DenseNet: implementing efficient ConvNet descriptor pyramids[J]. Eprint Arxiv, 2014.

[38] Alzantot M, Chakraborty S, Srivastava M B. SenseGan: a deep learning architecture for synthetic sensor data generation[J]. IEEE, 2017.

[39] Goodfellow I J, Pouget-Abadie J, Mirza M, et al. Generative adversarial networks[J]. Advances in Neural Information Processing Systems, 2014, 3:2672-2680.

[40] Lopez-Alvis J, Laloy E, Nguyen F, et al. Deep generative models in inversion: a review and development of a new approach based on a variatianal autoencoder[J]. 2020.

[41] Girshick R, Donahue J, Darrell T, et al. Rich feature hierarchies for accurate object detection and semantic segmentation[J]. IEEE Computer Society, 2013.

[42] Ren S, He K, Girshick R, et al. Faster R-CNN: towards real-time object detection with region proposal networks[J]. IEEE Transactions on Pattern Analysis & Machine Intelligence, 2017, 39(6):1137-1149.

[43] Simonyan K, Zisserman A. Very deep convolutional networks for large-scale image recognition[J]. arXiv preprint arXiv: 1409.1556, 2014.

[44] Redmon J, Divvala S, Girshick R, et al. You only look once: unified, real-time object detection[C]. Proceedings of the IEEE Conference on Computer Vision and Pattern Recognition. 2016: 779-788.

[45] Redmon J, Farhadi A. YOLO9000: better, faster, stronger[C]. IEEE Conference on Computer Vision & Pattern Recognition, 2017:6517-6525.

[46] Redmon J, Farhadi A. YOLOv3: An incremental improvement[J]. arXiv preprint arXiv: 1804. 02767, 2018.

[47] Pan S J, Qiang Y. A survey on transfer learning[J]. IEEE Transactions on Knowledge and Data Engineering, 2020, 22(10):1345-1359.

[48] Simmons F. Rocket Exhaust Plume Phenomenology[M]. American Institute of Aeronautics and Astronautics, Inc., 2000.

[49] Niu Q, Duan X, Meng X, et al. Numerical analysis of point-source infrared radiation phenomena of rocket exhaust plumes at low and middle altitudes[J]. Infrared Physics & Technology, 2019, 99: 28-38.

[50] Dau H A, Bagnall A, Kamgar K, et al. The UCR time series archive[J]. IEEE/CAA Journal of Automatica Sinica, 2019, 6(6): 1293-1305.

附录 A 典型物理常数和数据

1. 常用物理常数

真空中的光速 (speed of light in vacuum)	$c=2.99792458\times10^{8}$ m/s
普朗克常量 (Planck constant)	$h=6.62606876\times10^{-34}$ J·s
玻尔兹曼常量 (Boltzmann constant)	$k=1.3806503\times10^{-23}$ J/K
斯特藩-玻尔兹曼常量 (Stefan-Boltzmann constant)	$\sigma=5.6704\times10^{-8}$ W/(m^2·K^4)
维恩位移常数 (Wien displacement constant)	$a=2.8977686\times10^{-3}$ mK
第一辐射常数 (first radiation constant)	$c_1=1.191042722\times10^{-8}$ W/(m^2·sr·(cm^{-1})^4)
第二辐射常数 (second radiation constant)	$c_2=1.4387752$ K/(cm^{-1})
电子质量 (electron mass)	$m_{\mathrm{e}}=9.10938188\times10^{-31}$ kg
电子电荷量/基本电荷 (elementary charge)	$e=1.602176462\times10^{-19}$ C
阿伏伽德罗常量 (Avogadro constant)	$N_{\mathrm{A}}=6.02214199\times10^{23}$ mol^{-1}

2. 太阳相关常用数据

平均半径 (average radius)	$R_{\odot}=6.995508\times10^{8}$ m
日盘面积 (solar disk surface area)	$A_{\odot}=6.087\times10^{18}$ m^2
总质量 (solar mass)	$M_{\odot}=1.989\times10^{30}$ kg
日盘相对地球立体张角 (solid angle from earth)	$\omega_{\odot}=6.800\times10^{-5}$ sr
日盘直径相对地球张角 (angular diameter from earth)	$\theta_{\odot}=31.988$ arc·min
等效黑体温度 (equivalent blackbody temperature)	$T_{\odot}=5777$ K
日面辐射通量密度 (flux density at solar surface)	$F_{\odot}=6.312\times10^{7}$ W/m^2

3. 地球相关常用数据

日地平均距离 (mean distance from sun)	$D_m=1.49598\times10^{11}$ m
绕日轨道周期 (earth orbital period)	$t=365.25463$ d
总质量 (earth mass)	$M=5.9737\times10^{24}$ kg
大气质量 (earth atmosphere mass)	$M_{\mathrm{atm}}=5.136\times10^{18}$ kg
平均半径 (average radius)	$R_m=6.371\times10^{6}$ m
赤道处半径 (equatorial radius)	$R_e=6.378136\times10^{6}$ m
极地处半径 (polar radius)	$R_p=6.356753\times10^{6}$ m
表面面积 (surface area)	$A=5.1007\times10^{14}$ m^2
表面重力加速度 (surface gravity)	$g_0=9.80665$ m/s^2
大气层顶总太阳辐射照度 (total solar irradiance)	$S_{\odot}=(1366\pm3)$ W/m^2

4. 干空气相关常用数据

平均分子质量 (mean molecular mass)	$m=28.964$ g/mol
标准大气下分子数密度 (molecular density at 273.15 K and 1 atm)	$N_0=2.6867775\times10^{25}$ 个/m^3
标准大气下质量密度 (mass density at 273.15 K and 1 atm)	$\rho_0=1.2928$ kg/m^3
气体常数 (universal gas constant)	$R=8.314472$ J/(K·mol)
干空气气体常数 (dry air gas constant)	$R/m=287.06$ J/(K·kg)
等压比热容 (specific heat capacity at constant pressure)	$c_p=1005$ J/(K·kg)
等体积比热容 (specific heat capacity at constant volume)	$c_v=717.6$ J/(K·kg)

附录 B 普朗克函数与维恩位移公式

普朗克函数也称黑体辐射函数，描述平衡辐射场或黑体发射辐射的辐射亮度随温度和光谱的变化关系，是辐射计算中最常用的函数之一。在正文中给出一种利用波长表达的普朗克函数形式，这里给出利用红外辐射常用单位表示的三种光谱辐射量对应的普朗克函数。

根据三种光谱辐射量的转化关系，有

$$-L_{b\lambda}\mathrm{d}\lambda = L_{bv}\mathrm{d}v = L_{b\nu}\mathrm{d}\nu \tag{B.1}$$

其中，$L_{b\lambda}$ 为波长 λ 处单位波长内的黑体辐射亮度，L_{bv} 为波数 v 处单位波数内的黑体辐射亮度，$L_{b\nu}$ 为频率 ν 处单位频率内的黑体辐射亮度。在红外辐射领域，波长 λ 的常用单位为 μm，波数的常用单位为 cm^{-1}，频率的常用单位仍为 Hz 或 s^{-1}。在这些常用单位下，有

$$\lambda = \frac{10^4}{v} = \frac{10^6 \cdot c}{\nu} \tag{B.2}$$

其中，c 为真空中光速。利用式 (B.1) 和 (B.2) 就可以推算在红外辐射常用单位下，三种普朗克函数的转化关系。根据正文中式 (2.35)，波长 λ 单位为 cm 时，$L_{b\lambda}$ 表达形式为

$$L_{b\lambda}(T) = \frac{c_1\lambda^{-5}}{\exp[c_2/(\lambda T)] - 1} \tag{B.3}$$

$L_{b\lambda}$ 的单位为 W/(m^2·sr·cm)。为了方便红外谱段的计算，可以给出波长 λ 单位为 μm 时的 $L_{b\lambda}$ 表达形式：

$$L_{b\lambda}(T) = \frac{c_1\lambda^{-5} \cdot 10^{16}}{\exp[c_2/(\lambda T \cdot 10^{-4})] - 1} \tag{B.4}$$

$L_{b\lambda}$ 的单位为 W/(m^2·sr·μm)。根据式 (B.3) 可以推得，波数 v 单位为 cm^{-1} 时，L_{bv} 表达形式为

$$L_{bv}(T) = \frac{c_1 v^3}{\exp(c_2 v/T) - 1} \tag{B.5}$$

$L_{b\upsilon}$ 的单位为 W/(m^2·sr·cm^{-1})。类似地，频率 ν 单位为 Hz 时，$L_{b\nu}$ 表达形式为

$$L_{b\nu}(T) = \frac{2h\nu^3}{c^2 \cdot [\exp(h\nu/(kT)) - 1]}$$ (B.6)

$L_{b\nu}$ 的单位为 W/(m^2·sr·Hz)。以上三个表达式中，温度 T 的单位都是 K，第一和第二辐射常数分别为 c_1=1.191042722×10^{-8} W/(m^2·sr·(cm^{-1})^4)；c_2=1.4387752 K/(cm^{-1})。这里将球面度量纲引入 c_1 中，保证以上表达式量纲的严谨性；对于不采用第一、二辐射常数的普朗克公式应将其看作单位球面度下的表达。

利用式 (B.3)~(B.6)，可以推得相应的维恩位移公式。在波长 λ 单位为 μm 时，$L_{b\lambda}$ 最大值处的 λ_m 为

$$\lambda_m = \frac{2.8978 \times 10^3 \mu m \cdot K}{T}$$ (B.7)

在波数 υ 单位为 cm^{-1} 时，$L_{b\upsilon}$ 最大值处的 υ_m 为

$$\upsilon_m = \frac{T}{0.50995 cm \cdot K}$$ (B.8)

在频率 ν 单位为 Hz 时，$L_{b\nu}$ 最大值处的 ν_m 为

$$\nu_m = \frac{c \cdot T}{5.0995 \times 10^{-3} m \cdot K}$$ (B.9)